7급 건축직

기출문제 정복하기

건축계획학 · 건축구조학 · 건축시공학

7급 건축직
기출문제 정복하기

초판	발행	2022년 01월 21일
개정1판	발행	2024년 01월 26일

편 저 자 | 주한종

발 행 처 | ㈜서원각

등록번호 | 1999-1A-107호

주　　소 | 경기도 고양시 일산서구 덕산로 88-45(가좌동)

교재주문 | 031-923-2051

팩　　스 | 031-923-3815

교재문의 | 카카오톡 플러스 친구[서원각]

홈페이지 | goseowon.com

Preface

모든 시험에 앞서 가장 중요한 것은 출제되었던 문제를 풀어봄으로써 그 시험의 유형 및 출제경향, 난도 등을 파악하는 데에 있다. 즉, 최단시간 내 최대의 학습효과를 거두기 위해서는 기출문제의 분석이 무엇보다도 중요하다는 것이다.

7급 공무원 건축직 기출문제집은 이를 주지하고 그동안 시행되어 온 국가직과 지방직 및 서울시 기출문제를 연도별로 수록하여 수험생들에게 매년 다양하게 변화하고 있는 출제경향에 적응하여 단기간에 최대의 학습효과를 거둘 수 있도록 하였다.

7급 공무원 시험의 경쟁률이 해마다 점점 더 치열해지고 있다. 이럴 때 일수록 기본적인 내용에 대한 탄탄한 학습이 빛을 발한다. 수험생 모두가 자신을 믿고 본서와 함께 끝까지 노력하여 합격의 결실을 맺기를 희망한다.

1%의 행운을 잡기 위한 99%의 노력! 본서가 수험생 여러분의 행운이 되어 합격을 향한 노력에 힘을 보탤 수 있기를 바란다.

Structure

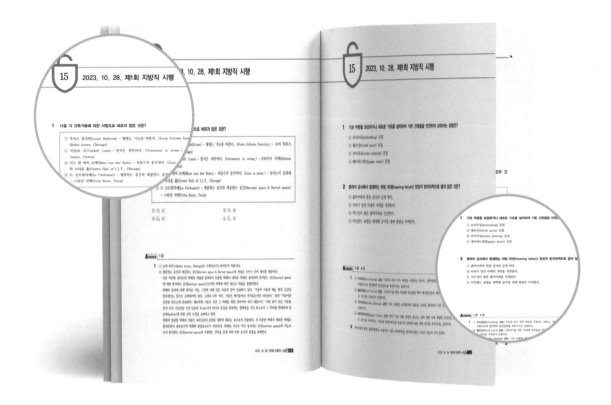

최신 기출문제분석

2023년 최신 기출문제를 비롯한 최다 기출문제를 수록하여 모든 시험에서 가장 중요한 기출 동향을 파악하고, 학습한 이론을 정리할 수 있습니다. 기출문제들을 반복하여 풀어봄으로써 이전 학습에서 확실하게 깨닫지 못했던 세세한 부분까지 철저하게 파악, 대비하여 실전대비 최종 마무리를 완성하고, 스스로의 학습상태를 점검할 수 있습니다.

상세한 해설

상세한 해설을 통해 한 문제 한 문제에 대한 학습을 가능하도록 하였습니다. 정답을 맞힌 문제라도 꼼꼼한 해설을 통해 다시 한 번 내용을 확인할 수 있습니다. 틀린 문제를 체크하여 내가 취약한 부분을 파악할 수 있습니다.

Contents

01 건축계획학

01. 2017. 6. 24. 제2회 서울특별시 시행 / 8
02. 2017. 8. 26. 인사혁신처 시행 / 17
03. 2017. 10. 21. 생활안전분야 시행 / 26
04. 2018. 3. 24. 제1회 서울특별시 시행 / 36
05. 2018. 6. 23. 제2회 서울특별시 시행 / 45
06. 2018. 8. 18. 인사혁신처 시행 / 54
07. 2019. 2. 23. 제1회 서울특별시 시행 / 62
08. 2019. 8. 17. 인사혁신처 시행 / 73
09. 2019. 10. 12. 제3회 서울특별시 시행 / 86
10. 2020. 9. 26. 인사혁신처 시행 / 97
11. 2020. 10. 17. 제3회 서울특별시 시행 / 107
12. 2021. 9. 11. 인사혁신처 시행 / 115
13. 2021. 10. 16. 제2회 지방직 시행 / 130
14. 2022. 10. 29. 제1회 지방직 시행 / 140
15. 2023. 10. 28. 제1회 지방직 시행 / 153
※ 건축 관련 법규 / 165

02 건축구조학

01. 2017. 6. 24. 제2회 서울특별시 시행 / 168
02. 2017. 8. 26. 인사혁신처 시행 / 178
03. 2017. 10. 21. 생활안전분야 시행 / 189
04. 2018. 3. 24. 제1회 서울특별시 시행 / 198
05. 2018. 6. 23. 제2회 서울특별시 시행 / 208
06. 2018. 8. 18. 인사혁신처 시행 / 218
07. 2019. 2. 23. 제1회 서울특별시 시행 / 227
08. 2019. 8. 17. 인사혁신처 시행 / 239
09. 2019. 10. 12. 제3회 서울특별시 시행 / 251
10. 2020. 9. 26. 인사혁신처 시행 / 263
11. 2020. 10. 17. 제3회 서울특별시 시행 / 273
12. 2021. 9. 11. 인사혁신처 시행 / 282
13. 2021. 10. 16. 제2회 지방직 시행 / 296
14. 2022. 10. 29. 제1회 지방직 시행 / 310
15. 2023. 10. 28. 제1회 지방직 시행 / 320
※ 국가건설기준코드 / 333

03 건축시공학

01. 2017. 6. 24. 제2회 서울특별시 시행 / 336
02. 2017. 8. 26. 인사혁신처 시행 / 347
03. 2017. 10. 21. 생활안전분야 시행 / 360
04. 2018. 3. 24. 제1회 서울특별시 시행 / 369
05. 2018. 6. 23. 제2회 서울특별시 시행 / 377
06. 2018. 8. 18. 인사혁신처 시행 / 385
07. 2019. 2. 23. 제1회 서울특별시 시행 / 396
08. 2019. 8. 17. 인사혁신처 시행 / 406
09. 2019. 10. 12. 제3회 서울특별시 시행 / 417
10. 2020. 9. 26. 인사혁신처 시행 / 432
11. 2020. 10. 17. 제3회 서울특별시 시행 / 442
12. 2021. 9. 11. 인사혁신처 시행 / 451
13. 2021. 10. 16. 제2회 지방직 시행 / 466
14. 2022. 10. 29. 제1회 지방직 시행 / 475
15. 2023. 10. 28. 제1회 지방직 시행 / 485

01

건축계획학

2017. 6. 24. 제2회 서울특별시 시행

2017. 8. 26. 인사혁신처 시행

2017. 10. 21. 생활안전분야 시행

2018. 3. 24. 제1회 서울특별시 시행

2018. 6. 23. 제2회 서울특별시 시행

2018. 8. 18. 인사혁신처 시행

2019. 2. 23. 제1회 서울특별시 시행

2019. 8. 17. 인사혁신처 시행

2019. 10. 12. 제3회 서울특별시 시행

2020. 9. 26. 인사혁신처 시행

2020. 10. 17. 제3회 서울특별시 시행

2021. 9. 11. 인사혁신처 시행

2021. 10. 16. 제2회 지방직 시행

2022. 10. 29. 제1회 지방직 시행

2023. 10. 28. 제1회 지방직 시행

1 건축공간 계획 시 치수계획에 대한 설명 중 가장 옳은 것은?

① 건축공간을 인간생활의 장소로 생각한다면 건축계획 및 설계에서 치수는 이러한 모든 것을 포함하는 종합적인 스케일이 적용되어야 한다.

② 물리적 치수는 실내의 창문크기가 인간의 필요 환기량에 의해 결정되는 것을 의미한다.

③ 심리적 치수는 물리적, 생리적으로 반드시 필요하며 심리적으로 압박감을 느끼지 않을 정도에서 벽 높이가 결정되는 것을 의미한다.

④ 생리적 치수는 출입구의 크기, 계단의 높이 등 인간이나 물체의 크기에 의해 결정되는 것을 의미한다.

2 사무소 건축의 엘리베이터 조닝 방식에 대한 설명 중 가장 옳은 것은?

① 컨벤셔널 조닝 방식은 2층식 엘리베이터를 사용하여 수송력을 높이는 방식이다.

② 더블데크 방식은 각 로컬존의 로비층까지 고속 및 대용량의 셔틀 엘리베이터로 직통서비스를 하는 방식이다.

③ 스카이로비 방식은 2개층의 엘리베이터를 서비스하여 2대분의 수송력을 갖춘 형태이다.

④ 슈퍼더블데크 방식은 더블데크 방식의 결점인 층고 통일의 제약을 벗어난 형식으로 층고 조정 기능이 있는 형식이다.

ANSWER 1.① 2.④

1 ② 물리적 스케일 : 출입구의 크기가 인간이나 물체의 물리적 크기에 의해 결정되는 치수
③ 심리적 스케일 : 압박감을 느끼지 않을 정도에서 천장의 높이가 결정되는 경우와 같은 치수
④ 생리적 스케일 : 실내의 창문 크기가 필요 환기량으로 결정되는 경우와 같은 치수

2 ① 2층식 엘리베이터를 사용하여 수송력을 높이는 방식은 더블데크 방식이다.
② 스카이 로비방식은 각 로컬존의 로비층까지 고속 및 대용량의 셔틀 엘리베이터로 직통서비스를 하는 방식이다.
③ 2개층의 엘리베이터를 서비스하여 2대분의 수송력을 갖춘 형태의 엘리베이터는 더블데크 방식이다.
④ 슈퍼더블데크 방식은 더블데크 방식의 결점인 층고 통일의 제약을 벗어난 형식으로 층의 높이가 다를 경우 높이를 조정할 수 있는 장치가 설치되어 있다. (층고 조정 기능이 있는 형식이다.)

3 현대 도시의 성장과 발달에 가장 큰 영향을 미치는 것은 하워드(E. Howard)의 전원도시계획이다. 이에 대한 설명 중 가장 옳지 않은 것은?

① 하워드는 인구 32,000명의 소규모의 전원도시를 제시하였고, 이를 초과할 경우 별도의 전원도시를 조성하는 방식을 제안하였다.

② 하워드의 견해를 받아들여 르 꼬르뷔제는 프랑스 파리에 '보아잔 계획'을 적용하였다.

③ 하워드가 도시계획에 참여한 대표적인 전원도시로는 영국의 레취워스와 웰윈이 있다.

④ 고밀도심 형태와 교외지역에 분산된 전원도시계획은 오늘날 세계 각국에서 볼 수 있는 대도시권역의 모습이다.

4 의료시설 건축에 대한 설명 중 가장 옳지 않은 것은?

① 내부동선 계획에 있어서 복도는 들 것, 휠체어 등 2대가 서로 교차하여 지나갈 수 있는 폭을 확보하며, 경사로의 기울기는 1/12 이하로 하는 것이 좋다.

② 엘리베이터는 환자가 눕고 주위에 의사, 간호사가 설 수 있는 넓이가 필요하다.

③ 병실의 면적은 일반적으로 $10 \sim 13m^2$/베드(bed)로 계획한다.

④ 수술실의 규모는 4.5m×4.5m 이상으로 하며 실내의 벽체는 녹색 계통으로 마감한다.

ANSWER 3.② 4.①

3 르 꼬르뷔지에는 1925년 파리 중심부를 개조하는 '보아잔 계획'에서 이를 적용하였으며, 이를 발전시켜 1933년 "빛나는 도시"를 제안하였다. "빛나는 도시"는 거주, 여가, 노동, 교통을 도시의 4가지 가장 중요한 활동기능으로 놓고, 주거단위를 중심으로 이 네 가지 기능의 상호관계를 설정한 도시계획을 내놓는다. 르 꼬르뷔제가 제안한 도시계획의 4원칙은 다음과 같다.
- 도심부의 혼잡구제
- 도심부의 고밀 · 고층화
- 다층지반에 의한 교통기관의 도시집중
- 충분한 공지와 공원의 확보

그러나 이는 하워드의 견해와는 직접적인 연관이 있다고 보기 어렵다.

4 경사로의 기울기는 1/18 이하로 하는 것이 좋다.

5 「건축법」상 주요구조부에 해당되는 것은?

① 기초

② 지붕틀

③ 비내력벽

④ 최하층 바닥

6 생태건축의 기본계획에 대한 설명 중 가장 옳은 것은?

① 생태건축은 자연생태계와 상호 의존하는 관계로 건축물의 계획단계부터 시공단계까지 자연 속에 순환하는 시스템으로 접근한다.

② 배치계획 시 지역의 기후 특성을 고려한 자연적 입지를 고려한다.

③ 건축물의 외피는 일사유입, 열손실 및 열획득 등 에너지보존의 측면에서 중요한 역할을 하지만 외관형태를 결정하지는 못한다.

④ 아트리움은 건축물 중앙홀 등을 상부층까지 관통시켜 내부에 채광을 유입하지만 실내 기후 기능을 조절하지는 못한다.

5 건축물의 내력벽, 기둥, 바닥, 보, 지붕 및 주 계단을 주요구조부라 한다.

6 ① 생태건축은 자연생태계와 건축을 상호 의존하는 관계로 인식하고 건축물의 기획부터 철거까지의 과정을 자연 속에 순환하는 시스템으로 접근한다.

③ 건축물의 외피는 일사유입, 열손실 및 열획득 등 에너지보존의 측면에서 중요한 역할을 하며 외관형태를 결정한다.

④ 아트리움은 건축물 중앙홀 등을 상부층까지 관통시켜 내부에 채광을 유입하고 실내 기후 기능을 조절한다.

※ 생태건축물 … 자연환경과 조화되어 자원과 에너지를 생태학적 관점에서 하나의 건축물이 신축되는 과정에서 부터 수명을 다하여 폐기될 때까지의 전 과정에 걸쳐 환경에 대하 부담을 최소화할 수 있는 건축물이다. 생태건축을 하기 위해서는 자연에너지를 활용하고 폐열 이용 및 각종 효율개선 기술을 활용, 환경 부하의 억제 기술 등을 이용해야 한다.

7 한국 전통 건축의 특성 중 가장 옳지 않은 것은?

① 풍수지리 사상과 음양 사상이 건축원리를 지배한다.

② 내외 공간 형성 인자는 둘러싸임이다.

③ 목조가구식 구조가 주를 이룬다.

④ 자연을 압도하는 거대한 스케일이다.

8 다음 중 학교 교사 배치계획에 대한 설명 중 가장 옳지 않은 것은?

① 폐쇄형은 협소한 부지를 효율적으로 활용할 수 있어 화재 및 비상 시에 유리하다.

② 분산병렬형은 구조계획이 간단하고 이용이 편리하며 각 건물 사이에 놀이터와 정원이 생겨 생활환경이 좋아진다는 장점이 있으나 상당히 넓은 부지를 필요로 한다.

③ 집합형은 동선이 짧아 학생들의 이동이 유리하며 물리적 환경이 좋다.

④ 클러스터형은 팀티칭 시스템에 유리한 배치형식이며 중앙에 학생들이 중심적으로 사용하는 부분을 집약시키고 외곽에 특별교실을 두어 원활한 동선을 취할 수 있다.

9 체육관 건축에 대한 설명 중 가장 옳지 않은 것은?

① 기능상 경기영역, 관람영역, 관리영역으로 구성된다.

② 채광상 건물의 장축이 동서로 배치하여 창의 장변으로부터 남북 채광이 되도록 하는 것이 좋다.

③ 경기장의 크기는 탁구코트 규격으로 $10m \times 25m$(올림픽 규격)가 되며 코트 바깥쪽에 2m 이하의 안전영역을 확보해야 한다.

④ 경기장 바닥은 진동과 충격음의 흡수를 위해 목조바닥 또는 탄성고무계바닥 구조로 한다.

ANSWER 7.④ 8.① 9.③

7 한국의 전통건축은 자연을 압도하는 거대한 스케일이 아닌, 자연과 조화를 이루는 스케일이다.

8 폐쇄형은 화재 및 비상 시에 대피하기가 어려운 구조이다.

9 경기장의 크기는 농구코트 규격을 기준으로 하며 장애물이 없는 직사각형으로서, 길이 $28m \times 15m$이며 경계선의 안쪽부터 측정한다. 코트 천장의 높이는 7m 이상이어야 하며 조명은 선수가 슛할 때 시야에 방해가 되지 않아야 되며 코트 바닥을 충분히 밝힐 수 있어야 한다.

10 다음 중 트랩의 봉수가 파괴되는 원인이 아닌 것은?

① 그리스 인터셉터

② 자기 사이펀 작용

③ 모세관 작용

④ 물의 운동량에 의한 관성

11 노인복지시설 건축에 대한 설명 중 가장 옳지 않은 것은?

① 입소자의 1인당 거실면적은 $5.0m^2$ 이상이어야 한다.

② 거실바닥면적의 1/7 이상의 면적을 창으로 하여 직접 바깥 공기에 접하도록 하며, 개폐가 가능해야 한다.

③ 복도의 폭은 2.4m 이상이 바람직하며 양쪽에는 바닥에서 85cm의 높이로 손잡이 레일을 설치해 거주자의 이동을 돕고 휠체어가 벽에 부딪치는 것을 방지한다.

④ 노인들의 안전을 위하여 거주공간 내 발코니는 설치하지 않는다. 꼭 필요 시에는 가능한 한 일반집합주거보다도 작은 최소면적으로 계획한다.

ANSWER 10.① 11.④

10

봉수파괴의 종류	방지책	원인
자기 사이펀 작용	통기관의 설치	만수된 물이 일시에 흐르게 되면 물이 배수관 쪽으로 흡인되어 봉수가 파괴되는 현상이다.
감압에 의한 흡인작용 (유인 사이펀 작용)	통기관의 설치	배수 수직주관 가까이 있는 트랩의 경우 다량의 물을 주관으로 배수될 때 진공상태가 되어 봉수가 흡입된다.
역압에 의한 분출작용	통기관의 설치	배수 수직주관 가까이에 있는 트랩의 경우 바닥 횡주관에 물이 정체되어 있고 수직관에 다량의 물이 배수될 때 중간에 압력이 발생하여 봉수가 실내 쪽으로 분출하게 된다.
모세관 현상	거름망 설치	트랩 출구에 머리카락, 천조각 등이 걸렸을 경우 모세관 현상에 의해 봉수가 파괴된다.
증발	기름방울로 유막형성	사용빈도가 적거나 건물을 장기간 비울 시 봉수가 자연히 증발하는 현상이다.
자기운동량에 의한 관성작용	유속의 감소	스스로의 운동량에 의해 트랩의 봉수가 빠져나가는 현상이다.

11 화재 등의 발생 시 노인들의 대피공간 확보를 위하여 거주공간 내 발코니를 설치해야 한다.

12 은행 건축에 대한 설명 중 가장 옳은 것은?

① 고객이 지나는 동선은 길어야 한다.

② 큰 건물의 경우 고객출입구는 되도록 1개소로 하고 밖으로 열리도록 한다.

③ 직원 및 내객의 출입구는 따로 설치하고 영업시간 이외에는 잠가둔다.

④ 고객의 공간과 업무공간 사이에는 원칙적으로 구분이 없어야 한다.

13 건축설계 진행 시 단계별 내용으로 가장 옳지 않은 것은?

① 기획설계는 건축주와 계약을 결정하고 건축주의 건물에 대한 요구를 파악하는 데서 시작한다.

② 기본설계는 설계의 큰 줄기를 결정하는 것으로 기본설계도, 설계설명서, 시방서 등이 있다.

③ 실시설계는 적산이나 시공에 필요한 도면이 많으며, 각 부재의 양과 재질, 손질 방법 등을 자세하고 정확하게 표기한다.

④ 시공감리는 실시설계도를 기초로 시공도의 체크, 공사현장과 공정의 관리 등 단계별 문제에 대한 적절한 판단을 한다.

14 「건축법 시행령」상 건축물의 면적에 관한 설명 중 가장 옳지 않은 것은?

① 대지면적은 대지의 수평투영면적으로 한다.

② 건축면적은 건축물의 외벽의 중심선으로 둘러싸인 부분의 수평투영면적으로 한다.

③ 연면적은 하나의 건축물 각 층의 바닥면적의 합계로 하되, 용적률을 산정할 때에는 지하층의 면적을 포함하여 산정한다.

④ 벽·기둥의 구획이 없는 건축물의 바닥면적은 그 지붕 끝부분으로부터 수평거리 1미터를 후퇴한 선으로 둘러싸인 수평투영면적으로 한다.

ANSWER 12.④ 13.② 14.③

12 ① 고객이 지나는 동선은 짧은 것이 좋다.

② 큰 건물의 경우 고객출입구는 되도록 1개소로 하고 안으로 열리도록 한다. (바깥쪽 출입구는 외여닫이, 안쪽의 출입구는 안여닫이로 한다.)

③ 직원 및 내객의 출입구는 따로 설치하여 영업시간에 관계없이 열어 둔다.

13 시방서는 실시설계 도서에 속한다.

14 연면적은 하나의 건축물 각 층의 바닥면적의 합계로 하되, 용적률을 산정할 때에는 지하층의 면적을 제외하여 산정한다.

15 다음 중 건축 규모계획에 대한 내용으로 가장 옳지 않은 것은?

① 시설의 수용 인원을 결정할 경우 이용자의 충족도와 시설의 이용률 등을 고려한다.

② 주택의 침대식 침실, 학교의 전용교실과 같이 동시사용자의 최댓값이 거의 일정하고 이를 초과하는 일이 거의 없는 경우에는 시설의 예상 수량을 최댓값으로 설정한다.

③ 영화관의 화장실과 같이 다수의 사람들이 일시에 사용하는 경우도 있으나 전혀 사용되지 않을 때도 있는 경우, 시설의 예상 수량을 중간값으로 설정하여 혼잡한 경우에 약간의 불편함을 감수하도록 한다.

④ 혼잡의 정도가 심하고, 큰 피크가 없으며 시간의 경과와 더불어 동시사용자의 수가 평균값에서 비교적 작은 편차 범위 내에서 변동하는 경우에는 시설의 예상 수량을 평균값보다 약간 부족한 값으로 설정한다.

16 호텔 건축에 대한 설명 중 가장 옳은 것은?

① 현관은 호텔의 외부 접객장소로 로비와 라운지는 통합해서 같이 사용한다.

② 벨보이나 서비스실은 현관과 인접하여 감시하기 편리한 곳에 서로 분리시켜 배치한다.

③ 프런트 오피스의 사무는 안내계, 객실계, 회계계로 집약된다.

④ 주방의 위치는 식품저장실 및 식당과 다른층에 위치하는 것이 좋으며 일반적으로 1, 2층 또는 지하1층에 위치하는 경우가 많다.

ANSWER 15.④ 16.③

15 혼잡의 정도가 심하고, 큰 피크가 없으며 시간의 경과와 더불어 동시사용자의 수가 평균값에서 비교적 작은 범위 내에서 변동하는 경우라도 시설의 예상 수량을 평균값보다 여유가 있는 약간 높은 값으로 설정해야 한다.

16 ① 현관은 호텔의 외부 접객장소로 로비와 라운지는 분리해서 같이 사용한다.

② 벨보이나 서비스실은 현관과 인접하여 감시하기 편리한 곳에 서로 통합시켜 배치한다. (벨보이실과 서비스실은 그 용도가 비슷하므로 가까이에 배치시키는 것이 좋다.)

④ 주방의 위치는 식품저장실 및 식당과 같은 층에 위치하는 것이 좋으며 일반적으로 1, 2층 또는 지하1층에 위치하는 경우가 많다.

17 「건축법 시행령」상 공개공지에 대한 설명 중 가장 옳지 않은 것은?

① 문화 및 집회시설, 종교시설, 판매시설, 운수시설, 업무시설 및 숙박시설로서 해당 용도로 쓰는 바닥면적의 합계가 $5,000m^2$ 이상인 건축물 및 그 밖에 다중이 이용하는 시설로서 건축조례로 정하는 건축물은 공개공지를 확보하여야 한다.

② 공개공지 내에는 물건을 쌓아 놓거나 출입을 차단하는 시설을 설치하지 아니해야 한다. 또한 공개공지 내에는 긴 의자 또는 파고라 등 어떠한 시설물도 설치할 수 없다.

③ 공개공지 등에는 연간 60일 이내의 기간 동안 건축조례로 정하는 바에 따라 주민들을 위한 문화행사를 열거나 판촉활동을 할 수 있다.

④ 공개공지 등의 면적은 대지면적의 100분의 10 이하의 범위에서 건축조례로 정한다.

18 다음 중 고딕(Gothic) 건축의 특징이 아닌 것은?

① 돔(dome)

② 리브 볼트(rib vault)

③ 플라잉 버트레스(flying buttress)

④ 첨두 아치(pointed arch)

ANSWER 17.② 18.①

17 공개공지 내에는 허가를 받는 경우, 긴 의자 또는 파고라 등 각종 시설물을 설치할 수 있다.

18 돔(dome)은 비잔틴 건축의 특징이며, 고딕 건축의 특징으로 보기에는 무리가 있다.

※ 고딕건축양식의 특징적 요소
   ㉠ 첨두아치 : 로마네스크 건축양식의 교차궁륭의 구조적 결점을 보완하는 것으로 그 반경 길이를 가감할 수 있고 정점을 동일 높이가 되도록 가감할 수 있어 횡력 작용을 수직으로 변환시킬 수 있는 구조이다. 기둥간격에 관계없이 아치의 높이를 조절하였다.
   ㉡ 리브볼트 : 교차식 볼트에 첨두형 아치를 덧대어 구조적으로 보강한 것으로 정방향에 한정하지 않고 장방형도 가능하게 되었다.
   ㉢ 플라잉 버트레스 : 첨두형 아치로 지붕이 높아짐에 따라 기둥에 걸리는 지붕의 하중이 증가하고 따라서 횡하중도 증가하였다. 증가된 횡하중은 버트레스로 지지가 불가능하여 사람이 손을 뻗어 벽면을 지지하는 형상의 플라잉 버트레스가 등장하였다.
   ㉣ 트레이서리 : 첨두형 아치의 내부 창의 모습을 장식하였는데 특히 독특한 장식적 수법이 발휘된 곳이 트레이서리이다.
   ㉤ 멀리온 : 트리포리움의 첨두형 아치는 몇 개의 아치형상으로 분절되는데 그 때 수직 기둥형상의 부재를 멀리온이라 한다.
   ㉥ 장미창 : 차륜창이라고도 하며 성당의 입구위에 거대하고 아름다운 원형의 창을 가르킨다. 프랑스 고딕 성당의 특징이다. 대첨두형 아치 위에는 장미창을 두고 소첨두형 아치 위에는 작은 장미창을 두었다.
   ㉦ 창호의 크기 증대 : 수직하중은 피어에, 수평하중은 플라잉 버트레스에서 부담하므로 벽체는 자유로이 개방할 수 있어 개구부 면적이 증가하게 되었고, 개구부에 채색된 유리를 화려하게 장식하였다.

19 전시공간 건축에 대한 설명 중 가장 옳은 것은?

① 전시물은 온도에 의한 피해를 가장 많이 받으므로 환경 조건에 대한 세심한 고려가 필요하다.

② 자연채광 방식 중, 관람자의 상부에 있는 천창을 불투명하게 하여 측벽에 가깝게 채광창을 설치하는 방법은 측광창 형식이다.

③ 연면적에 대한 전시공간의 면적비율은 대체로 박물관이 미술관보다 낮다.

④ 전시실의 주동선 방향이 연속적인 일방통행일 경우, 전체 전시가 단조로워질 수 있으므로 부분적 교차동선에 있어 역순 설정이 필요하다.

20 노외주차장의 설치기준에 관한 내용 중 가장 옳은 것은?

① 육교 및 지하 횡단보도를 포함한 횡단보도에서 10m 이내의 도로부분에는 노외주차장의 입구와 출구를 설치할 수 없다.

② 노외주차장의 주차부분의 높이는 주차 바닥면으로부터 1.8m 이상으로 해야 한다.

③ 노외주차장의 주차대수 규모가 50대 이상인 경우 출구와 입구를 분리하거나 폭 5.5m 이상의 출입구를 설치하여 소통이 원활하도록 해야 한다.

④ 자주식 주차장으로서 지하식 또는 건축물식 노외주차장의 경사로(진입로)의 차로폭은 직선인 경우 3m 이상으로 해야 한다.

19 ① 전시물은 온도에 의한 피해를 가장 많이 받으므로 환경 조건에 대한 세심한 고려가 필요하다. →'가장' 피해를 많이 받는다고 단정을 짓는 것은 무리가 있지만, 환경 조건에 대한 세심한 고려는 당연히 필요하다. 보기 중 가장 정답에 가까운 것은 ③이나 ①의 경우 논란의 여지가 있을 수 있다.

   ② 자연채광 방식 중, 관람자의 상부에 있는 천창을 불투명하게 하여 측벽에 가깝게 채광창을 설치하는 방법은 고측광창 형식이다.

   ④ 전시실은 일반적으로 좌측통행을 원칙으로 하며 우측벽을 관람하도록 하되, 개개의 전시실은 입구에서 출구에 이르기까지 심리적 경감을 고려한 연속적인 동선의 교차와 역순을 피해야 한다.

20 ① 육교 및 지하 횡단보도를 포함한 횡단보도에서 5m 이내의 도로부분에는 노외주차장의 입구와 출구를 설치할 수 없다.

   ② 노외주차장의 주차부분의 높이는 주차 바닥면으로부터 2.1m 이상으로 해야 한다.

   ④ 자주식 주차장으로서 지하식 또는 건축물식 노외주차장의 경사로(진입로)의 차로폭은 직선형인 경우에는 3.3m 이상(2차선의 경우에는 6미터 이상)으로 하고, 곡선형인 경우에는 3.6m 이상(2차선의 경우에는 6.5미터 이상)으로 한다.

1 「국토의 계획 및 이용에 관한 법률 시행령」상 제1종전용주거 지역안에서 건축할 수 있는 건축물은?

① 다세대주택

② 기숙사

③ 아파트

④ 공관

ANSWER 1.④

1 공관은 단독주택의 한 유형이므로 「국토의 계획 및 이용에 관한 법률 시행령」상 제1종전용주거 지역안에서 건축할 수 있다.
- ㉠ 「국토의 계획 및 이용에 관한 법률 시행령」에 따라 건축할 수 있는 건축물
  - 단독주택(다가구주택은 제외함)
  - 「건축법 시행령」 별표 1 제3호 가목부터 바목까지 및 사목(공중화장실 · 대피소, 그 밖에 이와 비슷한 것 및 지역아동센터는 제외함)의 제1종 근린생활시설로서 해당 용도에 쓰이는 바닥면적의 합계가 1천 제곱미터 미만인 것
- ㉡ 도시 · 군계획조례가 정하는 바에 따라 건축할 수 있는 건축물
  - 단독주택 중 다가구주택
  - 공동주택 중 연립주택 및 다세대주택
  - 「건축법 시행령」 별표 1 제3호사목(공중화장실 · 대피소, 그 밖에 이와 비슷한 것 및 지역아동센터만 해당함) 및 아목에 따른 제1종 근린생활시설로서 해당 용도에 쓰이는 바닥면적의 합계가 1천 제곱미터 미만인 것
  - 제2종 근린생활시설 중 종교집회장
  - 문화 및 집회시설 중 「건축법 시행령」 별표 1 제5호 라목[박물관, 미술관, 체험관(「건축법 시행령」 제2조 제16호에 따른 한옥으로 건축하는 것만 해당함) 및 기념관에 한정함]에 해당하는 것으로서 그 용도에 쓰이는 바닥면적의 합계가 1천 제곱미터 미만인 것
  - 종교시설에 해당하는 것으로서 그 용도에 쓰이는 바닥면적의 합계가 1천 제곱미터 미만인 것
  - 교육연구시설 중 유치원 · 초등학교 · 중학교 및 고등학교
  - 노유자 시설
  - 자동차 관련 시설 중 주차장

2 상점건축물의 파사드(Facade)를 구성하기 위한 5가지 광고요소(AIDMA 법칙)에 해당하지 않는 것은?

① 동선(Movement)
② 주의(Attention)
③ 흥미(Interest)
④ 욕망(Desire)

3 호텔건축의 세부 계획에 대한 설명으로 옳은 것은?

① 객실에 부속된 욕실의 최소크기는 $1.5 \sim 3.0\text{m}^2$가 적당하다.
② 보이실과 서비스실은 각 층의 엘리베이터와 계단에서 멀리 떨어진 곳에 두어 동선의 혼잡을 피해야 한다.
③ 퍼블릭 스페이스(Public space)층에는 30m 이내의 거리마다 공동 화장실을 두어야 한다.
④ 식당에서 부속실을 포함한 주방의 면적은 식당면적의 15~20%이다.

4 건축물 화재 시 침입한 연기를 배기하기 위해 비상계단의 전실에 설치하는 스모크 타워(Smoke tower)에 가장 적합한 실내공기 환기방식은?

① 제1종 환기
② 제2종 환기
③ 제3종 환기
④ 자연 환기

ANSWER 2.① 3.① 4.①

2 AIDMA[Attention Interest Desire Memory Action] … 사람이 행동하기까지 주의(Attention), 흥미(Interest), 욕망(Desire), 기억(Memory), 행동(Action)의 순위가 있다는 법칙으로써, 먼저 광고에 주목(Attention)하고, 흥미(Interest)를 일으키고, 다시 욕망(Desire)을 일으켜 그 상품명을 기억(Memory)시킴으로써 구매 행동(Action)으로 옮아가게 한다는 과정의 머리글자를 딴 것이다.

3 ② 보이실과 서비스실은 각 층의 엘리베이터와 계단에서 가능한 가까운 곳에 두어 동선의 혼잡을 피해야 한다.
③ 퍼블릭 스페이스(Public space)층에는 60m 이내의 거리마다 공동 화장실을 두어야 한다.
④ 식당에서 부속실을 포함한 주방의 면적은 식당면적의 20%~30%이다.

4 스모크타워의 경우, 제1종 환기방식을 적용해야 한다.
제1종 환기는 기계송풍과 기계배기를 하는 것이고 제2종 환기는 기계송풍, 자연배기 제3종 환기는 자연급기, 기계배기를 하는 방식이다.

5 대칭(Symmetry)에 대한 설명으로 옳지 않은 것은?

① 완전대칭은 권력과 질서를 상징하는 권위적인 건축물이나 기념적인 건축물에 나타난다.

② 좌우대칭은 하나의 공동축을 중심으로 똑같은 요소를 균형있게 배치하는 것이다.

③ 완전대칭이 정적인 느낌인데 비해 비대칭적 균형은 동적 느낌과 다양성을 부여한다.

④ 20세기 전반 근대건축에서는 대칭의 개념이 중요한 조형수단으로 사용되었다.

6 독일공작연맹에 대한 설명으로 옳지 않은 것은?

① 1907년 결성되었으며, 기계를 이용한 규격화와 표준화를 디자인에 도입할 것을 주장하였다.

② 무테지우스(Hermann Muthesius)와 피터 베렌스(Peter Behrens) 등이 연맹을 주도하였다.

③ 벨데(Henry van de Velde)는 AEG 터빈 공장을 설계하여 근대공업문제에 대한 합리적 문제해결을 보여 주었다.

④ 즉물성에 조형원리를 두었으며, 아르누보의 장식성에 반대하였다.

ANSWER 5.④ 6.③

---

5 20세기 초의 건축사와 미술사의 경향을 살펴보면, 비대칭의 개념이 대칭의 개념보다 중요한 수단으로 부각되었다고 볼 수 있다(참고로, 20세기 초 발생한 다다(Dada)운동을 통해 기존가치와 형식의 부정, 일상적 단편들의 조작에 의한 상징적 파괴와 충격 등이 부각되었다.).

6 A.E.G 터빈 공장을 설계한 이는 피터 베렌스이다.

  ※ **독일공작연맹**

  ㉠ 1907년 독일 뮌헨에서 무테시우스와 뜻을 같이 한 저명인사들이 결성한 연맹이다.

  ㉡ 수공예운동을 기반으로 하여 설립되었다.

  ㉢ 공업제품의 질적 향상을 목표로 예술, 산업, 공예, 상업, 각계의 최고대표자를 선발하여 모든 노력을 경주하여 제품의 질적 향상을 도모하고 높은 품질의 생산품을 생산할 수 있는 능력을 가진 자와 생산하려고 하는 사람들 모두에게 집회의 장소를 만드는 것이었다.

  ㉣ 디자인을 담당하는 예술가와 디자인을 실현하고 구체화하는 산업가 사이의 공백을 메우려고 하였다.

  ㉤ 기술의 개선과 생산품질의 향상인데 예술가직공, 공업생산자 모두가 예술적으로 우량한 물건을 생산하는데 협력할 것을 촉구하는 조직이었다.

  ㉥ **선구자 및 관련건축가** : 무테시우스(장식은 죄악이라고 주장), 피터베렌스(AEG 터빈 공장), 발터 그로피우스(파구스 재화공장)

7 「건축물의 에너지절약설계기준」상 건축부문 용어에 대한 설명으로 옳지 않은 것은?

① 외피는 거실 또는 거실 외 공간을 둘러싸고 있는 벽, 지붕, 바닥, 창 및 문 등으로 외기에 직접 면하는 부위를 말한다.

② 방습층은 습한 공기가 구조체에 침투하여 결로 발생의 위험이 높아지는 것을 방지하기 위해 설치하는 투습도가 24시간당 $30g/m^2$ 이하 또는 투습계수 $0.28g/m^2 \cdot h \cdot mmHg$ 이하의 투습저항을 가진 층을 말한다.

③ 투광부는 창, 문면적의 60% 이상이 투과체로 구성된 문, 유리블럭, 플라스틱패널 등과 같이 투과재료로 구성되며, 외기에 접하여 채광이 가능한 부위를 말한다.

④ 창 및 문의 열관류율 값은 유리와 창틀(또는 문틀)을 포함한 평균 열관류율을 말한다.

8 범죄예방환경설계(CPTED)에 대한 설명으로 옳지 않은 것은?

① 제인 제이콥스(Jane Jacobs)는 북미 대도시를 대상으로 한 조사결과를 토대로 거리의 눈(Eyes on the street) 개념을 제안하여 CPTED의 아이디어를 구체화했다.

② 자연적 감시(Natural surveillance), 영역성 강화(Territorial reinforcement), 접근통제(Access control) 등이 CPTED의 기본원리이다.

③ 레이 제프리(Ray Jeffery)는 건물 디자인과 배치를 통해 도시환경에서 범죄의 기회를 줄일 수 있다는 주장을 펴면서, 최초로 CPTED라는 용어를 사용했다.

④ CPTED의 실행 시 CCTV 설치라는 기계적 해결 이전에 공간의 배치와 설계가 중요하며, 주거단지를 계획할 때 자연적 감시 강화를 위해 쿨데삭(Cul-de-sac)의 배치는 피해야 한다.

ANSWER 7.① 8.③

7 투광부는 창, 문면적 50% 이상이 투과체로 구성된 문, 유리블럭, 플라스틱패널 등과 같이 투과재료로 구성되며, 외기에 접하여 채광이 가능한 부위를 말한다.

8 쿨데삭(Cul-de-sac)은 폐쇄적인 도로구조로서 범인이 쉽게 도주할 수 없으며, 통과교통이 발생하지 않는 구조로서 CPTED의 실행에 주요한 방법으로 적용된다.

9 상업시설에 대한 설명으로 옳지 않은 것은?

① 백화점에서 에스컬레이터는 엘리베이터를 4대 이상 설치해야 하는 경우 또는 2,000인/h 이상의 수송력이 필요한 경우에 설치한다.

② 쇼핑센터의 분류 중 도심형 쇼핑센터는 불특정다수의 사람을 구매층으로 한다.

③ 실용적 성격의 음식점은 모든 계층의 고객을 대상으로 하기 때문에 교통기관이 교차하거나 교통로에 면한 대지에 위치하는 것이 좋다.

④ 상점건축의 분류 중 도매점은 고객의 셀프서비스에 의한 대량할인 등으로 물건을 판매하는 점포를 말한다.

10 「건축물의 피난·방화구조 등의 기준에 관한 규칙」상 피난안전 구역의 설치기준에 대한 설명으로 옳은 것만을 모두 고른 것은?

> ㉠ 피난안전구역의 내부마감재료는 불연재료로 설치할 것
> ㉡ 건축물의 내부에서 피난안전구역으로 통하는 계단은 직통계단의 구조로 설치할 것
> ㉢ 비상용 승강기는 피난안전구역에서 승하차 할 수 있는 구조로 설치할 것
> ㉣ 피난안전구역의 높이는 2.3m 이상일 것

① ㉠, ㉢   ② ㉡, ㉢

③ ㉢, ㉣   ④ ㉠, ㉡, ㉣

ANSWER 9.③ 10.①

9 • 실용적 성격의 음식점은 간단한 식사를 제공하는 곳으로서, 주로 학생이나 회사원 등이 저렴한 가격으로 짧은 시간 동안 이용하는 곳이다.
  • 모든 계층의 고객을 대상으로 하기 때문에 교통기관이 교차하거나 교통로에 면한 대지에 위치하는 것은 위안적 성격의 음식점이다. 위안적 성격의 음식점은 레스토랑처럼 분위기가 있는 곳으로서 대상은 모든 계층을 대상으로 하며, 편리성과 개방성이 요구되며 주로 인구가 집중되어 있고 통행량이 많이 발생하는 교통 교차지역 등에 위치한다.

10 ㉡ 건축물의 내부에서 피난안전구역으로 통하는 계단은 특별피난계단의 구조로 설치해야 한다.
  ㉣ 피난안전구역의 높이는 2.1m 이상이어야 한다.

11 공장의 작업장 레이아웃(Layout)에 대한 설명으로 옳지 않은 것은?

① 작업장 내의 기계설비, 작업자의 작업구역, 자재나 제품을 두는 곳 등 상호의 위치관계를 가리키는 것이다.

② 제품중심의 레이아웃은 생산에 필요한 모든 공정, 기계종류를 제품의 흐름에 따라서 배치하는 방식이다.

③ 공정중심의 레이아웃은 대량생산이 가능하고 생산성이 높은 방식이다.

④ 고정식 레이아웃은 제품이 크고, 수량이 적은 경우에 적합한 방식이다.

12 병원의 건축계획에 대한 설명으로 옳지 않은 것은?

① 분관식(Pavilion type)은 저층 건물로 구성되며 일조 및 통풍에 유리하나 설비가 분산되고 보행거리가 길어지는 약점이 있다.

② 일반적으로 종합병원이 정신병원보다 병원 전체면적 대비 병동부의 비중이 크다.

③ 간호단위(Nurse unit)를 계획할 때 간호사의 보행거리를 24m 이내가 되도록 간호사대기실(Nurse station)을 배치한다.

④ 중앙 진료부의 수술부는 중앙소독공급부와 수직, 수평적으로 근접 배치한다.

13 공연장의 객석 공간계획에 대한 설명으로 옳지 않은 것은?

① 객석의 외부출입문은 바깥여닫이로 설치하여 피난동선을 고려하여야 한다.

② 가시거리의 1차 허용한도는 22m이고, 2차 허용한도는 35m를 기준으로 한다.

③ 객석의 중심선 상 세로통로는 중앙의 위치를 피하는 것이 좋다.

④ 2층 발코니 객석은 경사를 고려하여 높이 60cm 이하, 폭 90cm 이상으로 한다.

ANSWER 11.③ 12.② 13.④

11 공정중심 레이아웃은 기계설비 중심의 배치계획으로서, 다종의 소량 주문생산제품에 적합하나 예산생산 및 표준화 어려움이 있다(즉, 대량생산에 적합하지 않으며, 생산성이 높다고 볼 수 없다.).

12 일반적으로 종합병원이 정신병원보다 병원 전체면적 대비 병동부의 비중이 작다(정신병원은 많은 환자들을 병동에 수용해야 하기 때문이다.).

13 2층에 발코니를 설치할 경우에 단면의 경사가 급하면 위험하므로 객석의 단 높이는 50cm 이내, 폭은 80cm 이상으로 하여야 한다.

14 유치원의 평면계획에 대한 설명으로 옳지 않은 것은?

① 화장실의 변기 수는 활동실 하나당 1개씩 설치하고, 화장실과 교실과의 단차는 없어야 한다.
② 교사(校舍)는 원칙적으로 단층 건물로 하되 특별한 사정이 있어 2층으로 할 때에는 교실, 유희실, 화장실 등은 1층에 두도록 한다.
③ 유원장은 놀이의 성격을 고려할 때 정적, 중간적, 동적인 놀이공간으로 나눌 수 있다.
④ 학급 수는 3~4학급 정도, 한 학급당 인원수는 15~20명 정도가 적당하다.

ANSWER 14.①

14 화장실 변기의 산정 기준은 활동실의 수가 아니라 원아의 수이다. 일반적으로 원아 20명당 1개소 정도로 설치된다.
※ 유치원의 규모계획
  ㉠ 유치원의 적정규모
    • 1개 학급당 인원수는 교사 1인이 통제하기 적당한 15~20명 정도가 적당하다.
    • 3~4개의 학급이 가장 일반적이다.
    • 유치원 연면적은 원아 1인당 대략 7~9m² 정도이다.
    • 유치원의 연면적(1개 학급 원아 15명, 3개 학급 기준)
    − 최소 15 × 3 × 7 = 315m²
    − 적정 15 × 3 × 9 = 405m²
    − 최대 20 × 3 × 9 = 540m²
  ㉡ 총면적
    • 1학급 : 연면적 180m² + 옥외놀이터 330m²
    • 2학급 이상
    − 연면적(m²) = 320 + 100 × (학급수 − 2)
    − 유원장(m²) = 330 + 3.3 × (원아수 − 40)
  ㉢ 「유아교육법 시행규칙」과 「문교부령 유치원 시설기준」에 의한 규모
    • 면적기준
    − 1개 학급 원아 20명 / 원장 1명과 교사 1명 기준
    − 면적기준

실명	최소면적(m²)	비고
보육교실	66	
유희교실	99	
교직원(의무)실	17	1보건위생용구/약품 비치
유원장	330	140명 초과시 원아 1명당 3.3m² 추가

    • 변기의 산정기준
    − 세면기 : 원아 20명당 1개소
    − 소/대변기 : 원아 40명당 각 2개소

15 공동주택의 공용시설계획에 대한 설명으로 옳지 않은 것은?

① 기준층의 복도폭은 일반적으로 1.8m~2.1m 정도로 한다.

② 계단참은 높이가 3m를 넘는 계단에는 높이 3m 이내마다 너비 1.2m 이상으로 설치한다.

③ 건축물의 내부에 설치하는 피난계단의 경우, 계단실의 바닥 및 반자 등 실내에 면하는 부분의 마감은 불연재로 한다.

④ 건축물의 외부에 설치하는 피난계단의 경우, 계단의 유효 너비는 0.9m 이하로 한다.

16 건축물의 수직 동선계획에 대한 설명으로 옳지 않은 것은?

① 백화점에서 엘리베이터는 연면적 2,000~3,000m^{2}에 대해서 15~20인승 1대 정도를 설치한다.

② 공동주택에서 일반적으로 1대의 엘리베이터가 감당하는 범위는 50~100호가 적당하다.

③ 사무소에서 기본 엘리베이터 대수는 아침 출근시간 5분간 이용자를 기준으로 산정한다.

④ 초등학교의 계단너비는 최소 1.5m 이상, 단의 높이는 18cm 이하, 단 너비는 26cm 이상으로 한다.

17 건물구조체의 내부결로 방지대책에 대한 설명으로 옳지 않은 것은?

① 단열재는 방습층보다 외부에 두는 것이 바람직하다.

② 외부와 면하는 구조체는 각 재료층의 투습저항값이 외부로 가까워질수록 점차 커지게 한다.

③ 낮은 온도로 장시간 난방을 하는 것이 유리하다.

④ 벽체내부 온도가 노점온도 이상이 되도록 열관류율을 적게 하여 열관류저항을 높인다.

ANSWER 15.④ 16.④ 17.②

15 건축물의 외부에 설치하는 피난계단의 경우, 계단의 유효 너비는 0.9m 이상으로 한다.

16 초등학교의 계단너비는 최소 1.5m 이상, 단의 높이는 16cm 이하, 단 너비는 26cm 이상으로 한다.

17 • 외부와 면하는 구조체는 각 재료층의 열관류 저항값이 외부에 가까워질수록 점차 커지게 구성한다.
　　• 외부와 면하는 구조체는 각 재료층의 투습저항값이 외부에 가까워질수록 점차 작아지게 구성한다.

18 신재생에너지에 대한 설명으로 옳지 않은 것은?

① 풍력발전기 중에서 수평축 발전기는 간단한 구조로 이루어져 있어 설치하기 편리하나 바람의 방향에 영향을 받는다.

② 수력발전은 다른 자연에너지를 사용하는 발전방법에 비하여 발전기출력의 안정성이 높다.

③ 바이오매스(Biomass)발전이란 목재나 식물 부스러기 등의 재생 가능한 생물자원을 원료로 발전(發電)하는 기술이다.

④ 지구에 내리쬐는 하루분의 태양에너지의 양은 세계 연간에너지 소비량에 필적한다.

19 「건축기본법」상 '건축정책기본계획'에 대한 설명으로 옳지 않은 것은?

① 시 · 도지사가 수립권자가 된다.

② 5년마다 수립 · 시행한다.

③ 대통령 소속인 국가건축정책위원회가 수립 및 조정에 대해 심의한다.

④ 건축분야 전문인력의 육성 · 지원 및 관리에 관한 사항을 포함한다.

20 우리나라 근대 건축물 가운데 르네상스 양식으로만 짝지어진 것은?

① 성공회 서울성당, 경성부민관

② 경성역사, 조선은행

③ 조선은행, 경성부민관

④ 명동성당, 성공회 서울성당

ANSWER 18.④ 19.① 20.②

18 1년간 지구에서 받는 태양에너지의 양은 연간 세계에너지 소비량의 20,000배 정도로 볼 수 있다.

19 건축기본법 제10조에 따르면 국가건축정책기본계획은 국토교통부 장관이 5년마다 수립한다. 광역건축기본계획은 시 · 도지사가 수립하고 기초건축기본계획은 시 · 군 · 구에서 수립하게 된다.

20 우리나라 근대건축물에 적용된 양식
　㉠ 르네상스 양식 : 총독부청사, 조선은행, 러시아공관, 서울역(경성역사), 덕수궁
　㉡ 고딕 양식 : 명동성당, 약현성당
　㉢ 로마네스크 양식 : 성공회 서울성당
　㉣ 절충주의 양식 : 경성부청, 경성부민관

1 쇼핑센터 계획에 대한 설명으로 옳지 않은 것은?

① 전문상점의 주 출입구는 외부에서 접근이 가능하도록 하고, 중심상점의 주 출입구는 다양한 공간 연출을 위해 경사로나 계단의 설치를 통해 몰(mall)에 연결하도록 한다.

② 입지선정 시 자동차를 이용하여 도달할 수 있는 소요거리 및 소요시간이 중요하다.

③ 몰(mall) 곳곳에 조성하는 코트(court)는 고객의 휴식처와 정보안내 제공, 쇼핑센터를 상징하는 연출장의 기능을 한다.

④ 면적구성비는 쇼핑센터의 규모·중심상점의 수 등에 따라 차이가 있으나, 일반적으로 중심상점이 전체면적의 약 50%, 전문상점 부분이 약 25%, 몰과 코트 등의 공유공간이 약 10%, 나머지는 관리, 화물처리장, 기계실 등으로 구성한다.

2 주거건축의 단위주거 단면형태와 특징에 대한 설명으로 옳지 않은 것은?

① 플랫형(Flat type)은 주거단위가 동일 층에 한하여 구성되는 형식으로 각 층에 통로 또는 엘리베이터를 설치한다.

② 스킵형(Skip floor type)은 주거단위의 단면을 단층형과 복층형에서 동일 층으로 하지 않고 반 층씩 어긋나게 하는 형식으로 엘리베이터 정지 층수를 줄일 수 있다.

③ 듀플렉스형(Duplex type)은 하나의 주거단위가 2개 층에 걸쳐 복층형식을 취하는 것으로, 주택 내의 공간에 변화가 있으며 유효면적이 증가하고 통로가 없는 층의 평면은 사생활 보호, 통풍 및 채광에 좋다.

④ 트리플렉스형(Triplex type)은 하나의 주거단위가 3개 층에 걸쳐 구성되는 형식으로, 피난계획이 유리하며 단위세대면적이 작은 소규모 주택에서 유리하다.

ANSWER 1.① 2.④

1 전문상점과 중심상점의 주출입구는 몰에 바로 면하도록 하여 접근성이 좋게 해야 한다. 경사로나 계단을 설치하게 되면 접근성의 저하가 유발되어 좋지 않다.

2 트리플렉스형은 단위세대면적이 작은 소규모 주택에는 매우 불리한 구조로서, 상당한 주호면적이 없으면 융통성이 없게 되며, 피난계획도 불리하게 된다.

3 「건축기본법」상 용어의 정의로 옳지 않은 것은?

① '건축물'이란 토지에 정착하는 공작물 중 지붕과 기둥 또는 벽이 있는 것과 이에 부수되는 시설물을 말한다.

② '공공공간(公共空間)'이란 건축물이 이루는 공적 공간구조 및 경관을 말한다.

③ '건축디자인'이란 품격과 품질이 우수한 건축물과 공간환경의 조성으로 건축의 공공성을 실현하기 위하여 건축물과 공간 환경을 기획·설계하고 개선하는 행위를 말한다.

④ '품격'이란 주변환경과의 관계, 규모, 형태, 구조, 재료, 시공수준 등을 통하여 그 목적과 지역의 정체성을 창출할 수 있는 적절성을 말한다.

4 유치원 계획 시 고려하여야 할 사항으로 옳지 않은 것은?

① 유아의 생활범위를 확대하기 위하여 옥내 및 옥외공간을 명확히 분리하도록 한다.

② 교사와 유원장은 같은 대지 내에 있어야 하며 교실은 되도록 남쪽에 배치한다.

③ 유치원의 입지조건에서 적정통원거리는 4세의 경우 300m, 5세는 400m, 교통사정이 좋을 경우 최대 600m로 볼 수 있다.

④ 유아 1인당 관리부분을 제외한 순수 교실면적은 1.5~2m² 정도로 한다.

5 극장의 건축계획에 대한 설명으로 옳지 않은 것은?

① 사이클로라마(cyclorama)는 무대의 천장 밑에 설치되어 무대의 배경이나 조명기구, 연기자 또는 음향반사판 등을 매달 수 있는 장치를 말한다.

② 무대예술의 감상에서 배우 상호 간, 배우와 배경과의 관계를 고려한 수평시각의 허용한도는 무대 중심선에서 좌·우 60°이다.

③ 객석의 가시거리 설정에서 제1차 허용한도는 무대로부터 22m까지로 한다.

④ 공연장의 평면형식 중 아레나(arena)형은 무대의 배경을 만들지 않으므로 경제성이 있다.

ANSWER 3.② 4.① 5.①

3 공공공간 : 가로·공원·광장 등의 공간과 그 안에 부속되어 공중(公衆)이 이용하는 시설물
   공간환경 : 건축물이 이루는 공적 공간구조 및 경관을 말한다.

4 유아의 생활범위를 확대하기 위하여 옥내 및 옥외공간을 통합하여 계획한다.

5 무대의 천장 밑에 설치되어 무대의 배경이나 조명기구, 연기자 또는 음향반사판 등을 매달 수 있는 장치는 그리드 아이언이다.

6 서양건축의 시대별 양식에 대한 설명으로 옳지 않은 것은?

① 수메르(Sumer) 건축에서 지구라트(Ziggurat)는 여러 층으로 된 벽돌조 성탑으로 평면은 사형 형태이고, 각 모서리는 동서 남북으로 배치되었다.

② 로마네스크 건축에서는 정방형 평면이나 다각형 평면에 돔(dome)을 얹기 위해 펜던티브 돔(Pendentive dome)을 창안하였다.

③ 고딕건축의 특징으로는 첨탑과 첨두아치, 플라잉 버트레스(Flying buttress), 스테인드글라스(Stained glass) 등을 들 수 있다.

④ 르네상스 건축은 수평성을 강조하고 비례(proportion)와 미적균형을 중시하였다.

6 정방형 평면이나 다각형 평면에 돔(dome)을 얹기 위해 펜던티브 돔(Pendentive dome)을 창안한 것은 비잔틴양식이다.

※ **비잔틴건축** … 기본적으로 로마문화를 바탕으로 하여 헬레니즘 문화를 받아들였으며 동방과의 접촉으로 인한 사라센 문화 및 동양적 요소를 가미하여 통합된 것으로 해석할 수 있다. 비잔틴건축은 다음과 같은 특성을 갖는다.

㉠ **돔(Dome)과 펜던티브(Pendentive)**
- 메소포타미아에서 돔, 볼트 구조 발달
- 3세기에 정방형 평면 위에 원형 돔을 얹는 방법 해결
- 5세기 이후 교회를 중심으로 돔 사용
- 비잔틴 전축에서의 돔 : 원형이 아닌 4각 평면 위에 펜던티브(Pendentive : 아치와 돔 사이에 생기는 3각형 구조물로서 돔 하부의 횡압력을 해결하기 위함)로 구성하여 돔을 배치

㉡ **돔을 중앙에 사용**
- 전체 평면이 대개 정방형 또는 정십자형
- 전후좌우가 거의 대칭적인 평면

㉢ **구조 및 재료**
- 소수의 커다란 피어(Pier)를 씀.
- 콘크리트는 거의 사용 안함 : 벽돌, 석재 이용
- 구조적 부분(Pier, Pier Buttress, Dome 등)을 내외부에 그대로 노출

㉣ **세부 장식**
- 외부 : 비교적 장식 없음
- 내부 : 화려하고 아름다운 장식(모자이크)
- 주두위에 부주두가 2중으로 얹힘

성 소피아 대성당[Hagia Sophia]

성 소피아 대성당 내부

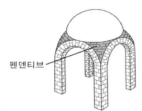
펜던티브 돔의 개념도

7 공장건축의 지붕형태에 대한 설명으로 옳지 않은 것은?

① 평지붕은 대부분 중층식 건물의 최상층에 쓰인다.
② 뾰족지붕은 직사광선을 부분적으로 허용해야 하는 단점이 있다.
③ 톱날지붕은 채광창을 남향으로 설치하여 온종일 작업능률에 지장이 없도록 한다.
④ 샤렌구조지붕은 기둥이 적게 소요되어 공간 활용성에 효과가 있다.

8 난방설비에 대한 설명으로 옳지 않은 것은?

① 증기난방은 증발잠열을 이용하기 때문에 열의 운반능력이 크지만, 소음 발생이 많고 난방부하의 변동에 따른 방열량 조절이 곤란하다.
② 온수난방은 난방을 정지하여도 난방 효과가 일정시간 지속되지만 열용량이 크기 때문에 온수순환 시간이 길다.
③ 복사난방 방식은 방열기를 설치하지 않을 수 있어 바닥면의 이용도를 높일 수 있고, 대류식 난방에 비하여 실내온도 분포가 균일한 편이다.
④ 온풍난방은 증기, 온수난방에 비하여 장치도 간단하고 설비비도 적게 들지만 예열시간이 길고 실온(室溫) 상승이 느리다.

ANSWER 7.③ 8.④

7 톱날지붕은 채광창을 북측으로 하며 균일한 조도를 받아들인다.

8 온풍난방은 예열시간이 짧고 실온상승이 빠르나 정밀한 온도의 제어가 곤란하며 쾌적성이 좋지 않다.

9 인체의 열적 쾌적성을 판단하기 위한 쾌적지표 중 습도가 고려 되지 않는 것은?

① 작용온도(Operative temperature)

② 표준유효온도(Standard effective temperature)

③ 신유효온도(New effective temperature)

④ 유효온도(Effective temperature)

10 학교의 건축계획에 대한 설명으로 옳지 않은 것은?

① 교사동의 배치계획에서 분산병렬형은 일조, 통풍 등의 교실 환경조건이 비교적 균등하다.

② 일반교실의 조명계획에서 칠판면의 조도는 책상면의 조도보다 높아야 한다.

③ 미술실은 균일한 밝기의 조도를 유지할 수 있도록 가급적 북측채광으로 하는 것이 좋다.

④ 학년과 학급을 없애고 각자 능력에 따라 교과를 선택, 수강하고 일정한 교과가 끝나면 졸업하는 학교교과 운영방식은 플래툰형(P형)이다.

11 색(color)에 대한 설명으로 옳지 않은 것은?

① 명도는 흰색에 가까울수록 높고, 검은색에 가까울수록 낮다.

② 색에 의해 거리가 다르게 느껴지는데 유채색이 무채색보다 후퇴되어 보인다.

③ 색상대비는 같은 색상이라도 배경색에 따라 다르게 보이는 현상을 말한다.

④ 먼셀(Munsell) 색입체(色立體)의 각 요소마다 붙어 있는 문자 및 숫자 중에서 문자는 색상의 계통을, 문자 뒤의 숫자는 명도를, 사선(/) 뒤의 숫자는 채도를 나타낸다.

ANSWER 9.① 10.④ 11.②

9 작용온도는 실내 공기 환경이 인체의 생리면에 미치는 영향을 고려한 척도로서 건구 온도, 기류, 주위 벽의 복사 온도의 종합적인 효과를 나타낸 것이다.(습도는 고려되지 않는다.)

10 학년과 학급을 없애고 각자 능력에 따라 교과를 선택, 수강하고 일정한 교과가 끝나면 졸업하는 학교교과 운영방식은 달톤형(D형)이다.

11 색에 의해 거리가 다르게 느껴지는데 무채색이 유채색보다 후퇴되어 보인다. 난색계열의 색은 한색계열에 속하는 색들보다 진출해 보인다.

12 건축법령상 단독주택에 해당하지 않는 것은?

① 다가구주택   ② 다중주택

③ 다세대주택   ④ 공관

13 「주택법 시행령」상 도시형 생활주택인 원룸형 주택의 요건에 해당하지 않는 것은?

① 욕실 및 보일러실을 제외한 부분을 하나의 공간으로 구성할 것. 다만, 주거전용면적이 30제곱미터 이상인 경우에는 두 개의 공간으로 구성할 수 있다.

② 세대별로 독립된 주거가 가능하도록 욕실 및 부엌을 설치할 것

③ 세대별 주거전용면적은 10제곱미터 이상 60제곱미터 이하일 것

④ 지하층에는 세대를 설치하지 아니할 것

ANSWER   12.③   13.③

12 다세대주택은 공동주택에 포함된다.

13 원룸형 도시형 생활주택 … 세대당 주거전용면적이 $14m^2$ 이상 $50m^2$ 이하로서, 세대별 독립된 주거가 가능하도록 욕실과 부엌을 설치하고 욕실을 제외한 부분이 하나의 공간으로 구성, 각 세대는 지하층에 설치 불가능하다.

14 건축가와 그의 작품이 옳지 않은 것은?

① 미스 반 데어 로에(Mies Van der Rohe) − 스타인 저택(Villa Stein)

② 알바 알토(Alvar Aalto) − 마이레아 저택(Villa Mairea)

③ 프랭크 로이드 라이트(Frank Lloyd Wright) − 존슨왁스 본사 (Johnson Wax Building)

④ 루이스 칸(Louis I. Kahn) − 방글라데시 국회의사당

ANSWER 14.①

14 스타인 저택(Villa Stein)은 르 코르뷔지에(Le Corbusier)가 1927년 가르슈에 설계하였다. 이는 모듈방식이 적용된 주택으로서 이 주택의 직사각형 평면, 입면, 그리고 내부 구조의 비례는 거의 황금비의 사각형과 비슷하다.

※ **르 코르뷔지에(Le Corbusier)**

㉠ 근대건축의 원형을 결정하고 그 철학적 방향을 제시하였다는 평가를 받는 건축가이다.

㉡ 모더니즘 건축의 거장으로서 "형태는 기능을 따른다."는 기능주의에 충실한 건축을 하였다.

㉢ 모듈러의 개념을 건축에 도입하여 합리주의적인 건축을 추구하였으며 건축적 비례의 척도로 황금비를 주로 사용하였다.

㉣ 주요 작품으로는 빌라 사부아, 마르세유 집합주택, 스타인 저택 등이 있다.

㉤ 르 코르뷔지에의 근대건축 5원칙

• 필로티 : 철근콘크리트 기둥으로 된 필로티로 무게를 지탱하며 건축구조의 대부분을 땅에서 들어올려 지표면으로부터 건축물을 자유롭게 한다.

• 자유로운 입면 : 건축가가 원하는 대로 설계할 수 있는 구조 기능을 갖지 않는 벽체로 이루어진 '자유로운 입면'이다.

• 띠 유리창 : 채광효과가 우수하고 길고 낮은 평면의 유리창이다.

• 열린 평면 : 지지벽이 필요 없이 바닥 공간이 여러 개의 방들로 자유롭게 배열된 평면이다.

• 옥상정원 : 건물이 서기 전에 있던 녹지를 대체할 수 있는, 옥상에 설치된 정원이다.

[르 꼬르뷔지에의 빌라 사부아]

15 형태구성원리에 대한 설명으로 옳지 않은 것은?

① 건축에서 비례(proportion)란 선, 면, 공간 사이에서 상호 간의 양적인 관계이다.

② 통일성(unity)이란 질적으로나 양적으로 모순되는 일이 없이 질서가 잡혀 있는 것을 말하며, 반대되는 개념은 대비(contrast)이다.

③ 리듬(rhythm)이란 부분과 부분 사이에 시각적으로 강한 힘과 약한 힘이 규칙적으로 연속될 때 나타나는 것으로, 반복(repetition), 점증(gradation), 억양(accentuation) 등이 있다.

④ 균형(balance)이란 구성체의 부분과 부분, 부분과 전체 사이에 시각적인 힘의 평형을 이루는 것이다.

16 태양광선 복사열의 세기를 말하는 일사량의 단위는?

① $kcal/m^3℃$

② $kcal/mh℃$

③ $kcal/m^2h$

④ $kcal/m^2h℃$

17 스포츠 시설 중 육상경기장의 세부건축계획에 대한 설명으로 옳지 않은 것은?

① 코스를 계획할 때 달리는 방향은 왼손이 트랙 안쪽을 향하도록 한다.

② 트랙은 배수를 위해 기층부에 잡석 및 자갈을 15~20cm 두께로 깐다.

③ 필드하부에는 우수를 배수하기 위해 약 10m 간격으로 집수관을 매설한다.

④ 필드에 잔디를 까는 경우 잔디바닥 흙은 약 10cm 이상의 깊이가 요구되고, 필드는 트랙면보다 5cm 낮게 한다.

18 의례(儀禮)와 관련된 조선시대 건축에 대한 설명으로 옳지 않은 것은?

① 월대는 격이 높은 건물에 설치되며 행사용으로 사용되었다.

② 한성의 사직단에는 두 개의 네모난 단이 있고 각각 사단, 직단이라 불렸다.

③ 종묘 정전은 역대 왕의 신위를 모시기 위하여 태조의 한양천도 때 정면 19칸, 측면 3칸의 규모로 건립되었다.

④ 지방 고을의 객사 가운데에 있는 정청에는 전패를 모셨으며, 고을 수령은 이곳에서 전패에 하례를 드렸다.

19 병원의 세부건축 계획에 대한 설명으로 옳지 않은 것은?

① 수술실의 위치는 병동부와 외래부 중간에 위치시켜 공동사용이 편리하도록 고려하며 타 부분과 통과교통이 교차되지 않도록 배치한다.

② 신생아실에는 복도에서 직접 통하는 출입구를 내지 않도록 한다.

③ 응급부는 가능한 한 입원환자의 눈에 잘 띄지 않는 위치에서 응급차량의 접근이 용이하도록 별도로 출입구를 설치한다.

④ 방사선 촬영실의 벽면, 출입구 등은 소요두께 이상의 납판 또는 이와 동등 이상의 콘크리트벽을 설치하여야 하며, 동일 공간에 조작실을 함께 설치하도록 한다.

20 급탕배관에 대한 설명으로 옳지 않은 것은?

① 배관의 구배는 중력순환식은 1/150 이상, 강제순환식은 1/200 이상으로 하는 것이 좋다.

② 공기가 탕물의 순환을 저해할 수 있으므로 ㄷ자형 배관을 피해야 한다.

③ 배관 도중의 스톱 밸브, 슬루스(sluice) 밸브 등은 공기의 체류를 유발하기 쉬우므로 글로브(globe) 밸브를 사용하는 것이 좋다.

④ 강관의 경우 신축이음쇠는 약 30m마다 1개소씩 설치하는 것이 좋다.

ANSWER 18.③ 19.④ 20.③

18 종묘는 태조 3년(1394)에 개성에서 한양으로 천도한 다음해인 1395년에 사직단(社稷壇), 궁궐(경복궁)과 함께 완공되었다. 종묘 정전은 현재 정면 19칸, 측면 3칸이고, 좌우 익실(翼室) 각 3칸이지만 본래에는 태실(太室) 7칸, 좌우 익실 각 2칸이었던 것을 여러 번 증축하였다

19 X선 촬영 치료 등은 방사선이 실외로 새어나가면 일반인에게 위험성이 많으므로 철저한 위험방지책이 필요하다. 벽면 출입구 등은 소요두께의 납판, 또는 이와 동등 이상 두께의 콘크리트 벽을 설치하여야 하며 유리는 납유리를 사용하여야 한다. 그러므로, 동일공간에 조작실을 함께 설치해서는 안 된다.

20 밸브류는 공기의 체류나 마찰저항이 적은 것을 사용해야 하는데 밸브의 경우 글로브 밸브는 공기의 체류가 유발되기 쉬운 단점이 있기에 되도록 피하고 슬루스 밸브를 사용한다.

2018. 3. 24. 제1회 서울특별시 시행

1 공간과 치수 및 모듈에 대한 설명으로 가장 옳지 않은 것은?

① 인간공학은 인간과 기계의 연결을 능숙하게 하고 작업공간을 인간의 생리와 심리적인 특성에 적합하도록 하는 과학적 학문이다.

② 건축공간 치수 계획의 기준은 인간중심이어야 하며, 인간중심의 치수 계획 시 고려할 사항은 크게 생리적, 심리적, 물리적 스케일로 구분할 수 있다.

③ 르 꼬르뷔지에의 모듈러는 인체의 치수와 실질적 관련이 없다.

④ 모듈상의 치수는 공칭 치수를 말하기 때문에 제품 치수는 공칭 치수에서 줄눈 두께를 빼야 한다.

2 건축법령상 건축물의 외벽에 불연재료 또는 준불연재료를 마감재료(단열재, 도장 등 코팅재료 및 그 밖에 마감재료를 구성하는 모든 재료를 포함)로 사용해야 하는 건축물로 가장 옳은 것은?

① 문화 및 집회시설 용도로 쓰는 바닥면적의 합계가 1,000m² 이상인 건축물

② 숙박시설 용도로 쓰는 바닥면적의 합계가 2,000m² 이상인 건축물

③ 공장 용도로 쓰이는 건축물로부터 10m 이내에 위치한 건축물

④ 6층 이상 또는 높이 22m 이상인 건축물

ANSWER 1.③ 2.④

1 르 꼬르뷔지에의 모듈러는 인체의 치수와 매우 깊은 관련을 갖는다.

2 건축물의 외부마감재료를 불연재료 또는 준불연재료로 해야 하는 대상
  ㉠ 상업지역(근린산업지역 제외)의 건축물로서 다음의 어느 하나에 해당하는 것
    • 제1종 근린생활시설, 제2종 근린생활시설, 문화 및 집회시설, 종교시설, 판매시설, 의료시설, 교육연구시설, 노유자시설, 운동시설 및 위락시설의 용도로 사용되는 건축물로서 그 용도로 쓰는 바닥면적의 합계가 2,000m² 이상인 건축물
    • 공장(국토교통부령으로 정하는 화재위험이 적은 공장은 제외한다.)의 용도로 사용되는 건축물로부터 6m 이내에 위치한 건축물
  ㉡ 6층 이상 또는 높이 22m 이상인 건축물

3 도시재생을 위한 도시유산 보전 방법에 대한 설명으로 가장 옳은 것은?

① 도시유산은 원래의 기능을 보존하는 것보다 현대에 맞게 재창조하여 활용하는 것이 바람직하다.

② 제도적으로 보호대상이 아닌 비문화재는 현 세대에서 가치를 인정받지 못하는 것이기 때문에 지역 낙후의 요인이 되기 전 해체하는 것이 바람직하다.

③ 현대도시에서의 도시유산 보전은 '컬처노믹스(culturenomics)'를 이루어 가는 핵심적인 실천 개념이다.

④ 도시유산으로 지정되면 제도적으로 보호대상이 되며, 이를 통해 '보전' 혹은 '활용' 대상으로 구분된다.

3 ① 도시유산을 현대에 맞게 재창조하여 활용하는 경우 원형이나 본래의 가치회복이 상당히 어렵기 때문에 신중히 판단해서 추진해야 한다.
　② 제도적으로 보호대상이 아닌 비문화재는 역사문화의 자산으로 활용할 수 있는 가능성과 잠재력을 보유하고 있다.
　④ 도시유산으로 지정된다고 하여 모두 보호대상이 되는 것은 아니다.
　※ **도시유산** … 원래의 것을 바탕으로 하는 '재생'에 초점을 두어 도시에 남아있는 흔적과 기억의 총체를 말한다. 제도적으로 보호받고 있는 문화재, 변화에 의해 곧 사라질 유산, 보호대상의 비문화재, 세간유산 등을 포함하는 개념이다. 제도로 보호받지 못하는 도시유산은 전반적으로 양식(style)을 갖추지 못하여 약하거나 볼품이 없어 현세대에 가치를 인정받지 못하고 있는 것이 대부분이며, 이에 따라 도시개발의 과정 속에서 해체되는 것이 당연한 것으로 여겨왔다. 그러나 시민들의 삶(생활과 생산)과 밀착되어 있거나 특별한 존재 이유를 가진 유산의 경우는 보호 대상이 되기도 한다.
　　㉠ **지정문화재** : 문화재보호법 또는 시·도 문화재 보호조례에 의해서 보호되는 문화재 (국가지정문화재, 시·도 지정문화재)
　　㉡ **국가지정문화재** : 문화재청장이 문화재보호법에 의하여 문화재위원회의 심의를 거쳐 지정한 중요문화재
　　㉢ **시도지정문화재** : 특별시장, 광역시장, 도지사가 국가지정문화재로 지정되지 아니한 문화재 중 보존가치가 있다고 인정되는 것을 지자체의 조례에 의해 지정한 문화재로서 유형문화재, 무형문화재, 시도기념물, 민속자료 등 4개 유형으로 구분한다.
　　㉣ **비지정문화재** : 법령에 의해 지정되지는 않았지만 문화재 중에서 지속적인 보호와 보존이 필요한 문화재 (매장문화재, 일반동산문화재 등 기타 지정되지 않은 문화재로 향토유적, 유물 등이 있다)
　　㉤ **매장문화재** : 토지 또는 수중에 매장되거나 분포되어 있는 유형의 문화재로서 건조물 등에 포장되어 있는 유형의 문화재이다. (지표, 지중, 수중 등에 생성 퇴적되어 있는 천연동굴과 화석, 그 밖에 대통령령으로 정하는 지질학적인 가치가 큰 것)
　　㉥ **일반동상문화재** : 국외수출 또는 반출금지규정이 준용되는 지정되지 아니한 문화재 중 동산에 속하는 문화재를 지칭하며 전적, 사적, 판목, 회화, 조각, 공예품, 고고자료 및 민속문화재로서 역사상, 예술상 보존가치가 있는 문화재이다.
　　㉧ **등록문화재** : 지정문화재가 아닌 문화재 중 건설된 후 50년 이상이 지난 것으로서 보존과 활용을 위한 조치가 특별히 필요하여 등록한 문화재
　　㉨ **문화재 자료** : 시·도지사가 시·도 지정문화재로 지정하지 아니한 문화재 중 향토문화 보존상 필요하다고 인정하여 시·도 조례에 의하여 지정한 문화재
　　㉩ **예비문화재** : 현재 등록문화재로 인정받기 위해서 50년 이상 지나야 문화재로 인정이 되는데 50년을 채우지 못한 근현대 문화유산의 경우 보존관리가 제대로 이루어지지 않아 훼손되는 일이 잦았다. 이로 인해 50년을 넘기지 않아도 예비보존하는 제도이다.

4 도서관의 서고 계획 시 고려할 사항을 설명한 것으로 가장 옳지 않은 것은?

① 서고의 내부는 자연채광에 의하지 않고 인공조명을 사용하여 조도를 유지한다.

② 폐가식의 통로 폭은 통상적으로 개가식에 비해 넓다.

③ 규모가 작은 도서관의 경우 개가식이 유리하다.

④ 서고는 모듈러 플래닝이 가능하다.

5 건축물 설계 시 「건축법」 제61조(일조 등의 확보를 위한 건축물의 높이제한)를 해석하여 적용한 것으로 가장 옳은 것은?

① 일반상업지구 안에서 건축하는 건축물의 높이에 적용하여 계획

② 건축물의 각 부분을 정남 방향으로의 인접 대지 경계선으로부터 건축물 높이의 1.5배만큼 이격하여 계획

③ 높이 9m 이하인 부분은 정북 방향으로의 인접 대지 경계선으로부터 1.5m 이상 이격하여 계획

④ 공동주택의 경우 각 부분의 높이를 그 부분으로부터 채광을 위한 창문 등이 있는 벽면에서 직각방향으로 인접 대지 경계선까지의 수평거리의 3배 이하로 계획

ANSWER 4.② 5.③

4 폐가식의 통로 폭은 통상적으로 개가식에 비해 좁다.

5 ① 건축법 제61조는 일반상업지구 안에서 건축하는 건축물의 높이에 적용되지 않는다.

② 건축물의 각 부분을 정북 방향으로의 인접 대지 경계선으로부터 다음의 범위 안에서 건축조례가 정하는 거리 이상을 이격하여 건축해야 한다.

대상	이격기준	
전용주거지역 및 일반주거지역 내 건축물	높이 9m 이하인 부분	인접 대지경계선으로부터 1.5m 이상
	높이 9m를 초과하는 부분	인접 대지경계선으로부터 당해 건축물 각 부분 높이의 1/2 이상
	건축물의 미관향상을 위해 너비 20m 이상의 도로(자동차전용도로 포함)로서 건축조례가 정하는 도로에 접한 대지상호간에 건축하는 건축물은 제외함.	

④ 공동주택의 경우 각 부분의 높이를 그 부분으로부터 채광을 위한 창문 등이 있는 벽면에서 직각방향으로 인접 대지 경계선까지의 수평거리의 2배 이하로 계획한다. (예외 : 근린상업지역이나 준주거지역안의 건축물인 경우에는 4배 이하로 하며 다세대주택의 경우 1m 이상으로서 조례로 정한 거리 이상을 이격한다.)

6 호텔은 쇼핑, 회의실, 연회장 등 숙박 이외의 기능이 추가되기 때문에 설비 계통 설계에 추가적으로 고려할 사항들이 있다. 이에 대한 사항으로 가장 적절하지 않은 것은?

① 호텔은 일반적으로 연중 무휴이며 24시간 운영하기 때문에 시간적, 계절적 공조부하의 변동 폭이 크지 않다.
② 호텔의 열원설비 및 장비의 신뢰성이 중요하며 충분한 유지관리가 요구된다.
③ 호텔은 복합화 시설이라 할 수 있기 때문에 설비 계통의 조닝에 있어 운영적인 측면을 고려해야 한다.
④ 설비 계통 검토에 있어 건물 형태의 변경, 개조 등의 가능성을 고려해야 한다.

7 근린생활시설 분류에 대한 설명으로 가장 옳지 않은 것은? (단, 하나의 대지에 있는 모든 건축물은 같은 건축물로 본다.)

① 같은 건축물에 일반업무시설로서의 결혼상담소 바닥면적 합계가 $30m^2$ 미만이면 제1종 근린생활시설이다.
② 같은 건축물에 공공업무시설로서의 파출소 바닥면적 합계가 $1,000m^2$ 미만이면 제1종 근린생활시설이다.
③ 같은 건축물에 일용품을 판매하는 소매점의 바닥면적 합계가 $1,000m^2$ 미만이면 제2종 근린생활시설이다.
④ 같은 건축물에 단란주점의 바닥면적 합계가 $150m^2$ 미만이면 제2종 근린생활시설이다.

ANSWER 6.① 7.③

6 호텔은 일반적으로 연중 무휴이며 24시간 운영하며 연휴기간 등에 집중적으로 몰리므로 시간과 계절에 따른 공조부하의 변동폭이 매우 크게 발생할 수 있으므로 이에 대한 준비가 되어 있어야 한다.

7 같은 건축물에 일용품(식품·잡화·의류·완구·서적·건축자재·의약품 등)을 판매하는 소매점의 바닥면적 합계가 $1,000m^2$ 미만이면 제1종 근린생활시설이다.

용도	바닥면적합계	분류	용도	바닥면적합계	분류
수퍼마켓	$1,000m^2$ 미만	1종 근린생활시설	고시원	$500m^2$ 미만	2종 근린생활시설
	$1,000m^2$ 이상	판매시설			
일용품점	$1,000m^2$ 미만	1종 근린생활시설		$500m^2$ 이상	숙박시설
	$1,000m^2$ 이상	판매시설			
휴게 음식점	$300m^2$ 이상	1종 근린생활시설	학원	$500m^2$ 미만	2종 근린생활시설
	$300m^2$ 미만	2종 근린생활시설		$500m^2$ 이상	교육연구시설
동사무소	$1,000m^2$ 미만	1종 근린생활시설	단란 주점	$150m^2$ 미만	2종 근린생활시설
방송국 등	$1,000m^2$ 이상	업무시설		$150m^2$ 이상	위락시설

※ 제1종 근린생활시설은 우리 생활과 아주 밀접한 관련을 가지고 있는 시설이며, 제2종 근린생활시설은 1종보다는 덜 밀접한 관련을 가지고 있는 시설로 1종을 보조하는 시설이다.

8 학교 건축 계획 시 블록플랜의 적용에 대한 설명으로 가장 옳지 않은 것은?

① 같은 기능을 가진 교실과 유사 교과교실, 특별교실을 그룹핑(grouping)하여 배치한다.

② 특별교실은 자연환기 및 채광을 우선하여 건물 외주부에 배치하고, 보통교실은 접근성을 우선하여 건물 중앙부에 배치한다.

③ 학년 단위로 계획하며 초등학교 저학년과 고학년은 분리한다.

④ 동일 학년의 학급은 균등한 조건으로 같은 층에 계획한다.

9 서양 건축 양식의 발달 순서가 옳게 정리된 것은?

① 그리스 – 로마 – 비잔틴 – 바로크 – 르네상스

② 이집트 – 그리스 – 로마 – 로마네스크 – 비잔틴 – 고딕

③ 그리스 – 로마 – 비잔틴 – 로마네스크 – 고딕 – 르네상스

④ 로마 – 비잔틴 – 고딕 – 로마네스크 – 르네상스 – 바로크

ANSWER 8.② 9.③

8 자연환기 및 채광을 우선하여 건물 외주부에 배치해야 하는 것은 보통교실로서, 일반적으로 보통교실을 건물의 중앙부에 배치하지 않으며 건물의 중앙부에는 주로 관리실이 위치한다. 또한 특별교실의 경우는 음악실, 미술실과 같이 일반적으로 특별한 목적으로 사용되는 곳이라는 특성상 채광이나 환기가 우선시 되지는 않으며, 특별교실의 목적에 맞는 접근성이 높은 곳에 위치한다.

9 서양 건축양식의 발달순서 … 이집트 → 그리스 → 로마 → 초기기독교 → 사라센 → 비잔틴 → 로마네스크 → 고딕 → 르네상스 → 바로크 → 로코코 → 고전주의 → 낭만주의 → 절충주의 → 수공예운동 → 아르누보운동 → 시카고파 → 세제션 → 독일공작연맹 → 바우하우스, 입체파 → 유기적 건축 → 국제주의 → 포스트모더니즘 → 레이트 모더니즘

고대건축	이집트, 서아시아(바빌로니아)
고전건축	그리스, 로마
중세건축	초기기독교, 비잔틴, 사라센, 로마네스크, 고딕
근세건축	르네상스, 바로크, 로코코
근대건축	신고전주의, 낭만주의, 절충주의, 건축기술
	수공예운동, 아르누보운동, 시카고파, 세제션운동, 독일공작연맹
	바우하우스, 유기적건축, 국제주의, 거장시대
	팀텐, GEAM, 아키그램, 메타볼리즘, 슈퍼스튜디오, 형태주의, 브루탈리즘, 포스트모더니즘, 레이트모더니즘
현대건축	대중주의, 신합리주의, 지역주의, 구조주의, 신공업기술주의, 해체주의

10 범죄예방 환경설계(CPTED)의 기본 원리에 대한 설명으로 가장 옳지 않은 것은?

① 자연적 감시 – 가능한 한 많은 CCTV를 설치하여 범죄 가능성을 감소시킨다.

② 자연적 접근 통제 – 도로, 보행로, 조경 등을 통해 허가받지 않은 사람들의 접근을 어렵게 만들고, 물리적 수단을 병행하여 이를 강화할 수 있다.

③ 영역성 – 어떤 지역을 지역 주민들이 자유롭게 사용하거나 점유함으로써 그들의 권리를 주장할 수 있는 가상의 영역을 말한다.

④ 활용성 증대 – 공공장소를 일반 시민들이 활발하게 사용하도록 하여 그들의 눈에 의한 자연스러운 감시를 강화한다.

11 전시공간 디자인에서 '하나의 사실 또는 주제의 시간상황'을 고정시켜 연출하는 것으로 현장에 있는 듯한 느낌을 가지고 관찰할 수 있도록 하는 전시설계기법은?

① 디오라마 전시설계기법   ② 파노라마 전시설계기법

③ 아일랜드 전시설계기법   ④ 하모니카 전시설계기법

12 노외주차장 계획에 대한 설명으로 가장 옳지 않은 것은?

① 출입구의 너비 합이 5.5m 이상으로 출구와 입구가 차선 따위로 분리되는 경우에는 출입구를 함께 설치할 수 있다.

② 공중화장실, 간이매점, 휴게소 등 부대시설의 총 면적은 주차장 총 시설면적의 20% 이상으로 계획하는 것이 바람직하다.

③ 지하식 노외주차장 차로의 높이는 주차바닥면으로부터 2.3m 이상이 되게 계획하여야 한다.

④ 주거지역에 설치된 노상주차장으로 인근 주민의 자동차를 위한 경우에는 전용주차구획을 노상주차장 일부에 설치할 수 있다.

ANSWER   10.①   11.①   12.②

10 가능한 한 많은 CCTV를 설치를 하는 것은 자연적 감시가 아니라 인위적 감시이다.

11 디오라마 전시설계기법에 관한 설명이다.

12 공중화장실, 간이매점, 휴게소 등 부대시설의 총 면적은 노외주차장 총 시설면적의 20% 이내로 계획하는 것이 바람직하다.

13 인텔리전트빌딩(Intelligent Building)은 고도 정보사회의 업무에 적합하고 업무 개선이나 설비 변경에 대응할 수 있도록 유연성 있는 공간 제공이 요구된다. 인텔리전트빌딩이 갖추어야 할 특성과 가장 거리가 먼 것은?

① 경제성 ② 쾌적성
③ 생산성 ④ 독립성

14 「건축법」에 따라 건축면적 산정에 포함되는 것으로 가장 옳은 것은?

① 지표면으로부터 2m 높이에 있는 부분
② 건축물 지상층에 일반인이나 차량이 통행할 수 있도록 설치한 보행통로나 차량통로
③ 지하주차장의 경사로
④ 음식물쓰레기, 의류 등의 수거함

15 개발로 인하여 기반시설이 부족할 것으로 예상되나 기반 시설을 설치하기 곤란한 지역을 대상으로 건폐율이나 용적률을 강화하여 적용하기 위해 지정하는 구역은?

① 기반시설부담구역
② 개발밀도관리구역
③ 개발제한구역
④ 시가화조정구역

ANSWER 13.④ 14.① 15.②

13 독립성을 인텔리전트빌딩이 갖추어야 할 특성으로 보기는 어렵다.

14 건축면적 산정시 제외되는 부분
• 지표면으로부터 1m 이하의 부분
• 다중이용업소의 비상구에 연결되는 폭 2m 이하의 옥외피난계단
• 지상층에 설치한 보행통로 또는 차량통로
• 지하주차장의 경사로
• 지하층의 출입구 상부
• 생활폐기물 보관함

15 개발밀도관리구역에 관한 설명이다.

16 극장 계획에 대한 설명으로 가장 옳은 것은?

① 출연자와 직원의 출입구는 서로 항시 소통과 조율이 가능하도록 공용으로 설치한다.

② 극장의 대지는 대로에서 벗어나 아늑한 공간에 위치하는 것이 바람직하다.

③ 극장의 화장실은 개막 전 또는 중간의 휴식시간 중 관객들 모두가 일시에 사용할 수 있도록 최대한 크게 설치한다.

④ 아레나 스테이지형은 무대에서 가까운 거리에 많은 관객을 수용할 수 있다.

17 장애인 등이 이용 가능한 화장실에 관한 기준으로 가장 옳지 않은 것은?

① 대변기의 전면에는 휠체어가 회전할 수 있도록 1.0m×1.0m 이상의 활동공간을 확보하여야 한다.

② 건물을 신축하는 경우에는 대변기의 유효바닥면적이 폭 1.4m 이상, 깊이 1.8m 이상 되도록 설치하여야 한다.

③ 대변기의 좌측 또는 우측에는 휠체어의 측면 접근을 위하여 유효폭 0.75m 이상의 활동공간을 확보하여야 한다.

④ 출입문의 통과 유효폭은 0.8m 이상으로 하여야 한다.

18 종합병원을 계획할 때 고려할 사항으로 가장 옳지 않은 것은?

① 외래부 중 환자가 많은 내과 등은 현관에서 가까운 곳에 배치한다.

② 병동 계획 시 간호단위의 크기는 1조의 간호사가 담당하는 병상 수로 결정된다.

③ 중앙재료실(supply center)은 수술부에 인접하거나 리프트 등으로 직결되는 위치에 배치한다.

④ 수술실의 실내 벽은 환자의 심리적 안정을 위하여 온난한 계열의 색으로 도색한다.

ANSWER 16.④ 17.① 18.④

16 ① 출연자, 직원, 관객의 동선을 서로 분리를 해야만 하므로 각각의 출입구는 별도로 설치한다.

② 극장의 대지는 많은 차량의 진입이 이루어지므로 주로 대로에 인접한 곳에 위치한다.

③ 극장의 화장실은 모두가 일시에 사용할 수 있을 정도로 계획할 경우 화장실의 면적이 매우 커지게 되며 비경제적이 된다. 적정한 규모의 화장실을 계획하는 것이 바람직하다.

17 대변기의 전면에는 휠체어가 회전할 수 있도록 1.4m×1.4m 이상의 활동공간을 확보하여야 한다.

18 수술실의 실내 벽 재료는 피의 보색인 녹색계통의 마감을 하여 적색의 식별을 용이하게 계획해야 한다.

19 〈보기〉는 쇼핑센터의 구성요소를 설명한 것이다. ㉠~㉢에 해당하지 않는 것은?

> 〈보기〉
> ㉠ 단일품목을 취급하는 점포를 말하며 고객에게 쇼핑의 즐거움을 주고 쇼핑센터의 특색을 살리는 역할을 한다.
> ㉡ 점포와 점포를 연결하고 고객의 방향성과 동선을 유도하며 공간의 식별성을 부여한다.
> ㉢ 고객이 이동하는 중간중간에 머물 수 있는 공간을 말하며 휴식처인 동시에 연출장소이다.

① 코트(court)

② 몰(mall)

③ 전문점(retail store)

④ 핵점포(magnet store)

20 자동화재 탐지 설비 중 열감지기가 아닌 것은?

① 보상식 감지기　　　　　　　② 이온화식 감지기

③ 정온식 감지기　　　　　　　④ 차동식 감지기

ANSWER 19.④　20.②

19 ① 코트(court) : 고객이 이동하는 중간중간에 머물 수 있는 공간을 말하며 휴식처인 동시에 연출장소이다.

② 몰(mall) : 점포와 점포를 연결하고 고객의 방향성과 동선을 유도하며 공간의 식별성을 부여한다.

③ 전문점(retail store) : 단일품목을 취급하는 점포를 말하며 고객에게 쇼핑의 즐거움을 주고 쇼핑센터의 특색을 살리는 역할을 한다.

④ 핵점포(Magnet Store) : 그 점포만으로 넓은 지역으로부터 소비자를 흡인할 수 있는 점포를 말한다. 쇼핑센터나 상점가 등의 핵이 되는 점포라는 의미 뿐만 아니라 백화점이나 대형 양판점을 핵점포로 하는 경우가 많다.

20 이온화식 감지기는 열을 감지하여 화재를 탐지하는 것이 아니라 연기를 감지하여 화재를 탐지하는 설비이다.

※ 자동화재 탐지설비

– 차동식 감지기 : 감지기 내의 장치가 주변의 온도상승으로 인한 열팽창률에 의해 팽창하여 파이프에 접속된 감압실의 접점을 동작시켜 작동되는 감지기로 부착높이가 15m이하인 곳에 적합하다.

– 정온식 감지기 : 주위의 온도가 일정 온도 이상이 되었을 경우 바이메탈이 팽창하여 접점이 닫힘으로써 작동되는 감지기로 화기 및 열원기기를 취급하는 보일러실이나 주방 등에 적합하다.

– 보상식 감지기 : 차동식 감지기와 정온식 감지기의 기능을 합친 감지기

– 이온화식 감지기 : 연기에 의해서 이온전류가 변화하는 현상을 이용하여 감지하는 방식

– 광전식 감지기 : 감지기의 주위의 공기가 일정한 농도의 연기를 포함하게 되면 작동되는 것으로 연기에 의하여 광전소자의 수광량이 변화하는 것을 이용해서 작동하는 감지기

1 장애인을 위한 무장애시설(Barrier-Free)에 대한 설명으로 가장 옳지 않은 것은?

① 장애인 휠체어의 360° 회전공간은 150cm×150cm 이상 확보해야 한다.
② 점자블록의 표준형 크기는 45cm×45cm, 계단의 2단 손잡이 높이는 각각 70cm와 90cm이다.
③ 일반 출입문의 통과 유효 폭은 80cm 이상 확보해야 한다.
④ 경사로의 구배는 실내는 1/12 이하, 옥외는 가능한 1/18 이하로 확보하는 것이 안전하다.

2 리모델링 설계 시 고려사항에 대한 설명으로 가장 옳지 않은 것은?

① 구조시스템의 결합관계에 가변성 부여
② 서비스코어의 확장성 고려
③ 건물 외부공간의 확보
④ 설비영역의 개별화를 통한 가변성 최소화

ANSWER 1.② 2.④

1 점자블록의 표준형 크기는 30cm×30cm, 계단의 손잡이의 높이는 0.85m±5cm로 하고, 2단으로 설치할 경우 위쪽 손잡이는 0.85m 내외, 아래쪽 손잡이는 0.65m 내외로 하여야 한다.

2 설비영역의 개별화를 통한 가변성 최소화는 리모델링 설계 시 지양해야 한다. 가변성을 확보하는 쪽으로 리모델링 설계를 해야 한다.

3 「주차장법 시행규칙」에 따른 직각주차형식의 주차면 폭과 길이 값으로 가장 옳은 것은?

	일반형	확장형
①	폭 2.3m 이상, 길이 5.0m 이상	폭 2.5m 이상, 길이 5.1m 이상
②	폭 2.4m 이상, 길이 5.1m 이상	폭 2.5m 이상, 길이 5.1m 이상
③	폭 2.5m 이상, 길이 5.1m 이상	폭 2.6m 이상, 길이 5.2m 이상
④	폭 2.5m 이상, 길이 5.0m 이상	폭 2.6m 이상, 길이 5.2m 이상

4 극장 계획에 대한 설명으로 가장 옳지 않은 것은?

① 무대형식 가운데 아레나형은 가까운 거리에서 많은 관객을 수용할 수 있으며, 무대 배경을 만들지 않으므로 경제성이 높다는 장점이 있다.

② 단면계획상 복상형(gallery type)은 관객석이 2층석, 3층석 등의 발코니로 구성된 형식으로, 동일 수용인원을 지닌 극장일 경우 단층형에 비하여 맨 뒷좌석의 시거리가 짧아 연극을 주로 하는 극장에 유리한 형식이다.

③ 가시거리 22m는 배우의 표정과 동작을 자세하게 관람할 수 있는 생리적 한도로 인형극과 아동극 등이 이 범위로 정해진다.

④ 무대의 수평 편각 허용도는 무대 중심선에서 60°의 범위로 한다.

ANSWER 3.④ 8.③

3 직각주차형식의 주차면 폭은 일반형의 경우 폭 2.5m 이상, 길이 5.0m 이상이어야 하며, 확장형은 폭 2.6m 이상, 길이 5.2m 이상이어야 한다.

8 배우의 표정과 동작을 자세하게 관람할 수 있는 생리적 한도거리는 15m이다.

5 유럽 중세건축에 대한 설명으로 가장 옳은 것은?

① 바질리카 교회(Basilican Church)는 중세 서구 교회 건축의 원형으로 로마네스크 양식을 거쳐 고딕 양식에 이르러 완성되었으며, 주축은 항상 남북축으로 하였다.

② 사라센(Saracen) 건축은 비잔틴(Byzantine) 양식과 동아시아의 건축이 혼합된 것으로 서양 건축사에서 매우 중요한 양식이다.

③ 고딕(Gothic) 건축은 도시의 발달, 경제력의 증대 및 기독교의 융성에 따라 중세 교회 건축을 완성하여 역사상 종교건축의 절정기를 이룩한 양식이다.

④ 로마네스크(Romanesque) 건축은 로마 건축 기법에 그리스적 요소를 많이 반영해 중세 문화에 적합하도록 로마 건축 양식과 병용하여 발전한 양식이다.

6 결로에 대한 설명으로 가장 옳지 않은 것은?

① 외단열이 결로방지에 유리하다.

② 구조상 일부 벽이 얇아지거나 재료가 달라서 열관류 저항이 큰 부분이 생기면 결로하기 쉽다.

③ 현관 주위의 칸막이 벽 등 내벽에 일어나는 경우도 있고, 특히 북향 벽이나 북측 모서리 부분에서 일어나기 쉽다.

④ 내부결로는 수증기가 벽체 내부에서 결로하는 현상이다.

ANSWER 4.③ 5.②

4 ① 바질리카 교회(Basilican Church)는 동서를 주축으로 하였다.

② 사라센(Saracen) 건축은 이슬람문화권의 건축으로서 모스크건축물과 4각형 평면을 돔으로 덮는 스퀀지 구법이 특징이다. 이 양식은 이후 비잔틴건축에 큰 영향을 준 방식이다. (이슬람문화권을 서양으로 보기에는 논란의 여지가 있으며, 이를 서양의 건축사에 있어 중요한 의미를 갖는다고 보기에도 무리가 있다.)

④ 로마네스크 건축은 그 당시의 잦은 전쟁으로 인한 석재구조를 사용함으로 육중한 특질, 두꺼운 벽, 둥근 아치, 튼튼한 기둥, 그로인 볼트, 큰 탑과 장식적인 아케이드(늘어선 기둥 아래의 공간)로 잘 알려져 있다. 모든 건물은 명확히 정의된 형태를 가지고 상당수가 규칙적이고 대칭적인 평면을 가진다. 로마네스크 건축물에서 그리스건축의 특성을 찾기는 어려우므로 그리스건축양식을 접목시킨 양식이라고 보기는 어렵다.

5 열관류 저항이 클수록 결로가 발생하기 어렵다.

7 건축물 건설과정 중 〈보기〉에 해당하는 단계로 가장 옳은 것은?

> 〈보기〉
>
> 건축주가 건축의 목표와 시행의도를 명확히 하고 예산과 운영 방안 등을 검토하여 건축 가능성을 구체화하는 단계이다. 건설목적에 맞는 방향 설정, 공사비 추정, 경영계획 등 건설의 모든 과정을 예견하는 가장 중요한 단계라 할 수 있다.

① 설계 단계
② 기획 단계
③ 시공 단계
④ 착상 단계

8 주택 설계 시, 공간이나 실에 대한 계획 및 설명으로 가장 옳지 않은 것은?

① 거실의 1인당 소요 바닥면적은 일반적으로 $4m^2{\sim}6m^2$ 정도이다.
② 침실에는 시간당 최소 $30m^3/h$의 신선한 공기를 공급할 필요가 있다.
③ 식당 · 부엌의 유형 가운데 거실, 식사실, 부엌을 한 공간에 꾸며놓은 것을 리빙 키친(Living Kitchen) 또는 리빙 다이닝 키친(Living Dining Kitchen)이라 한다.
④ 설비적 코어 시스템이란 부엌, 식당, 화장실, 욕실 등 배관이 필요한 실을 한 곳에 집중 배치해 설비비를 절약하는 시스템을 말하며 주로 큰 규모의 주택에 적합하다.

9 특수전시기법에 대한 설명으로 가장 옳은 것은?

① 디오라마(diorama)전시 : 하나의 사실 또는 주제의 시간 상황을 고정시켜 연출하는 것으로 현장에 있는 듯한 느낌으로 관찰할 수 있는 기법이다.

② 아일랜드(island)전시 : 전시내용을 통일된 형식 속에서 규칙적이고 반복적으로 나타나게 하는 기법으로 동일 종류의 전시물을 반복 전시할 경우에 유리하다.

③ 파노라마(panorama)전시 : 전시 벽이나 천장을 직접 이용하지 않고 전시물 또는 전시 장치를 배치해 전시공간을 만들어 내는 기법으로, 대형 전시물이나 아주 소형 전시물일 경우에 유리하며 관람자의 시거리를 짧게 할 수 있고 전시물 크기에 관계 없이 배치할 수 있는 기법이다.

④ 하모니카(harmonica)전시 : 연속적인 주제를 선적으로 관계성 깊게 표현하기 위해 전경(全景)이 펼쳐지도록 연출하여 넓은 시야의 실경을 보는 듯한 느낌을 주는 기법으로, 맥락이 중요시 될 때 사용한다.

10 아파트 평면형식상의 분류에 대한 설명으로 가장 옳지 않은 것은?

① 평면형식상의 분류에는 계단실형, 복도형, 집중형 등이 있다.

② 편복도형은 계단실형에 비해 채광, 환기 및 독립성에 유리하다.

③ 계단실형은 복도형에 비해 엘리베이터 이용률이 낮다.

④ 집중형은 계단실과 엘리베이터를 중심으로 다수의 주호를 배치한 형식으로 채광 및 환기에 불리하다.

Aɴsᴡᴇʀ 9.① 10.②

9 ② 아일랜드(island)전시 : 전시 벽이나 천장을 직접 이용하지 않고 전시물 또는 전시 장치를 배치해 전시공간을 만들어 내는 기법으로, 대형 전시물이나 아주 소형 전시물일 경우에 유리하며 관람자의 시거리를 짧게 할 수 있고 전시물 크기에 관계 없이 배치할 수 있는 기법이다.

③ 파노라마(panorama)전시 : 연속적인 주제를 선적으로 관계성 깊게 표현하기 위해 전경(全景)이 펼쳐지도록 연출하여 넓은 시야의 실경을 보는 듯한 느낌을 주는 기법으로, 맥락이 중요시 될 때 사용한다.

④ 하모니카(harmonica)전시 : 전시내용을 통일된 형식 속에서 규칙적이고 반복적으로 나타나게 하는 기법으로 동일 종류의 전시물을 반복 전시할 경우에 유리하다.

10 편복도형은 계단실형에 비해 채광, 환기 및 독립성에 있어 불리하다.

11 쇼핑센터의 몰(Mall)에 대한 설명으로 가장 옳지 않은 것은?

① 전문상점과 핵상점의 주출입구는 몰(Mall)에 면한다.

② 보행자(pedestrian) 지대의 일부로서 각 상점에 이르는 보행자 동선과 고객의 휴게 기능을 포함한 곳이다.

③ 몰(Mall)의 폭은 6 ~ 12m로 하며, 길이는 150m를 초과하지 않도록 한다.

④ 자연광을 이용해 외부공간과 같은 환경을 조성하여 시간에 따른 공간감을 조성한다.

12 학교 운영방식에 대한 설명으로 가장 옳지 않은 것은?

① 플래툰형(Platoon type) : 학급을 둘로 나누어 한쪽을 일반교실로 사용하고 다른 한쪽은 특별교실로 사용한다.

② 개방학교(Open school) : 개인의 능력과 자질에 따라 다양한 학습활동을 할 수 있도록 운영하는 방식으로 경우에 따라 무학년제로 운영한다.

③ E형 : 일반교실 수는 학급 수보다 적고 특별교실의 순수율은 100%이다.

④ 교과 교실형(V형) : 모든 교실이 특정교과를 위해 쓰이며 일반교실은 없다.

13 지구라트와 피라미드를 비교한 설명으로 가장 옳지 않은 것은?

① 지구라트는 면이 동서방향이며, 피라미드는 모서리가 동서방향이다.

② 지구라트는 주재료가 흙벽돌이며, 피라미드는 석재이다.

③ 지구라트는 주용도가 제단 및 천문관측소이며, 피라미드는 무덤이다.

④ 지구라트는 내부가 채워져 있으며, 피라미드는 묘실이 있다.

ANSWER 11.③ 12.③ 13.①

11 몰(Mall)의 폭은 6 ~ 12m로 하며, 길이는 240m를 초과하지 않도록 한다.

12 E형은 종합교실형과 특별교실형의 중간적 특성을 갖는 형식으로서 특수교실의 순수율은 항상 100%가 되는 것은 아니다.

13 지구라트는 모서리가 동서남북방향이며, 피라미드는 면이 동서남북 방향이다.

구분	피라미드	지구라트
재료	돌	흙벽돌
방향	면이 동서남북	모서리가 동서남북
내부	묘실	밀적체
기능	분묘	관측소와 제단

14 고속전철 역사 및 버스터미널의 보행 동선체계에 대한 설명으로 가장 옳지 않은 것은?

① 보행자의 안전 및 쾌적성을 위해 충분한 공간을 확보한다.

② 내부 보행공간은 밝은 공간의 확보를 위해 자연채광을 도입한다.

③ 역사 내 보행통로와 보행 몰은 가급적 다양한 보행동선으로 계획한다.

④ 광장 내 승하차장은 신속한 승하차를 위해 여유있게 계획한다.

15 전통건축에 나타나는 공포형식으로 가장 옳지 않은 것은?

① 강릉 객사문 – 주심포 양식

② 부석사 무량수전 – 주심포 양식

③ 화엄사 각황전 – 다포 양식

④ 전주 풍남문 – 다포 양식

ANSWER 14.③ 15.④

14 역사 내 보행통로와 보행 몰은 가급적 단순한 보행동선으로 계획한다.

15 전주 풍남문은 조선후기 주심포계 건축물에 속한다.

16 쇼 윈도(Show Window)의 단면유형 중, 전시 상품으로 가장 옳지 않은 것은?

① 양품/양장

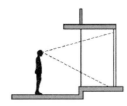

② 가구/자동차

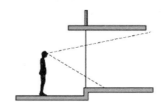

③ 모자

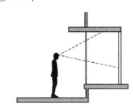

④ 구두

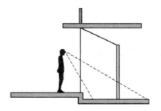

17 〈보기〉와 같은 특징을 지니는 건축물의 난방방식으로 가장 옳은 것은?

〈보기〉
- 열용량은 크지만 예열에 가장 많은 시간이 소요된다.
- 실온의 상하차가 적고 실온의 분포가 비교적 균일하다.
- 실온의 조절이 어렵고 시공 및 수리가 곤란하며 설비비는 높은 편이다.
- 실내에 방열기를 설치하지 않으므로 별도의 공간이 필요 없다.

① 증기난방   ② 복사난방
③ 온수난방   ④ 온풍난방

ANSWER 16.④ 17.②

16 구두의 쇼윈도 단면형식은 다음 그림과 같이 계획을 해야 한다.

17 제시된 지문은 복사난방의 특성이다.

18 사무소 건축 등의 엘리베이터 계획에 대한 설명으로 가장 옳지 않은 것은?

① 엘리베이터를 직선 배치할 경우 최대 4대 이하로 계획한다.

② 엘리베이터 홀의 승객 1인당 점유 면적은 $0.5m^2 \sim 0.8m^2$/인 이상으로 한다.

③ 건축계획적 측면에서 원활한 엘리베이터의 활용을 위한 대수 산정 기준은 1일 평균 이용자 수를 기준으로 한다.

④ 「건축법」 제64조에 따르면 6층 이상, 연면적이 $2,000m^2$ 이상인 건축물(대통령령으로 정하는 건축물은 제외)을 건축하려면 엘리베이터를 설치해야 한다.

19 주차공간계획에 대한 설명으로 가장 옳지 않은 것은?

① 경제적인 주차방법으로 가장 많이 사용되는 주차형식은 직각주차 형식이다.

② 지하 주차장 경사로의 종단 경사도는 직선 부분에서는 17%, 곡선 부분에서는 14%를 초과해서는 안 된다.

③ 자주식 주차형식은 통로 점유 면적이 크다는 단점이 있으나, 연속적으로 주차할 수 있고 차량의 주차시간 및 이동시간이 짧기 때문에 가장 보편적으로 활용하는 주차형식이다.

④ 주차 대수가 50대 이상인 경우 경사로는 너비가 최소 8m 이상인 2차로를 확보하거나 진입차로 및 진출차로를 분리해야 한다.

20 주거단지 계획 이론에 대한 설명으로 가장 옳은 것은?

① 페리의 근린주구 이론은 고등학교 한 곳이 필요로 하는 인구를 기준으로 한다.

② 하워드의 전원도시 이론은 중심에 400ha의 시가지와 주변에 농경지대를 설치한다.

③ 페더의 새로운 도시 이론은 인구 50,000명의 자급자족적인 소도시를 기준으로 한다.

④ 라이트와 스타인의 레드번 계획에서 슈퍼블록은 50ha로 구성한다.

ANSWER 18.③ 19.④ 20.②

18 건축계획적 측면에서 원활한 엘리베이터의 활용을 위한 대수 산정 기준은 아침 출근 시 5분간의 이용자를 기준으로 한다.

19 주차 대수가 50대 이상인 경우 경사로는 너비가 최소 6m 이상인 2차로를 확보하거나 진입차로 및 진출차로를 분리해야 한다.

20 ① 페리의 근린주구 이론은 초등학교 한 곳이 필요로 하는 인구를 기준으로 한다.
③ 페더의 새로운 도시 이론은 인구 20,000명의 자급 자족적인 소도시를 기준으로 한다.
④ 라이트와 스타인의 레드번 계획에서 슈퍼블록은 20ha로 구성한다.

1 종합병원의 건축계획에 대한 설명으로 옳지 않은 것은?

① 외래진료부는 부속진료시설과의 연계성을 위하여 중앙진료부와 병동부 중간에 두는 것이 바람직하다.

② 종합병원에서 일반적으로 면적배분이 가장 큰 부분은 병동부이다.

③ 치료방사선부는 병실과 인접하게 설치하지 않는 것이 바람직하다.

④ 응급부는 수술실, X선부와 같은 중앙진료부와의 연계가 중요하다.

2 기계식 주차장에 대한 설명으로 옳지 않은 것은?

① 자주식에 비해 초기 비용이 많이 드나 운영비는 낮다.

② 연속적인 차량의 승강이 어려워 차량의 입·출고 속도가 느리다.

③ 입체적인 주차가 가능하므로 지가가 높은 건물에 유리하다.

④ 비상 시 피난 문제나 기계의 고장이 발생할 수 있다.

3 초고층아파트에서 고층부의 장점으로 옳지 않은 것은?

① 중·저층 아파트와 비교했을 때 탁월한 조망을 가질 수 있다.

② 지상에서 발생하는 각종 공해 및 소음에서 벗어날 수 있다.

③ 수직교통수단인 엘리베이터에 대한 의존도가 높아진다.

④ 초고층으로 인한 상징적인 스카이라인이 형성된다.

ANSWER   1.① 2.① 3.③

1 중앙진료부는 외래진료부와 병동부 사이에 위치하도록 한다.

2 기계식 주차장은 자주식에 비해 초기 비용과 운영비가 많이 든다.

3 엘리베이터에 대한 의존도가 높아지는 것은 고층부의 단점이다.

4 조선시대 건축의 주요 특징으로 옳은 것은?

① 조선초기 한양의 도시계획은 새로운 질서를 추구하기 위해 격자형 도로망을 사용한 전정형(田井形) 가로구성 체계를 엄격하게 사용하였다.

② 조선시대에는 신분제도에 따라 집터의 크기와 집의 규모, 장식 등을 규제하는 제한이 있었다.

③ 유교사상에 따라 주택의 공간은 사랑채, 안채, 별당 등으로 위계적으로 분화되고 전형적인 대칭형 배치를 이룬다.

④ 풍수사상이나 음양오행설이 건축원리에 영향을 주기 시작한 것은 조선 건국 이후이다.

5 「노인복지법 시행규칙」상 노인주거복지시설에 대한 설명으로 옳지 않은 것은?

① 양로시설은 입소정원 1명당 연면적 15.9m^2 이상의 공간을 확보하여야 한다.

② 노인공동생활가정은 입소정원이 5명 이상 9명 이하의 인원이 입소할 수 있는 시설을 갖추어야 한다.

③ 양로시설의 침실은 독신용·합숙용·동거용 침실을 둘 수 있으며, 합숙용 침실 1실의 정원은 4명 이하이어야 한다.

④ 노인복지주택은 20세대 이상 입소할 수 있는 시설을 갖추어야 한다.

6 건축가와 그에 대한 설명으로 옳지 않은 것은?

① 로버트 벤츄리(Robert Venturi)는 「건축의 복합성과 대립성(Complexity and Contradiction in Architecture)」에서 모던 건축을 비판하였다.

② 렘 쿨하스(Rem Koolhaas)는 「정신착란증의 뉴욕(Delirious New York)」에서 대도시의 문화가 건축에 미치는 영향을 분석하였다.

③ 알도 로시(Aldo Rossi)는 도시의 건축(L'architettura della citta)에서 기능주의를 비판하였다.

④ 피터 아이젠만(Peter Eisenman)은 「새로운 정신(L'Esprit Nouveau)」에서 신고전주의 건축을 재해석할 것을 주장했다.

ANSWER 4.② 5.④ 6.④

4 ① 한양의 도시계획은 전정형(바둑판식) 가로구성체계를 경복궁 정면에 부분적으로 사용했다.
　③ 유교사상에 따라 주택의 공간은 비대칭형 배치를 이룬다.
　④ 음양오행설과 풍수지리는 이미 통일신라 때 중국에서 들어와 정착이 시작되었지만 고려개국 전후에 보편화되었다.

5 노인복지주택은 30세대 이상 입소할 수 있는 시설을 갖추어야 한다.

6 새로운 정신(L'Esprit Nouveau, 에스프리누보)에서 신고전주의 건축을 재해석할 것을 주장한 이는 르 꼬르뷔지에이다.

7 사무소 내부의 공간구획 유형 중 복도형에 의한 분류에 대한 설명으로 옳지 않은 것은?

① 단일지역배치(Single Zone Layout)는 자연채광과 통풍에 유리해 업무환경이 쾌적하다.

② 2중지역배치(Double Zone Layout)는 경제적으로 유리하며, 수직교통시설과 구조 및 설비 계획 측면에서 간섭이 적다.

③ 2중지역배치(Double Zone Layout)는 남북방향으로 복도를 두고 사무실을 동서측에 면하도록 하는 것이 채광의 측면에서 바람직하다.

④ 3중지역배치(Triple Zone Layout)는 고층사무소건물의 복잡한 내부 기능을 효과적으로 배치하기에 적합한 방식이다.

8 옥외피난계단의 구조기준 적용이 옳지 않은 것은?

① 옥외피난계단을 그 계단으로 통하는 출입구 외의 창문과 2.2m 이격하여 설치하였다.

② 건축물 내부에서 옥외피난계단으로 통하는 출입구를 갑종 방화문으로 설치하였다.

③ 옥외피난계단의 유효너비를 0.8m 확보하였다.

④ 옥외피난계단을 내화구조로 하였다.

9 실내 음향계획 시 고려해야 할 내용으로 적절하지 않은 것은?

① 실내에 반사성의 평행 벽면이 있어 양 벽면 사이를 음이 반복하여 반사되는 경우를 다중반향(Flutter Echo)이라고 하며 이는 음의 명료도를 떨어뜨린다.

② 회화, 강연, 연극 등에서는 언어의 명료도가 높아야 하기 때문에 잔향시간(Reverberation Time)을 비교적 짧게 한다.

③ 잔향시간 계산에 영향을 주는 요소에는 실의 용적, 실의 전체 표면적, 실내 평균 흡음률 등이 있다.

④ 직방체의 작은 실의 경우 세 변의 비는 진동을 고려하여 1 : 2 : 4와 같은 정수비를 적용하는 것이 바람직하다.

ANSWER 7.② 8.③ 9.④

7 2중지역배치(Double Zone Layout)는 중복도식으로서 동서방향으로 사무실을 둔 형식으로 중규모의 사무소 건축에 적합하며, 주계단과 부계단을 두어 사용할 수 있으나 수직교통시설과 구조 및 설비 계획 측면에서 간섭이 많으므로 설계에 주의가 필요하다.

8 옥외피난계단은 최소 0.9m 이상의 유효너비를 확보해야 한다.

9 직방체(직육면체)의 작은 실의 경우 세 변의 비는 (1 : 1 : 1, 1 : 2 : 4)와 같은 정수비가 되는 것을 피해야 한다.

10 다음에 해당하는 건축가는?

> • 혁신적인 기하학적 투시도법을 창안함
> • 전통적 축조방식이 아닌 2중 쉘구조를 활용하여 돔을 설계한 르네상스 시기의 건축가임
> • 성 스피리토 성당, 파치 예배당, 오스프델레 데글리인노첸티(보육원) 등의 작품이 있음

① 레온 바티스타 알베르티(Leon Batista Alberti)
② 레오나르도 다빈치(Leonardo da Vinci)
③ 도나토 브라만테(Donato Bramante)
④ 필리포 브루넬레스키(Fillipo Brunelleschi)

11 체육관 건축계획에 대한 설명 중 옳지 않은 것은?

① 체육관은 남북측 채광을 고려해 체육관의 장축을 동서로 배치하는 것이 좋다.
② 체육관의 바닥재는 진동과 충격음을 흡수하기 위해 목조 또는 탄성고무계 등의 재료를 사용하는 것이 좋다.
③ 관람석과 경기장을 직접적인 동선으로 연결하는 것이 좋다.
④ 운동기구 창고(기구고)는 경기장에 면한 길이방향으로 설치하는 것이 좋다.

Answer 10.④ 11.③

10 필리포 브루넬레스키에 대한 설명이다.

11 체육관 건축계획 시 관람석과 경기장을 직접적인 동선으로 연결하는 것은 좋지 않다.

12 「건축법 시행규칙」상 건축물의 건축과정에서 부득이하게 발생하는 오차에 대한 허용범위가 옳지 않은 것은?

① 바닥판 두께 − 3% 이내

② 건축물의 높이 − 3% 이내

③ 벽체 두께 − 3% 이내

④ 출구 너비 − 2% 이내

13 친환경건축을 위한 디자인 방법 및 기술에 대한 설명으로 옳지 않은 것은?

① 일사조절을 위한 고정차양장치는 남쪽창은 수직차양, 동쪽과 서쪽창은 수평차양으로 설치하는 것이 빛의 차단에 효과적이다.

② 자연채광 중 천창채광은 편측채광보다 채광량 확보, 조도분포 균일화에 유리하다.

③ 남측 벽체에 주간의 태양열을 모아 야간에 이용하는 자연형 태양열 시스템을 축열벽 시스템이라 하며, 콘크리트, 벽돌, 블록, 물벽 등이 벽체 재료로 사용된다.

④ 옥상녹화는 지붕면에 가해지는 일사량을 줄이는 것뿐만 아니라 건물의 단열에도 유리하다.

ANSWER 12.② 13.①

12 건축물의 높이 오차범위는 2% 이내이다.

※ 오차에 대한 허용범위

㉠ 대지 관련 건축기준의 허용오차

건폐율	0.5% 이내(건축면적 5m²를 초과할 수 없다.)
용적률	1% 이내(연면적 30m²를 초과할 수 없다.)
건축선 후퇴거리	3% 이내
인접 대지경계선과의 거리	
인접 건축물과의 거리	

㉡ 건축물 관련 건축기준의 허용오차

건축물높이	2% 이내(1m를 초과할 수 없다.)
출구너비	2% 이내 (건축물 전체의 길이는 1m를 초과할 수 없고, 벽으로 구획된 실의 경우에는 10cm를 초과할 수 없다.)
반자높이	
평면길이	
벽체두께	3% 이내
바닥판두께	

13 일반적으로 남향에는 수평차양을, 동·서향에는 수직차양을 사용한다.

14 「국토의 계획 및 이용에 관한 법률 시행령」상 용도지역 안에서의 건축제한에 대한 설명으로 옳지 않은 것은?

① 제1종 일반주거지역에 아파트를 건축할 수 없다.

② 준주거지역에 단란주점을 건축할 수 없다.

③ 근린상업지역에 장례식장을 건축할 수 없다.

④ 보존녹지지역에 수련시설을 건축할 수 없다.

15 「장애인, 노인, 임산부 등의 편의증진 보장에 관한 법률 시행규칙」상 편의시설의 구조·재질 등에 관한 세부기준의 설명으로 옳지 않은 것은?

① 장애인전용주차구역에서 건축물의 출입구 또는 장애인용 승강설비에 이르는 통로는 장애인이 통행할 수 있도록 높이 차이를 없애고, 유효폭은 1.2m 이상으로 하여 차로와 분리하여 설치하여야 한다.

② 점형블록은 계단·장애인용 승강기·화장실 등 시각장애인을 유도할 필요가 있거나 시각장애인에게 위험한 장소의 0.3m 전면, 선형블록이 시작·교차·굴절되는 지점에 이를 설치하여야 한다.

③ 수직형 휠체어리프트 설치 시 내부의 유효바닥면적을 폭 0.9m 이상, 깊이 1.2m 이상으로 하여야 한다.

④ 화장실에 남자용과 여자용을 구별할 수 있는 점자표지판을 부착할 경우 출입구 옆 벽면 0.9m 높이에 설치하여야 한다.

16 「고등학교 이하 각급 학교 설립·운영 규정」상 교지 및 시설 기준에 대한 설명으로 옳지 않은 것은?

① 교사용 대지의 기준면적은 건축관련법령의 건폐율 및 용적률에 관한 규정에 따라 산출한 면적으로 한다.

② 교내에 수영장, 체육관, 강당, 무용실 등 실내체육시설이 있는 경우, 체육장 기준면적에서 실내체육시설 바닥면적의 2배의 면적을 제외할 수 있다.

③ 국·공립학교에는 문화 및 복지시설, 평생교육시설 등의 복합시설을 둘 수 없다.

④ 각급학교의 교지는 교사의 안전·방음·환기·채광·소방·배수 및 학생의 통학에 지장이 없는 곳에 위치하여야 한다.

ANSWER 14.③ 15.④ 16.③

14 근린상업지역에는 장례식장을 건축할 수 있다.

15 화장실에 남자용과 여자용을 구별할 수 있는 점자표지판을 부착할 경우 출입구 옆 벽면 1.5m 높이에 설치하여야 한다.

16 국·공립학교에는 문화 및 복지시설, 평생교육시설 등의 복합시설을 둘 수 있다.

17 건물의 기계환기방식 중 제1종 환기에 대한 설명으로 옳은 것은?

① 급기팬에 의해 기계급기하고 환기구를 통해 자연배기하는 방식

② 급기팬에 의해 기계급기하고 배기팬에 의해 기계배기하는 방식

③ 환기구를 통해 자연급기하고 배기팬에 의해 기계배기하는 방식

④ 환기구를 통해 자연급기하고 환기구를 통해 자연배기하는 방식

18 르 꼬르뷔제(Le Corbusier)에 대한 설명으로 옳지 않은 것은?

① '옥상정원, 자유로운 평면, 필로티, 자유로운 입면, 자유로운 단면'이라는 근대건축의 5원칙을 제시하였다.

② 철근콘크리트 구조방식의 바닥, 기둥 및 계단으로 이루어진 '도미노 시스템(Dom-ino System)'을 제시하였다.

③ 아메데 오장팡(Amedee Ozenfant)과 같이 '순수주의(Purism)'를 주창하였다.

④ 대량생산 시대에 보편적으로 적용 가능한 표준화된 모듈과 전통적인 황금분할의 개념을 접목하여 인간 신체치수를 바탕으로 한 치수시스템인 '모듈러(Le Modulor)'를 제시하였다.

ANSWER 17.② 18.①

17 건물의 기계환기방식
ㄱ 제1종 환기 : 급기팬에 의해 기계급기하고 배기팬에 의해 기계배기하는 방식
ㄴ 제2종 환기 : 급기팬에 의해 기계급기하고 환기구를 통해 자연배기하는 방식
ㄷ 제3종 환기 : 환기구를 통해 자연급기하고 환기구를 통해 자연배기하는 방식

18 '옥상정원, 자유로운 평면, 필로티, 자유로운 입면(파사드), 수평창'이라는 근대건축의 5원칙을 제시하였다.
※ 오장팡(Amedee Ozenfant) … 프랑스의 화가이자 예술이론가이다. 프랑스의 퓨리즘(순수주의)을 주도하였으며 르 꼬르뷔지에는 그의 스승인 어거스트 페레의 소개로 오장팡을 만나게 되었으며 오장팡으로부터 건축을 비롯한 예술 전반에 걸쳐 많은 영향을 받았고 여러 가지 활동을 함께 하였던 인물이다.

19 건축법령상 건축허가를 받기 위해 허가권자에게 제출하여야 할 설계도서 중 건축계획서에 표시해야 할 사항이 아닌 것은?

① 대지에 접한 도로의 길이 및 너비
② 주차장 규모
③ 건축물 규모
④ 지역, 지구 및 도시계획사항

20 지속가능한 디자인과 관련된 각국의 인증제도 및 방법에 대한 설명으로 옳은 것은?

① CASBEE(Comprehensive Assessment System Building Environment Efficiency)는 2010년에 중국에서 개발된 건축물의 친환경 인증제도이다.
② LEED(Leadership in Energy & Environmental Design)는 미국의 녹색건축물 인증제도로 세계 최초로 친환경 성능을 평가한 도구이다.
③ BREEAM(Building Research Establishment Environmental Assessment Method)은 영국에서 만들어진 친환경 인증제도이다.
④ GBCS(Green Building Certification System)는 2005년에 시작된 한국의 친환경 건축물 인증제도로 주거건축과 오피스에 한하여 적용된다.

ANSWER 19.① 20.③

19 대지에 접한 도로의 길이 및 너비는 건축계획서에 표시되어야 할 사항은 아니다.

20 ① CASBEE는 일본에서 개발된 건축물의 친환경 인증제도이다.
   ② 세계 최초로 친환경 성능을 평가한 도구는 BREEAM이다.
   ④ GBCS는 녹색건축인증제로서 건축법 제2조 제1항 제2호에 따른 건축물들을 대상으로 한다. 다만, 군부대주둔지 내의 국방·군사시설은 제외한다.
   ※ 건축법 제2조 제1항 제2호…"건축물"이란 토지에 정착(定着)하는 공작물 중 지붕과 기둥 또는 벽이 있는 것과 이에 딸린 시설물, 지하나 고가(高架)의 공작물에 설치하는 사무소·공연장·점포·차고·창고, 그 밖에 대통령령으로 정하는 것을 말한다.

1 병동부의 간호단위(NU : Nursing Unit)에 대한 설명 중 옳은 것은?

① 질병의 종류에 따라 구분하여 간호하는 것을 PPC(Progressive Patient Care)방식이라 한다.

② 1개의 간호사 대기소에서 관리하는 병상 수는 40개 이내로 계획한다.

③ 간호사의 보행거리는 30~40m 이내로 한다.

④ 간호사 대기소는 병동부의 관리 및 환자 간호를 위해 병동부의 한쪽 끝에 위치한다.

2 교회건축에서 시대적 건축 양식이 가장 다른 건물은?

① 파리 노트르담 대성당(Notre Dame Cathedral)

② 영국 솔즈베리 대성당(Salisbury Cathedral)

③ 로마 성 베드로 대성당(St. Peter's Basilica)

④ 독일 퀼른 대성당(Cologne Cathedral)

ANSWER 1.② 2.③

1 ① (Progressive Patient Care)방식은 질병의 종류에 관계없이 같은 질병의 환자를 병상의 정도나 간호의 필요도에 따라 단계적으로 구분하여 질병을 치료하는 방법이다. 이는 집중간호, 보통간호, 자가간호, 장기간호와 같은 방식으로 구분된다.
③ 간호사의 보행거리는 24m 이내로 한다.
④ 간호사 대기소는 병동부의 관리 및 환자 간호를 위해 병동부의 중앙에 위치한다.

2 로마의 성베드로 대성당은 르네상스 양식의 대표적인 건축물이다. 나머지 건축물은 고딕양식의 건축물들이다.
　　※ 고딕건축양식의 대표적인 건축물
　　• 프랑스(고딕의 발생지) : 노트르담 대성당, 샤르트르 대성당, 랑스 대성당, 아미앵 대성당
　　• 영국 : 솔즈베리 대성당, 요크민스터 대성당
　　• 독일 : 퀼른 대성당, 울름 대성당
　　• 이탈리아 : 밀라노 대성당, 플로렌스 대성당
　　※ 수직성을 그다지 강조하지 않아 플라잉 버트레스가 필요하지 않았다.

3 박물관 전시실에서 일부 자연채광 형식을 활용할 경우 가장 옳은 것은?

① 정광창 형식은 유리쇼케이스 내의 전시실에 적합하다.

② 측광창 형식은 측면에서 광선이 사입되기에 조도분포를 고르게 할 수 있어 채광형식 중 가장 좋은 방법이다.

③ 정측광창 형식은 관람자가 서있는 위치나 중앙부는 어둡고 전시벽면은 조도가 충분하므로 이상적인 채광법이다.

④ 특수채광 형식은 천장 상부에서 경사방향으로 자연광이 유입되기에 벽면 전시물을 조명하는 데는 불리하다.

3 ① 정광창 형식은 유리쇼케이스 내의 전시실에 부적당한 방식하다.

② 측광창 형식은 측면에서 광선이 사입되기에 조도분포가 불균일하게 되며 박물관의 조명으로서는 좋지 않은 방법이다.

④ 특수채광 형식은 채광의 입사방향이 벽면 전시물을 조명하므로 벽면 전시에 매우 유리한 방식이다.

※ 전시실 창의 자연채광형식

• 정광창 형식(top light) : 전시실 천장의 중앙에 천창을 계획하는 방법으로, 전시실의 중앙부를 가장 밝게 하여 전시 벽면에 조도를 균등하게 한다. 그러나 반사장애가 일어나기 쉽다.

• 측광창 형식(side light) : 전시실의 직접 측면창에서 광선을 사입하는 방법으로 광선이 강하게 투과할 때는 간접사입으로 조도분포가 좋아질 수 있게 하여야 한다. 소규모 전시실에 적합하며 채광방식 중 가장 나쁘다.

• 고측광창 형식(clerestory) : 천장에 가까운 측면에서 채광하는 방법으로 측광식과 정광식을 절충한 방법이다. 가장 이상적인 자연 채광법으로 회화면은 밝고 관람자 부분은 어둡다.

• 정측광창 형식(top side light monitor) : 관람자가 서 있는 위치의 상부에 천장을 불투명하게 하여 측벽에 가깝게 채광창을 설치하는 방법이며, 천장의 높이가 높기 때문에 광선이 약해지는 것이 결점이다. 양측채광을 하며, 반사율이 높은 재료로 마감하고 개구부 부근의 벽면을 경사지게 한다. 관람자가 서 있는 위치와 중앙부는 어둡게 하고 전시 벽면은 조도를 충분히 확보할 수 있는 이상적 채광법이다.

• 특수채광 형식 : 천장의 상부에서 경사방향으로 빛을 도입하여 벽면을 비추게 하는 방식으로써 벽면 전시물을 조면하는데 유리하다.

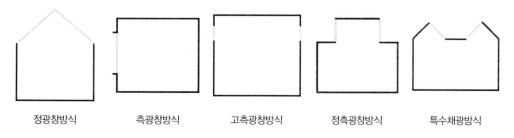

| 정광창방식 | 측광창방식 | 고측광창방식 | 정측광창방식 | 특수채광방식 |

4 1주간 평균 수업시간이 40시간인 어느 학교의 음악교실이 사용되는 시간이 20시간이며, 그 중 영어수업을 위해 사용되는 시간을 제외하면 음악교실의 순수율은 75%이다. 영어수업을 위해 사용되는 시간과 음악교실의 이용률(%)은?

	시간	이용률
①	15	50
②	10	75
③	5	50
④	3	75

5 대지에 접하는 도로가 막다른 도로로서 그 길이가 18m인 경우 최소 너비 값으로 가장 옳은 것은?

① 2m

② 3m

③ 4m

④ 6m

ANSWER 4.③ 5.②

4 이용률: $\dfrac{\text{교실이 사용되고 있는 시간}}{\text{1주간의 평균수업시간}} \times 100\%$

순수율: $\dfrac{\text{일정한 교과를 위해 사용되는 시간}}{\text{교실이 사용되고 있는 시간}} \times 100\%$

5 막다른 도로의 경우 도로의 길이가 10m이상 35m미만이면 도로의 너비는 3m이상이어야 한다.

막다른 도로의 길이	도로의 너비
10m 미만	2m 이상
10m이상 35m미만	3m 이상
35m이상	6m이상(단, 도시군계획구역이 아닌 읍면지역에서는 4m이상)

6 병원의 세부 계획 시 고려해야 할 사항으로 가장 옳지 않은 것은?

① 병동부는 병원 기능상 가장 중요한 부분이며, 병실의 평면 형태는 간호단위를 중심으로 계획, 배치된다.

② 검사실, 주사실, 치료실 등의 시설은 외래진료부가 공동으로 이용하도록 계획한다.

③ 외래진료부의 방문환자 수는 병상 수의 2~3배를 1일 평균 환자 수로 예측한다.

④ 중앙진료부의 수술부, 물리치료부, 분만실 등은 각 병동부와 외래 진료부로부터 바로 통과할 수 있도록 편리한 위치에 둔다.

7 사무용 빌딩 평면계획의 오피스 레이아웃(Office Layout)에 대한 설명으로 가장 옳지 않은 것은?

① 복도형(개실형)은 폐쇄형으로 소규모 사무공간에 적합하며, 사무실의 길이는 변화를 줄 수 있으나 깊이는 변화를 줄 수 없는 단점이 있다.

② 개방형은 칸막이가 없어 커뮤니케이션의 효율을 높일 수 있고 주위환경에 대한 통제가 쉬우나 내부개조가 불리하여 유지관리비가 많이 드는 단점이 있다.

③ 오피스 랜드스케이핑은 개방형에서 발전된 형식으로 공간이 절약되고 내부 개조가 용이하다.

④ 복도형(개실형)은 각 실의 환경적 조건이 일정하여 독립성과 쾌적성이 좋으며 임대가 용이하다는 장점이 있다.

ANSWER 6.④ 7.②

6 중앙진료부의 수술부, 물리치료부, 분만실 등은 각 병동부와 외래 진료부로부터 접근이 용이해야 하나 동선이 교차되지 않도록 해야 하므로 바로 통과가 이루어지지 않도록 해야 한다.

7 개방형은 칸막이가 없어 커뮤니케이션의 효율을 높일 수 있고 주위환경에 대한 통제가 쉬우며 벽체가 없어 내부개조가 용이하며 유지관리비가 적게 소요된다.

8 공연장에서의 음향 계획에 관한 설명으로 가장 옳은 것은?

① 공연장의 평면형태는 음의 집중이 생기도록 계획하며, 좌우 벽면에는 음향의 집중을 위해 흡음재를 사용한다.

② 음향 계획에서 고려할 설계 요소는 공간의 형태, 잔향시간, 방음·방진계획 등이 있다.

③ 잔향시간은 실 용적에 반비례하고, 흡음력에 정비례한다.

④ 음확산을 위해 공연장 벽과 천장의 형태에 각도를 주어서는 안 된다.

9 주차장 계획 시 출입구의 위치로 가장 부적합한 장소는?

① 공원, 초등학교, 유치원 등의 출입구에서 10m인 곳

② 횡단보도, 육교 등에서 10m인 곳

③ 종단구배 8%인 도로

④ 교차점 또는 길모퉁이에서 8m인 곳

10 미술관 건축 계획에 있어서 기능, 활동 내용, 소요실의 구성이 가장 옳지 않은 것은?

① 교육 / 집회, 강의, 자료의 열람, 창작 활동, 정보 교환 / 집회실, 도예실, 학예상담실

② 연구 / 자료의 수집, 정리, 연구, 수리, 기록 /자료실, 기록실, 사진실, 실험실, 기계실, 공작실

③ 전시 / 자료의 전시 / 전시장, 옥외전시장, 식당

④ 수장 / 자료의 보호, 수납, 운반, 포장 / 미술품 보관고, 자료 창고

8 ① 공연장의 평면형태는 음의 집중이 생기지 않도록 해야하며, 좌우 벽면에는 음향의 반사효과가 우수한 재료로 마감처리를 해야 한다.
③ 잔향시간은 실 용적에 비례하고, 흡음력에 반비례 한다.
④ 음확산을 위해 공연장 벽과 천장의 형태에 각도를 주어야 한다.

9 ※ 노외주차장의 출입구를 설치할 수 없는 곳
 • 종단구배가 10%를 초과하는 도로
 • 너비 4m미만의 도로
 • 횡단보도에서 5m 이내의 도로
 • 새마을 유아원, 유치원, 초등학교, 특수학교, 장애인복지시설 및 아동전용시설 등의 출입구로부터 20m 이내의 도로
  교차점이나 길모퉁이에서의 가각전제구간

10 식당은 전시공간으로 보기에는 무리가 있다.

11 백화점 설계 시 기둥간격(span)을 결정하는 데 있어 고려되어야 할 사항으로 가장 옳지 않은 것은?

① 진열대 치수와 배치 방법

② 엘리베이터, 에스컬레이터의 배치

③ 지하주차장의 주차 방식과 주차 폭

④ 매장의 천장 높이와 보의 춤

12 호텔건축의 기둥간격(span)을 산정하는 방식으로 가장 옳은 것은?

① 기둥간격(span)=(최소 욕실폭+각 실 입구 통로폭+반침폭)×2배

② 기둥간격(span)=(최소 욕실깊이+각 실 입구 통로깊이+반침폭)×2배

③ 기둥간격(span)=(최소 욕실폭+각 실 입구 통로폭+반침폭)×1.5배

④ 기둥간격(span)=(최소 욕실깊이+각 실 입구 통로깊이+반침폭)×1.5배

13 공동주택 건축계획 수립에 있어서 주거밀도에 대한 기술 중 가장 옳지 않은 것은?

① 토지 이용률 : 단지의 각 용도별 토지이용의 비율(%)이다.

② 건축 면적률 : 건물의 밀집도를 나타내는 것으로, 건폐율을 말한다.

③ 건축 용적률 : 대지의 고도집약 이용도를 나타내며, 건축연면적의 대지면적에 대한 비율(%)이다.

④ 호수 밀도 : 단지의 밀도를 나타내는 것으로, 단위 토지면적당의 공동주택 동수(동/ha)로 나타낸다.

ANSWER) 11.④ 12.① 13.④

11 논쟁의 여지가 있는 문제이다. 구조적으로 볼 때 천장고가 높아지거나 보의 춤이 작아질 경우 기둥간격이 줄어들어야 하기 때문이다.

12 호텔건축의 기둥간격(span)을 산정하는 방식)은 (최소 욕실폭+각 실 입구 통로폭+반침폭)×2배이다.

13 호수 밀도는 주택 호수를 그 구역 내의 토지 면적으로 나눈 수치. 단위는 보통, 호/ha로 나타낸다

14 〈보기〉에서 설명하는 주거단지계획과 가장 관련있는 이론가는?

〈보기〉

전원도시 계획으로 「내일의 전원도시(1898)」, 「레치워스(Letchworth) 전원도시(1903)」, 「윌윈(Welwyn) 전원도시(1920)」등이 있다.
• 도시와 농촌의 결합으로 중심은 400ha의 시가지로 계획하며 주변은 200ha의 농지로 계획하고 있다.
• 자족적인 시설을 배치하고 있다.
• 토지 사유의 제한과 개발 이익의 사회환원을 주장하고 있다.

① 페리(Clarence Arther Perry)

② 아담스(Thomas Adams)

③ 페더(G. Feder)

④ 하워드(Ebenezer Howard)

14 보기의 내용은 하워드(Ebenezer Howard)에 관한 설명이다.
• 하워드(E. Howard) : 도시와 농촌의 장점을 결합한 전원도시(Garden City)계획안을 발표하고, 런던 교외 신도시 지역 인 레치워스에서 실현하였다. 하워드의 전원도시 레치워스는 도시와 농촌의 장점을 결합하였다.
• 페리(C. A. Perry) : 일조문제와 인동간격의 이론적 고찰을 통하여 근린주구의 중심시설을 교회와 커뮤니티센터로 하였 다. 편익시설은 마을과 마을의 교차지점에 배치해야 한다.
• 페더(G. Feder) : 일(day)중심, 주 중심, 월 중심의 단계별 일상생활권의 개념을 확립했다. 단계적인 일상생활권을 바탕 으로 자급자족적 소도시를 구상하였다.
• 아담스(T. Adams) : 소주택의 근린지제안 및 중심시설은 공공시설과 상업시설이 위치한다고 하였다. 중심시설은 공민 관과 상업시설이다.
• 라이트(H. Wright)와 스타인(C. S. Stein) : 자동차와 보행자를 분리한 슈퍼블록을 제안하였고, 쿨드삭(Cul-de-Sac)의 도로 형태를 제안하였다.
• 루이스(H. M. Lewis) : 현대도시계획을 제시하였고 어린이의 최대 통학거리를 1km로 산정함

15 〈보기〉의 설명에 가장 알맞은 코어의 종류는?

〈보기〉
• 바닥면적이 클 경우 적합하며 특히 고층, 초고층에 적합하다.
• 외주 프레임을 내력벽으로 하며, 코어와 일체로 한 내진구조를 만들 수 있다.
• 유효율이 높고 대여빌딩으로서 가장 경제적인 계획을 할 수 있다.

① 편심코어형(편단코어형)
② 독립코어형(외코어형)
③ 양단코어형(분리코어형)
④ 중앙코어형(중심코어형)

15 주어진 보기는 중앙코어형에 관한 설명이다.
※ 코어의 형식
  ㉠ 편심코어형(편단코어형)
   • 바닥면적이 작은 경우에 적합하다.
   • 바닥면적이 커지면 코어 외에 피난설비, 설비 샤프트 등이 필요하다.
   • 고층일 경우 구조상 불리하다.
   • 중심코어형(중앙코어형)
   • 바닥면적이 큰 경우에 적합하다.
   • 고층, 초고층에 적합하고 외주 프레임을 내력벽으로 하여 중앙 코어와 일체로 한 내진구조로 만들 수 있다.
   • 내부공간과 외관이 획일적으로 되기 쉽다.
  ㉡ 독립코어형(외코어형)
   • 편심코어형에서 발전된 형으로 특징은 편심코어형과 거의 동일하다.
   • 코어와 관계없이 자유로운 사무실 공간을 만들 수 있다.
   • 설비 덕트, 배관을 사무실까지 끌어 들이는데 제약이 있다.
   • 방재상 불리하고 바닥면적이 커지면 피난시설을 포함한 서브 코어가 필요하다.
   • 코어의 접합부 평면이 과대해지지 않도록 계획할 필요가 있다.
   • 사무실 부분의 내진벽은 외주부에만 하는 경우가 많다.
   • 코어부분은 그 형태에 맞는 구조형식을 취할 수 있다.
   • 내진구조에는 불리하다.
  ㉢ 양단코어형(분리코어형)
   • 하나의 대공간을 필요로 하는 전용 사무소에 적합하다.
   • 2방향 피난에 이상적이며, 방재상 유리하다.
   • 임대사무소일 경우 같은 층을 분할하여 대여하면 복도가 필요하게 되고 유효율이 떨어진다.

    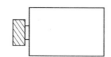 

편심코어   중심코어   독립코어   양단코어

16 장애인 등의 통행을 위한 계단 편의시설에 대한 설명으로 가장 옳은 것은?

① 바닥 면으로부터 높이 1.5m 이내마다 휴식을 할 수 있도록 수평면으로 된 참을 설치하여야 한다.

② 계단은 휠체어 이용자가 이용하지 않으므로, 점자표지 판은 설치하지 않는다.

③ 계단의 점형블록은 계단의 시작 부분에만 20cm 이격하여 계단 폭만큼 설치한다.

④ 계단의 측면에는 반드시 연속하여 손잡이를 설치하여야 한다. 이 때 방화문 설치 구간은 제외할 수 있다.

17 무대 관련 설비 및 시설로 가장 옳지 않은 것은?

① 그리드 아이언(grid iron)   ② 사이클로라마(cyclorama)

③ 프롬프터 박스(prompter box)   ④ 캐럴(carrel)

ANSWER 16.④ 17.④

16 ① 바닥 면으로부터 높이 1.8m 이내마다 휴식을 할 수 있도록 수평면으로 된 참을 설치하여야 한다.

② 계단은 시각장애인들이 이용할 수 있도록 점자표지판을 설치하는 것을 권장한다.

③ 계단이 시작되는 점과 끝나는 지점의 0.3m 전면에는 계단의 폭만큼 점형블록을 설치하거나 시각장애인이 감지할 수 있도록 바닥재의 질감 등을 달리해야 한다.

17 캐럴(carrel)은 도서관의 서고 내에 위치한 소규모 연구실이다.

※ 무대 관련 설비

- 그리드아이언 : 격자 발판으로무대 천장에 설치되어 무대의 배경이나 조명기구 또는 음향반사판 등을 매달 수 있게 장치된 것이다.
- 그린 룸 : 출연자 대기실
- 로프트블록 : 그리드 아이언에 설치된 활차
- 록 레일(lock rail)은 와이어 로프(wire rope)를 한곳에 모아서 조정하는 장소이며, 벽에 가이드레일을 설치해야 되기 때문에 무대의 좌우 한쪽 벽에 위치한다.
- 사이클로라마(호리존트) : 무대의 제일 뒤에 설치되는 무대 배경용의 벽이다.
- 앤티룸 : 무대와 그린 룸 가까이에서 배우가 출연 직전에 대기하는 곳
- 잔교 : 프로시니엄 바로 뒤에 접하여 설치된 발판으로 조명조작, 비나 눈 내리는 장면을 위해 필요함, 바닥높이가 관람석보다 높아야 한다.
- 티이서 : 극장 전무대 아치의 상부를 가로질러 위쪽으로 설치한 수평인 커튼으로 무대지붕의 이면의 은폐에 사용하며 무대 양측을 따라서 있는 막과 함께 사용한다.
- 프로시니엄 : 객석과 무대를 불리하는 트인 벽으로 객석에서 볼때 액자처럼 보인다.
- 프롬프터 박스 : 무대 중앙에 객석측을 둘러싸고 무대측만 개방하여 이곳에서 대사를 불러주고 기타 연기의 주의환기를 주지시키는 곳이다.
- 플라이갤러리 : 무대 주위 벽에 6~9m높이로 설치되는 좁은 통로로 그리드 아이언에 올라가는 계단과 연결됨
- 플라이로프트 : 무대상부공간 (프로시니엄 높이의 4배)
- 플로어트랩 : 무대의 임의 장소에서 연기자의 등장과 퇴장이 이루어질 수 있도록 무대와 트랩 룸 사이를 계단이나 사다리로 오르내릴 수 있는 장치

18 백화점 에스컬레이터 운용 방식에 대한 설명으로 가장 옳지 않은 것은?

① 설치 위치는 출입구와 엘리베이터 중간 또는 매장의 중앙에 배치한다.
② 수송 능력에 비해 점유면적이 크다.
③ 직렬식 배치는 점유면적은 크지만 승객의 시야가 좋은 형식이다.
④ 에스컬레이터의 구배는 30° 이하로 하며, 정격속도는 30m/분 이하로 설치한다.

19 고려시대 주심포 형식의 건물로 가장 옳지 않은 것은?

① 수덕사 대웅전
② 석왕사 응진전
③ 봉정사 극락전
④ 부석사 무량수전

18 에스컬레이터는 수송능력에 비해 점유면적이 작다.
   ※ 에스컬레이터의 특징
   • 수송능력이 엘리베이터의 약 10배로 단거리 대량수송에 적합하다.
   • 기다리는 시간이 없고 연속적으로 수송한다.
   • 수송능력에 비해 점유면적이 작고 기계실이 필요 없으며 피트가 간단하다.
   • 건축에 걸리는 하중이 각 층에 분담된다.
   • 에스컬레이터의 이용 중에 주위를 볼 수 있어 백화점 등에서는 구매의욕을 불러일으킨다.
   • 소비되는 전력량이 적고 전동기의 기동회수는 적으므로 전동기의 시동 시 흐르는 대전류에 의한 부하전류의 변화도 적으므로 건물 내의 전원설비의 부담이 작아진다.

19 석왕사 응진전은 고려시대 다포형식의 건축물이다.

20 공장건축물의 건축 계획에 관한 설명으로 가장 옳지 않은 것은?

① 공장의 레이아웃(layout)형식은 대량생산에 유리한 공정중심 레이아웃, 주문생산 공장에 유리한 제품중심 레이아웃, 선박 및 건축 등과 같은 제품에 유리한 고정식 레이아웃이 있다.

② 평면형식에서 분관식(pavilion type)은 공장의 신설 및 확장에 유리하고, 집중식(block type)은 내부 배치 변화에 융통성이 있다.

③ 지붕의 형태에서 톱날지붕형태는 채광창을 북향으로 설치하여 균일한 조도를 유지하며, 작업능률을 향상시키는 데에 유리하다.

④ 바닥구조 중 아스팔트 바닥은 내수성이 있고 먼지가 없어 청결 유지가 가능하며, 탄력성이 있어 균열이 가지 않는다.

ANSWER 20.①

20 대량생산에 유리한 방식은 제품중심의 레이아웃이며, 다품종 소량생산에 유리한 방식은 공정중심의 레이아웃이다.

ⓐ **제품의 중심의 레이아웃(연속 작업식)**
- 생산에 필요한 모든 공정, 기계 기구를 제품의 흐름에 따라 배치하는 방식이다.
- 대량생산 가능, 생산성이 높음, 공정시간의 시간적 · 수량적 밸런스가 좋고 상품의 연속성이 가능하게 흐를 경우 성립한다.

ⓑ **공정중심의 레이아웃(기계설비 중심)**
- 동일종류의 공정 즉 기계로 그 기능을 동일한 것, 혹은 유사한 것을 하나의 그룹으로 집합시키는 방식으로 일명 기능식 레이아웃이다.
- 다품종 소량생산으로 예상생산이 불가능한 경우, 표준화가 행해지기 어려운 경우에 채용한다.

ⓒ **고정식 레이아웃**
- 주가 되는 재료나 조립부품이 고정된 장소에, 사람이나 기계는 그 장소에 이동해 가서 작업이 행해지는 방식이다.
- 제품이 크고 수가 극히 적을 경우(선박, 건축)에 채용한다.

1 케빈 린치(Kevin Lynch)가 도시이미지(The Image of the City)에서 주장한 도시의 물리적 형태에 대한 이미지를 구성하는 다섯 가지 요소에 해당하지 않는 것은?

① 결절(Nodes)
② 지구(Districts)
③ 통로(Paths)
④ 색채(Colors)

2 「건축법 시행령」상 다중주택이 되기 위한 요건에 해당하지 않는 것은?

① 학생 또는 직장인 등 여러 사람이 장기간 거주할 수 있는 구조로 되어 있는 것
② 19세대(대지 내 동별 세대수를 합한 세대를 말한다) 이하가 거주할 수 있을 것
③ 독립된 주거의 형태를 갖추지 아니한 것(각 실별로 욕실은 설치할 수 있으나, 취사시설은 설치하지 아니한 것을 말한다)
④ 1개 동의 주택으로 쓰이는 바닥면적의 합계가 330제곱미터 이하이고 주택으로 쓰는 층수(지하층은 제외한다)가 3개 층 이하일 것

ANSWER 1.④ 2.②

1 케빈 린치의 도시 이미지를 구성하는 5가지의 물리적인 요소는 다음과 같다.
  ㉠ Paths(통로) : 관찰자가 다니거나 다닐 가능성이 있는 도로, 철도, 운하 등의 통로를 말하며 Imageability에 미치는 영향은 연속성과 방향성을 제시한다.
  ㉡ Edges(연변) : 한 지역을 다른 부분으로부터 분리시키고 있는 장벽 또는 하천이나 바다의 파도가 닿는 곳 등 주지역을 서로 관련시키는 이음매와 같은 곳을 말한다.
  ㉢ District(지역, 지구) : 2차원적인 비교적 큰 넓이를 갖는 도시지역으로 어느 공통된 용도나 특징이 다른 지역과 명확하게 구별되어야 한다.
  ㉣ Nodes(결절점) : 시가지내의 중요한 지점이나 통로의 접합점들과 같이 특징 있는 공간구성요소들이 집중되는 초점이다.
  ㉤ Landmark(랜드마크) : 주위의 경관 속에서 눈에 띠는 특수성을 갖는 곳을 말한다.

2 다중주택 : 학생 또는 직장인 등 여러 사람이 장기간 거주할 수 있는 구조로 되어 있고, 독립된 주거의 형태를 갖추지 않은 것으로 연면적이 330제곱미터 이하이고 층수가 3층 이하인 주택을 말한다. 여기서 독립된 주거 형태를 갖추지 않았다는 것은 각 실별로 욕실은 설치할 수 있으나 취사시설은 설치하지 않은 것을 말한다.

3 호텔계획에서 숙박부분에 해당하는 것은?

① 보이실
② 클로크 룸
③ 배선실
④ 프런트 오피스

4 「주차장법 시행규칙」상 업무시설에 부대하여 설치된 건축물식 노외주차장(자주식) 계획 시 옳지 않은 것은? (단, 평행주차형식의 주차단위구획 수를 제외한 총 주차대수는 150대이며, 조례는 고려하지 않는다)

① 확장형 주차대수를 30대로 계획하였다.
② 지하주차장 출구 및 입구 바닥면의 조도를 300럭스로 계획하였다.
③ 주차에 사용되는 부분의 높이는 주차 바닥면으로부터 2.1미터로 계획하였다.
④ 2차로 직선형 경사로의 차로 너비는 6미터로 계획하였다.

3

기능	소요실명
관리부분	프런트 오피스, 클로크룸, 지배인실, 사무실, 공작실, 창고, 복도, 변소, 전화교환실
숙박부분	객실, 보이실, 메이트실, 린넨실, 트렁크룸
공용부분	다방, 무도장, 그릴, 담화실, 독서실, 진열장, 이·미용실, 엘리베이터, 계단, 정원, 현관·홀, 로비, 라운지, 식당, 연회장, 오락실, 바
요리부분	배선실, 부엌, 식기실, 창고, 냉장고
설비부분	보일러실, 전기실, 기계실, 세탁실, 창고
대 실	상점, 창고, 대사무소, 클럽실

4 노외주차장에는 확장형 주차단위구획을 주차단위구획 총수(평행주차형식의 주차단위구획 수는 제외한다)의 30퍼센트 이상 설치하여야 한다. 따라서 주차단위구획 총수가 150대인 경우 45대 이상을 확장형 주차단위구획으로 해야 한다.

5 「건축법 시행령」상 건축물의 지하층에 대한 설명으로 옳은 것은?

① 연면적 산정 시 지하층 면적은 제외한다.

② 용적률 산정 시 지하층 면적은 제외한다.

③ 층수 산정 시 포함한다.

④ 지하층의 일부분이 지표면으로부터 0.8미터 이상에 있는 경우는 건축면적 산정 시 포함한다.

ANSWER 5.②

5 ① 연면적 산정 시 지하층 면적은 포함한다.
③ 층수 산정 시 지하층은 포함하지 않는다.
④ 지하층의 일부분이 지표면으로부터 1.0미터 이하에 있는 경우는 건축면적 산정 시 포함하지 않는다.

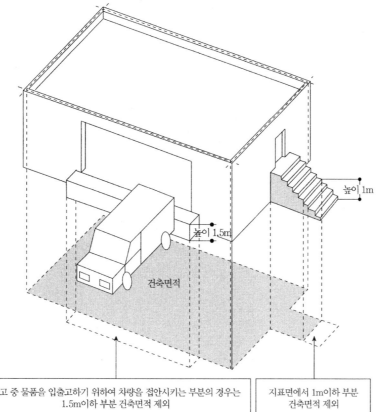

높이 1m

높이 1.5m

건축면적

창고 중 물품을 입출고하기 위하여 차량을 접안시키는 부분의 경우는 1.5m이하 부분 건축면적 제외

지표면에서 1m이하 부분 건축면적 제외

6 공연장계획에서 무대 및 관련시설에 대한 설명으로 옳지 않은 것은?

① 프로시니엄 아치(Proscenium Arch)는 그림의 액자와 같이 관객의 시선을 무대로 집중시키는 시각적 역할을 하는 동시에 무대나 무대배경을 제외한 부분(조명기구, 후면무대 등)을 가리는 역할을 한다.

② 플래토 엘리베이터(Plateau Elevator)는 트랩 룸(Trap Room)에서 무대배경의 세트 전체를 올려놓고 한 번에 올라오거나 내려가게 할 수 있다.

③ 그린 룸(Green Room)은 출연자가 무대출연준비를 위해 분장을 하거나 의상을 갈아입거나 휴식을 취하는 곳으로 무대 가까이에 배치한다.

④ 사이클로라마(Cyclorama)는 무대의 제일 뒤에 설치되는 무대배경용 벽으로 무대고정식과 가동식이 있다.

7 음 환경(音環境)에 대한 설명으로 옳은 것은?

① 벽면에 있는 개구부를 완전히 열어 놓았을 때, 흡음률은 0이다.

② 명료도는 사람이 말을 할 때 어느 정도 정확히 알아들을 수 있는가를 표시하는 기준을 음의 세기(dB)로 나타낸 것이다.

③ 잔향시간은 음원으로부터 음의 발생이 중지된 후 실내의 음압레벨이 최촛값에서 60dB 감쇠하는 데 소요되는 시간이다.

④ 음파 회절(Sound Diffraction) 현상은 저주파수 음보다는 고주파수 음에서 크게 나타난다.

ANSWER 6.③ 7.③

6 분장을 하거나 의상을 갈아입는 공간은 분장실이다. 그린 룸은 공연자 휴게실로서 출연자와 스태프들을 포함한 전체 공연자들의 휴식장소로서 공연 전이나 공연 시에 휴식을 취하는 공간이며 전통적으로 벽면에 녹색 칠을 한 공간이었던 점에서 그 이름이 유래되었다.

7 ① 벽면에 있는 개구부를 완전히 열어 놓았을 때, 흡음률은 1이며 이는 음이 반사가 전혀 되지 않는 상태로서 이 상태를 오픈윈도우라고 한다.

② 명료도는 사람이 말을 할 때 어느 정도 정확하게 청취할 수 있는가를 표시하는 기준을 백분율로 나타낸 것이며 음성 레벨이 80dB, 잔향시간이 0초, 음성레벨과 소음레벨의 차이가 50dB일 때 최대 명료도값(96%)을 갖는다. 요해도는 언어의 명료도에 의해서 말의 내용이 어느 정도까지 이해가 되느냐는 정도를 백분율로 나타낸 것이다. 각 음절의 전부를 확실하게 들을 수는 없어도 말의 내용이 이해되는 경우가 자주 있으므로 요해도는 일반적으로 명료도보다 높은 값을 갖게 된다.

④ 음파 회절(Sound Diffraction) 현상은 고주파수 음보다는 저주파수 음에서 크게 나타난다.

8 「국토의 계획 및 이용에 관한 법률 시행령」상 용도지구의 지정에서 경관지구에 해당하지 않는 것은?

① 특화경관지구

② 자연경관지구

③ 시가지경관지구

④ 역사문화경관지구

ANSWER 8.④

8 용도구역의 지정(국토의 계획 및 이용에 관한 법률 시행령 제31조)
　㉠ 경관지구
　• 자연경관지구 : 산지 · 구릉지 등 자연경관을 보호하거나 유지하기 위하여 필요한 지구
　• 시가지경관지구 : 지역 내 주거지, 중심지 등 시가지의 경관을 보호 또는 유지하거나 형성하기 위하여 필요한 지구
　• 특화경관지구 : 지역 내 주요 수계의 수변 또는 문화적 보존가치가 큰 건축물 주변의 경관 등 특별한 경관을 보호 또
　　는 유지하거나 형성하기 위하여 필요한 지구
　㉡ 방재지구
　• 시가지방재지구 : 건축물 · 인구가 밀집되어 있는 지역으로서 시설 개선 등을 통하여 재해 예방이 필요한 지구
　• 자연방재지구 : 토지의 이용도가 낮은 해안변, 하천변, 급경사지 주변 등의 지역으로서 건축 제한 등을 통하여 재해
　　예방이 필요한 지구
　㉢ 보호지구
　• 역사문화환경보호지구 : 문화재 · 전통사찰 등 역사 · 문화적으로 보존가치가 큰 시설 및 지역의 보호와 보존을 위하여
　　필요한 지구
　• 중요시설물보호지구 : 중요시설물(제1항에 따른 시설물을 말한다. 이하 같다)의 보호와 기능의 유지 및 증진 등을 위하
　　여 필요한 지구
　• 생태계보호지구 : 야생동식물서식처 등 생태적으로 보존가치가 큰 지역의 보호와 보존을 위하여 필요한 지구
　㉣ 취락지구
　• 자연취락지구 : 녹지지역 · 관리지역 · 농림지역 또는 자연환경보전지역안의 취락을 정비하기 위하여 필요한 지구
　• 집단취락지구 : 개발제한구역안의 취락을 정비하기 위하여 필요한 지구
　㉤ 개발진흥지구
　• 주거개발진흥지구 : 주거기능을 중심으로 개발 · 정비할 필요가 있는 지구
　• 산업 · 유통개발진흥지구 : 공업기능 및 유통 · 물류기능을 중심으로 개발 · 정비할 필요가 있는 지구
　• 관광 · 휴양개발진흥지구 : 관광 · 휴양기능을 중심으로 개발 · 정비할 필요가 있는 지구
　• 복합개발진흥지구 : 주거기능, 공업기능, 유통 · 물류기능 및 관광 · 휴양기능중 2 이상의 기능을 중심으로 개발 · 정비
　　할 필요가 있는 지구
　• 특정개발진흥지구 : 주거기능, 공업기능, 유통 · 물류기능 및 관광 · 휴양기능 외의 기능을 중심으로 특정한 목적을 위
　　하여 개발 · 정비할 필요가 있는 지구

9 소방설비에 대한 설명으로 옳은 것은?

① 고층건축물이나 지하층에는 스프링클러의 설치를 피하는 것이 좋다.

② 연결송수관설비, 연결살수설비, 제연설비는 소화활동설비에 해당한다.

③ 드렌처(Drencher)란 건축물의 외벽, 창, 지붕 등에 설치하여, 인접건물에 화재가 발생하였을 때 인접건물에 살수를 하여 화재를 진압하는 방화설비이다.

④ 분당 방수량(l/min)이 많은 것은 옥외소화전설비 > 옥내소화전설비 > 연결송수관설비 > 스프링클러 > 드렌처 순이다.

ANSWER 9.②

9 ① 고층건축물이나 지하층에는 스프링클러를 설치 하는 것이 좋다.
③ 드렌처(Drencher)란 소방대상물을 인접 장소 등의 화재 등으로부터 방화구획이나 연소 우려가 있는 부분의 개구부 상단에 설치하여 물을 수막(水幕)형태로 살수하는 소방시설이다.
④ 분당 방수량(l/min)이 많은 것은 연결송수관설비 > 옥외소화전설비 > 옥내소화전설비 > 스프링클러 > 드렌처 순이다.

소화설비	방수압력(kg/㎠)	표준방수량(l/min)	수평거리(m)
연결송수관	3.5	450	50
옥외소화전	2.5	350	40
옥내소화전	1.7	130	25
스프링클러	1.0	80	

※ 소방시설의 분류 … 크게 대별하여 소화설비, 경보설비, 피난설비, 소화용수설비, 소화활동설비로 나누어진다.
• 소화설비 : 물, 그 밖의 소화약제를 사용하여 소화를 행하는 기구나 설비(소화기, 스프링클러 등)
• 경보설비 : 화재발생 사실을 통보하는 기계, 기구(비상경보설비, 누전경보기, 자동화재속보설비, 가스누설 경보기 등)
• 피난설비 : 화재가 발생할 경우 피난하기 위하여 사용하는 장치(미끄럼대, 피난사다리, 구조대, 완강기 등)
• 소화용수설비 : 화재를 진압하거나 인명구조활동을 위하여 사용하는 설비(제연설비, 연결송수관설비, 연결살수설비 등)
• 소화활동설비 : 화재를 진압하거나 인명구조활동을 위하여 사용하는 설비 (제연설비, 연결송수관, 연결살수설비, 비상콘센트설비, 연소방지설비 등)

10 지능형건축물의 인증에 관한 규칙 상 지능형건축물의 인증에 대한 설명으로 옳지 않은 것은?

① 시공자는 건축주나 건축물 소유자가 인증 신청을 동의하는 경우에만 인증을 신청할 수 있다.

② 인증의 근거나 전제가 되는 주요한 사실이 변경된 경우 그 인증을 취소할 수 있다.

③ 인증심사 결과에 이의가 있더라도 건축주 등은 인증기관의 장에게 재심사를 요청할 수 없다.

④ 설계도면, 각 분야 설계설명서, 각 분야 시방서(일반 및 특기시방서), 설계 변경 확인서, 에너지절약계획서는 인증 신청서류에 포함된다.

11 도서관계획에 대한 설명으로 옳지 않은 것은?

① 비교적 규모가 큰 도서관일 경우, 아동열람실은 성인열람실과 구별하여 계획하며 별도의 출입구를 두는 것이 바람직하다.

② 단독서가식 서고는 평면계획상 유연성이 있고, 모듈러 컨스트럭션(Modular Construction) 적용이 가능하다.

③ 안전개가식 출납시스템은 이용자가 보안이 확보된 상태에서 직접 서고에 들어가 책을 선택하고 직원의 열람허가 없이 열람하는 방식이다.

④ 폐가식 출납시스템은 목록카드에 의해 자료를 찾고, 직원의 수속을 받은 다음 책을 받아 열람하는 방식이다.

ANSWER 10.③ 11.③

10 지능형건축물의 인증에 있어 인증심사 결과에 이의가 있는 경우 인증기관의 장에게 재심사를 요청할 수 있다.
  ※ **지능형건축물의 목적**
  • 에너지 절약적 친환경 U-City 실현
  • 생활의 편리성, 안정성, 쾌적성 및 정보화 접근성을 통한 삶의 질 향상
  • IT산업의 선 순환 촉발 및 국가 균형발전 선도
  • 지능형건축물 인증대상 건축물 : 「지능형 건축물의 인증에 관한 규칙」 제2조에 따른 지능형건축물 인증적용 대상 건축물

11 안전개가식은 직원의 검열이 있어야 열람이 가능하다.
  ※ **안전개가식**(safe-guarded open access) : 자유개가식과 반개가식의 장점을 취한 형식으로서, 열람자가 책을 직접 서가에서 뽑지만 관원의 검열을 받고 대출의 기록을 남긴 후 열람하는 형식이다. 보통 15,000권 이하의 서적을 보관함과 열람에 적당하다.
  • 출납 시스템이 필요 없어 혼잡하지 않다.
  • 도서 열람의 체크 시설이 필요하다.
  • 도서 열람이 가능하여 책을 보고 직접 뽑을 수 있다.
  • 감시가 필요하지 않다.

12 「건축법」상 용어의 정의로 옳은 것은?

① '대지(垈地)'란 「공간정보의 구축 및 관리 등에 관한 법률」에 따라 각 필지(筆地)로 나눈 토지를 말한다. 다만, 대통령령으로 정하는 토지는 둘 이상의 필지를 하나의 대지로 하거나 하나 이상의 필지의 일부를 하나의 대지로 할 수 있다.

② '지하층'이란 건축물의 바닥이 지표면 아래에 있는 층으로서 바닥에서 지표면까지 평균높이가 해당 층 높이의 3분의 1 이상인 것을 말한다.

③ '리모델링'이란 건축물의 기둥, 보, 내력벽, 주계단 등의 구조나 외부 형태를 수선·변경하거나 증설하는 것으로서 대통령령으로 정하는 것을 말한다.

④ '건축'이란 건축물을 이전하는 것을 제외하고, 신축·증축·개축·재축(再築)하는 모든 행위를 말한다.

13 색(色)의 성질에 대한 설명으로 옳지 않은 것은?

① 고명도 난색 계통은 가벼운 느낌을 주고, 저명도 한색 계통은 무거운 느낌을 준다.

② 난색 계통이 한색 계통보다 후퇴되어 보인다.

③ 난색에는 적색, 주황색, 노란색 등이 있고, 한색에는 남색, 청록색, 청색 등이 있다.

④ 저채도 고명도인 난색계가 저채도 저명도의 한색계보다 부드러운 느낌을 준다.

ANSWER 12.①   13.②

12 ② '지하층'이란 건축물의 바닥이 지표면 아래에 있는 층으로서 바닥에서 지표면까지 평균높이가 해당 층 높이의 2분의 1 이상인 것을 말한다.

③ 건축물의 기둥, 보, 내력벽, 주계단 등의 구조나 외부 형태를 수선·변경하거나 증설하는 것으로서 대통령령으로 정하는 것은 '대수선'이다. (리모델링이란 기존건물의 구조적, 기능적, 미관적, 환경적 성능이나 에너지성능을 개선하여 거주자의 생산성과 쾌적성 및 건강을 향상시킴으로써 건물의 가치를 상승시키고 경제성을 높이는 것을 말한다. 리모델링은 현재 정상적으로 운영되고 있는 건물시스템의 성능을 개선시킨다는 점에서 건물의 보수, 보강, 수선, 개수, 교체 등과는 약간의 의미적 차이를 가지고 있다. 즉, 건축물의 리모델링은 기존의 성능을 그대로 유지해도 건물의 운영에는 문제가 없으나 성능개선을 통하여 가치를 향상시키고자 하는 선택적 수단임에 반해, 보수, 보강, 개수, 교체 등은 건물시스템의 하자나 불량, 고장, 성능저하로 인한 불가피한 선택인 것이다.)

④ '건축'이란 건축물을 이전하는 것을 포함한다.

13 색의 성질
• 한색 계통이 난색 계통보다 후퇴되어 보인다. (일반적으로 난색계통이 한색계통보다 진출하여 보인다.)
• 고명도 난색 계통은 가벼운 느낌을 주고, 저명도 한색 계통은 무거운 느낌을 준다.
• 난색에는 적색, 주황색, 노란색 등이 있고, 한색에는 남색, 청록색, 청색 등이 있다.
• 저채도 고명도인 난색계가 저채도 저명도의 한색계보다 부드러운 느낌을 준다.

14 배수관 트랩(Trap)의 봉수 파괴 원인에 대한 설명으로 옳지 않은 것은?

① 자기사이펀작용은 위생기구에 만수된 물이 일시에 흐를 경우, 트랩 내의 물이 모두 사이펀작용에 의해 배수관으로 흡인되어 배출되는 현상이다.

② 분출작용은 수직관 가까이 위생기구가 설치되어 있을 때 수직관 위로부터 일시에 다량의 물이 낙하할 경우, 수직관과 수평관의 연결부에 순간적으로 진공이 생기면서 트랩의 봉수가 흡인되어 배출되는 현상이다.

③ 모세관현상은 봉수부와 수직관 사이에 모발이나 실밥 등이 걸릴 경우, 서서히 봉수가 빠져나가는 현상이다.

④ 증발작용은 위생기구를 장시간 사용하지 않을 경우, 트랩부분의 물이 자연 증발하여 봉수가 파괴되는 현상이다.

15 건축물의 피난·방화구조 등의 기준에 관한 규칙 상 연면적 200제곱미터를 초과하는 건축물에 설치하는 복도의 유효너비에 대한 설명으로 옳지 않은 것은? (단, 중복도란 양옆에 거실이 있는 복도를 말한다)

① 공동주택 복도의 유효너비는 편복도 1.2미터 이상, 중복도 1.5미터 이상으로 해야 한다.

② 초등학교 복도의 유효너비는 편복도 1.8미터 이상, 중복도 2.4미터 이상으로 해야 한다.

③ 당해 층 거실의 바닥면적의 합계가 200제곱미터 이상인 의료시설 복도의 유효너비는 편복도 1.2미터 이상, 중복도 1.8미터 이상으로 해야 한다.

④ 당해 층 바닥면적의 합계가 500제곱미터 이상 1천 제곱미터 미만인 공연장의 관람석과 접하는 복도의 유효너비는 1.8미터 이상으로 해야 한다.

14 수직관 가까이 위생기구가 설치되어 있을 때 수직관 위로부터 일시에 다량의 물이 낙하할 경우, 수직관과 수평관의 연결부에 순간적으로 진공이 생기면서 트랩의 봉수가 흡인되어 배출되는 현상은 유인사이펀작용이다.

봉수파괴의 종류	방지책	원인
자기사이펀 작용	통기관의 설치	만수된 물이 일시에 흐르게 되면 물이 배수관 쪽으로 흡인되어 봉수가 파괴되는 현상이다.
감압에 의한 흡인작용 (유인사이펀 작용)	통기관의 설치	배수 수직주관 가까이 있는 트랩의 경우 다량의 물을 주관으로 배수될 때 진공상태가 되어 봉수가 흡입된다.
역압에 의한 분출작용	통기관의 설치	배수수직주관 가까이에 있는 트랩의 경우 바닥 횡주관에 물이 정체되어 있고 수직관에 다량의 물이 배수될 때 중간에 압력이 발생하여 봉수가 실내 쪽으로 분출하게 된다.
모세관 현상	거름망 설치	트랩 출구에 머리카락, 천조각 등이 걸렸을 경우 모세관 현상에 의해 봉수가 파괴된다.
증발	기름방울로 유막형성	사용빈도가 적거나 건물을 장기간 비울 시 봉수가 자연히 증발하는 현상이다.
자기운동량에 의한 관성작용	유속의 감소	스스로의 운동량에 의해 트랩의 봉수가 빠져나가는 현상이다.

15 공동주택 복도의 유효너비는 중복도인 경우 1.8미터 이상으로 해야 한다.

16 건축가와 그의 건축사상 및 작품을 바르게 나열한 것은?

① 르 꼬르뷔지에(Le Corbusier) – 신고전주의 – 라 투레트 수도원(Monastery of Sainte Marie de La Tourette)

② 로버트 벤츄리(Robert Venturi) – 포스트 모더니즘 – 시드니 오페라하우스(Sydney Opera House)

③ 시저 펠리(Cesar Pelli) – 형태주의 – 비트라 소방서(Vitra Fire Station)

④ 프랭크 게리(Frank Gehry) – 해체주의 – 월트 디즈니 콘서트 홀(Walt Disney Concert Hall)

17 고대 및 중세 건축물에 대한 설명으로 옳은 것만을 모두 고르면?

> ㉠ 바실리카식 교회당은 아트리움(Atrium), 나르텍스(Narthex), 네이브(Nave), 트랜셉트(Transept), 앱스(Apse) 등으로 구성되어 있다.
> ㉡ 아야 소피아(Hagia Sophia) 성당은 리브볼트(Rib Vault)와 펜던티브 돔(Pendentive Dome)을 적용한 비잔틴 건축물의 대표적 사례이다.
> ㉢ 로마 판테온(Pantheon)의 격자천장은 장식적 역할을 할뿐만 아니라 돔의 중량을 경감시키는 구조적 효과를 내도록 고안되었다.
> ㉣ 로마의 인슐라(Insula)는 귀족용 아파트 주택으로서 화장실과 욕실이 층마다 설치되어 있어 로마의 수도기술을 보여주는 대표적 사례이다.

① ㉠, ㉢

② ㉠, ㉣

③ ㉡, ㉢

④ ㉡, ㉣

16 ① 르 꼬르뷔지에는 모더니즘 건축의 대가이자 합리주의 건축가로서 건축물을 주거를 위한 기계로 생각하였다(신고전주의는 근대건축 초기의 사조이다).
  ② 시드니 오페라하우스는 요른 웃존의 작품이다.
  ③ 비트라 소방서는 자하 하디드의 작품이다.

> 건축양식의 발달순서 : 이집트 → 그리스 → 로마 → 초기기독교 → 사라센 → 비잔틴 → 로마네스크 → 고딕 → 르네상스 → 바로크 → 로코코 → 고전주의 → 낭만주의 → 절충주의 → 수공예운동 → 아르누보운동 → 시카고파 → 세제션 → 독일공작연맹 → 바우하우스, 입체파 → 유기적 건축 → 국제주의 → 포스트모더니즘 → 레이트 모더니즘

17 ㉡ 리브볼트(Rib Vault)는 고딕건축양식의 특징이다.
  ㉣ 로마의 인슐라(Insula)는 서민집합주택이었으며 귀족의 주택은 도무스(Domus)였다.

18 형태구성 원리에 대한 설명으로 옳은 것만을 모두 고르면?

㉠ 황금비란 예를 들어, 한 선분을 두 부분으로 나눌 때 전체에 대한 큰 부분의 비와 큰 부분에 대한 작은 부분의 비가 같은 것을 말한다.

㉡ 리듬에는 반복(Repetition), 점증(Gradation), 억양(Accentuation) 등이 있다.

㉢ 대비란 전혀 다른 성격의 요소를 병치함으로써 서로가 가진 특성을 명확하게 강조하여 강렬한 인상을 주는 것이다.

㉣ 아그라의 타지마할은 균형과 대칭이 반영된 건축물이다.

---

① ㉠, ㉡
② ㉢, ㉣
③ ㉠, ㉢, ㉣
④ ㉠, ㉡, ㉢, ㉣

ANSWER 18.④

18 제시된 보기는 모두 맞는 설명이다.

㉠ **황금비** : 한 선분을 두 부분으로 나눌 때 전체에 대한 큰 부분의 비와 큰 부분에 대한 작은 부분의 비가 같은 것을 말한다.

㉡ **리듬** : 연속성과 규칙성에 의해 형태 및 공간의 패턴을 한가지로 모아 구성하게 하는 선, 면, 부피 등을 말하며 반복(Repetition), 점증(Gradation), 억양(Accentuation) 등이 있다.

㉢ **대비** : 전혀 다른 성격의 요소를 병치함으로써 서로가 가진 특성을 명확하게 강조하여 강렬한 인상을 주는 것이다.

㉣ 아그라의 타지마할은 균형과 대칭이 반영된 건축물이다.

※ **건축형태구성의 원리**

- 축은 공간 속에 존재하는 두 점을 연결하는 선으로, 건축 형태와 공간의 구성에서 질서를 부여하기 위한 기본적인 건축구성 원리이다.
- 대비는 서로 상반되는 요소를 대치시켜 상호간의 특징을 더욱 강조한 것이다.
- 리듬은 연속성과 규칙성에 의해 형태 및 공간의 패턴을 한가지로 모아 구성하게 하는 선, 면, 부피 등을 말한다.
- 조화는 미적 대상을 구성하는 부분과 부분사이에 질적이나 양적으로 모순되는 일이 없이 질서가 잡혀있는 것을 말한다.
- 비례는 부분과 부분 또는 부분과 전체와의 수량적 관계를 말한다.
- 질감은 물체를 만져보지 않고 눈으로만 보아도 그 표면의 상태를 알 수 있는 것이다.
- 통일성은 구성체 각 요소들 간에 이질감이 느껴지지 않고 전체로서 하나의 이미지를 주는 것이다.
- 균형은 안정감을 주는 시각적 평형을 의미한다.

19 다음 보기 중 국토의 계획 및 이용에 관한 법령상 용도지역 안에서 허용 용적률이 가장 높은 것은? (단, 조례는 고려하지 않는다)

ⓐ 제1종일반주거지역
ⓑ 제3종일반주거지역
ⓒ 준주거지역
ⓓ 준공업지역

---

① ⓐ

② ⓑ

③ ⓒ

④ ⓓ

19 ⓐ 제1종 일반주거지역의 허용용적률 : 100~200%
ⓑ 제3종 일반주거지역의 허용용적률 : 100~300%
ⓒ 준주거지역의 허용용적률 : 200~500%
ⓓ 준공업지역의 허용용적률 : 150~400%

용도	용도지역	세분 용도지역	용도지역 재세분	건폐율(%)	용적율(%)
도시지역	주거지역	전용주거지역	제1종 전용주거지역	50	50~100
			제2종 전용주거지역	50	50~150
		일반주거지역	제1종 일반주거지역	60	100~200
			제2종 일반주거지역	60	100~250
			제3종 일반주거지역	50	100~300
		준 주거지역	〈주거+상업기능〉	70	200~500
	상업지역		근린상업지역	70	200~900
			유통상업지역	80	200~1100
			일반상업지역	80	200~1300
			중심상업지역	90	200~1500
	공업지역		전용공업지역	70	150~300
			일반공업지역	70	150~350
			준 공업지역	70	150~400
	녹지지역		보전녹지지역	20	50~80
			생산녹지지역	20	50~100
			자연녹지지역	20	50~100
관리지역	보전관리지역			20	50~80
	생산관리지역			20	50~80
	계획관리지역			40	50~100
농림지역				20	50~80
자연환경보전지역				20	50~80

20 전통건축 공포 양식에 대한 설명으로 옳은 것은?

① 다포식은 공포를 기둥 위에만 배열하여 하중을 기둥으로 직접 전달하는 공포양식으로, 강진 무위사 극락전, 창녕 관룡사 약사전 등이 있다.

② 주심포식은 기둥 상부 이외에 기둥 사이에도 공포를 배열한 공포양식으로, 서울 경복궁 근정전, 양산 통도사 대웅전 등이 있다.

③ 익공식은 창방과 직교하여 보 방향으로 새 날개 모양 등의 부재가 결구되어 만들어진 공포양식으로, 서울 종묘 정전, 강릉 해운정 등이 있다.

④ 절충식은 다포식과 주심포식을 혼합·절충한 공포양식으로, 서울 동묘 본전, 강릉 오죽헌 등이 있다.

ANSWER 20.③

20 ① 공포를 기둥 위에만 배열하여 하중을 기둥으로 직접 전달하는 공포양식은 주심포양식이다.
② 기둥 상부 이외에 기둥 사이에도 공포를 배열한 공포양식은 다포양식이다.
④ 서울 동묘 본전, 강릉 오죽헌 등은 익공식 건축물이다.

		주심포식	다포식	익공식
고려		안동 봉정사 극락전 영주 부석사 무량수전 예산 수덕사 대웅전 강릉 객사문 평양 숭인전	경천사지 10층 석탑 연탄 심원사 보광전 석왕사 응진전 황해 봉산 성불사 응진전	
조선	초기	강화 정수사 법당 송광사 극락전 무위사 극락전	개성 남대문 서울 남대문 안동 봉정사 대웅전 청양 장곡사 대웅전	합천 해인사 장경판고 강릉 오죽헌
	중기	안동 봉정사 화엄강당	화엄사 각황전 범어사 대웅전 강화 전등사 대웅전 개성 창경궁 명정전 서울 창덕궁 돈화문	충무 세병관 서울 동묘 서울 문묘 명륜당 남원 광한루
	후기	전주 풍남문	경주 불국사 극락전 경주 불국사 대웅전 경복궁 근정전 창덕궁 인정전 수원 팔달문 서울 동대문	수원 화서문 제주 관덕정

09 2019. 10. 12. 제3회 서울특별시 시행

1 근린생활권 중 어린이 놀이터가 중심이 되는 단위는?

① 인보구
② 근린분구
③ 근린주구
④ 복합지구

ANSWER 1.①

1 ① 인보구 : 이웃 간의 가까운 친분상태를 유지하는 공간적 범위로 반경 100m 정도를 기준으로 하는 가장 작은 생활권
  단위로서 어린이 놀이터가 중심이 되는 단위로서 구멍가게 등이 있는 범위이다.
  ② 근린분구 : 주민들 간에 면식이 가능한 반경 약 250m 정도를 기준으로 하는 최소한의 생활권으로서 유치원, 어린이공
  원 등을 공유한다.
  ③ 근린주구 : 반경 약 500m 정도 규모로서 보행으로 중심부와 연결이 가능하며 초등학교를 중심으로 하는 단위로서 근
  린상가, 근린공원 등의 공동 서비스시설을 공유한다.

구분	인보구	근린분구	근린주구	근린지구
규모	0.5~2.5ha (최대 6ha)	15~25ha	100ha	400ha
반경	100m전후	150~250m	400~500m	1,000m
가구수	20~40호	400~500호	1,600~2,000호	20,000호
인구	100~200명	2,000~2,500명	8,000~10,000명	100,000명
중심시설	유아놀이터 구멍가게 등	유치원, 어린이 놀이터, 근린상점, 진료소, 노인정, 독서실, 파출소, 버스정거장 등	초등학교, 어린이공원, 동사무소, 우체국, 근린상가, 유치원 등	도시생활의 대부분의 시설
상호관계	친분유지의 최소단위	주민간 면식이 가능한 최소생활권	보행으로 중심부와 연결이 가능한 범위이자 도시계획종합계획에 따른 최소단위	

인보구

근린분구

근린주구

근린지구

2 아레나(arena)극장 평면형태에 대한 설명으로 가장 옳지 않은 것은?

① 다른 극장 평면형태에 비해 관객수용능력에 한계가 많다.

② 다른 극장 평면형태에 비해 연기자의 방향감에 혼란을 줄 수 있다.

③ 다른 극장 평면형태에 비해 무대장치 설치에 어려움이 있다.

④ 다른 극장 평면형태에 비해 경제성이 높다.

3 다음 〈보기〉의 설명에 해당하는 난방방식으로 가장 옳은 것은?

〈보기〉

- 현열을 이용한 난방방식이다.
- 쾌감도가 높다.
- 온도조절이 용이하다.
- 예열시간이 길다.

① 증기난방

② 온수난방

③ 복사난방

④ 온풍난방

4 건축허가신청에 필요한 기본설계도서 중 배치도에 표시해야 할 사항이 아닌 것은?

① 건축선 및 대지경계선으로부터 건축물까지의 거리

② 방화구획 및 방화문까지의 거리

③ 주차동선 및 옥외주차계획

④ 공개공지 및 조경계획

ANSWER 2.① 3.② 4.②

2 아레나(arena)극장 평면형태는 다른 극장 평면형태에 비해 관객수용능력이 가장 큰 유형이다.

3 주어진 보기의 특성을 갖는 난방방식은 온수난방방식이다.
① 증기난방은 잠열을 이용하는 방식으로 쾌감도가 좋지 않으며 온도조절이 매우 어렵다.
③ 복사난방은 온도조절이 어려운 방식이다.
④ 온풍난방은 예열시간이 짧으며 쾌감도가 좋지 않다.

4 방화와 관련된 사항들은 건축물의 설계도서 중 각층 평면도 상에 나타낸다.

5 건축계획 관련 개념들에 대한 설명 중 가장 옳지 않은 것은?

① 배리어 프리(barrier-free) 디자인은 장애인 및 고령자들을 위해 무장애 공간을 만들기 위한 노력이다.

② 셉테드(CPTED)란 건축물 등 도시시설을 설계 단계부터 범죄예방을 할 수 있는 환경으로 조성하는 기법 및 제도를 말한다.

③ 유니버설 디자인(Universal Design)은 인터내셔널 스타일(International Style)과 유사한 개념으로 세계 각지에서 동시에 유행하는 디자인을 말한다.

④ 거주 후 평가(POE)는 입주 후 사용자들의 반응을 연구하여 사용 중인 건물의 성능을 조사·평가하는 과정이다.

6 서측 창문에서 들어오는 일사를 차단하는 방법으로 가장 효과적인 것은?

① 창문 위에 어닝(awning)을 설치한다.

② 창문 위에 처마를 앞으로 길게 내민다.

③ 창 외부에 수평루버를 설치한다.

④ 창 외부에 수직루버를 설치한다.

5 유니버설 디자인 : 장애인, 노인, 어린이, 임산부, 외국인 등 모두를 대상으로 최대한 이용하기 편리하게 디자인하는 것으로 특정 사용자층을 위해 문제해결을 도모하는 베리어프리 디자인과 구별된다.

6 창의 수평루버는 남측창에 주로 사용되고 수직루버는 동측이나 서측창에 주로 사용된다. 동측 또는 서측은 태양의 입사 각이 낮기 때문에 수평형 루버보다는 수직형 또는 격자형 루버가 더 적절하다.

7 사무소 건축 코어(core)의 유형 및 특징에 대한 설명으로 가장 옳지 않은 것은?

① 편단코어형(편심형) : 기준층 바닥면적이 작은 경우에 적합한 유형

② 중앙코어형(중심형) : 유효율이 높으며, 가장 경제적인 계획이 가능한 유형

③ 양단코어형(분리형) : 단일용도의 소규모 전용사무실에 적합한 유형

④ 외코어형(독립형) : 설비덕트나 배관을 코어로부터 사무실 공간으로 연결하는 데 제약이 많은 유형

8 배수트랩에 대한 설명으로 가장 옳지 않은 것은?

① 트랩의 봉수를 보호하기 위하여 봉수의 깊이가 깊을수록 좋다.

② 트랩에 머리카락·걸레 등이 걸려 아래로 늘어뜨려져 있으면 모세관 작용으로 봉수가 말라버린다.

③ 유수에 의해 트랩 내부를 세정할 수 있는 자기 세정작용이 있어야 한다.

④ 구조상 내부청소를 간단하게 할 수 있어야 한다.

ANSWER 7.③ 8.①

7 양단코어형(분리코어형)
  • 하나의 대공간을 필요로 하는 전용 사무소에 적합하다.
  • 2방향 피난에 이상적이며, 방재상 유리하다.
  • 임대사무소일 경우 같은 층을 분할하여 대여하면 복도가 필요하게 되고 유효율이 떨어진다.

편심코어

중심코어

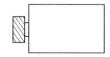
독립코어

양단코어

8 트랩 봉수의 적정깊이는 5cm~10cm이다.

9 에너지 절약을 위한 조명계획에 대한 설명으로 가장 옳지 않은 것은?

① 동일조도를 요하는 작업으로 조닝(zoning)을 한다.
② 개방형 평면은 벽체에 의한 차폐에너지를 줄일 수 있다.
③ 선(先)주광, 후(後)인공조명 시스템으로 계획한다.
④ 벽표면의 반사율은 줄이고 흡수율은 높인다.

10 건축행태심리에서 사회심리적 요인에 대한 설명으로 가장 옳지 않은 것은?

① 프라이버시(privacy)는 타인의 관심과 관찰로부터 분리되고 싶은 상태를 뜻한다.
② 개인공간(personal space)은 정적이고, 그 치수는 고정적이며, 침해당할 때 긴장과 불안을 야기한다.
③ 영역성(territoriality)은 한 사람이 개인적으로 전용화하고, 특정지우고, 소유하고, 지키는 일단의 행태 환경무대를 뜻한다.
④ 혼잡(crowding)은 기본적으로 밀도와 관계가 있는 개념이다.

ANSWER 9.④ 10.②

9 벽표면의 빛의 반사율은 높이고 흡수율은 줄인다.

10 개인공간(personal space)은 비고정적이며 적절한 대인거리에 대해 관계에 따라 자신이 편하게 느끼는 공간이 침범당했다고 느낄 때 심리적 불편함을 경험하게 된다.
　※ 개인공간(personal space)
　　• 개인상호간의 현상으로 상호작용에 의해 존재하는 공간이다.
　　• 무의식적으로 일관성 있는 유기체간(inter-organism) 공간을 유지하려는 것. 생물학적 과정에 기초한다.
　　• 타인이 통과할 수 없는 자신을 둘러싸고 있는 보이지 않는 경계, 개인주변에 개인이 점유하는 공간이다.
　　• 방어, 정보교환을 위한 거리. 개인, 상황에 따라 변한다.

11 백화점 건축에 대한 설명으로 가장 옳지 않은 것은?

① 에스컬레이터는 엘리베이터에 비해서 수송량은 적지만 승객의 시야가 좋아서 백화점 건축에 사용된다.

② 백화점은 기능에 따라서 고객부문, 종업원부문, 상품부문, 판매부문으로 분류된다.

③ 정방형에 가까운 장방형 부지의 형태가 이상적이다.

④ 창문을 통한 환기와 자연채광보다는 기계를 통한 환기와 인공조명을 검토한다.

12 학교 건축에서 학교운영방식에 대한 설명 중 가장 옳지 않은 것은?

① 종합교실형 방식에서 교실의 수는 학급수와 일치하며 모든 교과는 각 교실에서 행한다.

② 교과교실형 방식에서 일반교실은 각 학년에 하나씩 할당되고, 그 외에는 특별교실을 갖는다.

③ 플래툰형 방식에서는 전 학급을 2분단으로 하고, 한쪽이 일반교실을 사용할 때 다른 분단은 특별교실을 사용한다.

④ 달톤형 방식에서는 학급, 학생 구분을 없애고 학생들은 각자의 능력에 맞게 교과를 선택하며, 일정한 교과가 끝나면 졸업한다.

ANSWER | 11.① 12.②

11 에스컬레이터의 특징
- 수송능력이 엘리베이터의 약 10배로 단거리 대량수송에 적합하다.
- 기다리는 시간이 없고 연속적으로 수송한다.
- 점유면적이 작고 기계실이 필요없으며 피트가 간단하다.
- 건축에 걸리는 하중이 각 층에 분담된다.
- 에스컬레이터의 이용 중에 주위를 볼 수 있어 백화점 등에서는 구매의욕을 불러일으킨다.
- 소비되는 전력량이 적고 전동기의 기동회수는 적으므로 전동기의 시동 시 흐르는 대전류에 의한 부하전류의 변화도 적으므로 건물 내의 전원설비의 부담이 작아진다.

12 교과교실형(V형 – Department Type)
- 모든 교실이 특정한 교과를 위해 만들어지므로 일반교실이 없거나 적게 배치된다.
- 홈베이스(평면 한 부분에 사물함 등을 비치하는 공간)를 설치하기도 한다.
- 학생이 이동이 빈번하며 락커룸이 필요하고 동선계획 시 주의가 요구된다.

13 주차장 경사로 계획에 관한 기준 내용으로 가장 옳지 않은 것은?

① 경사로의 종단경사도는 직선형 17%, 곡선형 14%까지 허용되지만 자동차가 미끄러지지 않게 하기 위해 실질적으로 10~12% 정도가 바람직하다.

② 경사로는 인도(人道)를 따로 설치하는 것이 좋으며 별도로 보행자 출입구를 만들기도 한다.

③ 경사로의 바닥 마무리는 되도록 매끈한 면으로 한다.

④ 경사로의 양단부에는 경사완화부분을 두어 범퍼 등이 닿지 않도록 한다.

14 흡음률에 대한 설명으로 가장 옳지 않은 것은?

① 흡음률은 입사음파의 재료면에 대한 입사각도에 의하여 달라진다.

② 잔향실법 흡음률은 재료면에서의 음파의 입사가 랜덤인 경우를 말한다.

③ 일반실 주벽의 음파입사는 기본적으로 수직입사 흡음률의 값이 사용된다.

④ 재료에 음파가 입사하면 그 일부는 반사되고 일부는 재료 중에 흡수되며, 남은 음파는 재료의 배후로 투과된다.

ANSWER 13.③ 14.③

13 경사로의 바닥 마무리는 되도록 거칠게 마무리를 하는데 이는 미끄러짐을 방지하기 위함이다.

14 가장 일반적으로 흡음률 측정에 사용되는 방법은 잔향실법 흡음율이며 잔향실법은 실제 사용상태와 유사한 랜덤입사를 조건으로 한다.
　　흡음률은 음의 입사 조건에 따라서 수직입사 흡음률, 비스듬한 입사흡음률, 잔향실법 흡음률 등이 있으며 다음의 몇 가지 방법으로 측정한다.
　　• 잔향실법(잔향시간측정에 의한 방법으로서 Sabine식이 주로 적용됨)
　　• 평균흡음률법(각 재료의 면적과 흡음률을 곱한 값의 합을 총 면적으로 나누어 산정)
　　• 관내법(일정한 방향에서 평면파가 수직으로 입사될 때 정재파를 측정하는 법)
　　• 이미 알고 있는 표준음원에 의한 방법

15 케빈 린치(Kevin Lynch)가 『도시환경디자인(The Image of the City)』에서 정의한 도시 이미지의 다섯 가지요소로 가장 옳은 것은?

① 구역(Districts), 교점(Nodes), 랜드마크(Landmarks), 광장(Squares), 스카이라인(Skylines)

② 시야(Visual Scope), 통로(Paths), 가장자리(Edges), 주거지(Dwellings), 시간성(Time Series)

③ 통로(Paths), 가장자리(Edges), 구역(Districts), 교점(Nodes), 랜드마크(Landmarks)

④ 광장(Squares), 통로(Paths), 구역(Districts), 스카이라인(Skylines), 교점(Nodes)

16 공장건축의 지붕형태에 대한 설명으로 가장 옳지 않은 것은?

① 뾰족지붕 : 평지붕과 동일한 최상층 옥상에 천창을 내는 형태이다.

② 솟음지붕 : 채광, 환기에 적합한 형태로 채광창의 경사에 따라 채광이 조절되며, 상부창의 개폐에 의해 환기량도 조절된다.

③ 평지붕 : 대개 중층 건물의 최상층 옥상에 쓰인다.

④ 톱날지붕 : 북향으로 변함없는 조도를 가진 약광선을 수용하며, 기둥이 적게 소요되는 장점이 있다.

ANSWER 15.③ 16.④

15 케빈 린치의 도시 이미지를 구성하는 5가지의 물리적인 요소
  ㉠ Paths(통로) : 관찰자가 다니거나 다닐 가능성이 있는 도로, 철도, 운하등의 통로를 말하며 Imageability에 미치는 영향은 연속성과 방향성을 제시한다.
  ㉡ Edges(연변) : 한 지역을 다른 부분으로부터 분리시키고 있는 장벽 또는 하천이나 바다의 파도가 닿는 곳 등 주지역을 서로 관련시키는 이음매와 같은 곳을 말한다.
  ㉢ District(지역, 지구) : 2차원적인 비교적 큰 넓이를 갖는 도시지역으로 어느 공통된 용도나 특징이 다른 지역과 명확하게 구별되어야 한다.
  ㉣ Nodes(결절점) : 시가지내의 중요한 지점이나 통로의 접합점들과 같이 특징 있는 공간구성요소들이 집중되는 초점이다.
  ㉤ Landmark(랜드마크) : 주위의 경관 속에서 눈에 띄는 특수성을 갖는 곳을 말한다.

16 톱날지붕은 다른 지붕형식보다 기둥이 많이 소요되는 단점이 있다.
  ※ 지붕의 유형
    ㉠ 뾰족지붕 : 평지붕과 마찬가지로 동일면에 천장을 내는 방법으로써 직사광선을 어느 정도 허용해야 하는 결점이 있다.
    ㉡ 솟음지붕 : 채광, 환기에 적합한 형식으로써 적어도 건물 길이의 반 이상의 폭을 가져야 하기 때문에 폭이 좁으면 적당하지 않다. 채광창의 경사에 따라 채광이 조절되며 상부 창의 개폐에 의해 환기량도 조절된다.
    ㉢ 톱날지붕 : 공장 특유의 지붕형태로 채광창의 면적에 관계없이 채광이 된다. 채광창은 북향으로 나 있어 하루 종일 변함없는 조도를 가진 약광선을 받아들이게 된다. 그러나 기둥이 많이 필요한 방식이기 때문에 요구되는 바닥 면적이 증가하는 단점이 있어 기계배치의 융통성 및 작업능력의 감소를 초래할 수 있다.
    ㉣ 샤렌구조식 지붕 : 최근에 나타난 둥근 형태의 지붕으로 내부기둥이 적게 소요되어 바닥면적과 작업동선을 확보하기 좋다.

17 단열재에 대한 설명으로 가장 옳지 않은 것은?

① 단열재는 열전도율, 수증기 투과율이 낮아야 한다.

② 무기질 재료인 암면, 유리면, 질석, 펄라이트, 규조토 등은 열에 약한 반면 흡수율이 낮은 장점이 있다.

③ 반사형 단열은 복사의 형태로 열이동이 이루어지는 공기층에 유효하다.

④ 건물의 각 공간은 사용목적에 따라 실내의 온도, 단열재의 사용부위를 달리하여야 한다.

18 「건축법」 및 「건축법 시행령」에서 규정하고 있는 용어의 설명으로 가장 옳지 않은 것은?

① 거실이란 건축물 안에서 거주, 집무, 작업, 집회, 오락 기타 이와 유사한 목적을 위하여 사용되는 방을 말한다.

② 지하층이란 건축물의 바닥이 지표면 아래에 있는 층으로, 해당 층 바닥에서 지표면까지의 평균 높이가 해당 층 높이의 1/2 이상인 것을 말한다.

③ 건축선이란 도로에 접한 부분에 있어서 건축물을 건축할 수 있는 선을 말하며, 원칙적으로 대지와 도로의 경계선으로 한다.

④ 대지면적이란 건축법 상의 기준폭이 확보된 도로의 경계선과 인접대지 경계선으로 구획된 대지의 표면적이다.

ANSWER 17.② 18.④

17 무기질 재료인 암면, 유리면, 질석, 펄라이트, 규조토 등은 열에 강하나 흡습성이 큰 단점이 있다.

ⓐ 무기질 단열재

무기질 단열재는 유리질, 광물질, 금속질, 탄소질 등으로 나눌 수 있으며 열에 강하고 접합부 시공성이 우수하나 흡습성이 크고 암면, 유리면 등은 성형된 상태에서의 기계적인 성질이 우수하지 못해 벽체에는 시공하기가 힘들다.

• 유리질 단열재 : 유리면
• 광물질 단열재 : 석면, 암면, 펄라이트 등
• 금속질 단열재 : 규산질, 알루미나질, 마그네시아질 등으로 고온용 내화단열재로 사용
• 탄소질 단열재 : 탄소질 섬유, 탄소분말 등으로 성형

ⓑ 유기질 단열재

유기질 단열재는 화학적으로 합성한 물질을 이용하여 단열재로 사용하는 것으로 흔히 '스티로폼'으로 불리는 발포폴리스티렌, 발포폴리우레탄, 발포염화비닐, 기타 플라스틱 단열재 등이 있다. 유기질 단열재는 흡습성이 적고 시공성이 우수하지만 열에 약한 것이 가장 큰 단점이다. 그러므로 독자적으로 사용되지는 못하고 다른 재료와 복합적으로 사용되어야 한다.

18 대지면적이란 「건축법」상의 기준폭이 확보된 도로의 경계선과 인접대지 경계선으로 구획된 대지의 수평투영면적이다.
다만, 다음의 어느 하나에 해당하는 면적은 제외한다.

• 법 제46조 제1항 단서에 따라 대지에 건축선이 정하여진 경우 : 그 건축선과 도로 사이의 대지면적
• 대지에 도시 · 군계획시설인 도로 · 공원 등이 있는 경우 : 그 도시 · 군계획시설에 포함되는 대지(「국토의 계획 및 이용에 관한 법률」 제47조제7항에 따라 건축물 또는 공작물을 설치하는 도시 · 군계획시설의 부지는 제외한다)

19 다음 〈보기〉에 해당하는 건축그룹으로 가장 옳은 것은?

1960년 런던의 유스턴 역을 재개발할 당시 참여했던 피터 쿡(Peter Cook)을 비롯한 6명의 건축가들로 결성되었으며, 런던에서 개최된 전시회에 「살아있는 도시(Living City)」를 출품함으로써 공식화되었다. 이들의 건축개념은 소비성과 대중문화, 새로운 기술에 대한 낙관적인 융합을 시도하였으며, 진보적인 공간구조와 설비를 통해 기술적으로 결합된 거대한 도시형태를 펼쳐보였다.

---

① 팀 텐(Team X)

② 메타볼리즘(Metabolism)

③ 아키그램(Archigram)

④ 움직이는 건축 연구그룹(GEAM, Group d'Etude d'Architecture Mobile)

ANSWER 19.③

---

19 ③ 아키그램(Archigram) … 건축(architecture)과 전보(telegram)의 합성어
  • 1960년대에 영국에서 활동했던 혁신적인 건축디자인 그룹으로서 피터 쿡 · 데니스 크롬턴 · 데이비드 그린 · 마이크 웹 · 론 헤론 · 워렌 초크 등 건축가 6명에 의해 설립되었다.
  • 1961년에 영국에서 결성된 그룹으로 영국 주류 건축계와 디자인계의 현실에 대해 문제의식을 갖고 혁신적인 계획안을 제시하였다.
  • 이들의 계획안은 미래지향적이면서 공상과학적이며 현실성이 결여된 것들이 다수이나 기존의 건축이 가진 제한된 틀에서 벗어나 다양한 실험을 해보고자 하는 참신한 발상은 건축사에 있어 중요한 의미를 갖는다.
④ 움직이는 건축 연구그룹(GEAM, Group d'Etuded' Architecture Mobile)
  • 프라이오토, 요나 프리드만 등의 건축가를 중심으로 1957년에 결성된 유토피아를 추구하는 성향의 건축가 그룹이었다.
  • C.I.A.M 이 해산된 이후 현대사회의 변화에 대해 관심을 갖기 시작하면서, 이와 뜻을 같이하는 건축가들과 1957년 파리에서 결성한 건축연구그룹이다.
  • 새로운 건축기술 및 도시계획 기술에 관심을 가짐으로써 일반주민의 개인욕구에 적합한 주거방식과 생활방식 변화에 대응할 수 있는 건축을 창출하고자 하였다.
  • 파리의 공중도시계획안, 로스앤젤러스 공중도시계획안, 해상도시, 텐트구조 등 혁신적인 계획안을 제시하였으며 다양한 구조기술들을 연구하였다.

20 「건축법 시행령」에 따른 다중이용건축물에 해당되지 않는 것은?

① 바닥면적의 합계가 5,000m²인 업무시설

② 바닥면적의 합계가 5,000m²인 판매시설

③ 바닥면적의 합계가 5,000m²인 종합병원

④ 바닥면적의 합계가 5,000m²인 관광숙박시설

20 ㉠ 다중이용건축물
  • 다음의 용도로 쓰이는 바닥면적의 합계가 5,000m² 이상인 건축물
  −문화 및 집회시설(전시장 및 동식물원 제외)
  −판매시설, 운수시설, 종교시설, 종합병원
  −관광숙박시설
  • 16층 이상인 건축물
  ※ 다중이용건축물은 불특정다수가 이용하는 건물이므로 일반건축물보다 적용되는 기준이 엄격하므로 불특정한 다수가 사용하는 건축물의 구조, 피난 및 소방사항의 검토, 건축물의 안전과 기능을 고려해야 한다.
  ㉡ 준다중이용건축물 : 다중이용건축물 외의 건축물로서 다음의 어느 하나에 해당하는 용도로 쓰는 바닥면적의 합계가 1천제곱미터 이상인 건축물을 말한다.
    가. 문화 및 집회시설(동물원 및 식물원은 제외한다)
    나. 종교시설
    다. 판매시설
    라. 운수시설 중 여객용 시설
    마. 의료시설 중 종합병원
    바. 교육연구시설
    사. 노유자시설
    아. 운동시설
    자. 숙박시설 중 관광숙박시설
    차. 위락시설
    카. 관광 휴게시설
    타. 장례시설

1 학교건축 계획 중 교사의 배치 방법에 대한 설명으로 옳은 것은?

① 클러스터형은 협소한 부지를 효율적으로 활용하지만, 화재 및 비상시에 불리하다.

② 분산병렬형은 일종의 핑거플랜형식으로, 일조, 통풍 등 교실환경조건이 상이한 편이며 구조계획이 복잡하다.

③ 폐쇄형은 학생이 주로 사용하는 부분을 중앙에 집약시키고 외곽에 특별교실을 두어 원활한 동선을 취할 수 있다.

④ 집합형은 교사동 계획 초기부터 최대 규모를 전제로 하여 유기적인 구성이 가능하며, 동선이 짧아 학생 이동에 유리하다.

2 도서관건축 계획에 대한 설명으로 옳지 않은 것은?

① 서고의 구조 중 적층식은 장서보관 효율이 다소 떨어지나 내진·내화 관점에서 유리하다.

② 아동열람실은 자유개가식 열람형식과 자유로운 가구배치로 계획하는 것이 좋다.

③ 일반적으로 서고 면적 $1m^2$당 150~250권(평균 200권/m^2), 서고 용적 $1m^3$당 66권 정도를 수용할 수 있도록 계획한다.

④ 안전개가식은 열람자가 서가에서 책을 선택한 후, 직원의 검열과 대출기록을 마친 다음 열람하는 형식이다.

ANSWER 1.④ 2.①

1 ① 클러스터형은 교실을 소단위로 분할하는 방법으로 일반교실의 양끝에 특별교실을 배치하는 방법으로써 넓은 부지를 필요로 하고 관리부 동선이 길며 운영비가 많이 드는 방식이다.

② 분산병렬형은 일종의 핑거플랜형식으로, 일조, 통풍 등 교실환경조건이 균등한 편이며 구조계획이 단순하다.

③ 폐쇄형은 부지를 효율적으로 이용할 수 있으나 원활한 동선의 확보가 어렵다(중앙에 공용부분을 집약하여 배치하고 외곽에 특별교실, 학년별 교실 등을 배치시켜 동선을 원활하게 하는 방식은 분산병렬형이다).

2 서고의 구조 중 적층식은 장서보관 효율이 우수하나 내진·내화 관점에서 불리하다.

3 건물 유형과 목적에 적합한 합리적인 건축계획으로 보기 어려운 것은?

① 창고와 하역장 : 하역장까지 거리를 평준화하기 위해 중앙하역장 방식으로 평면을 계획하였다.

② 상점 : 대면판매와 측면판매를 함께 할 수 있도록 안경점을 굴절배열형으로 계획하였다.

③ 오피스 : 작업공간의 자유로운 배치 및 공간의 절약이 가능하도록 오피스 랜드스케이프형으로 계획하였다.

④ 전시관 : 소규모인 전시공간에서 공간 절약을 위해 중앙홀 형식으로 계획하였다.

4 우리나라 전통가옥의 지역별 특징에 대한 설명으로 옳지 않은 것은?

① 남부지방형은 '부엌-안방-대청-방'이 일반형이며, 대청은 생활공간 및 제청(祭廳)의 역할을 하였다.

② 함경도지방형은 겹집구조(田자형집)를 이루고 있으며, 정주간은 부엌과 거실의 절충공간으로서 취사 등의 공간이다.

③ 중부지방형은 ㄱ자형의 평면을 보이는 것이 특징이며, '부엌-안방'의 배열축과 '대청-건넌방'의 배열축이 직교되는 형태가 일반적이다.

④ 평안도지방형은 중앙에 대청인 상방을 두고, 좌우에 작은 구들과 큰 구들을 두며, 북쪽에 고팡을 두어 물품을 보관하였다.

3 중앙홀 형식은 주로 대규모 전시공간에 적용되는 방식이다.

4 평안도지방형은 대부분 일(一)자형으로 부엌과 방을 일렬로 배치하였으며 대청마루가 없었다.
중앙에 대청인 상방을 두고, 좌우에 작은 구들과 큰 구들을 두며, 북쪽에 고팡[고방(庫房)의 제주어로서 물건을 보관하는 일종의 수장고이다]을 두어 물품을 보관한 것은 제주도형이다.

5 공포의 구성 부재에 대한 설명으로 옳은 것만을 모두 고르면?

> ㉠ 살미는 첨차와 평행하게 도리 방향으로 걸리는 공포 부재이다.
>
> ㉡ 소로는 첨차와 첨차, 살미와 살미 사이에 놓여 상부 하중을 아래로 전달하는 역할을 한다.
>
> ㉢ 주두는 공포 최하부에 놓인 방형 부재로서, 공포를 타고 내려온 하중을 기둥에 전달하는 역할을 한다.

① ㉠, ㉡   ② ㉠, ㉢

③ ㉡, ㉢   ④ ㉠, ㉡, ㉢

6 「건축법 시행령」상 건축물의 범죄예방 기준 적용 대상 시설만을 모두 고르면?

> ㉠ 문화 및 집회시설(동·식물원은 제외한다)
>
> ㉡ 교육연구시설(연구소 및 도서관은 제외한다)
>
> ㉢ 제2종 근린생활시설 중 다중생활시설
>
> ㉣ 수련시설

① ㉠, ㉢   ② ㉡, ㉣

③ ㉠, ㉡, ㉣   ④ ㉠, ㉡, ㉢, ㉣

ANSWER 5.③ 6.④

5 공포의 구성부재

- 살미 : 첨차와 수직으로 걸려 보의 방향(건물 외측)으로 튀어나오는 공포 부재이다.
- 소로 : 첨차와 첨차, 살미와 살미 사이에 놓여 상부 하중을 아래로 전달하는 역할을 한다.
- 주두 : 공포 최하부에 놓인 방형 부재로서, 공포를 타고 내려온 하중을 기둥에 전달하는 역할을 한다.

6 제시된 보기의 시설들은 모두 건축물 범죄예방기준이 적용된다.

7 **공장건축 계획에 대한 설명으로 옳지 않은 것은?**

① 용도지역상 '전용공업지역' 안에서 공장, 창고시설, 제1종 근린생활시설은 건축이 가능하다.

② 공장의 바닥을 '콘크리트 위 나무벽돌'로 할 경우, 마모가 되었을 때 쉽게 바닥을 교체할 수 있다.

③ 공장 유형 중 블록타입은 공장의 신설확장이 비교적 용이하며, 공장건설을 병행할 수 있다.

④ 제품중심 레이아웃은 생산에 필요한 공정·기계 및 기구를 제품의 흐름에 따라 배치하는 방식이다.

8 **병원건축 계획에 대한 설명으로 옳지 않은 것은?**

① 시설계획상 병동부, 중앙진료부, 외래부, 공급부, 관리부 등으로 구분할 수 있으며, 동선이 교차되지 않도록 하여야 한다.

② 병원의 규모는 일반적으로 병상 수를 기준으로 산정된다.

③ PPC(Progressive Patient Care)방식 간호단위란 환자를 집중 간호단위, 중간 간호단위, 자가 간호단위 등으로 구분하는 방식을 말한다.

④ 종합병원에는 음압격리병실을 1개 이상 설치하되, 300병상을 기준으로 300병상 초과할 때마다 1개의 음압격리병실을 추가로 설치하여야 한다.

ANSWER 7.③ 8.④

7 공장 유형 중 블록타입(집중식)은 건축비가 저렴하나 공장건설의 병행이 불가능하다.

　ⓐ 분관식(Pavilion Type, 한 동씩 순차적 배치)
　　• 건축형식 및 구조를 각 동마다 다르게 할 수 있다.
　　• 공장건설의 병행 및 증축이 가능하며 조기완공도 가능하다.
　　• 통풍과 채광이 양호하며 배수, 물홈통의 설치가 쉽다.
　　• 공장의 신설, 확장이 비교적 용이하다.
　　• 화학공장, 일반기계공장, 중층공장에 적합하다.

　ⓑ 집중식(Block Type)
　　• 공간효율이 높다. (대지이용 효율이 높고 좁은 부지에 건립할 수 있다.)
　　• 평면계획 시 내부 치밀한 계획이 가능하다.
　　• 재료, 제품 운반이 용이하며 흐름이 단순하다.
　　• 설비를 집약시킬 수 있어 설비비와 건축비가 저렴하다.
　　• 일반기계조립공장, 단층건물, 평지붕 무창공장에 적합하다.

8 종합병원에는 음압격리병실을 1개 이상 설치하되, 300병상을 기준으로 100병상 초과할 때마다 1개의 음압격리병실을 추가로 설치하여야 한다.

9 다음에서 설명하는 공간구성의 기본원칙과 건물의 예를 옳게 짝지은 것은?

> 하나 이상의 동일하거나 매우 유사한 요소들이 한 축선을 중심으로 서로 반대쪽에 위치하여 평형을 이룬다.

① 대칭 – 팔라디오의 카프라 별장 평면
② 대칭 – 알바 알토의 부오크세니스카(Vuoksenniska) 교회 평면
③ 리듬 – 올림피아의 제우스신전 입면
④ 리듬 – 프랭크 게리의 빌바오 구겐하임 미술관 입면

10 다음은 「건축물의 설비기준 등에 관한 규칙」상 '신축공동주택등의 자연환기설비 설치 기준'의 일부이다. 밑줄 친 부분이 옳은 것은?

> 자연환기설비는 도입되는 바깥공기에 포함되어 있는 입자형·가스형 오염물질을 제거 또는 여과할 수 있는 일정 수준 이상의 공기여과기를 갖추어야 한다. 이 경우 공기여과기는 한국산업표준(KS B 6141)에서 규정하고 있는 입자 포집률을 중량법으로 측정하여 ① 60퍼센트 이하 확보하여야 하며 공기여과기의 청소 또는 교환이 쉬운 구조이어야 한다.
> 한국산업표준(KS B 2921)의 시험조건하에서 자연환기설비로 인하여 발생하는 소음은 대표길이 1미터(수직 또는 수평 하단)에서 측정하여 ② 80 dB 이하가 되어야 한다.
> 자연환기설비는 설치되는 실의 바닥부터 수직으로 ③ 1,2미터 이상의 높이에 설치하여야 하며, 2개 이상의 자연환기설비를 상하로 설치하는 경우 ④ 1미터 이하의 수직간격을 확보하여야 한다.

ANSWER 9.① 10.③

9 대칭은 하나 이상의 동일하거나 매우 유사한 요소들이 한 축선을 중심으로 서로 반대쪽에 위치하여 평형을 이루는 것을 말하며 팔라디오의 카프라별장은 대칭미를 가진 전형적인 건축물이다.

10 자연환기설비는 도입되는 바깥공기에 포함되어 있는 입자형·가스형 오염물질을 제거 또는 여과할 수 있는 일정 수준 이상의 공기여과기를 갖추어야 한다. 이 경우 공기여과기는 한국산업표준(KS B 6141)에서 규정하고 있는 입자 포집률을 중량법으로 측정하여 ① 50퍼센트 이하 확보하여야 하며 공기여과기의 청소 또는 교환이 쉬운 구조이어야 한다.
한국산업표준(KS B 2921)의 시험조건하에서 자연환기설비로 인하여 발생하는 소음은 대표길이 1미터(수직 또는 수평 하단)에서 측정하여 ② 40 dB 이하가 되어야 한다.
자연환기설비는 설치되는 실의 바닥부터 수직으로 ③ 1,2미터 이상의 높이에 설치하여야 하며, 2개 이상의 자연환기설비를 상하로 설치하는 경우 ④ 1미터 이상의 수직간격을 확보하여야 한다.

11 「국토의 계획 및 이용에 관한 법률 시행령」상 용도지역에 대한 설명으로 옳지 않은 것은?

① 제2종전용주거지역은 공동주택 중심의 양호한 주거환경을 보호하기 위하여 필요한 지역이다.

② 제2종일반주거지역은 중고층 주택을 중심으로 편리한 주거환경을 조성하기 위하여 필요한 지역이다.

③ 중심상업지역은 도심·부도심의 상업기능 및 업무기능의 확충을 위하여 필요한 지역이다.

④ 준공업지역은 경공업 그 밖의 공업을 수용하되, 주거기능·상업기능 및 업무기능의 보완이 필요한 지역이다.

12 「건축법 시행령」상 용어의 정의로 옳지 않은 것은?

① '이전'이란 건축물의 주요구조부를 해체하지 아니하고 같은 대지의 다른 위치로 옮기는 것을 말한다.

② '증축'이란 기존 건축물이 있는 대지에서 건축물의 건축면적, 연면적, 층수 또는 높이를 늘리는 것을 말한다.

③ '내화구조'란 화염의 확산을 막을 수 있는 성능을 가진 구조로서 국토교통부령으로 정하는 기준에 적합한 구조를 말한다.

④ '초고층 건축물'이란 층수가 50층 이상이거나 높이가 200미터 이상인 건축물을 말한다.

13 그리스 및 로마 건축의 오더(order)에 대한 설명으로 옳지 않은 것은?

① 그리스 도리아식(Doric order)은 단순하고 간단한 양식으로 장중하며 남성적이다.

② 그리스 이오니아식(Ionic order)은 소용돌이 형상의 주두가 특징이며 여성적이다.

③ 로마 터스칸식(Tuscan order)은 그리스 이오니아식을 기본모델로 하여 단순화한 양식이다.

④ 로마 콤포지트식(Composite order)은 이오니아식과 코린트식 주범을 복합한 양식이다.

ANSWER 11.② 12.③ 13.③

11 제2종일반주거지역은 중층 주택 중심의 주거환경 조성을 위해 지정한 지역이다.

12 화염의 확산을 막을 수 있는 성능을 가진 구조는 방화구조이다.

13 로마 터스칸식(Tuscan order)은 절제된 장식으로 도리아식을 기본모델로 하여 단순화한 양식이며 기둥부분이 단순화되어있고 엔타블레이처도 매끈하게 처리되거나 장식이 거의 없다.

14 소방용 설비에 대한 설명으로 옳지 않은 것은?

① 포소화설비 중 공기포는 포말소화약제와 물을 혼합하여 기계적으로 거품을 발포시켜 소화하는 설비이다.

② 소화용수설비에는 상수도소화용수설비, 소화수조 · 저수조 및 기타 소화용수설비가 있다.

③ 스프링클러 설비는 크게 폐쇄형과 개방형으로 구분되며, 개방형에는 습식배관방식과 건식배관방식이 있다.

④ 차동식 열감지기는 실내 온도변화가 일정한 온도상승률 이상이 되었을 때 작동한다.

15 난방 방식에 대한 설명으로 옳지 않은 것은?

① 축열벽형 태양열 시스템은 직접획득형 태양열 시스템에 비해 조망에서 유리하다.

② 온수난방은 물의 온도변화에 따른 온수 용적의 팽창에 여유를 두기 위하여 팽창 탱크(expansion tank)를 설치한다.

③ 증기난방에서 복관식은 방열기마다 증기트랩을 설치하여 환수관을 통해 응축수만을 보일러로 환수시킨다.

④ 지역난방은 대규모 설비가 필요하지만, 인적자원을 절약하고 개별 건물의 유효면적을 증가시킬 수 있다.

16 「저탄소 녹색성장 기본법」상 지방자치단체의 책무에 해당하지 않는 것은?

① 저탄소 녹색성장대책을 수립·시행할 때 해당 지방자치단체의 지역적 특성과 여건을 고려하여야 한다.

② 기후변화 문제에 대한 대응책을 정기적으로 점검·평가하여 대책을 마련해야 한다.

③ 관할구역 내에서의 각종 계획 수립과 사업의 집행과정에서 그 계획과 사업이 저탄소 녹색성장에 미치는 영향을 종합적으로 고려하고, 지역주민에게 저탄소 녹색성장에 대한 교육과 홍보를 강화하여야 한다.

④ 저탄소 녹색성장 실현을 위한 국가시책에 적극 협력하여야 한다.

ANSWER 16.②

16 기후변화 문제에 대한 대응책을 정기적으로 점검·평가하여 대책을 마련하는 것은 국가의 책무에 속한다.

ⓐ **지방자치단체의 책무**
- 지방자치단체는 저탄소 녹색성장 실현을 위한 국가시책에 적극 협력하여야 한다.
- 지방자치단체는 저탄소 녹색성장대책을 수립·시행할 때 해당 지방자치단체의 지역적 특성과 여건을 고려하여야 한다.
- 지방자치단체는 관할구역 내에서의 각종 계획 수립과 사업의 집행과정에서 그 계획과 사업이 저탄소 녹색성장에 미치는 영향을 종합적으로 고려하고, 지역주민에게 저탄소 녹색성장에 대한 교육과 홍보를 강화하여야 한다.
- 지방자치단체는 관할구역 내의 사업자, 주민 및 민간단체의 저탄소 녹색성장을 위한 활동을 장려하기 위하여 정보 제공, 재정 지원 등 필요한 조치를 강구하여야 한다.

ⓑ **국가의 책무**
- 국가는 정치·경제·사회·교육·문화 등 국정의 모든 부문에서 저탄소 녹색성장의 기본원칙이 반영될 수 있도록 노력하여야 한다.
- 국가는 각종 정책을 수립할 때 경제와 환경의 조화로운 발전 및 기후변화에 미치는 영향 등을 종합적으로 고려하여야 한다.
- 국가는 지방자치단체의 저탄소 녹색성장 시책을 장려하고 지원하며, 녹색성장의 정착·확산을 위하여 사업자와 국민, 민간단체에 정보의 제공 및 재정 지원 등 필요한 조치를 할 수 있다.
- 국가는 에너지와 자원의 위기 및 기후변화 문제에 대한 대응책을 정기적으로 점검하여 성과를 평가하고 국제협상의 동향 및 주요 국가의 정책을 분석하여 적절한 대책을 마련하여야 한다.
- 국가는 국제적인 기후변화대응 및 에너지·자원 개발협력에 능동적으로 참여하고, 개발도상국가에 대한 기술적·재정적 지원을 할 수 있다.

ⓒ **사업자의 책무**
- 사업자는 녹색경영을 선도하여야 하며 기업활동의 전 과정에서 온실가스와 오염물질의 배출을 줄이고 녹색기술 연구개발과 녹색산업에 대한 투자 및 고용을 확대하는 등 환경에 관한 사회적·윤리적 책임을 다하여야 한다.
- 사업자는 정부와 지방자치단체가 실시하는 저탄소 녹색성장에 관한 정책에 적극 참여하고 협력하여야 한다.

ⓓ **국민의 책무**
- 국민은 가정과 학교 및 직장 등에서 녹색생활을 적극 실천하여야 한다.
- 국민은 기업의 녹색경영에 관심을 기울이고 녹색제품의 소비 및 서비스 이용을 증대함으로써 기업의 녹색경영을 촉진한다.
- 국민은 스스로가 인류가 직면한 심각한 기후변화, 에너지·자원 위기의 최종적인 문제해결자임을 인식하여 건강하고 쾌적한 환경을 후손에게 물려주기 위하여 녹색생활 운동에 적극 참여하여야 한다.

17 차양설계에 대한 설명으로 옳지 않은 것은?

① 일사조절을 위한 건축물의 차양장치는 일반적으로 실외 차단 장치가 실내 차단 장치에 비해 효과적이다.

② 내부차양장치는 베네시안 블라인드, 필름 셰이드 등이 있다.

③ 외부차양장치는 선 스크린, 지붕의 돌출차양 등이 있다.

④ 수직남면벽에 돌출한 수평차양장치(차양, 처마 등)의 길이는 주로 수평음영각에 의해 결정된다.

18 「주택법」상 용어에 대한 설명으로 옳지 않은 것은?

① '부대시설'에는 주택에 딸린 것으로서, 주차장, 관리사무소, 담장 및 주택단지 안의 도로 등이 있다.

② '복리시설'에는 주택단지의 입주자 등의 생활복리를 위한 것으로서, 어린이놀이터, 근린생활시설, 유치원, 주민운동시설 및 경로당 등이 있다.

③ '기간시설'에는 도로, 상하수도, 전기시설, 가스시설, 통신시설, 지역난방시설 등이 있다.

④ '세대구분형 공동주택'이란 공동주택의 주택 내부 공간의 일부를 세대별로 구분하여 생활이 가능한 구조로 하되, 그 구분된 공간의 일부를 구분소유 할 수 있는 주택을 말한다.

ANSWER 17.④ 18.④

17 수직남면벽에 돌출한 수평차양장치(차양, 처마 등)의 길이는 주로 수직음영각에 의해 결정된다.

18 세대구분형 공동주택이란 공동주택의 주택 내부 공간의 일부를 세대별로 구분하여 생활이 가능한 구조로 하되, 그 구분된 공간의 일부를 구분소유할 수 없는 주택으로서 건설기준, 설치기준, 면적기준 등에 적합한 주택을 말한다. 세대구분형 공동주택은 신축과 기축주택으로 구분되며, 주택건설기준 등을 적용하는 경우 구분된 공간의 세대수에 관계없이 하나의 세대로 산정한다. 기존 신축과 리모델링에만 국한되어 있던 내용에서 기존 공동주택도 설치가 가능하도록 추가로 법제화된 것이다.
- 신축공동주택 설치기준
- 세대별 각각의 공간에 별도 욕실, 부엌, 현관을 설치할 것
- 한 세대 통합이 되도록 세대 간에 연결문 또는 경량구조 경계벽 등 설치할 것
- 세대구분형 공동주택 세대수가 전체 세대수의 1/3미만일 것
- 구분된 각각의 주거전용면적의 합계가 해당 주택단지 전체 주거전용면적 합계의 1/3미만일 것
- 기존공동주택 설치기준
- 구분 세대수는 기존 세대수를 포함하여 2세대 이하일 것
- 세대별 각각의 공간에 별도 욕실, 부엌과 구분 출입문 설치할 것
- 세대구분형 공동주택 세대수가 전체 세대수의 1/10미만이고, 해당 동 전체 세대수의 1/3미만일 것(단, 시장, 군수, 구청장이 인정하는 범위에서 넘을 수 있음)
- 구조, 화재, 소방 및 피난안전 등 관련 법령기준을 충족할 것

19 근·현대 건축에 대한 설명으로 옳은 것은?

① 구성주의 작가로 블라디미르 타틀린(Vladimir Tatlin), 엘 리시츠키(El Lissitzky) 등이 있다.

② 루이스 설리번(Louis Sullivan)은 '형태는 기능을 따른다'는 신조형주의 이론을 전개시킨 건축가이다.

③ 아르누보의 대표적 건축가로 빅토르 호르타(Victor Horta), 안토니오 산뗄리아(Antonio Sant'Elia), 쿠프 힘멜브라우(Coop Himmelblau) 등이 있다.

④ 독일공작연맹은 신조형주의 이론을 조형적, 미학적 기본원리로 하였으며, 입체파의 영향을 받았다.

20 주차장법령상 주차시설에 대한 내용으로 옳은 것만을 모두 고르면?

> ㉠ 건축물의 연면적 중 주차장으로 사용되는 부분의 비율이 95퍼센트 이상인 건축물은 주차전용건축물에 해당한다.
>
> ㉡ 평행주차형식 외의 경우 확장형 주차장의 주차구획은 너비 2.5미터 이상, 길이 5.0미터 이상으로 한다.
>
> ㉢ 도시지역에서 차량통행이 금지된 장소가 아닌 경우, 주차대수 300대 이하의 규모인 시설물은 부설주차장 설치 의무를 면제받을 수 있다.

① ㉠, ㉡

② ㉠, ㉢

③ ㉡, ㉢

④ ㉠, ㉡, ㉢

ANSWER 19.① 20.②

19 ② 루이스 설리번(Louis Sullivan)은 모더니즘의 아버지라고도 불리며 '형태는 기능을 따른다'는 모토로 디자인을 전개하였으며 버펄로의 개런티 빌딩에 이것이 명확하게 드러난다. 신조형주의(데스틸, De Stijl)와는 거리가 멀다.

※ 신조형주의 : 피에트 몬드리안이 제창한 미술이론을 토대로 제1, 2차 세계대전 사이에 네덜란드에서 성행한 미술사조로서 '새로운 형성'이라는 뜻의 네덜란드어이다. 전위예술운동으로서 기하학적인 추상미술운동의 근원이 되었을 뿐만 아니라 모더니즘 디자인 운동의 이론적 배경이 되었던 개성적인 자기표현성을 배제하는 추상미술운동이다.

③ 안토니오 산뗄리아(Antonio Sant'Elia)는 이탈리아출신의 미래파 건축가로서 아르누보와는 거리가 멀다. 또한 쿠프 힘멜브라우(Coop Himmelblau)는 오스트리아 출신의 해체주의성향의 건축가로서 BMW WELT, Funder Factory 3 등을 설계하였다.

④ 독일공작연맹은 근대사회에서 기계의 필요성을 인정하고 예술과 공예와 공업의 통일을 실현함으로써 규격화된 기계생산품의 질적향상을 추구하고자 하였다. 독일공작연맹은 신조형주의 이론이나 입체파와는 거리가 멀다.

20 ㉡ 평행주차형식 외의 경우 확장형 주차장의 주차구획은 너비 2.6미터 이상, 길이 5.2미터 이상으로 한다.

1 업무공간의 일종인 사무실 건축계획 시 충고를 결정하는 데 영향을 미치는 요소로 가장 옳지 않은 것은?

① 책상 배치
② 공사비에 따른 경제성
③ 천정 내 소방설비 유무
④ 피난거리 확보

2 비잔틴건축 양식과 가장 관련이 적은 것은?

① 밀라노 성 암브로지오 성당(St. Ambrogio)
② 베네치아 산 마르코 대성당(San Marco)
③ 라벤나 산 비탈레 성당(San Vitale)
④ 이스탄불 콘스탄티노폴리스(Constantinopolis)

ANSWER 1.④ 2.①

1 건축물의 충고는 수직적인 고려요소이며 피난거리는 수평적인 고려요소로서 충고 자체가 피난거리에 영향을 미친다고 보기 어렵다.

2 밀라노의 성 암브로지오 성당은 로마네스크 양식의 건축물이다.

3 상점 계획 시 고려사항으로 가장 옳지 않은 것은?

① 종업원 동선은 고객의 동선과 교차되지 않는 것이 바람직하고, 가급적 보행거리를 짧게 하는 것이 좋다.

② 대면판매 방식은 상품이 손에 잡혀서 충동적 구매와 선택이 용이하며, 진열면적이 커지고 상품에 친근감이 간다.

③ 쇼윈도 내부를 보려는 손님의 눈부심 방지를 위해 쇼윈도 내부 조도를 손님이 있는 쪽 보다 밝게 하는 것이 좋다.

④ 상점 내부의 바닥면은 보도에서 자연스럽게 유도될 수 있도록 평탄한 것이 좋고, 미끄럼이나 요철 및 소음 없이 걷기 쉽게 하는 것이 좋다.

4 중앙식 급탕 방식에 대한 설명으로 가장 옳지 않은 것은?

① 급탕 공급 중에 열손실이 적다.

② 설비가 대규모이므로 열효율이 좋다.

③ 대규모 급탕에 경제적이다.

④ 관리상 유리하다.

5 박물관 배치유형에 대한 설명으로 가장 옳지 않은 것은?

① 분동형 배치는 관람객들의 집합, 분산 및 선별 관람에 유리하다.

② 개방형 배치는 가변적 구조의 전시 연출에 유리하다.

③ 집약형 배치는 시대별, 국가별 등 주제전시에 유리하다.

④ 중정형 배치는 옥내외 전시공간 간 유기적 연계에 불리하다.

ANSWER 3.② 4.① 5.④

3 상품이 손에 잡혀서 충동적 구매와 선택이 용이하며, 진열면적이 커지고 상품에 친근감이 가는 것은 측면판매방식의 특징이다.

4 중앙식 급탕방식은 배관의 길이가 길어지게 되므로 급탕 공급 시 열손실이 많다.

5 유기적연계는 전시물 간의 연관성이 중요하며 중정형배치는 전시물들간의 집중이 이루어져 유기적 연계에 유리하다.

6 범죄예방환경설계(CPTED)에 대한 설명으로 가장 옳지 않은 것은?

① 영역성은 어떤 지역에 대해 지역주민들이 자유롭게 사용함으로써 그들의 권리를 주장할 수 있는 가상의 영역을 의미하며, 이는 조경, 보도형태, 울타리 등을 이용하여 일정 지역에 대한 소유권을 표시하는 것을 말한다.
② 접근통제는 입·출구, 울타리, 조경, 조명 등 시설물을 적절히 배치하여 사람들이 보호공간에 들어오고 나가는 것을 통제하는 것을 말한다.
③ 자연적 감시는 도로 등의 공적 공간에 대해 시각적 접근과 시각적 노출이 최소화 되도록 건축물 배치, 조경 식재, 조명 등을 조절하는 것을 말한다.
④ 활동의 활성화는 일정 지역에 주민 사용을 증진시키기 위하여 공원을 배치하거나 다양한 상가를 유치하는 것을 말한다.

7 건축 행위의 진행과정을 순서대로 가장 바르게 나열한 것은?

① 기획 – 기본계획 – 조건분석 – 기본설계 – 시공 – 유지관리
② 조건파악 – 기본설계 – 기본계획 – 실시설계 – 유지관리 – 시공
③ 기초조사 – 기본계획 – 계획설계 – 기본설계 – 실시설계 – 시공감리
④ 조건파악 – 기본계획 – 기본설계 – 계획설계 – 실시설계 – 시공

8 「건축법」상 면적 등의 산정방법으로 가장 옳지 않은 것은?

① 대지면적은 대지의 수평투영면적으로 한다.
② 건축면적은 건축물의 외벽의 중심선으로 둘러싸인 부분의 수평투영면적으로 한다.
③ 연면적은 하나의 건축물 각 층의 바닥면적의 합계로 한다.
④ 층고는 방의 바닥구조체 윗면으로부터 위층 바닥구조체의 아랫면까지의 높이로 한다.

ANSWER 6.③ 7.③ 8.④

6 자연적 감시는 도로 등의 공적 공간에 대해 시각적 접근과 시각적 노출이 최대화 되어 범죄가 쉽게 노출 되도록 건축물 배치, 조경 식재, 조명 등을 조절하는 것을 말한다.

7 건축 행위의 진행과정: 기초조사 – 기본계획 – 계획설계 – 기본설계 – 실시설계 – 시공감리

8 층고는 방의 바닥구조체 윗면으로부터 위층 바닥구조체의 윗면까지의 높이로 한다.

9 공장건축의 공정중심 레이아웃에 대한 설명으로 가장 옳지 않은 것은?

① 이동 시간이 짧게 소요되어 생산성이 높다.

② 작업순서 변화에 쉽게 대처할 수 있다.

③ 표준화 생산이 어려운 경우에 사용한다.

④ 동일기능을 수행하는 기계설비를 한 작업장에 배치 한다.

10 공동주택의 단위주거계획에 대한 설명으로 가장 옳은 것은?

① 단면형식에서 스킵플로어형(Skip floor type)은 복도, 엘리베이터를 각 층에 두는 유형으로 공용면적이 증가되어 단위세대의 전용면적이 감소하는 유형이다.

② 단위주거 조합에서 탑상형은 계단, 엘리베이터홀의 창문계획 및 환기에 어려움이 있다.

③ 평면형식에서 계단실형은 환경조건이 좋으며 연면적에 대한 전용면적비와 대지의 이용률이 가장 낮다.

④ 단면형식에서 메조네트형(Maisonette type)은 단위세대가 작은 규모에 적합한 주거형태이며, 복도면적이 증가하는 장점이 있다.

9 이동 시간이 짧게 소요되어 생산성이 높아 대량생산이 가능한 형식은 제품중심의 레이아웃형식이다. 공정중심 레이아웃은 다품종 소량생산에 적합한 방식이며 생산성이 낮다.

10 ① 단면형식에서 복도, 엘리베이터를 각 층에 두는 유형으로 공용면적이 증가되어 단위세대의 전용면적이 감소하는 유형은 단층형이다.

③ 계단실형은 연면적에 대한 전용면적비와 대지의 이용률이 높은 형식이다.

④ 단면형식에서 메조네트형(Maisonette type)은 단위세대가 큰 규모에 적합한 주거형태이며, 복도면적이 감소하고 전용면적이 증가하는 장점이 있다.

11 교과교실제 학교건축에서 홈 베이스(Home Base)에 대한 설명으로 가장 옳지 않은 것은?

① 학생 이동 동선의 중심적인 위치에 계획한다.

② 학생의 진 · 출입 동선, 교과교실로의 이동 및 이용 편의성을 고려하여 계획한다.

③ 학년, 성별 및 층과 관계없이 집중배치를 계획한다.

④ 가능한 한 개방된 공간으로, 층별 동일한 위치로 계획한다.

12 「국토의 계획 및 이용에 관한 법률」상 용도지역의 세분으로 가장 옳지 않은 것은?

① 제1종전용주거지역 : 단독주택 중심의 양호한 주거환경을 보호하기 위하여 필요한 지역

② 제2종일반주거지역 : 중층주택을 중심으로 이를 지원하는 일부 상업기능 및 업무기능을 보완하기 위하여 필요한 지역

③ 일반상업지역 : 일반적인 상업기능 및 업무기능을 담당하게 하기 위하여 필요한 지역

④ 자연녹지지역 : 도시의 녹지공간의 확보, 도시확산의 방지, 장래 도시용지의 공급 등을 위하여 보전할 필요가 있는 지역으로서 불가피한 경우에 한하여 제한적인 개발이 허용되는 지역

13 단지계획에 관하여 근린주구 이론의 연결이 가장 옳지 않은 것은?

① 페리(C.A. Perry) −「뉴욕 및 그 주변지역계획 1927」

② 하워드(E. Howard) −「새로운 도시」

③ 아담스(T. Adams) −「소주택의 근린지」

④ 라이트와 스타인(H. Wright & C.S. Stein) −「래드번 계획」

Aɴsᴡᴇʀ 11.③ 12.② 13.②

11 홈베이스
- 홈베이스는 평면 한 부분에 사물함 등을 비치하는 공간으로서 그 위치는 모서리가 될 수도 있고 복도 중간이 될 수도 있으나 학생 이동동선의 중심적인 위치에 계획하는 것이 바람직하다.
- 가능한 한 개방된 공간으로, 층별 동일한 위치로 계획하는 것이 좋으며 학년, 성별 및 층 등을 고려하여 적정하게 분산 배치를 해야 한다.

12 중층주택을 중심으로 이를 지원하는 일부 상업기능 및 업무기능을 보완하기 위하여 필요한 지역은 준주거지역이다.

13 하워드(E. Howard)는 「내일의 전원도시」 이론을 제창하였다. 「새로운 도시」는 페더의 이론이다.

14 도서관 계획에 대한 설명으로 가장 옳은 것은?

① 브라우징 룸(Browsing room)은 신문 및 잡지 열람을 위한 공간으로 이용자들의 출입이 용이하도록 현관 근처나 로비에 계획한다.

② 아동 열람실은 아동 1인당 $1.2 \sim 1.5m^2$를 고려하여 계획하며, 열람 방식은 책손상을 고려하여 폐가식이 좋다.

③ 일반 열람실은 도서관의 각 실에서 가장 중점을 두어야 할 실로서 소음에서 격리시키고 가능한 한 서고에서 멀리 두어야 한다.

④ 캐럴(Carrel)은 장서와 문헌검색에 관하여 도움을 주는 열람공간이며, 일반 열람실과 별실로 계획한다.

15 오디토리엄 계획 시 무대 및 객석이 위치한 메인 홀의실 형태를 음향적인 측면에서 유리하게 설계하기 위한 고려사항으로 가장 옳지 않은 것은?

① 직방체의 작은 실의 경우 세 변의 비는 1:1:1이나 1:2:4 같은 간단한 배수비는 피하는 것이 좋다.

② 일반적으로 부정형이나 비대칭형 평면은 계획 및 시공에 어려운 점이 있지만 음확산을 위해서는 효과적이다.

③ 실의 용적이 작아지면 소요잔향시간을 얻기 위하여 필요한 흡음재의 사용량이 적어진다.

④ 최적잔향시간을 얻기 위하여 천장판은 음원에 가까울수록 확산성 혹은 흡음성을, 멀수록 반사성을 갖도록 계획하는 것이 좋다.

---

14 ② 아동 열람실의 열람방식은 자유개가식이 바람직하다.
　③ 일반 열람실은 도서관의 각 실에서 가장 중점을 두어야 할 실로서 소음에서 격리시키고 가능한 한 서고에서 가까이 두어야 한다.
　④ 캐럴(Carrel)은 서고 내 설치한 개인연구실이다.

15 최적잔향시간을 얻기 위하여 천장판은 음원에 가까울수록 음이 널리 퍼질 수 있도록 확산성, 반사성이어야 하며, 멀수록 흡음성을 갖도록 계획하는 것이 좋다.

16 호텔의 종류별 특성에 대한 설명으로 가장 옳지 않은 것은?

① 호텔의 종류는 그 위치와 지역에 따라 크게 시티호텔(city hotel)과 리조트호텔(resort hotel)로 나뉜다.

② 커머셜호텔(commercial hotel)은 주로 업무 상의 여행자를 위한 호텔로서 도시의 가장 번화하고 교통이 편리한 위치에 입지한다.

③ 레지덴셜호텔(residential hotel)은 체재기간이 비교적 단기인 경우에 이용되는 호텔로서 객실은 침실 위주의 간소한 시설로 되어있다.

④ 터미널호텔(terminal hotel)은 교통기관의 발착지점에 위치한 호텔로서 여행자의 편리를 도모한다.

17 사찰건축에 대한 설명으로 가장 옳은 것은?

① 사찰과 속세와의 경계를 나타내는 불이문, 사천왕상을 모시는 천왕문, 사찰로 들어가는 최종적인 일주문이 있다.

② 탑을 중심으로 3개의 금당을 배치한 가람배치는 백제의 대표적인 배치형식으로, 정림사지와 사천왕 사지가 있다.

③ 승려들의 일상생활, 예불과 공양, 운력, 정진 등이 이루어지는 공간을 대방이라 한다.

④ 불상을 안치하고 설법을 하는 승려들의 교육 및 집회공간을 승당이라 한다.

18 급수방식에 대한 설명으로 가장 옳지 않은 것은?

① 수도직결방식은 유지관리비가 저렴하다.

② 고가탱크방식은 수질오염 가능성이 적다.

③ 급수가압방식은 급수압이 거의 일정하다.

④ 압력탱크방식은 국부적으로 고압이 필요한 경우에 좋다.

Answer 16.③ 17.③ 18.②

16 레지덴셜호텔(residential hotel)은 체재기간이 비교적 장기적인 경우에 이용되는 호텔이다.

17 ① 사찰과 속세와의 경계를 나타내는 일주문, 사천왕상을 모시는 천왕문, 사찰로 들어가는 최종적인 불이문이 있다.
　② 탑을 중심으로 3개의 금당을 배치한 가람배치는 고구려의 대표적인 배치형식이다. (정림사지는 1탑 1금당식 배치이며 사천왕사지는 고구려의 사찰로 2탑 1금당식 배치이다.)
　④ 불상을 안치하고 설법을 하는 승려들의 교육 및 집회공간은 법당이다. 승당은 승려들이 정진하고 거처하기 위한 공간이다.

18 고가탱크방식은 수질오염 가능성이 매우 높은 방식으로 철저한 관리가 요구된다.

19 공동주택의 유형에 대한 설명으로 가장 옳지 않은 것은?

① 연립주택은 주택으로 쓰는 1개 동의 바닥면적 합계가 660m²를 초과하고, 층수가 4개 층 이하인 주택이다.

② 연립주택은 주택의 한 면 이상이 이웃한 주택과 공유됨에 따라 일조, 통풍, 프라이버시를 확보하는 데 제약을 받을 수 있다.

③ 다세대주택은 주택으로 쓰는 1개 동의 바닥면적 합계가 660m² 이하이고, 층수가 4개 층 이하인 주택이다.

④ 다세대주택의 1층 바닥면적의 1/2 이상을 필로티구조로 하여 주차장으로 사용하고 나머지 부분을 주택용 도로 사용할 경우 1층은 주택의 층수에서 제외된다.

20 「장애인·노인·임산부 등의 편의증진 보장에 관한 법률」상 장애인 등의 통행이 가능한 접근로에 대한 설명으로 가장 옳은 것은?

① 접근로와 차도의 경계부분에는 연석, 울타리, 기타 차도와 분리할 수 있는 공작물의 설치는 금지된다.

② 주출입구보다 부출입구가 장애인 등의 이용에 편리하고 안전한 경우에는 주출입구 대신 부출입구에 연결하여 접근로를 설치할 수 있다.

③ 경사진 접근로가 연속될 경우에는 휠체어 사용자가 휴식할 수 있도록 50m마다 1.5m×1.5m 이상의 수평면으로 된 참을 설치하여야 한다.

④ 접근로의 기울기는 12분의 1이하로 하여야 한다. 다만, 지형상 곤란한 경우에는 8분의 1까지 완화할 수 있다.

---

19 다세대주택의 1층 바닥면적의 전부, 또는 일부를 필로티구조로 하여 주차장으로 사용하고 나머지 부분을 주택 외의 용도로 사용할 경우 1층은 주택의 층수에서 제외된다. (연립주택과 아파트의 경우는 1층 바닥면적이 전부 필로티구조로 하여 주차장이나 주택 외의 용도로 사용할 경우에만 주택의 층수에서 제외된다.)

20 ① 접근로와 차도의 경계부분에는 연석, 울타리, 기타 차도와 분리할 수 있는 공작물이 필히 설치되어야 한다.
③ 경사진 접근로가 연속될 경우에는 휠체어 사용자가 휴식할 수 있도록 30m마다 1.5m×1.5m 이상의 수평면으로 된 참을 설치하여야 한다.
④ 접근로의 기울기는 18분의 1이하로 하여야 한다. 다만, 지형상 곤란한 경우에는 12분의 1까지 완화할 수 있다.

1 유치원 계획에 대한 설명으로 옳지 않은 것은?

① 적정 통원 거리는 4세아의 경우 300m, 5세아의 경우 400m, 교통사정이 좋은 경우 최대 600m로 볼 수 있다.

② 유원장을 정적인 놀이공간, 중간적 놀이공간, 동적인 놀이공간으로 구분할 때, 동적인 놀이공간은 고정 놀이기구를 이용하여 놀이활동을 하는 공간이며, 시소, 그네, 정글짐, 미끄럼틀 등으로 구성한다.

③ L자형 교사평면은 관리부문과 보육공간을 L자형으로 구성하는 유형이며, 관리실에서 보육실과 유희실을 감시할 수 있는 장점이 있다.

④ 중정형 교사평면은 채광이 좋은 안뜰을 놀이실 대용으로 사용할 수 있으나 소음문제가 야기될 수 있다.

2 초등학교 계획에 대한 설명으로 옳은 것은?

① 주거단지 계획에서 인보구는 초등학교를 중심으로 하는 근린생활 단위이다.

② 학교 운영방식 중 종합교실형은 초등학교 저학년에 적합하다.

③ 저학년 교실은 되도록 고층에 배치한다.

④ 순수율은 교실이 사용되고 있는 시간을 1주간의 평균 수업시간으로 나눈 백분율 값이다.

ANSWER 1.② 2.②

1 동적놀이공간은 달리기, 뛰어넘기와 같이 자유롭게 이동하면서 놀 수 있는 공간이다. 시소와 정글짐, 미끄럼틀 등은 놀이기구공간에 위치한다.
- **동적놀이(운동)공간** : 달리기, 뛰어넘기, 술래잡기 등을 하는 공간
- **정적놀이공간** : 모래밭, 소꿉놀이, 소그룹놀이 등을 하는 공간
- **놀이기구공간** : 시소, 미끄럼틀, 정글짐, 사다리 등이 있는 공간
- **자연학습공간** : 동물사육과 화초가꾸기 등을 할 수 있는 공간

2 ① 인보구란 주거단지계획에서 생활권 계획을 수립할 경우의 최소 단위로, 주택 15~20호 정도 규모의 생활 구역을 의미한다.
③ 저학년은 1층에 배치하며, 교문에 근접시킨다.
④ 순수율=(특정 교과가 사용되는 시간)/(해당 교실이 사용되는 시간)×100(%)

3 공연장 계획에서 무대 및 관련 시설에 대한 설명으로 옳은 것은?

① 프롬프터 박스(prompter box)는 연극에 필요한 무대 소품과 장비를 보관하는 공간이며, 앤티룸(anti room)이라고도 한다.

② 잔교(light bridge)는 그리드아이언(grid iron)에 올라가는 계단과 연결되는 좁은 활차이다.

③ 사이클로라마(cyclorama)는 무대 제일 뒤에 설치되는 무대배경용 벽이다.

④ 록레일(lock rail)은 트랩룸(trap room)에서 무대배경 전체를 올려놓고 한 번에 오르내릴 수 있는 장치이다.

4 병원의 병실 계획 시 유의사항으로 옳지 않은 것은?

① 병실 출입문은 밖여닫이로 하고 문지방 단차는 2cm 이하로 한다.

② 병실의 천장은 환자의 시선이 늘 닿는 곳이므로 반사율이 큰 마감재료는 피한다.

③ 창면적은 바닥면적의 1/3~1/4 정도로 하며, 창대의 높이는 90cm 이하로 하여 외부 조망이 가능하도록 한다.

④ 조명설비는 환자의 병상마다 후면에 개별적으로 설치한다.

ANSWER   3.③ 4.①

3 • 프롬프터 박스 : 무대 중앙에 객석측을 둘러싸고 무대측만 개방하여 이곳에서 대사를 불러주고 기타 연기의 주의환기를 주지시키는 곳이다.
   • 잔교 : 프로세니엄 바로 뒤에 접하여 설치된 발판으로 조명조작, 비나 눈 내리는 장면을 위해 필요, 바닥높이가 관람석보다 높아야 함
   • 록 레일(lock rail) : 와이어 로프(wire rope)를 한곳에 모아서 조정하는 장소이며, 벽에 가이드레일을 설치해야 되기 때문에 무대의 좌우 한쪽 벽에 위치
   • 앤티룸 : 무대와 그린 룸 가까이에서 배우가 출연 직전에 대기하는 곳
   • 그린룸 : 출연자 대기실
   • 티이서 : 극장 전무대 아치의 상부를 가로질러 위쪽으로 설치한 수평인 커튼으로 무대지붕의 이면의 은폐에 사용하며 무대 양측을 따라서 있는 막과 함께 사용
   • 사이클로라마(호리존트) : 무대의 제일 뒤에 설치되는 무대 배경용의 벽
   • 플로어트랩 : 무대의 임의 장소에서 연기자의 등장과 퇴장이 이루어질 수 있도록 무대와 트랩 룸 사이를 계단이나 사다리로 오르내릴 수 있는 장치
   • 그리드아이언 : 격자 발판으로무대 천장에 설치되어 무대의 배경이나 조명기구 또는 음향반사판 등을 매달 수 있게 장치된 것이다.
   • 플라이로프트 : 무대상부공간 (프로세니엄 높이의 4배)
   • 플라이갤러리 : 무대 주위 벽에 6~9m 높이로 설치되는 좁은 통로로 그리드아이언에 올라가는 계단과 연결됨

4 병실 출입문은 안여닫이, 외여닫이로 하고 폭은 1.1m 이상이어야 한다. 또한 문지방을 두지 않도록 한다.

5 사회적 환경과 인간행태의 상호관계에 대한 설명으로 옳지 않은 것은?

① 프라이버시는 개인·집단 또는 단체의 접근을 통제하고 자신들에 관한 정보를 언제, 어떻게, 어느 정도로 전달할 것인지 스스로 결정할 권리라 할 수 있다.

② 과밀은 지각된 밀도의 함수이며, 이러한 지각은 기분, 개성, 물리적 상황의 영향에 좌우된다.

③ 영역성이란 보이지 않는 보호영역, 기포(bubble)의 형태로 유기체가 가지고 다니며 자신과 타인 사이를 유지하는 성질이다.

④ 각자의 개인공간은 동적이고 그 치수는 변할 수 있으며, 침해당할 때 긴장과 불안이 야기된다.

ANSWER 5.③

---

5 • 영역성 : 인간이 물리적 경계를 정해 자기영역을 확보하고 유지하는 행동을 의미하며 어떤 물건 또는 장소를 개인화, 상징화하여 자신과 다른 사람을 구분하는 심리학적 경계로, 동물과 사람 모두에게 적용되며 범죄예방을 위한 공간설계에 적용될 수 있는 개념
  • 자극 : 다양한 감각적 양식으로 인해 경험하는 자극의 양과 질
  • 접근성 : 환경을 통과하고 사용하는데 있어서 이동의 용이성(유니버설 디자인과도 연관됨)
  • 혼잡 : 주어진 환경에서의 상대적 체감밀도의 수준
  • 과밀 : 지각된 밀도의 함수이며, 이러한 지각은 기분, 개성, 물리적 상황의 영향에 좌우됨
  • 프라이버시 : 타인으로부터, 그리고 타인으로의 시각적, 청각적 정보의 흐름을 조절할 수 있는 능력. 즉, 개인·집단 또는 단체의 접근을 통제하고 자신들에 관한 정보를 언제, 어떻게, 어느 정도로 전달할 것인지 스스로 결정할 권리이다.
  • 통제성 : 환경이 공간의 개인화나 공간에 대한 영역적 요구를 촉진시키는 정도
  • 식별성 : 사람들이 중요한 공간적 관계를 얼마나 쉽게 개념화하고 환경 내에서 길찾기를 효율적으로 하느냐의 정도
  • 안락 : 환경이 감각적, 인체측정학적 적합성을 제공하고 작업의 수행을 촉진시키는 제도
  • 적응성 : 다른 패턴의 용도에 맞추기 위해 환경과 구성요소가 얼마나 쉽게 재조직될 수 있는지의 정도
  • 사회성 : 환경이 사람간의 사회적 접촉을 촉진시키거나 억제하는 정도
  • 개인적 공간 : 신체적 접촉을 하지 않는 같은 종의 동물들이 친밀한 교류 이외에 서로 유지하는 거리. 사람에게 있어 이것은 외부에서 침입하지 못하도록 신체를 둘러싸고 있는 보이지 않는 경계를 의미

6 배수 및 통기관 설비에 대한 설명으로 옳은 것만을 모두 고르면?

> ㉠ 통기관은 배수의 흐름을 원활하게 하고 트랩의 봉수를 보호하기 위해 설치한다.
> ㉡ 봉수파괴 현상은 자기사이펀, 흡출, 분출, 증발 작용 등에 의해 발생한다.
> ㉢ 결합 통기관은 위생기구마다 통기관이 하나씩 설치되는 것으로 가장 이상적이며 습윤 통기관이라고도 한다.
> ㉣ 신정 통기관은 배수 수직관 상부에서 관경을 축소하지 않고 연장하여 대기 중에 개구한 통기관이다.

① ㉠, ㉡
② ㉠, ㉢
③ ㉠, ㉡, ㉣
④ ㉡, ㉢, ㉣

ANSWER 6.③

6 • 각개 통기관 : 위생기구마다 통기관이 하나씩 설치되는 것으로 가장 이상적이다.
    • 결합 통기관 : 배수 수직주관과 통기 수직주관을 접속하는 통기관으로 5개 층마다 설치해서 배수 수직주관의 통기를 좋게 하는 역할을 한다.
    • 습윤 통기관 : 배수 횡주관 최상류 기구의 바로 아래에서 연결하는 통기관이며 통기와 배수의 역할을 겸하는 통기관이다.
    • 도피 통기관 : 루프 통기관을 도와서 통기 능률을 향상시키기 위해 배수 횡지관 최하류에서 통기 수직관과 연결하는 통기관이다. 기구 트랩에 발생하는 배압이나 그것에 위한 봉수의 유실을 막는 역할을 하며 관경은 최소 32A 이상으로 한다.
    • 루프 통기관 : 2개 이상의 기구 트랩에 공용으로 하나의 통기관을 설치한 것이다.
    • 신정 통기관 : 배수 수직관 상부에서 관경을 축소하지 않고 연장하여 대기 중에 개구한 통기관이다.

7 바우하우스(Bauhaus)에 대한 설명으로 옳지 않은 것은?

① 데사우의 바우하우스는 디자인학부동, 공작실동, 기숙사동 등으로 구성되었다.

② 이론교육과 실습교육을 병행하였다.

③ 미술학교와 공예학교를 통합해 바이마르에 설립한 학교이며, 월터 그로피우스(Walter Gropius)가 초대 교장직을 수행하였다.

④ 예술의 복귀를 주장하는 존 러스킨(John Ruskin)의 영향을 받아 오토 와그너(Otto Wagner)가 설립하였다.

8 「건축물의 설비기준 등에 관한 규칙」에 따른 환기설비에 대한 설명으로 옳은 것은?

① 신축공동주택등의 자연환기설비 설치 기준에 따른 공기여과기 성능은 계수법으로 측정하여 60퍼센트 이상이어야 한다.

② 신축공동주택등에서 열회수형 환기장치의 유효환기량은 표시용량의 70퍼센트 이상이어야 한다.

③ 30세대 이상의 신축 공동주택은 시간당 0.5회 이상의 환기가 이루어질 수 있도록 자연환기설비 또는 기계환기설비를 설치해야 한다.

④ 다중이용시설의 기계환기설비 용량기준은 시설의 단위면적당 환기량을 원칙으로 산정한다.

ANSWER 7.④ 8.③

7 ④ 바우하우스(Bauhaus)는 월터 그로피우스가 설립하였다.

※ 바우하우스(BAUHAUS)

그로피우스는 분리되어 있던 공예학교와 미술학교를 반 데 벨트에서 수용계승하여 병합함으로써 1919년 설립하였는데 개교당시 명칭은 "국립 바우하우스 바이마르"였다. 그는 독일 공작연맹의 합리주의를 신조로 하여 예술과 기술의 통일 혹은 기술자와 예술가로서의 차별 배제를 목표로 하였다. 교육은 돌, 목공, 금속, 유리, 색체, 직물, 도기, 벽화 등의 공작기술훈련과 관찰, 표현법, 조형 등의 형태교육이 이루어졌다. 3년간의 공작, 형태교육 이전에 6개월의 예비교육이 있었으며 그 후에는 "불가분의 전체화"의 작업으로써 건축교육이 행하여 졌다. 종합적 교육을 기획하여 클레, 칸딘스키, 파이닝거 등의 미술가와 이론가들이 이 교육에 참가하였다. 바우하우스에서 교육적 기능주의는 단순히 실용적인 것이 아니라 새로운 과업과 인간의 조건을 명시하였다. 그 결과 이 학교는 20세기 가장 영향력있는 종합예술학교가 되었다.

8 ① 한국산업표준(KS B 6141)에 따른 공기여과기 성능은 계수법으로 측정하여 60% 이상이어야 한다.

② 신축공동주택등에서 열회수형 환기장치의 유효환기량은 표시용량의 90% 이상이어야 한다.

④ 다중이용시설의 기계환기설비 용량기준은 시설이용 인원 당 환기량을 원칙으로 산정한다.

9 건축 조형 원리에서 대칭성과 가장 거리가 먼 것은?

① 윌리엄 모리스(William Morris)의 '붉은 집(Red House)'
② 루이스 칸(Louis Kahn)의 '솔크(Salk) 생물학 연구소'
③ 에로 사리넨(Eero Saarinen)의 '잉골스(Ingalls) 하키경기장'
④ 마리오 보타(Mario Botta)의 '스타비오 원형주택(Casa Rotonda)'

10 미술관 전시실의 순로(순회)형식에 대한 설명으로 옳지 않은 것은?

① 중앙홀 형식은 중앙홀이 크면 동선의 혼란을 초래할 수 있으나 장래의 확장에는 유리하다.
② 연속순로 형식은 소규모 전시실에 적합하며 비교적 전시 벽면을 많이 만들 수 있다.
③ 연속순로 형식은 직사각형 또는 다각형의 각 전시실을 연속적으로 연결하는 형식이다.
④ 갤러리(gallery) 및 코리도(corridor) 형식은 각 실에 직접 출입이 가능하고 필요시 자유로이 독립적으로 폐쇄할 수 있다.

ANSWER 9.① 10.①

9 윌리엄 모리스의 붉은 집은 비대칭형상을 띠고 있다.

※ 윌리엄 모리스(William Morris)의 '붉은 집(Red House)'

• 수공예운동(예술품의 기계생산을 배격하고 수공예를 통한 예술의 복귀 및 일반인을 위한 예술을 주장한 운동)을 대표하는 작품으로서 고딕건축에 대한 향수가 느껴진다.
• 고딕건축양식에 따라 뾰족한 아치와 급경사 지붕으로 이루어졌으며 외벽에는 붉은 벽돌이, 지붕에는 검붉은 타일이 집을 온통 뒤덮고 있다.

10 중앙홀 형식
• 중심부에 하나의 큰 홀을 두고 그 주위에 각 전시실을 배치하여 자유로이 출입하는 형식이다.
• 부지의 이용률이 높은 지점에 건립할 수 있다.
• 중앙홀이 크면 동선의 혼란이 없으나 장래의 확장에 많은 무리가 따른다.

11 다음 설명에 해당하는 색의 조화로 가장 적합한 것은?

> 색상환에서 나란히 인접한 색상을 이용한 배색을 말하며, 한 가지 색을 공통으로 공유하므로 온화한 조화와 통일감 있는 배색효과를 갖는다. 실내디자인에 따뜻한 분위기를 주기 위해서는 너무 강한 색을 쓰면 자극적일 수 있으므로 적색, 황색, 오렌지색 등의 가까운 색으로 조화를 이루도록 구성하는 방법이 이에 해당한다.

① 단색 조화
② 명암 조화
③ 보색 조화
④ 유사색 조화

12 도서관(교육연구시설) 계획에 대한 설명으로 옳지 않은 것은?

① 준주거지역, 자연녹지지역에서는 도서관 건축이 허용된다.
② 도서관은 30~40년 후의 장래 증축에 대해 충분히 대처할 수 있는 대지면적을 확보할 수 있는 곳이 좋다.
③ 서고의 높이는 2.3m 전후로 한다.
④ 적층식 서고는 층마다 서가를 놓는 방식이며, 서가가 고정식이 아니므로 평면 계획상 유연성이 있다.

ANSWER 11.④ 12.④

11 • 유사색(인접색) 조화 : 색상환에서 나란히 인접한 색상을 이용한 배색을 말하며, 한 가지 색을 공통으로 공유하므로 온화한 조화와 통일감 있는 배색효과를 갖는다.
• 단색 조화 : 하나의 색상에서 채도와 명암을 조절하여 만들어지는 색채 조화이다.
• 삼색 조화 : 색상환에서 간격이 일정한 지점의 색상들을 사용하여 만든 조화이다. 다른 조합에 비해 생기 있는 분위기를 극대화할 수 있어서 만화나 초현실주의 그림에 많이 사용된다.
• 보색 조화 : 색상환에서 서로 마주보는 색상이 이루어내는 조화로서 산뜻한 느낌을 준다.
• 무채색 조화 : 명도가 등간격인 3색 이상의 회색은 조화를 이룬다.

12 적층식 서고는 특수구조를 사용하여 도서관 한쪽을 하층에서 상층까지 서고로 계획하는 유형이며 대부분 고정식이다.

13 상업건축에 대한 설명으로 옳은 것은?

① 입면 디자인 시 적용하는 'AIDMA 법칙'은 Attention(주의), Interest(흥미), Design(디자인), Memory (기억), Art(예술성)이다.

② 쇼핑센터에서 몰(mall)의 구성 요소로는 고객의 휴식과 이벤트 등을 위한 페데스트리언 몰(pedestrian mall)과 점포와 점포를 연결하고 고객의 방향성과 동선을 유도하는 코트(court)로 구분할 수 있으며, 전체면적의 약 30%의 면적비율을 가진다.

③ 쇼핑센터의 핵점포는 단일 종류의 상품을 전문적으로 취급하는 상점과, 음식점 등의 서비스점으로 구성되며, 전체면적의 약 25%를 차지한다.

④ 백화점의 기둥간격(span)을 결정하는 계획은 건축물의 구조안전과 층 높이를 충족한다는 전제 아래서 매장 진열대의 치수와 배치방법, 엘리베이터 및 에스컬레이터의 배치방식, 지하주차장 계획 등이 고려되어야 한다.

ANSWER 13.④

13 ① 입면 디자인 시 적용하는 'AIDMA 법칙'은 Attention(주의), Interest(흥미), Desire(욕구), Memory(기억), Art(예술성)이다.

② 쇼핑센터에서 몰(mall)의 구성 요소로는 고객의 휴식과 이벤트 등을 위한 코트(court)와 점포와 점포를 연결하고 고객의 방향성과 동선을 유도하는 페데스트리언 몰(pedestrian mall)로 구분할 수 있으며, 전체면적의 약 30%의 면적비율을 가진다.

③ 쇼핑센터의 전문점은 단일 종류의 상품을 전문적으로 취급하는 상점과, 음식점 등의 서비스점으로 구성되며, 전체면적의 약 25%를 차지한다(핵상점은 백화점이나 종합슈퍼마켓처럼 쇼핑센터의 핵심역할을 하는 상점을 의미한다).

14 아파트의 주동 형식에 대한 설명으로 옳지 않은 것은?

① 탑상형은 인동간격으로 인해 배치계획상 판상형보다 제약이 많다.

② 판상형은 각호에 일조·통풍 등의 환경 조건이 균등하다.

③ 판상형 주동의 평행배치는 획일적이며 단조로운 배치가 되기 쉬운 단점이 있다.

④ 탑상형 아파트는 조망에 있어서 판상형보다 유리하다.

15 결로 방지대책에 대한 설명으로 가장 적절하지 못한 것은?

① 난방을 통해 건물 내부의 표면온도를 올리고 실내온도를 노점온도 이상으로 유지한다.

② 실내 습기증가를 방지하기 위하여 환기 횟수를 증가시킨다.

③ 열교 현상이 일어나지 않도록 단열계획 및 시공을 완벽히 한다.

④ 중공벽에 방습층을 설치할 경우 단열재의 저온측인 실외측에 설치한다.

ANSWER 14.① 15.④

14 판상형은 인동간격으로 인해 배치계획 상 탑상형보다 제약이 많다.

※ **판상형 공동주택**
- 각 단위세대를 전후 또는 좌우로 연립하여 배열한 형식이다.
- −자형, ㄱ자형, ㄷ자형, T자형, Y자형, +자형 등으로 분류된다.
- 각 단위세대마다 향, 채광, 통풍 등의 환경조건을 균등하게 제공할 수 있다.
- 동일 형식의 단위세대가 반복적으로 배열된다.
- 각 단위세대의 조망과 경관확보가 어렵다.
- 인동간격 확보에 따른 배치계획으로 자유로운 다양한 배치가 어렵다.

※ **탑상형 공동주택**
- 엘리베이터 및 계단실이 있는 홀을 중심으로 그 주위에 단위세대를 배치하고 고층형태로 쌓아올린 형식
- 외부 4면의 입면성을 강조하여 랜드마크적 역할을 할 수 있다.
- 개방성의 증가로 단지에 넓은 오픈 스페이스를 조성할 수 있다.
- 각 단위세대의 조망과 경관성이 좋다.
- 엘리베이터의 효율성이 낮아 유지관리비용이 증가한다.

15 중공벽에 방습층을 설치할 경우 단열재의 고온측인 실내측에 설치한다.

16 공기조화방식에 대한 설명으로 옳지 않은 것은?

① 전공기방식은 외기냉방이 가능하며 공기청정 제어가 용이한 공조방식이지만 설치공간을 많이 필요로 하는 단점이 있다.

② 팬코일유닛방식은 냉매방식으로 덕트스페이스는 크지만 각 실 조절이 편리하다는 장점이 있다.

③ 전공기방식에는 단일덕트방식, 이중덕트방식 등이 있다.

④ 단일덕트 변풍량방식(VAV)은 단일덕트 정풍량방식(CAV)에 비해 에너지소비 및 송풍동력이 절약된다.

17 창고건축에서 하역장의 위치에 따른 평면형식에 대한 설명으로 옳지 않은 것은?

① 외주 하역장 방식은 해안 부두 등 대규모 창고에 적합하다.

② 중앙 하역장 방식은 일기에 관계없이 하역할 수 있으나 채광상 불리하다.

③ 분산 하역장 방식은 각 창고에서 하역장까지의 거리가 모두 평준화되므로 화물의 처리가 빠르나 소규모 창고에는 부적합하다.

④ 무인 하역장 방식은 수용면적이 가장 크며, 직접 화물을 창고 내에 반입할 때 기계의 수량도 비교적 많이 필요하다.

ANSWER 16.② 17.③

16 팬코일유닛방식
- 전수방식으로 호텔의 객실, 병원의 입원실 및 사무실 등에 적용된다.
- 전동기 직결의 소형송풍기(fan), 냉·온수 코일 및 필터 등을 구비한 실내용 소형공조기를 각 실에 설치하여 중앙 기계실로부터 냉수 또는 온수를 공급하여 전수방식으로 공기를 조화한다.
- 각 유닛마다 조절할 수 있으므로 개별제어가 가능하다.
- 극장과 같은 대공간에는 부적당하며 유닛이 실내에 설치되므로 방송국 스튜디오에는 부적합하다.
- 팬코일 유닛만으로는 외기인입이 불가능하므로 대부분 단일덕트방식과 병용하여 사용되고 있으며 이를 덕트병용 팬코일유닛방식이라 한다.

17 중앙 하역장 방식은 각 창고에서 하역장까지의 거리가 모두 평준화되므로 화물의 처리가 빠르나 소규모 창고에는 부적합하다.

하역장 형식	특 징
외주하역장식	• 외주부에서 수·육운이 가능하다. • 채광조건이 좋은 장소에서 포장을 고칠 수 있다. • 해안 부두 등 대규모 창고에 적당하다.
중앙하역장식	• 각 창고가 모두 하역장까지의 거리가 평준화되므로 짐의 처리, 판매가 비교적 빠르다. • 일기에 관계없이 하역할 수 있으나 채광상 불리하다.
분산하역장식	• 소규모창고에 적용되는 방식이다.
무인하역장식	• 수용면적이 가장 크고 직접 화물을 창고 내에 반입할 때 기계의 수량도 비교적 많이 필요하다. • 일고일기(한 개의 창고에 한 개의 하역기계가 있는 형식)가 고장일 때 큰 불편이 발생한다.

18 초기 기독교시대 교회당의 (가)~(다)에 해당하는 명칭을 바르게 연결한 것은?

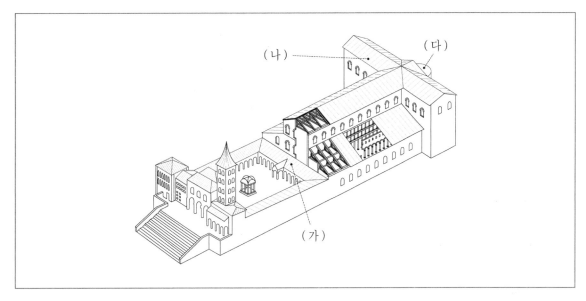

	⑦	④	⑤
①	트란셉트(transept)	나르텍스(narthex)	아일(aisle)
②	나르텍스(narthex)	트란셉트(transept)	아일(aisle)
③	나르텍스(narthex)	트란셉트(transept)	앱스(apse)
④	트란셉트(transept)	나르텍스(narthex)	앱스(apse)

19 (가), (나)에 해당하는 전통건축의 부재 명칭을 바르게 연결한 것은?

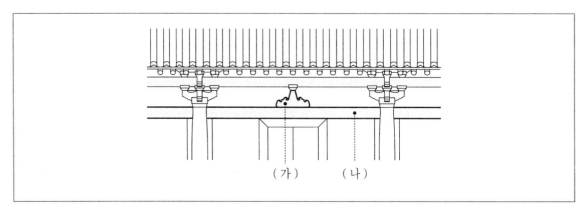

(가)	(나)
① 대공	장혀
② 대공	창방
③ 화반	장혀
④ 화반	창방

19 (가)는 화반, (나)는 창방이다.

20 장애인·노인·임산부 등의 편의증진 보장에 관한 법령상 설치기준 적합성을 확인해야 하는 편의시설의 종류로 옳은 것만을 모두 고르면?

> ㉠ 높이차이가 제거된 건축물 출입구
> ㉡ 장애인 등의 이용이 가능한 샤워실 및 탈의실
> ㉢ 임산부 등을 위한 휴게시설
> ㉣ 점자블록

① ㉠, ㉢
② ㉠, ㉣
③ ㉡, ㉢, ㉣
④ ㉠, ㉡, ㉢, ㉣

21 '하이테크(신공업기술주의) 건축' 건축가와 작품이 옳게 짝지어진 것만을 모두 고르면?

> ㉠ 노만 포스터(Norman Foster) – 홍콩 상하이은행 본부, 런던 시청
> ㉡ 시저 펠리(Cesar Pelli) – 시그램 빌딩, 페트로나스 타워
> ㉢ 프랭크 게리(Frank O. Gehry) – 게리 하우스, 빌바오 구겐하임 미술관
> ㉣ 리차드 로저스(Richard Rogers) – 퐁피두 센터, 로이드보험 본사

① ㉠, ㉡
② ㉠, ㉣
③ ㉡, ㉢
④ ㉢, ㉣

Aɴꜱᴡᴇʀ 20.④ 21.②

20 장애인·노인·임산부 등의 편의증진 보장에 관한 법령상 설치기준 적합성을 확인해야 하는 편의시설
- 매개시설 : 주출입구 접근로, 장애인용주차구역, 주출입구 높이차이 제거
- 내부시설 : 출입구, 복도, 계단 또는 승강기
- 위생시설 : 화장실, 욕실, 샤워실, 탈의실
- 안내시설 : 점자블록, 유도 및 안내설비, 경보 및 피난설비
- 기타시설 : 객실과 침실, 관람석(열람석), 작업대(접수대), 매표소·판매기·음료대, 임산부 등을 위한 휴게시설

21 • 시저 펠리는 포스트모던 성향의 건축가이었으며 프랭크 게리는 해체주의 성향의 건축가로 분류한다(찰스 젱크스의 분류에 따름).
- 시그램빌딩은 미스 반 데어 로에의 작품이다.

22 「건축물의 에너지절약 설계기준」상 건축부문 설계기준의 권장사항에 해당하지 않는 것은?

① 발코니 확장을 하는 공동주택이나 창 및 문의 면적이 큰 건물에는 단열성이 우수한 로이(Low-E) 복층
창이나 삼중창 이상의 단열성능을 갖는 창을 설치한다.

② 문화 및 집회시설 등의 대공간 또는 아트리움의 최상부에는 자연배기 또는 강제배기가 가능한 구조 또
는 장치를 채택한다.

③ 단열조치를 하여야 하는 부위의 열관류율이 위치 또는 구조상의 특성에 의하여 일정하지 않는 경우에는
해당 부위의 평균 열관류율 값을 면적가중 계산에 의하여 구한다.

④ 틈새바람에 의한 열손실을 방지하기 위하여 외기에 직접 또는 간접으로 면하는 거실 부위에는 기밀성
창 및 문을 사용한다.

23 열관류율이 $0.2W/m^2K$인 벽체에 설치된 단열재 중 열저항이 $2m^2K/W$인 단열재를 두께가 같고 열저항이
$5m^2K/W$인 단열재로 교체하였을 때 해당 벽체의 열관류율은?

① $0.125W/m^2K$

② $0.25W/m^2K$

③ $0.33W/m^2K$

④ $0.5W/m^2K$

ANSWER 22.③ 23.①

22 ③은 에너지절약 설계에 관한 기준의 건축부문 설계기준에서 의무사항에 해당한다.

23 열관류율이 0.2이면 열저항은 그 역수인 5가 된다.
열저항이 5라고 할 때 열저항이 2인 단열재가 있다면 그 외의 단열재의 열저항은 3이 된다.
여기서 열저항이 2인 단열재를 5로 바꾸게 되면 열저항은 5+3=8이 된다.
열저항 8의 역수는 0.125가 되며 이 값이 바로 열관류율이 된다.
• **열전도율** : 열관류율×두께(미터)=열전도율
• **열관류율** : 열전도율/두께
• **열저항** : 열관류율의 역수(두께/열전도율)

24 체육시설 계획에 대한 설명으로 옳지 않은 것은?

① 채광을 고려하여 체육관의 장축을 동서로 배치하는 것이 좋다.

② 일반적인 체육관의 크기는 농구코트 2면과 배구코트 1면이며, 1.5m 이상의 안전영역을 확보하는 것을 기준으로 한다.

③ 체육관 경기장의 벽은 경기자가 충돌하거나 용구가 부딪혀도 견딜 수 있는 강도와 탄성이 요구된다.

④ 육상경기장은 일반적으로 장축을 남북방향으로 배치하고, 오후의 서향 일광을 고려하여 주관람석을 서쪽에 둔다.

25 「건축법 시행령」상 직통계단을 2개소 이상 설치하여야 하는 경우가 아닌 것은? (단, 각각의 건축물은 총 지상 4층이고, 피난층 또는 지상으로 통하는 출입구가 있는 층은 1층이며, 각 경우는 해당용도 및 규모로만 4층에 계획한다)

① 치과병원의 용도로 쓰는 층으로서 그 층의 해당 용도로 쓰는 거실의 바닥면적의 합계가 150제곱미터인 경우

② 장애인 의료재활시설의 용도로 쓰는 층으로서 그 층의 해당 용도로 쓰는 거실의 바닥면적의 합계가 200제곱미터인 경우

③ 종교시설의 용도로 쓰는 층으로서 그 층에서 해당 용도로 쓰는 바닥면적의 합계가 300제곱미터인 경우

④ 업무시설 중 오피스텔의 용도로 쓰는 층으로서 그 층의 해당 용도로 쓰는 거실의 바닥면적의 합계가 400제곱미터인 경우

ANSWER 24.② 25.①

24 일반적인 체육관의 크기는 농구코트 1면(길이 28m, 너비 15m)이며, 2m 이상의 안전영역을 확보하는 것을 기준으로 한다.

25 피난층 외의 층이 다음의 어느 하나에 해당하는 용도 및 규모의 건축물에는 국토교통부령이 정하는 기준에 따라 피난층 또는 지상으로 통하는 직통계단을 2개소 이상 설치하여야 한다.
- 제2종 근린생활시설 중 공연장, 종교집회장, 문화 및 집회시설(전시장 및 동,식물원은 제외), 종교시설, 위락시설 중 주점영업 또는 장례시설의 용도로 쓰는 층으로서 그 층에서 해당 용도로 쓰는 바닥면적의 합계가 200제곱미터(제2종 근린생활시설 중 공연장, 종교집회장은 각각 300제곱미터) 이상일 것
- 단독주택 중 다중주택, 다가구주택, 제1종 근린생활시설 중 정신과의원(입원실이 있는 경우에 한함), 제2종 근린생활시설 중 인터넷컴퓨터게임시설 제공업소(해당 용도로 쓰는 바닥면적의 합계가 300제곱미터 이상인 경우에 해당)
- 학원, 독서실, 판매시설, 운수시설(여객용 시설에 한함), 의료시설(입원실이 없는 치과병원은 제외), 교육연구시설 중 학원시설, 노유자 시설 중 아동관련시설, 노인복지시설, 장애인거주시설 및 수련시설 중 유스호스텔 또는 숙박시설의 용도로 쓰는 3층 이상의 층으로서 그 층의 해당 용도로 쓰는 거실의 바닥면적의 합계가 200제곱미터 이상인 것
- 공동주택(층당 4세대 이하인 것은 제외) 또는 업무시설 중 오피스텔의 용도로 쓰는 층으로서 그 층의 해당 용도로 쓰는 거실의 바닥면적의 합계가 300제곱미터 이상인 것
- 지하층으로서 그 중 거실의 바닥면적의 합계가 200제곱미터 이상인 것

1 건축정보 모델링(Building Information Modeling)에 대한 설명으로 옳지 않은 것은?

① 3차원 기하학적 정보를 포함한 건축물 정보를 활용하여 기존의 도면에서 확인하기 어려웠던 설계 요구 사항이나 건축법규 등을 검토할 수 있다.

② 설계, 시공, 구조, 설비 등 다양한 작업을 할 때 상호 간의 간섭이나 문제가 될 수 있는 사항을 미리 확인할 수 있다.

③ 작업자 간의 협업이 강화되어 필요시 실시간으로 모델정보를 공유할 수 있다.

④ 설계변경 시 파라메트릭 모델링 정보에 대한 데이터 무결성 확보가 불가능하므로 설계변경을 지양해야 한다.

2 다음 건축물을 설계한 건축가는?

> • 파구스 팩토리는 '강철과 유리의 건축'을 향한 진보적인 발전을 의미하며, 특히 건물 모서리가 수직 기둥 없이 투명한 유리상자의 피막으로 처리되어 비구조적 특성이 두드러지는 건축물이다.
> • 데사우의 바우하우스는 강의동, 작업실습동 및 학생기숙사 등 3개 동의 건물로 구성되며 비대칭성과 율동성이 두드러진다.

① 프랭크 로이드 라이트(Frank Lloyd Wright)
② 발터 그로피우스(Walter Gropius)
③ 르 코르뷔지에(Le Corbusier)
④ 미스 반 데어 로에(Mies van der Rohe)

ANSWER 1.④ 2.②

1 • 데이터 무결성이란 데이터 자체가 결함이 없어야 하는 특성을 의미한다. 이는 데이터 자체가 변경될 수 있는 것과는 별개의 개념이지 반대의 개념이 아님에 유의해야 한다.
• 설계변경이 흔하게 발생하게 되는데 파라메트릭 모델링 정보를 통해 데이터를 상황에 맞도록 효율적으로 변화시키고 적용할 수 있다.

2 발터 그로피우스(Walter Gropius)에 대한 설명이다.

3 공장건축에 대한 설명으로 옳지 않은 것은?

① 공장건축 형식 중 파빌리온 타입은 공간효율이 좋고 건축비가 저렴하다.
② 공장건축 형식 중 블록 타입은 단층 구조의 평지붕이나 무창공장에 적합하다.
③ 공정중심 레이아웃은 다품종 소량생산이나 주문생산의 경우와 표준화가 어려운 경우에 사용된다.
④ 고정식 레이아웃은 조선, 항공, 토목 및 건축공사에 적합하다.

4 박물관 건축계획에 대한 설명으로 옳지 않은 것은?

① 전시공간의 동선계획은 관람객의 흐름을 의도하는 대로 유도할 수 있는 레이아웃이 되도록 교차통행이 이루어지도록 한다.
② 전시방법 중 벽면전시의 경우 시야는 약 40° 범위의 사물을 지각하는 데 익숙하며 수직적 시야는 위, 아래로 각각 27°로 설정한다.
③ 전시실의 순회형식 중 중앙홀 형식은 대지의 이용률이 높은 장소에 설립할 수 있으며 중앙홀이 크면 동선에는 혼란이 없으나 장래에 확장하기가 어렵다.
④ 수장고는 온·습도의 급격한 변화를 방지하는 것이 중요하며 일반적으로 장래 확장을 고려하여 충분한 면적을 확보하는 것이 바람직하다.

ANSWER 3.① 4.①

3 분관식(파빌리온타입)은 공간효율이 좋지 않고 건축비가 많이 든다.
　　※ 공장건축의 건축형식
　　　㉠ 분관식(파빌리온타입)
　　　　•대지가 부정형이거나 고저차가 있을 때 적용
　　　　•공장의 신설 및 확장이 용이
　　　　•공장건설을 병행할 수 있으므로 조기완성이 가능
　　　　•건축형식 및 구조를 각기 다르게 할 수 있음
　　　　•통풍과 채광이 좋음
　　　㉡ 집중식
　　　　•도심지 공장으로 대지가 평탄하고 정방형일 때 적용
　　　　•공간의 효율이 좋고 내부배치 변경에 탄력성이 있음
　　　　•건축비가 저렴함

4 교차통행이 발생하면 동선의 혼란을 초래하게 되므로 바람직하지 않다.

5 「장애인·노인·임산부 등의 편의증진 보장에 관한 법률 시행규칙」과 「주차장법 시행규칙」상 장애인 전용 주차구역에 대한 설명으로 옳지 않은 것은?

① 장애인전용주차구역은 장애인등의 출입이 가능한 건축물의 출입구 또는 장애인용 승강설비와 가장 가까운 장소에 설치하여야 한다.

② 장애인전용주차구역의 크기는 평행주차형식이 아닐 경우 주차대수 1대에 대하여 폭 3.3미터 이상, 길이 5미터 이상으로 하여야 한다.

③ 주차공간의 바닥면은 장애인등의 승하차에 지장을 주는 높이 차이가 없어야 하며, 기울기는 12분의 1 이하로 할 수 있다.

④ 주차대수 규모가 100대인 노상주차장의 경우에는 2대부터 4대까지의 범위에서 장애인의 주차수요를 고려하여 해당 지방자치단체의 조례로 정하는 비율 이상의 장애인 전용주차구획을 설치하여야 한다.

6 「건축법 시행령」과 「건축물 설비기준 등에 관한 규칙」상 비상용 승강기와 승강장에 대한 설명으로 옳지 않은 것은?

① 높이 31m를 넘는 거실의 용도로 쓰이는 각 층의 바닥면적 중 최대 바닥면적이 $1,500m^2$인 건축물에는 비상용 승강기를 1대 이상 설치하여야 한다.

② 높이 31m를 넘는 거실의 용도로 쓰이는 각 층의 바닥면적 중 최대 바닥면적이 $4,500m^2$인 건축물에는 화재가 났을 때 소화에 지장이 없도록 일정한 간격을 두고 비상용 승강기를 2대 이상 설치하여야 한다.

③ 옥외 승강장의 바닥면적은 비상용 승강기 1대에 대하여 $6m^2$ 이상으로 한다.

④ 승강장에는 노대 또는 외부를 향하여 열 수 있는 창문이나 배연설비를 설치하여야 한다.

ANSWER 5.③ 6.③

5 주차공간의 바닥면은 장애인등의 승하차에 지장을 주는 높이차이가 없어야 하며, 기울기는 50분의 1 이하로 할 수 있다.

6 승강장의 바닥면적은 비상용승강기 1대에 대하여 6제곱미터 이상으로 할 것. (다만, <u>옥외에 승강장을 설치하는 경우에는 그러하지 아니하다.</u>)

7 근대건축운동과 대표적인 건축가에 대한 설명으로 옳지 않은 것은?

① 표현주의는 대담한 의장과 디자인의 자유성을 부여한 조형적 설계를 실현하고자 하였으며 대표적인 건축가로는 에리히 멘델존(Erich Mendelsohn)이 있다.

② 구성주의는 입체주의를 수정하여 일반적인 형태를 추구하고자 하였으며 대표적인 건축가로는 르 코르뷔지에(Le Corbusier)가 있다.

③ 데스틸은 큐비즘의 영향을 받고 신조형주의의 원리를 옹호하였으며 대표적인 건축가로는 아우드(J.J.P. Oud)가 있다.

④ 아르누보는 철을 사용한 유기적 곡선을 주요 모티브로 사용하였으며 대표적인 건축가로는 안토니 가우디(Antoni Gaudi)가 있다.

8 공기조화설비에서 고려해야 하는 냉·난방 부하에 대한 설명으로 옳은 것은?

① 틈새바람에 의한 부하는 냉방과 난방 모두에 해당하며 현열부하만 포함한다.

② 창유리를 통한 총열취득량은 표준일사열취득, 유리창의 면적 및 차폐계수의 곱으로 구한다.

③ 인체 발열에 의한 냉방부하는 활동량에 따라 달라지는데 활동량이 많아질수록 현열부하의 비중이 커진다.

④ 외벽을 통한 열취득량을 계산할 때 상당온도차는 외벽의 방위에 따라 다르다.

ANSWER 7.② 8.④

7 르 코르뷔지에는 구성주의나 입체주의 건축가로 분류되기에 작품의 성향과 활동시기로 볼 때 무리가 있다.

※ **구성주의(CONSTRUCTIVISM)**

• 짜르황제의 몰락과 함께 더불어 러시아에서 일어난 일련의 예술운동을 총칭하는 말로서 파리에서 큐비즘이 제창되기 전 1909년에 이미 러시아에서는 마리네트의 "미래파 선언"이 번역되어 예술가들에게 깊은 영향을 주었으며 그의 방문에 의하여 큐비즘을 초월한 징조가 조각을 중심으로 발전하였다.

• 건축에서는 타틀린의 "제3 인터내셔널 기념탑"이 구성주의 사상을 포괄적으로 담고 있다. 구성주의는 과학기술과 깊은 관계를 맺게되어 그 표현방법을 기계적인 형태로 표현하려고 하였다. 이들의 건축 활동은 사회변혁과 함께 건축인들이 주택정책과 같은 영향력 있는 사업에 동참할 기회를 얻은 데서 비롯된 것으로써 이들의 사상은 유럽 근대건축 형성에 큰 영향을 주었다.

8 인체의 발생열량, 환기를 위한 신선한 외기의 도입으로 인한 취득열량, 틈새바람에 의한 취득열량은 실내온도뿐만 아니라 습도에도 변화를 주므로 현열뿐만 아니라 잠열도 계산해야 한다.

9 건축법령상 용도변경 중 신고대상이 아닌 것은?

① A는 소유건축물을 숙박시설에서 공동주택으로 용도변경하였다.

② B는 소유건축물을 운동시설에서 노유자시설로 용도변경하였다.

③ C는 소유건축물을 창고시설에서 업무시설로 용도변경하였다.

④ D는 소유건축물을 업무시설에서 의료시설로 용도변경하였다.

10 도서관의 건축계획에 대한 설명으로 옳지 않은 것은?

① 서고의 장서보관방법과 열람실의 출납시스템을 우선적으로 결정하여야 하며, 반드시 장래의 확장에 대한 계획도 함께 고려하여야 한다.

② 적층서가식은 건물 각 층 바닥에 서가를 놓는 방식으로 고정식이 아니므로 평면계획상 융통성이 있다.

③ 모듈러 시스템의 적용 필요성이 높으며, 서고의 서가배치 및 열람실의 좌석배치 등을 충분히 검토해야 한다.

④ 서고의 환경은 온도 15℃, 습도 63% 정도가 좋으며, 도서보존을 위하여 내부는 어두운 것이 좋다.

Aɴsᴡᴇʀ 9.④ 10.②

9 업무시설에서 의료시설로 용도변경을 하는 것은 허가대상에 속한다.

※ 용도변경 시설군

• 자동차관련 시설군 : 자동차 관련시설

• 산업 시설군 : 운수시설, 창고시설, 공장

• 전기통신시설군 : 방송통신시설, 발전시설

• 문화집회시설군 : 문화 및 집회시설, 종교시설, 위락시설, 관광휴게시설

• 영업시설군 : 판매시설, 운동시설, 숙박시설

• 교육 및 복지시설군 : 의료시설, 교육연구시설, 노유자시설, 수련시설

• 근린생활시설 : 제1,2종 근린생활시설

• 주거업무시설군 : 단독주택, 공동주택, 업무시설

• 그 밖의 시설군 : 동식물관련시설, 장례식장

위에 제시된 순서에서 위쪽으로부터 아래쪽으로 용도변경이 이루어지면 건축신고제를 따르며(건축기준이 아래로 갈수록 약해지기 때문), 그 반대의 경우 건축허가제를 따른다.

10 적층서가식은 대부분 고정식으로 되어 있다.

11 다음의 조건일 때 건폐율과 용적률로 옳은 것은?

- 대지의 면적 : 200m^2
- 건물의 층수 : 지상 3층, 지하 2층
- 용도 : 지상 1층은 부속용도의 주차장으로 이용되며, 지상 2층과 3층은 사무실이다.
- 한 층의 바닥면적은 100m^{2}이며, 지상 1층의 주차장으로 이용되는 바닥면적은 60m^{2}이다. (단, 모든 층의 바닥면적과 수평투영한 형태는 동일하며, 바닥면적과 건축면적은 같다)

〈배치도〉

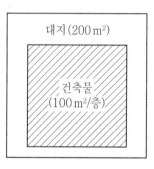

① 30%, 100% ② 50%, 120%

③ 50%, 130% ④ 50%, 150%

12 공동주택의 단면 유형에 대한 설명으로 옳지 않은 것은?

① 플랫은 공용부에 접하는 면적이 클 때에는 프라이버시 침해를 받기 쉬우나, 평면 구성이 용이하다.

② 스킵플로어는 통로면적 등 공유면적이 감소하나 전용면적은 증가하며, 비상시 대피하기에 불리하다.

③ 메조넷은 소규모 주택에서 경제성과 공간 다양성을 동시에 확보할 수 있으나, 중복도형인 경우에 소음이 발생한다.

④ 트리플렉스는 주호가 3개층으로 구성되어 통로가 없는 층의 평면은 프라이버시와 통풍 및 채광에 유리하나, 단면이 복잡하여 설계하기가 어렵다.

ANSWER 11.② 12.③

11 • 건폐율 : 대지면적에 대한 건축면적의 비율이며 문제의 조건에서는 50%가 된다.
  • 용적률 : 대지면적에 대한 건축물 지상층 바닥면적의 총합의 비율이며 문제의 조건에서는 150%가 된다.

12 메조넷(복층형주거)은 소규모주택에는 비경제적이며 효율이 좋지 않게 되므로 일반적으로 적용하지 않는다.

13 다음 조건상 실내에서 허용되는 이산화탄소 농도는?

> • 바닥면적 100m², 천정고 3m인 강의실에 설치된 기계환기장치가 환기횟수 2회/h의 풍량으로 가동 되고 있다.
> • 호흡으로 발생하는 실내 이산화탄소량은 3m³/h이다.
> • 급기되는 공기의 이산화탄소 농도는 0으로 가정한다.
>
> $$필요환기량 = \frac{실내\,CO_2\,발생량}{실내\,CO_2\,허용농도 - 외기의\,CO_2\,농도}\ (m^3/h)$$

① 500ppm

② 2,000ppm

③ 5,000ppm

④ 20,000ppm

14 다음은 물류센터 화재와 관련된 기사에서 발췌한 것이다. ㈎와 ㈏에 들어갈 숫자로 옳은 것은?

> 코로나19 사태 이후 대형창고나 물류센터가 도심지 가까이에 우후죽순처럼 들어서고 있다. 그러나 화재안전의 관점에서 접근한다면 지난 6월 경기도 내 ○○물류센터에서 발생한 화재사고와 같이 대형화재로 이어질 위험성 또한 상존하고 있는 것도 사실이다. … (중략) …「건축법 시행령」과「건축물의 피난 · 방화구조 등의 기준에 관한 규칙」에 따르면, 주요 구조부가 내화구조 또는 불연재료로 된 건축물로서 연면적이 1천 제곱미터를 넘는 것은 국토교통부령으로 정하는 기준에 따라 내화구조로 된 바닥 · 벽 및 60분+방화문 또는 자동방화셔터 등으로 구획하여야 한다. 이 때, 10층 이하의 층은 바닥면적 (㈎)제곱미터 이내마다 방화구획을 하여야 하는데 만약 스프링클러 기타 이와 유사한 자동식 소화설비를 설치한 경우에는 바닥면적 (㈏)제곱미터 이내마다 설치할 수 있다. … (후략)

① 200, 2,000

② 200, 3,000

③ 1,000, 2,000

④ 1,000, 3,000

ANSWER 13.③ 14.④

13 $$필요환기량 = \frac{실내\,이산화탄소\,발생량}{실내\,이산화탄소\,허용농도 - 외기의\,이산화탄소농도}\ [m^3/h]$$

$2 \times 100 \times 3 = 600 = \dfrac{3}{x-0}\,[m^3/h]$ 이므로 이를 만족하는 $x = 0.005$ 이며, 이는 농도로서 5,000ppm이 된다.

14 10층 이하의 층은 바닥면적 1,000제곱미터 이내마다 방화구획을 하여야 하는데 만약 스프링클러 기타 이와 유사한 자동식 소화설비를 설치한 경우에는 바닥면적 3,000제곱미터 이내마다 설치할 수 있다.

건축계획학

15 게스탈트 심리학에서 주장하는 도형조직의 원리에 대한 설명으로 옳지 않은 것은?

① 시각요소 간의 거리가 가까운 것보다 먼 것들이 모여 시각요소 그룹이 결정된다.

② 시각요소 간의 거리가 동일한 경우에는 유사한 물리적 특성을 지닌 요소들이 하나의 그룹으로 느껴진다.

③ 직선 또는 단순한 곡선을 따라 같은 방향으로 연결된 것처럼 보이는 요소는 동일한 그룹으로 느껴진다.

④ 시각요소를 지각할 때에는 더욱 위요된 혹은 더욱 완전한 도형을 선호하는 방향으로 그룹을 형성한다.

16 「건축법 시행령」과 「건축물의 피난·방화구조 등의 기준에 관한 규칙」상 '피난안전구역'에 대한 설명으로 옳지 않은 것은?

① 높이는 2.1미터 이상으로 한다.

② 건축물 내부에서 피난안전구역으로 통하는 계단은 특별피난계단의 구조로 하여야 한다.

③ 초고층 건축물에는 지상층으로부터 최대 30개 층마다 1개소 이상 설치하여야 한다.

④ 기계실, 보일러실, 전기실 등 건축설비를 설치하기 위한 공간과 동일한 층에는 설치할 수 없다.

ANSWER 15.① 16.④

15 시각요소 간의 거리가 먼 것보다 가까운 것들이 모여 시각요소 그룹이 결정된다.

※ 게슈탈트 심리학의 지각원리

- **접근성** : 서로 근접한 것끼리는 그룹을 지어 묶여있는 것처럼 통일성있게 보이고 서로 멀리 떨어져 있는 사물은 묶여 있지 않은 것으로 보이는 착시현상이다(근접의 원리).
- **유사성** : 유사한 배열이나 연속적인 것은 하나의 그룹으로 인식된다. 영화의 필름을 연속적으로 인식하는 것이 그 예이다. 형태, 규모, 색, 질감 등에 있어서 유사한 시각적 요소들이 서로 연관되어 보이는 착시현상으로서 접근성보다 지각의 그루핑이 강하게 나타난다(유동/유사의 원리).
- **폐쇄성** : 시각적 요소들이 무언가를 형성하는 것을 허용하는 성질로서 폐쇄된 원형이 묶이는 것을 의미한다(폐쇄의 원리).
- **연속성** : 유사한 배열이 하나의 묶음으로 시각적 이미지의 연속장면처럼 보이는 착시현상이다.(공동운명의 원리)
- **공통성** : 서로 비슷한 움직임과 방향을 갖는 것은 하나의 그룹으로 지각되는 현상이다(연속방향의 원리).
- **착시** : 도형이나 색채를 본래의 것과 달리 잘못 지각하는 현상이다. '루빈의 술잔'은 술잔으로 인식되기도 하지만 두 사람이 마주보는 장면으로 인식되기도 한다.
- **지각의 항상성** : 사람은 지각에 대한 고정관념이나 편견을 가지고 있는데 본인이 알고 있는 형태에 대해서는 망막에서 일어나게 되는 물리적 변화와는 상관없이 고정된 생각이 지각에 영향을 미치는 것이다(거리의 멀고 가까움, 보이는 각도, 주위의 밝고 어두움 등에 관계없이 본래 알고 있는 크기로 물체가 느껴지는 현상이다).

17 피난안전구역은 기계실, 보일러실, 전기실 등 건축설비를 설치하기 위한 공간과 동일한 층에 설치가 가능하다.

17 「녹색건축물 조성 지원법 시행령」상 건축주가 '에너지 절약계획서'를 제출해야 하는 건축물은? (단, 모두 신축 건축물이다)

① 연면적 10,000m²인 냉방 및 난방 설비를 모두 설치하지 아니하는 농수산물도매시장

② 연면적 5,000m²인 냉방 및 난방 설비를 모두 설치하는 식물원

③ 연면적 300m²인 냉방 및 난방 설비를 모두 설치하는 탁구장

④ 연면적 300m²인 냉방 및 난방 설비를 모두 설치하는 동물병원

18 댐퍼의 종류와 용도에 대한 설명으로 옳지 않은 것은?

① 슬라이드형 댐퍼는 한 방향으로 열리지만 역방향으로는 열리지 않아 역류방지용으로 쓰인다.

② 단익형 댐퍼는 버터플라이형 댐퍼라고도 하며 소형덕트에 쓰인다.

③ 다익형 댐퍼는 대형덕트에 쓰이며, 대향익형이 평행익형보다 제어성이 좋다.

④ 스플릿형 댐퍼는 덕트 분기부에서 풍량조절용으로 쓰인다.

19 사무소 건축계획에 대한 설명으로 옳지 않은 것은?

① 렌터블 비(rentable ratio)는 임대사무실의 채산성의 지표가 되는데, 일반적으로 70~75% 범위가 표준이다.

② 코어계획은 유효면적률을 높이기 위한 것으로 중심코어형은 바닥면적이 작은 경우에 적합하다.

③ 오피스 랜드스케이프 형식은 작업패턴의 변화에 따라 신속한 대처가 가능하며 공간이 절약된다.

④ 엘리베이터 설치 시 수송력 향상을 위하여 엘리베이터 조닝계획을 통해 왕복시간을 단축하는 방향으로 계획한다.

Aɴꜱᴡᴇʀ 17.① 18.① 19.②

17 연면적 10,000m²인 냉방 및 난방 설비를 모두 설치하지 아니하는 농수산물도매시장은 에너지절약계획서를 제출해야 한다.
  ※ 에너지 절약계획서 제출대상 : 연면적의 합계가 500제곱미터 이상인 건축물 (단, 다음 각 호의 어느 하나에 해당하는 건축물을 건축하려는 건축주는 에너지 절약계획서를 제출하지 아니한다.)
    ㉠ 「건축법 시행령」 별표 1 제1호에 따른 단독주택
    ㉡ 문화 및 집회시설 중 동·식물원
    ㉢ 「건축법 시행령」 별표 1 제17호부터 제26호까지의 건축물 중 냉방 및 난방 설비를 모두 설치하지 아니하는 건축물
    ㉣ 그 밖에 국토교통부장관이 에너지 절약계획서를 첨부할 필요가 없다고 정하여 고시하는 건축물

18 한 방향으로 열리지만 역방향으로는 열리지 않아 역류방지용으로 쓰이는 댐퍼는 역류(역풍)방지댐퍼이다. 슬라이드형 댐퍼는 미닫이문처럼 날개가 가이드를 따라 개폐되는 댐퍼를 말한다.

19 중심코어형은 바닥면적이 클 경우에 적합하다.

20 건축물에 대한 설명으로 옳은 것만을 모두 고르면?

> ㉠ 르 코르뷔지에(Le Corbusier)의 사보아 주택은 '새로운 건축의 5원칙'을 모두 보여주는 건물이다.
> ㉡ 미스 반 데어 로에(Mies van der Rohe)의 시그램 빌딩은 미스의 대표적인 고층 오피스 건물이다.
> ㉢ 프랭크 로이드 라이트(Frank Lloyd Wright)의 구겐하임 미술관은 주된 외장재료로 석회석과 티타늄을 사용하였다.

① ㉠

② ㉢

③ ㉠, ㉡

④ ㉡, ㉢

ANSWER 20.③

20 프랭크 오언 게리의 빌바오 구겐하임 미술관은 주된 외장재료로 석회석과 티타늄을 사용하였다. 프랭크 로이드 라이트의 미국 뉴욕에 위치한 구겐하임 미술관은 달팽이를 닮은 독특한 형상을 하고 있으며 콘크리트석판을 주로 사용하였다.

1 공동주택의 평면형식 중 계단실형에 대한 특징으로 옳은 것은?

① 엘리베이터 1대당 단위 주거를 많이 둘 수 있다.

② 대지를 고밀도로 이용할 때 사용한다.

③ 각 세대의 채광 및 통풍이 좋고 프라이버시가 양호하며 저층주택과 중층주택에 많이 사용한다.

④ 통풍, 채광, 환기 등이 불리하여 이를 해결하기 위한 고도의 설비시설이 필요하다.

2 유니버설 디자인(Universal Design)의 원칙에 해당하지 않는 것은?

① 동등한 이용(Equitable Use)

② 간단하고 직관적인 이용(Simple and Intuitive Use)

③ 적은 물리적인 노력(Low Physical Effort)

④ 안전도 증강과 오조작 방지(Fail Safe & Fool proof)

ANSWER 1.③ 2.④

1 ① 엘리베이터 1대당 단위 주거를 많이 둘 수 있는 방식은 편복도형이나 중복도형이다.
② 대지를 고밀도로 이용할 때 사용하는 방식은 집중형이다.
④ 계단실형은 통풍, 채광, 환기 등이 양호하다.

2 유니버설 디자인의 7대원칙
• 공평한 사용
• 사용상의 융통성
• 간단하고 직관적인 사용
• 정보이용의 용이
• 오류에 대한 포용력
• 적은 물리적 노력
• 접근과 사용을 위한 충분한 공간

3 학교 건축계획에 대한 설명으로 옳지 않은 것은?

① 우리나라는 학교건축 표준설계(지침)를 개발·시행해 오다가 이후 폐지하면서 학교에 다양한 건물 및 환경이 조성되기 시작하였다.

② 학교 건물을 분산 병렬형(finger plan)으로 계획하면, 교실의 환경조건이 균등하고 협소한 대지를 효율적으로 이용할 수 있다.

③ 학교를 교과교실형(V형)으로 운영하면, 학생의 이동은 많지만 순수율 높은 교실이 제공되어 시설의 질이 높아진다.

④ 초등학교 저학년 교실은 다른 학년과 분리하고 저층부에 배치하는 것이 바람직하다.

4 사무소 건축계획에서 그림의 ㈎~㈐ 코어(core) 유형에 대한 설명으로 옳지 않은 것은?

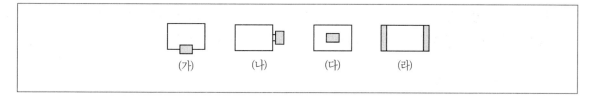

① ㈎는 바닥면적이 커지면 코어 이외에 피난시설, 설비 샤프트 등이 필요해진다.

② ㈏는 자유로운 업무공간을 확보할 수 있으나 내진구조에 불리하다.

③ ㈐는 오픈코어로서 업무공간의 융통성이 가장 우수하다.

④ ㈑는 방재상 2방향 피난시설 설치에 유리하다.

5 신에너지와 재생에너지에 대한 설명으로 옳지 않은 것은?

① 폐기물에너지는 주원료가 고가이거나 처리비용이 추가되어 에너지 회수의 경제성이 낮은 재생에너지이다.

② 해양에너지는 고갈될 염려가 없는 조력, 파력, 조류, 온도차 발전 등으로 얻을 수 있는 재생에너지이다.

③ 연료전지는 수소와 산소가 가진 이온결합의 화학적 에너지를 직접 전기에너지로 변환시키는 것이다.

④ 소수력에너지는 자연에 있는 작은 수로나 개천을 이용해 전기에너지를 생산하는 재생에너지이다.

6 국토의 계획 및 이용에 관한 법령상 용도지역 안에서의 건폐율 최대한도가 가장 낮은 것부터 순서대로 나열한 것은? (단, 지방자치단체의 조례 및 기타 예외사항은 고려하지 않음)

㉠ 제1종전용주거지역	㉡ 제2종일반주거지역
㉢ 중심상업지역	㉣ 일반상업지역
㉤ 일반공업지역	㉥ 자연녹지지역

① ㉠, ㉡, ㉥, ㉤, ㉢, ㉣

② ㉢, ㉣, ㉤, ㉠, ㉡, ㉥

③ ㉥, ㉠, ㉡, ㉤, ㉣, ㉢

④ ㉥, ㉡, ㉠, ㉢, ㉣, ㉤

5 폐기물 에너지란 사용하고 못쓰게 되어 버리는 제품이나 쓰레기 등을 재활용하는 것으로 에너지 함량이 높은 폐기물들을 여러 가지 기술에 의해 연료로 만들거나 소각하여 에너지로 이용한다. 즉 못쓰는 물건들을 다시 이용함으로 폐기물도 처리할 수 있고 에너지도 얻어 일석이조의 효과를 얻을 수 있다.

6 자연녹지지역-제1종전용주거지역-제2종일반주거지역-일반공업지역-일반상업지역-중심상업지역

7 건축환경심리와 관련된 내용으로 설명이 옳지 않은 것은?

① 개인공간(personal space)은 영역(territory)과 구별되는 개념이다.

② 개인공간(personal space)은 보이지 않는 심리적 공간으로서 그 크기는 상황적인 변수에 따라 달라진다.

③ 어윈 알트만(I. Altman)은 지각 심리학에서 근접, 연속, 공동운명의 법칙 등을 통하여 건축공간의 조직화를 주장하였다.

④ 로버트 좀머(R. Sommer)는 건축·도시공간을 생각할 때, 인간적 요인에 대한 배려가 결여된 현대의 도시공간을 비판하였다.

8 국토의 계획 및 이용에 관한 법령상 용도지역 안에서의 건폐율 최대한도가 가장 낮은 것부터 순서대로 나열한 것은? (단, 지방자치단체의 조례 및 기타 예외사항은 고려하지 않음)

㉠ '내수재료'란 인조석·콘크리트 등 내수성을 가진 재료로서 국토교통부령으로 정하는 재료를 말한다.

㉡ '내화구조'란 화염의 확산을 막을 수 있는 성능을 가진 구조로서 국토교통부령으로 정하는 기준에 적합한 구조를 말한다.

㉢ '난연재료'란 불에 잘 타지 아니하는 성능을 가진 재료로서 국토교통부령으로 정하는 기준에 적합한 재료를 말한다.

㉣ '초고층 건축물'이란 층수가 40층 이상이거나 높이가 100미터 이상인 건축물을 말한다.

---

① ㉠, ㉡　　　　　　　　　　　　② ㉠, ㉢

③ ㉡, ㉢　　　　　　　　　　　　④ ㉡, ㉣

ANSWER 7.③ 8.②

7 • 근접, 연속, 공동운명의 법칙 등을 통해 건축공간의 조직화를 주장한 이는 게슈탈트이다. 어윈알트만은 프라이버시 조절 매커니즘에 근본적인 보편원리가 존재한다고 생각하였고 개인공간의 확보와 영역성이 프라이버시 획득을 위한 중요한 메커니즘을 통해 얻은 프라이버시와를 비교하여 그 정도가 일치될 때를 최적의 프라이버시상태라고 하였다.

• 공동운명의 법칙 : 움직이는 요소들을 방향이 같은 것끼리 집합적으로 묶어서 한 요인으로 지각한다는 법칙

8 화염의 확산을 막을 수 있는 성능을 가진 구조로서 국토교통부령으로 정하는 기준에 적합한 구조는 방화구조이다.

초고층건축물은 층수가 50층 이상이거나 높이가 200미터 이상인 건축물을 말한다.

9 「국토의 계획 및 이용에 관한 법률」상 지구단위계획의 내용에 포함되는 사항만을 모두 고르면?

㉠ 환경관리계획 또는 경관계획
㉡ 건축물 높이의 최고한도 또는 최저한도
㉢ 건축물의 배치·형태·색채 또는 건축선에 관한 계획
㉣ 보행안전 등을 고려한 교통처리계획

---

① ㉠, ㉡　　　　　　　　　　　　② ㉠, ㉢

③ ㉡, ㉢　　　　　　　　　　　　④ ㉡, ㉣

ANSWER 9.④

9 지구단위계획에 포함하는 내용은 지정목적에 따라 다르나 일반적인 도시계획요소 즉, 도로나 공원 등의 도시기반시설과 학교·도서관·공공청사 등의 도시계획시설, 경관을 위한 높이지정, 층수 제한, 개별 건축물의 용도·건폐율·용적률 등의 밀도제한, 건축선 지정, 최대·최소개발제한, 공동개발 등의 내용을 각 지역별로 조사된 내용과 주민의 의견수렴 등을 기준하여 계획서를 작성하게 된다. 지구단위계획은 지구단위계획구역의 지정목적 및 유형에 따라 계획내용의 상세정도에 차등을 두되, 시장·군수는 당해 구역의 지정목적의 달성에 필수적인 항목 이외의 사항에 대해서도 필요시 포함하여야 한다.

구역지정목적	내용
기존 시가지 정비	• 기반시설 • 교통처리 • 건축물의 용도, 건폐율·용적률·높이 등 건축물의 규모 • 공동개발 및 맞벽건축 • 건축물의 배치와 건축선 • 경관
기존 시가지 관리	• 용도지역·용도지구 • 기반시설 • 교통처리 • 건축물의 용도, 건폐율·용적률·높이 등 건축물의 규모 • 공동개발 및 맞벽건축 • 건축물의 배치와 건축선 • 경관
기존 시가지 보존	• 건축물의 용도, 건폐율·용적률·높이 등 건축물의 규모 • 건축물의 배치와 건축선 • 건축물의 형태와 색채 • 경관
신시가지 개발	• 용도지역·용도지구 • 환경관리 • 기반시설 • 교통처리 • 가구 및 획지 • 건축물의 용도, 건폐율·용적률·높이 등 건축물의 규모 • 건축물의 배치와 건축선 • 건축물의 형태와 색채 • 경관
복합구역	• 목적별로 해당되는 계획사항을 포함하되, 나머지 사항은 지역특성에 맞게 필요한 사항을 선택

10 클린룸 계획에 대한 설명으로 옳지 않은 것은?

① 클린룸의 등급을 구분하는 청정기준(Class)은 미연방규격을 표준으로 한다.

② 미생물을 관리 대상으로 할 경우, 바이오 클린룸(Bio Clean Room)이라고도 한다.

③ 클린룸의 기류방식 중에서 난류형 방식은 환기회수보다 취출구의 면 풍속이 중요하다.

④ 무균실은 수평층류형 방식을 주로 사용한다.

ANSWER 10.③

10 난류형 클린룸은 청정도 계산법과 환기회수법으로 급기풍량을 결정한다.

	수직층류방식	수평층류방식	난류방식	클린튜브방식	터널방식
청정도(Class)	1~100	100	1000~10000	1	1~100
작업 중 청정도	작업자로부터의 영향은 적은 편이다.	상류발진이 하류에 영향을 미친다.	작업자로부터 영향이 큰 편이다.	작업자로부터 영향이 큰 편이다.	작업자로부터 영향은 적은 편이다.
초기투자비용	높다	보통	낮다	낮다	보통
운전비용	높다	보통	낮다	낮다	보통
보수	쉽다	어렵다	쉽다	어렵다	어렵다
유지관리	쉽다	쉽다	쉽다	어렵다	쉽다
확장성	어렵다	어렵다	가능하다	어렵다	쉽다
정밀제어	실 전체 제어를 위해 실내의 불균형이 약간 있다.	상류발진이 하류에 영향을 끼친다.	상당한 불균형이 있다.	고청정도가 유지된다.	작업부마다 고정밀도의 제어가 가능하다.

11 그림은 조선왕조 한성의 4대문과 4소문을 표현한 것이다. (개) ~ (래)에 대한 설명으로 옳게 짝 지어진 것은?

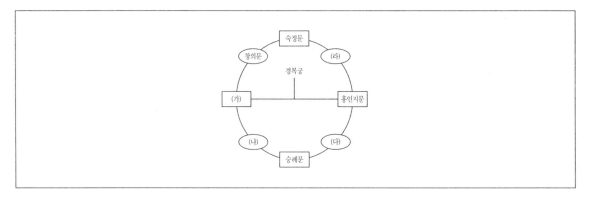

① (개), (내)

② (개), (대)

③ (내), (래)

④ (대), (래)

11

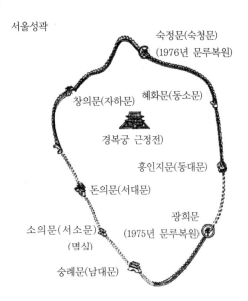

서울성곽

숙정문(숙청문)
(1976년 문루복원)

창의문(자하문) 혜화문(동소문)

경복궁 근정전

홍인지문(동대문)

돈의문(서대문)

소의문(서소문) 광희문
(멸실) (1975년 문루복원)

숭례문(남대문)

11 ㈎ 돈의문 ㈏ 소의문 ㈐ 광희문(수구문) ㈑ 혜화문

- 4대문 : 흥인지문, 돈의문, 숭례문, 숙정문
- 4소문 : 혜화문, 소의문, 광희문, 창의문
- 돈의문 : 조선 한양도성의 사대문(四大門) 중 서문(西門)이었던 건축물이다. 조선시대에 한성부에서 평안도 의주부까지 이르는 제1간선도로의 시작점이었으며, 강화도로 가는 간선도로의 시작점이기도 했다. 외교사절이 오면 국왕이 직접 마중을 나가고 조선 외교사절이 중국으로 갈 때 이용하는 나라의 중요한 문이었다. 일제강점기에 철거당한 이후, 현재 서울특별시 종로구 평동 112번지에 터만 남아있다. '돈의문(敦義門)' 뜻은 '의(義)를 두텁게 하는(敦) 문(門)'이다. '의(義)' 자는 전통적으로 서쪽을 가리켰기 때문에[3] 돈의문 이름 뜻을 '서쪽을 두텁게 하다'로 해석하기도 한다.
- 소의문 : 조선 한양도성의 4소문 중 서문. 다른 이름으로는 서쪽에 있는 작은 문이라고 해서 '서소문(西小門)'이라고도 하며, 과거에는 '소덕문(昭德門)'으로 불렸다.
- 숙정문 : 조선 한양도성의 4대문 중 북문. 일명 '북대문(北大門)'이라고도 부른다. 1396년(태조 5년) 9월에 도성 사대문과 사소문을 준공할 때 함께 세운 문이다. 원래는 '지혜를 드러내지 않는다'는 뜻의 '숙청문(肅淸門)'이라고 했으나 이후 중종 때에 '청(淸)'을 고요하고 안정되어 있다'는 '정(靖)'자로 바꾸어 '숙정문'이 되었다.
- 광희문 : 조선의 수도인 한양의 간문 중 하나로 남동쪽에 위치했다. 이름의 '광희'는 "빛이 멀리까지 사방을 밝힌다(光明遠熙)"라는 데서 유래했다. 내수구인 청계천과 가까워 수구문(水口門)이라고 하였고, 도성의 장례 행렬이 통과하던 문이어서 일제강점기 당시 시민들은 시구문(屍口門)이라고도 불렀다.
- 혜화문 : 조선의 수도인 한양의 4소문(小門) 중의 하나로 동쪽의 소문이다. 숙정문을 대신하여 한양의 북쪽 관문 역할을 하였다. 동소문(東小門)이라는 속칭이 있는데, 이는 조선 초기부터 불린 이름이다
- 창의문 : 조선의 수도인 한양의 4소문(小門) 중의 하나로 서북쪽에 있는 문이다. 양주군과 의주군으로 향하던 관문으로, 근처 계곡의 이름을 따서 자하문(紫霞門)이라고 불리기도 한다. 북소문(北小門)이라는 속칭이 있으나, 이는 근대에 와서야 불린 이름이다. '올바른 의(義)를 드러내는(彰) 문(門)'으로, 조선 초 개국공신 정도전이 지었다고 한다.

12 그림에 해당하는 은행의 평면형식에 대한 설명으로 옳은 것은?

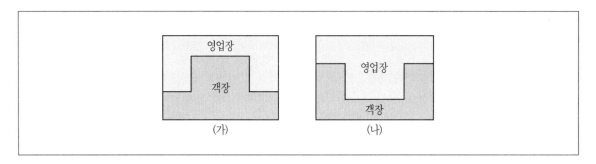

① (가)는 접객동선을 짧고 단순하게 하는 평면형식이다.
② (가)는 영업장 업무를 중심으로 배치한 평면형식이다.
③ (나)대규모의 은행에 적합한 평면형식이다.
④ (나)는 직원의 동선보다 고객의 동선을 고려한 평면형식이다.

13 오물정화설비의 용어에 대한 설명으로 옳지 않은 것은?

① SS(Suspended Solid) : 오수 중에 함유하는 부유물질을 ppm으로 나타낸 것이며 수질의 오염도를 표시한다.
② COD(Chemical Oxygen Demand) : 산화되기 쉬운 유기물이 화학적으로 안정된 무기물로 변화하기 위한 산소량이다.
③ BOD(Biochemical Oxygen Demand) : 생물화학적 산소요구량으로 값이 작을수록 물의 오염도는 낮다.
④ DO(Dissolved Oxygen) : 용존산소량을 나타낸 것이며 값이 클수록 정화능력이 작은 수질이다.

12 (가)는 접객동선을 길게 한 평면형식으로 객장을 중심으로 배치한 평면형식이다. (나)는 고객의 동선보다 직원의 동선을 고려한 평면형식이다.

13 DO(Dissolved Oxygen) : 용존산소량을 나타낸 것이며 값이 클수록 정화능력이 큰 수질이다.

14 그림에 해당하는 은행의 평면형식에 대한 설명으로 옳은 것은?

> ㉠ 오수 정화조의 배기관은 단독으로 대기 중에 개구한다.
> ㉡ 오수 정화조, 오수피트, 잡배수피트는 같은 계통으로 연결하여 사용하는 것이 효율적이다.
> ㉢ 통기관과 환기용 덕트는 연결하면 안 된다.
> ㉣ 통기수직관은 빗물수직관과 연결해서 사용하는 것이 좋다.

① ㉠, ㉢

② ㄱ, ㉣

③ ㉡, ㉢

④ ㉢, ㉣

15 서울의 위도가 37.5°라고 하면, 춘분과 추분 때 정오 시간대의 태양고도는?

① 23.5°

② 29°

③ 52.5°

④ 76°

16 「범죄예방 건축기준 고시」상 100세대 이상 아파트의 범죄예방 기준에 따른 대지의 출입구와 담장에 대한 설명으로 옳지 않은 것은?

① 담장은 안전과 사생활 보호를 위하여 차폐형으로 계획하여야 한다.

② 담장은 사각지대 또는 고립지대가 생기지 않도록 계획하여야 한다.

③ 출입구는 영역의 위계가 명확하도록 계획하여야 한다.

④ 출입구의 조명은 출입구와 출입구 주변에 연속적으로 설치하여야 한다.

ANSWER 14.① 15.③ 16.①

14 정화조, 오수 피트, 잡배수 피트의 통기관은 각각. 단독으로 대기 중에 개구한다.
통기수직관은 빗물수직관과 연결해서는 안 된다.

15 적도에서는 춘분과 추분 때, 북회귀선에서는 하지 때, 남회귀선에서는 동지 때 최고 고도가 90°까지 올라간다. 서울의 위도는 적도를 기준으로 37.5°이므로 춘분과 추분 때 서울지역 태양의 고도는 90-37.5=52.5°가 된다.

16 담장은 주변감시와 골목길의 활용성 등을 고려해 투시형 담장 또는 낮은 높이의 담장을 설치하고, 필요시 담장 허물기를 적용한다. 담장이 높을 경우 담장 안쪽에서 범죄자의 은신공간이 형성될 수 있으며, 침입범죄 예방에 큰 효과를 기대하기 어렵기 때문에. 가급적 담장은 일반 성인의 가슴 높이 이하로 설치하거나 투시형 구조로 계획하며, 필요시 담장 허물기를 통해서 주변 시선 연결확대와 부족한 보행공간과 주차공간 확보를 도모할 수 있다. 담장 허물기 사업이 적용되는 구역에는 조명시설을 설치하고 필요 시 방범용 CCTV 설치도 고려할 수 있다.

17 「장애인 · 노인 · 임산부 등의 편의증진 보장에 관한 법률 시행규칙」상 편의시설의 구조에 대한 내용으로 옳은 것은?

① 장애인 등의 통행이 가능한 접근로에서 접근로의 기울기는 1/18 이하, 단차의 높이 차이는 2.5cm 이하로 하여야 한다.

② 경사로는 바닥면으로부터 높이 0.75m 이내마다 휴식을 할 수 있도록 수평면으로 된 참을 설치하여야 한다.

③ 장애인 등의 이용이 가능한 접수대 또는 작업대의 하부에는 바닥면으로부터 높이 0.75m 이상, 깊이 0.4m 이상의 공간을 확보한다.

④ 장애인전용주차구역에서 평행주차형식의 경우, 주차대수 1대에 대하여 폭 2.5m 이상, 길이 5.5m 이상으로 한다.

ANSWER 17.②
_____

17 ① 장애인 등의 통행이 가능한 접근로에서 접근로의 기울기는 1/18 이하, 단차의 높이 차이는 2.0cm 이하로 하여야 한다.

③ 장애인 등의 이용이 가능한 접수대 또는 작업대의 하부에는 바닥면으로부터 높이 0.65m 이상, 깊이 0.45m 이상의 공간을 확보한다.

④ 장애인전용주차구역에서 평행주차형식의 경우, 주차대수 1대에 대하여 폭 2.0m 이상, 길이 6.0 m 이상으로 한다.

18 (가) ~ (라) 작품에 대한 설명으로 옳지 않은 것은?

(가) 필리포 브루넬레스키(Filippo Brunelleschi) – 산타 마리아 델 피오레(Duomo, Santa Maria del Fiore)

(나) 레온 바티스타 알베르티(Leon Battista Alberti) – 산타 마리아 노벨라(Santa Maria Novella)

(다) 도나토 브라만테(Donato Bramante) – 템피에토(Tempietto)

(라) 카를로 마데르노(Carlo Maderno) – 산타 수산나(Santa Susanna)

---

① 4개 작품 중 시대적으로 가장 빠른 작품은 (다)이다.

② (나), (라)의 입면 형식은 (다)와 상이하다.

③ (가), (나), (다)는 모두 르네상스 시대 작품이고 (라)는 바로크 시대 작품이다.

④ (가), (나), (다), (라)는 모두 종교시설이다.

19 색채이론과 색채표기법(color notation)에 대한 설명으로 옳지 않은 것은?

① 먼셀 표색계는 빨강, 노랑, 녹색, 파랑, 보라를 기본으로 하여 결과적으로 100색상이 된다.

② 오스트발트 표색계는 보색이 되도록 배치한 24색상환을 기본으로 한다.

③ 보색은 서로 상반하여 대비를 이루는 색으로, 빨강색의 보색은 녹색이다.

④ 먼셀 색채표기법에 의하면 5YR8/13은 주황색, 채도8, 명도13인 색이다.

18 완공년도
- 산타마리아 노벨라 1420년
- 산타마리아 델 피오레 1436년
- 템피에토 1510년
- 산타수산나 1603년

19 먼셀 기호의 표기법 어떤 색을 먼셀기호로 표기시 H V/C 순서로 기록한다. 이 때 H는 색상, V는 명도 및 C는 채도를 의미한다. 예를 들어 "5Y 8/10"의 경우 "5Y 8의 10"이라고 읽고 색상은 5Y, 명도 8, 채도 10의 색을 나타낸다.

20 「기후위기 대응을 위한 탄소중립·녹색성장 기본법」상 용어의 정의가 옳은 것만을 모두 고르면?

ⓐ '녹색산업'이란 온실가스를 배출하는 화석에너지의 사용을 대체하고 에너지와 자원 사용의 효율을 높이며, 환경을 개선할 수 있는 재화의 생산과 서비스의 제공 등을 통하여 탄소중립을 이루고 녹색성장을 촉진하기 위한 모든 산업을 말한다.

ⓑ '기후변화'란 극단적인 날씨뿐만 아니라 물 부족, 식량 부족, 해양산성화, 해수면 상승, 생태계 붕괴 등 인류 문명에 회복할 수 없는 위험을 초래하여 획기적인 온실가스 감축이 필요한 상태를 말한다.

ⓒ '탄소중립 사회'란 화석연료에 대한 의존도를 낮추거나 없애고 기후위기 적응 및 정의로운 전환을 위한 재정·기술·제도 등의 기반을 구축함으로써 탄소중립을 원활히 달성하고 그 과정에서 발생하는 피해와 부작용을 예방 및 최소화할 수 있도록 하는 사회를 말한다.

ⓓ '녹색성장'이란 화석에너지의 사용을 단계적으로 축소하고 녹색기술과 녹색산업을 육성함으로써 국가경쟁력을 강화하고 지속가능발전을 추구하는 성장을 말한다.

---

① ㉠, ㉡

② ㉠, ㉢

③ ㉡, ㉣

④ ㉠, ㉢, ㉣

20 ① 기후변화 : 사람의 활동으로 인하여 온실가스의 농도가 변함으로써 상당 기간 관찰되어 온 자연적인 기후변동에 추가적으로 일어나는 기후체계의 변화를 말한다.

② 기후위기 : 극단적인 날씨뿐만 아니라 물 부족, 식량 부족, 해양산성화, 해수면 상승, 생태계 붕괴 등 인류 문명에 회복할 수 없는 위험을 초래하여 획기적인 온실가스 감축이 필요한 상태를 말한다.

③ 녹색성장 : 에너지와 자원을 절약하고 효율적으로 사용하여 기후변화와 환경훼손을 줄이고 청정에너지와 녹색기술의 연구개발을 통하여 새로운 성장동력을 확보하며 새로운 일자리를 창출해 나가는 등 경제와 환경이 조화를 이루는 성장을 말한다.

④ 녹색경제 : 화석에너지의 사용을 단계적으로 축소하고 녹색기술과 녹색산업을 육성함으로써 국가경쟁력을 강화하고 지속가능발전을 추구하는 성장을 말한다.

1 다음 각 건축가들에 대한 사항으로 바르지 않은 것은?

> ㉠ 루이스 설리반(Louis Sullivan) − 형태는 기능을 따른다. (Form follows function.) − 로비 하우스 (Robie house, Chicago)
>
> ㉡ 아돌프 로스(Adolf Loos) − 장식은 죄악이다. (Ornament is crime.) − 슈타이너 주택(Steiner house, Vienna)
>
> ㉢ 미스 반 데어 로에(Mies van der Rohe) − 적을수록 풍부하다. (Less is more.) − 일리노이 공과대학 크라운 홀(Crown Hall of I.I.T., Chicago)
>
> ㉣ 르 꼬르뷔지에(Le Corbusier) − 제공하는 공간과 제공받는 공간(Servant space & Served space) − 스타인 저택(Villa Stein, Paris)

① ㉠, ㉡

② ㉠, ㉣

③ ㉡, ㉢

④ ㉢, ㉣

ANSWER 1.③

1 ㉠ 로비 하우스(Robie house, Chicago)는 프랭크로이드라이트의 작품이다.

㉣ 제공하는 공간과 제공받는 공간(Servant space & Served space)의 개념은 루이스 칸이 제시한 개념이다.

칸은 이러한 솔리드한 벽체의 개념을 탈피하여 육중한 벽체가 내외부 벽체로 분리되어 봉사받는 공간(served space)에 대한 봉사하는 공간(servant space)으로서의 벽체에 대한 새로운 개념을 창출하였다.

벽체의 분리에 의해 생겨난 기둥, 그것에 대해 칸은 다음과 같이 언급하고 있다. "기둥이 사용될 때는 항상 공간을 창조한다는 것으로 고려되어야 한다. 그러나 너무 자주, 기둥은 벽기둥이나 지지물로서만 나타난다." 또한 "기둥이란 공간을 만드는데 중요하다. 왜냐하면 기둥은 공간 그 자체를 위한 것이어야 하기 때문이다." 이와 같이 칸은 기둥을 단지 지지 기능만을 가진 단순한 요소로서가 아니라 공간을 창조하는 생명력을 지닌 요소로서 그 의미를 확대하여 중공주(hollow)에 의한 공간 구성을 표현하고 있다.

위에서 언급한 벽체의 기둥은 내부공간의 분절을 명확히 해주는 요소로서 작용한다. 즉 육중한 벽체가 내외부 벽체로 분리되면서 내부공간의 명확한 분절요소로서 작용하며, 확대된 기둥은 주로 봉사하는 공간(servant space)의 기능으로서 봉사받는 공간(served space)과 구별되는 성격을 갖게 되어 또한 공간의 분절을 표현한다.

2 다음 환기와 관련된 조건에서 ㈎에 들어갈 값은?

> • 실크기 : 깊이 4m, 폭 ☐ ㈎ m, 높이 3m
> • 1인당 필요환기량 : 10m³/h
> • 설정환기횟수 : 5회/h
> • 정원 : 30명

① 2   ② 3

③ 4   ④ 5

3 건축법령 및 국토의 계획 및 이용에 관한 법령상 건축물의 입지나 건축물의 형태를 결정할 때의 법적 제한에 대한 설명으로 옳은 것은?

① 제1종 전용주거지역은 저층주택을 중심으로 편리한 주거환경을 조성하기 위해 지정된 지역이다.

② 방화지구는 도시의 화재 및 기타 재해 위험을 예방하기 위해서 필요한 때 지정하는 것으로, 방화지구 내 건축물은 주요 구조부에 한해 내화구조를 적용해야 한다.

③ 건폐율은 대지면적에 대한 건축면적의 비율로, 대지에 건축물이 둘 이상 있는 경우의 건축면적은 개별 건축물의 건축면적 합계로 산정한다.

④ 일반주거지역 내 건축하는 모든 건축물은 일조 등의 확보를 위해 정북방향의 인접 대지경계선으로부터 해당 건축물 각 부분 높이의 2분의 1 이상 거리를 띄어 건축하여야 한다.

ANSWER 2.④ 3.③

2 총 30인이므로 총 필요환기량은 300m³/h
  1시간에 5회 환기를 하므로 1회마다 60m³/h의 환기량이 요구됨
  따라서 실의 용적은 60m³이 되어야 하므로 폭은 5m가 됨

3 ① 제1종 전용주거지역은 저층주택을 중심으로 양호한 주거환경을 조성하기 위해 지정된 지역이다.
  ② 방화지구는 도시의 화재 및 기타 재해 위험을 예방하기 위해서 필요한 때 지정하는 것으로, 방화지구 내 건축물은 주요 구조부 뿐만 아니라 외벽도 필히 내화구조를 적용해야 한다.
  ④ 일반주거지역 내 건축하는 건축물은 일조 등의 확보를 위해 정북방향의 인접 대지경계선으로부터 다음의 거리만큼 띄어 건축해야 한다.
  – 높이 9m이하인 부분 : 인접 대지경계선으로부터 1.5m이상
  – 높이 9m초과한 부분 : 인접 대지경계선으로부터 해당 건축물 각 부분 높이의 1/2이상

4 사무소 건축의 코어(core) 계획으로 옳지 않은 것은?

① 양단코어는 기준층 바닥면적이 작은 경우에 유리하다.

② 피난용 특별계단 상호간의 거리는 법정한도 내에서 가급적 멀리 둔다.

③ 코어 내의 각 공간이 각 층마다 공통의 위치에 있도록 한다.

④ 계단, 엘리베이터 및 화장실은 가능한 한 근접시켜 배치한다.

5 학교 건축계획에 대한 설명으로 옳지 않은 것은?

① 학교의 입지는 통학구역, 일조, 통풍, 조망, 소음, 방재 등을 고려하여 선택한다.

② 교육적 측면 및 생활적 측면에서의 기능뿐 아니라 지역사회의 요구를 고려하여 계획한다.

③ 중복도형으로 교실을 배치하면 복도면적을 줄일 수 있고 각 교실의 실내 환경이 균질해진다.

④ 교실의 배치유형 중 엘보우 액세스형(elbow access type)은 일조 및 통풍이 양호하다.

6 「건축물의 에너지절약설계기준」상 설계기준으로서 기계부문의 권장사항에 해당하는 것은?

① 틈새바람에 의한 열손실을 방지하기 위하여 외기에 직접 또는 간접으로 면하는 거실 부위에는 기밀성 창 및 문을 사용한다.

② 난방기기, 냉방기기, 급탕기기는 고효율제품 또는 이와 동등 이상의 효율을 가진 제품을 설치한다.

③ 기기배관 및 덕트는 국토교통부에서 정하는 「국가건설기준 기계설비공사 표준시방서」의 보온두께 이상 또는 그 이상의 열저항을 갖도록 단열조치를 하여야 한다.

④ 팬코일유닛이 설치되는 경우에는 전원의 방위별, 실의 용도별 통합제어가 가능하도록 한다.

ANSWER   4.① 5.③ 6.②

4 양단코어는 기준층 바닥면적이 큰 경우에 유리하다.

5 중복도형으로 교실을 배치하면 복도의 면적이 넓어져야 하며 각 교실의 실내 환경이 불 균질해지기 쉽다.

6 ① 틈새바람에 의한 열손실을 방지하기 위하여 외기에 직접 또는 간접으로 면하는 거실 부위에는 기밀성 창 및 문을 사용한다. → 건축부문의 권장사항

③ 기기배관 및 덕트는 국토교통부에서 정하는 「국가건설기준 기계설비공사 표준시방서」의 보온두께 이상 또는 그 이상의 열저항을 갖도록 단열조치를 하여야 한다. → 기계부문 의무사항

④ 팬코일유닛이 설치되는 경우에는 전원의 방위별, 실의 용도별 통합제어가 가능하도록 한다. → 전기부문 권장사항

7 공동주택 단지의 배치계획 시 도로의 기능별 구분에 따라 위계를 높은 것부터 순서대로 바르게 나열한 것은?

(가) 주간선도로	(나) 국지도로
(다) 집산도로	(라) 보조간선도로

① (가), (나), (다), (라)

② (가), (나), (라), (다)

③ (가), (라), (나), (다)

④ (가), (라), (다), (나)

8 주심포형식과 다포형식에 대한 설명으로 옳지 않은 것은?

① 다포형식은 주로 궁이나 사찰의 주요 전각과 같이 중요도가 높은 건축물에 사용되었다.

② 다포형식에서는 대부분 천장을 가설하지 않아 서까래가 노출되어 보이도록 하고, 주심포형식에서는 서까래 말구가 노출되는 것을 막기 위해 우물천장을 가설하는 경우가 많다.

③ 다포형식은 포작을 받치는 평방이 있고, 주심포형식은 기둥 사이에 포작이 없어 평방이 없다.

④ 고려시대의 건축물로 다포형식에는 연탄의 심원사 보광전, 주심포형식에는 강릉의 객사문 등이 있다.

---

7 주간선도로-보조간선도로-집산도로-국지도로
- **집산도로** : 다른 도로로부터 모이는 교통을 처리하는 기능을 가진 도로
- **국지도로** : 이면도로 혹은 지구내 도로라고도 하며, 도로를 기능적으로 분류할 때 속도가 낮고 교통량이 적으며 이동거리가 짧은 하위도로를 말한다.

8 주심포 형식에 비해서 지붕하중을 등분포로 전달할 수 있는 합리적인 구조법으로 작은 부재를 반복해 사용하는 표준화와 규격화를 추구한 건축양식이며 간포(기둥사이에 놓인 포)를 받치기 위해 창방 외에 평방이라는 부재가 추가되었으며 주로 팔작지붕이 많다. 따라서 내부에서 측면 서까래 말구가 노출되어 보이므로 이를 가리기 위해 우물천장을 가설하는 경우가 많으며 주심포에 비해 부재 자체의 세공은 덜하지만 첨차가 중첩해 만들어진 공포가 반복되어 놓인 모습이 건물의 수직성을 강조함과 동시에 화려한 장식미를 준다. 하앙이라는 부재를 사용하여 하앙식이라고 하는데 도리 바로 밑에 있는 살미부재가 서까래와 같은 경사를 가지고 처마돌이와 중도리를 지렛대 형식으로 받고 있는 공포를 말하며 하앙식 공포는 한국에 현존하는 건물 중에서는 화암사 극락전이 유일하기 때문에 다포형식에서만 볼 수 있으나 중국과 일본에서는 주심포 형식에서도 흔하게 볼 수 있다.

9 주차장법령상 주차장에 대한 설명으로 옳은 것은?

① 기계식주차장의 사용검사 유효기간은 3년, 정기검사 유효기간은 2년이다.

② 노외주차장의 출입구 너비는 3m 이상으로 하여야 한다.

③ 위락시설 부설주차장의 경우 시설면적 150m²당 1대로 한다.

④ 너비 10m 미만, 종단경사도가 3%를 초과하는 도로에는 노상주차장을 설치할 수 없다.

---

9 ② 노외주차장의 출입구 너비는 3.5m 이상으로 하여야 한다.

③ 위락시설 부설주차장의 경우 시설면적 150m²당 1대로 한다.

④ 너비 6m 미만, 종단경사도가 4%를 초과하는 도로에는 노상주차장을 설치할 수 없다.

※ **노상주차장의 구조·설비기준〈주차장법 시행규칙 제4조〉**

    ㉠ 노상주차장을 설치하려는 지역에서의 주차수요와 노외주차장 또는 그 밖에 자동차의 주차에 사용되는 시설 또는 장소와의 연관성을 고려하여 유기적으로 대응할 수 있도록 적정하게 분포되어야 한다.

    ㉡ 주간선도로에 설치하여서는 아니 된다. 다만, 분리대나 그 밖에 도로의 부분으로서 도로교통에 크게 지장을 주지 아니하는 부분에 대해서는 그러하지 아니하다.

    ㉢ 너비 6미터 미만의 도로에 설치하여서는 아니 된다. 다만, 보행자의 통행이나 연도(沿道)의 이용에 지장이 없는 경우로서 해당 지방자치단체의 조례로 따로 정하는 경우에는 그러하지 아니하다.

    ㉣ 종단경사도(자동차 진행방향의 기울기를 말한다. 이하 같다)가 4퍼센트를 초과하는 도로에 설치하여서는 아니 된다. 다만, 다음 각 목의 경우에는 그러하지 아니하다.

    • 종단경사도가 6퍼센트 이하인 도로로서 보도와 차도가 구별되어 있고, 그 차도의 너비가 13미터 이상인 도로에 설치하는 경우

    • 종단경사도가 6퍼센트 이하인 도로로서 해당 시장·군수 또는 구청장이 안전에 지장이 없다고 인정하는 도로에 제6조의2 제1항 제1호에 해당하는 노상주차장을 설치하는 경우

    ㉤ 고속도로, 자동차전용도로 또는 고가도로에 설치하여서는 아니 된다.

    ㉥ 「도로교통법」 제32조 각 호의 어느 하나에 해당하는 도로의 부분 및 같은 법 제33조 각 호의 어느 하나에 해당하는 도로의 부분에 설치하여서는 아니 된다.

    ㉦ 도로의 너비 또는 교통 상황 등을 고려하여 그 도로를 이용하는 자동차의 통행에 지장이 없도록 설치하여야 한다.

    ㉧ 노상주차장에는 다음 각 목의 구분에 따라 장애인 전용주차구획을 설치하여야 한다.

    • 주차대수 규모가 20대 이상 50대 미만인 경우 : 한 면 이상

    • 주차대수 규모가 50대 이상인 경우 : 주차대수의 2퍼센트부터 4퍼센트까지의 범위에서 장애인의 주차수요를 고려하여 해당 지방자치단체의 조례로 정하는 비율 이상

10 단위가 바르게 짝 지어진 것만을 모두 고르면?

> ㉠ 열전도율 – kcal/mhK   ㉡ 비열 – kcal/kgK
>
> ㉢ 열관류율 – W/m²K   ㉣ 열용량 – W/mK

① ㉠, ㉢
② ㉠, ㉣
③ ㉠, ㉡, ㉢
④ ㉡, ㉢, ㉣

11 감염병 치료를 위한 음압격리병실의 설계 방법에 대한 설명으로 옳지 않은 것은?

① 1인 기준 병실의 면적은 순면적 15m² 이상 확보한다.
② 실내공기 중 오염물질의 신속한 배출을 위해 창문을 상시 개폐할 수 있도록 한다.
③ 병실전실, 내부복도 등 인접구역보다 2.5Pa 이상 낮은 음압을 유지한다.
④ 상호 인접한 실의 양쪽 출입문은 동시에 열리지 않는 구조로 하되, 비상시 인터락 해제가 가능하도록 한다.

12 전시시설의 건축계획에 대한 설명으로 옳지 않은 것은?

① 동선체계는 크게 관람자 동선, 직원 동선, 전시품 및 자료의 동선으로 이루어진다.
② 관람 시 발생하는 관람자의 피로도를 완화하기 위해 휴식시설을 계획한다.
③ 아일랜드 전시는 전시내용을 통일된 형식 속에서 규칙적으로 반복하는 전시방법을 말한다.
④ 전시품의 관람 거리를 고려하여 전시실의 폭을 계획한다.

Aɴsᴡᴇʀ 10.③ 11.② 12.③

10 W/mK는 열전도율의 단위이다. 열용량의 단위는 kcal/°C, J/K이다.

11 음압격리구역 내 모든 창문은 기밀성을 확보하여야 하며, 비상시에만 열리도록 한다.

12 전시내용을 통일된 형식 속에서 규칙적으로 반복하는 전시방법은 하모니카 전시이다. 아일랜드 전시는 전시물이 벽면이나 천장을 직접이용하지 않고 주로 입체전시물을 중심으로 하여 공간적인 전시공간을 만들어 내는 기법이다.

13 신축건축물의 경사로 설계 내용 중 「장애인 · 노인 · 임산부 등의 편의증진 보장에 관한 법률 시행규칙」을 잘못 적용한 것은?

① 건축물의 경사로 유효폭을 1.5m로 계획했다.

② 직선이 아닌 경사로의 시작과 끝, 굴절부분 및 참에 1.2m × 1.2m의 활동공간을 확보했다.

③ 바닥면으로부터 높이 0.7m마다 휴식을 위한 참을 마련했다.

④ 건축물의 경사로 기울기를 15분의 1로 설계했다.

14 색(color)에 대한 설명으로 옳은 것은?

① 건축물 색채 계획에서 주조색, 강조색, 보조색을 사용하였다면, 가장 작은 면적을 차지하는 색상은 보조색이다.

② 오스트발트의 색상 표시법 상 '17gc'의 경우 17은 색상, g는 흰색량(22%), c는 검은색량(44%)이며, 순색량은 34%이다.

③ 먼셀의 색채표시법에 의하면 5R 3/8의 경우 색상은 5R, 채도는 3, 명도는 8이다.

④ 보색이란 색상환에서 가장 먼 거리에 있는 색으로, 이 두 색을 혼합하면 유채색이 된다.

ANSWER 13.② 14.②

13 경사로의 시작과 끝, 굴절부분 및 참에는 1.5미터×1.5미터 이상의 활동공간을 확보하여야 한다.

14 오스트발트는 모든 빛깔은 순색 함유량(F), 백색 함유량(W) 및 흑색 함유량(B)의 혼색에 의하여 표시될 수 있다고 하고 색삼각좌표(色三角座標)를 고안하였다. F, W, B는 제각기 3원색의 위치이고 따라서 3각좌표상의 빛깔은 FWB의 혼색비로 표시된다.

※ 오스트발트표색계의 표기

기호	a	c	e	g	i	l	n	p
백색량	89	56	35	22	14	8.9	5.6	3.5
흑색량	11	44	65	78	86	91.1	94.4	96.5

• 모든색은 (C+W+B=100%)이다.

• 백색량과 흑색량을 알면 순색량을 알 수 있으므로 순색량은 생략하여 표기한다.

• 색분량은 a, c, e, g, I, l, n, p의 알파벳 소문자 기호로 나누고 색상번호, 백색량, 흑색량 순서로 표기한다.

• 11nc인 경우는 색상이 2p(purple), 백색량 n(5.6), 흑색량 c(44)이다.

• 무채색의 표기는 백색량 기호와 흑색량 기호가 같으므로 aa, cc등으로 표기한다.

15 건축물의 급탕 방식에 대한 설명으로 옳지 않은 것은?

① 저탕형 탕비기는 중앙식 급탕 방식에 해당한다.

② 저탕조에 증기를 직접 불어넣어 가열하는 방식은 기수 혼합법이다.

③ 개별식 급탕 방식은 배관이 짧아서 열손실이 적다.

④ 간접 가열식 급탕 방식은 급탕 개소가 많고 다량의 급탕량을 필요로 하는 대규모 건축물에 주로 이용한다.

ANSWER　15.①

15 저탕형 탕비기는 개별식 급탕법에 해당된다.

※ **개별식 급탕법**(Local Hot Water Supply)

• 주택, 작은 사무실 등 소규모 건축물에 적합

• 개별식 급탕법의 장점

　– 용도에 따라 필요한 개소에서 필요한 온도의 탕을 비교적 간단하게 얻을 수 있다.

　– 건물 완공 후에도 급탕 개소의 증설이 비교적 쉽다.

　– 급탕개소마다 가열기의 설치 스페이스가 필요하다.

　– 배관길이가 짧고, 열손실이 적다.

　– 급탕개소가 적을 경우 시설비가 싸게 든다.

• 종류

　1) 즉시 탕비기 : 가스, 전기를 열원으로 하며 적은 양의 온수를 필요로 하는 곳에 적합

　2) 저탕형 탕비기 : 일정량의 열탕이 항상 저탕되어 사용

　　학교, 공장, 기숙사 등 특정한 시간에 다량의 온수를 필요로 하는 장소에 적합하다.

　3) 기수혼합식 탕비기 : 저탕조에 증기를 직접 불어넣어 가열하는 방식이다.

※ **중앙식 급탕 방식**(Central Hot Water Supply)

• 지하실 등 일정한 장소에 탕비 장치를 설비하고 배관에 의해 각 사용 개소에 급탕하는 방식

• 열원 : 석탄, 중유, 증기 등

• 호텔, 병원, 사무실 건물 등 대규모 건물에 채택

• 직접 가열식

• 온수 보일러 : 주철제, 강판제 보일러 사용

• 배관방법

　– 단관식 : 설비비가 절약, 소규모 급탕설비

　– 복관식(자연순환식 : 온도차에 의해 순환, 강제순환식 : 순환펌프로 순환, 대규모 급탕설비)

　　• 열효율 : 경제적

　　• 고층 건물에는 강판제 보일러 사용

　　• 대규모 급탕설비에는 부적합

　　• 보일러 본체에 불균등한 신축 발생, 경도 높은 수질은 스케일이 발생→전열 효율 저하, 보일러 수명단축

15 ※ 간접 가열식 급탕 방식
- 가열코일을 통하여 저탕조내의 물을 간접적으로 가열하는 방식
- 탱크 히터, 스포리지 탱크라고도 함
- 자동온도조절기, 서모스탯, 증기트랩
  증기트랩의 역할 : 응축수만을 보일러에 환수, 가열코일의 출구에 설치
- 장점
  - 난방, 주방용 증기 사용시 별도의 급탕용 보일러가 필요 없음.
  - 고압보일러를 쓸 필요 없음
  - 보일러에 스케일이 안 낌. 대규모 급탕설비에 적합
- ※ 가열 장치의 종류

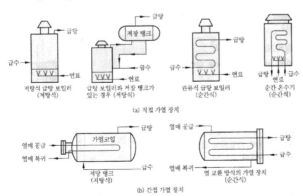

(a) 직접 가열 장치

(b) 간접 가열 장치

16 한국 근·현대 건축가와 작품을 연결한 것 중 바르지 않은 것은?

① 김수근 – 잠실종합운동장 주경기장

② 김정수 – 국회의사당

③ 김중업 – 주한 프랑스대사관

④ 김태수 – 환기미술관

17 「국토의 계획 및 이용에 관한 법률 시행령」상 보호지구에 속하지 않는 것은?

① 자연환경보호지구

② 역사문화환경보호지구

③ 중요시설물보호지구

④ 생태계보호지구

16 환기미술관은 건축가 우규승의 작품으로 서울특별시 종로구 부암동에 위치한 미술관으로 화가 김환기 사망 후 환기재단 법인에 의해 김환기의 예술 세계를 정리, 소개하고자 1992년 설립되었다.

17 보호지구는 역사문화한경보호지구, 자연환경보호지구, 생태계보호지구가 있다.

18 건축법령상 건축물 대수선에 해당하는 것을 모두 고르면?

ⓐ 내력벽 면적 $30m^2$ 이상의 수선
ⓑ 기둥의 증설
ⓒ 보 두 개의 변경
ⓓ 주계단·피난계단의 해체

---

① ㉠, ㉡

② ㉢, ㉣

③ ㉠, ㉡, ㉢

④ ㉠, ㉡, ㉣

18 보를 증설 해체하거나 3개 이상 수선 또는 변경하는 경우 대수선으로 본다.

※ 대수선에 해당되는 경우
- 내력벽을 증설 또는 해체하거나 그 벽면적을 $30m^2$ 이상 수선 또는 변경하는 것
- 기둥을 증설 또는 해체하거나 3개 이상 수선 또는 변경하는 것
- 보를 증설 또는 해체하거나 3개 이상 수선 또는 변경하는 것
- 지붕틀을 증설 또는 해체하거나 3개 이상 수선 또는 변경하는 것
- 방화벽 또는 방화구획을 위한 바닥 또는 벽을 증설 또는 해체하거나 수선 또는 변경하는 것
- 주계단·피난계단 또는 특별피난계단을 증설 또는 해체하거나 수선 또는 변경하는 것
- 미관지구에서 건축물의 외부형태(담장을 포함)를 변경하는 것
- 다가구주택의 가구 간 경계벽 또는 다세대주택의 세대 간 경계벽을 증설 또는 해체하거나 수선 또는 변경하는 것

19 요양병원 설계 시 반영해야 하는 사항으로 옳지 않은 것은?

① 욕조의 높이는 바닥면으로부터 0.45m 초과 0.55m 이하로 한다.

② 휠체어리프트 설치 시 1.4m × 1.4m 이상의 승강장을 갖추어야 한다.

③ 당해 층 거실의 바닥면적 합계가 300m²인 요양병원의 중복도 유효폭은 1.8m 이상으로 한다.

④ 병원용 엘리베이터는 평상시에 승객용 엘리베이터로 사용할 수 있도록 한다.

20 케빈 린치(Kevin Lynch)의 도시 이미지 구성요소에 대한 설명으로 옳지 않은 것은?

① 랜드마크(landmarks)는 밖에 있는 관찰자의 눈에 잘 띄어 기억하기 쉬운 물리적 특징을 지니고 있다.

② 경계(edges)는 관찰자가 길로 고려하지 않는 두 지역 사이의 선형 요소로 해안선, 긴 벽 등을 예로 들 수 있다.

③ 지구(districts)는 관찰자가 심리적으로 느낄 수 있는 공통적 특징을 갖는 구역을 일컫는다.

④ 가로(paths)는 관찰자가 진입할 수 있는 하나의 결절점으로 교차로, 광장 등이 해당된다.

ANSWER 19.① 20.④

19 욕조의 높이는 바닥면으로부터 0.40m 초과 0.45m 이하로 한다.

20 도시의 이미지는 그 도시의 정체성 형성에 큰 영향을 미치기 때문에 아주 중요하다. 케빈 린치는 '도시의 상(The image of the city)'에서 도시 이미지 구성요소 5가지를 통로, 구역, 가장자리, 랜드마크, 결절부로 설명한다. 통로는 일상적으로 혹은 우연히 지나가는 길이다. 구역은 2차원적 넓이를 가지는 면적이다. 가장자리는 지역과 지역을 구분할 수 있는 선형 요소로 강, 철로, 해안 등이다. 랜드마크는 지역 및 주변에서 가장 시각적 · 상징적으로 두드러지는 것으로 탑, 오벨리스크, 기념물 등이다. 결절부는 통로 간의 교차점으로 교차로, 광장 등이 해당된다. 이 요소들은 독립적으로 작동하기보다는 상호작용하면서 이미지를 만든다.

▶ ▷ ▶ 건축 관련 법규

주요 법규	건축법	**규칙, 규정**	건축물의 구조기준 등에 관한 규칙
	국토의 계획 및 이용에 관한 법률		건축물의 설비기준 등에 관한 규칙
	주차장법		건축물의 피난·방화구조 등의 기준에 관한 규칙
	주택법		고효율 에너지기자재 보급촉진에 관한 규정
	장애인·노인·임산부 등의 편의증진보장에 관한 법률		녹색건축 인증에 관한 규칙
	건설산업기본법		장애물 없는 생활환경 인증에 관한 규칙
	도시 및 주거환경정비법		주택건설기준 등에 관한 규정
	수도권정비계획법	**고시, 기준**	지능형건축물의 인증에 관한 규칙
	도시교통정비 촉진법		건강친화형 주택 건설기준
	교통약자의 이동편의 증진법		건축관련 통합기준
	화재예방, 소방시설 설치·유지 및 안전관리에 관한 법률		건축물 마감재료의 난연성능 및 화재 확산 방지구조 기준
주요 법규 관련법	건축물의 분양에 관한 법률		건축물 에너지효율등급 인증 및 제로에너지건축물 인 증 기준
	건축사법		건축물의 냉방설비에 대한 설치 및 설계기준
	경관법		건축물의 에너지절약설계기준
	공중화장실 등에 관한 법률		고층건축물의 화재안전기준
	공항시설법		공동주택 결로 방지를 위한 설계기준
	녹색건축물 조성 지원법		공동주택 등을 띄어 건설하여야 하는 공장업종 고시
	도시공원 및 녹지 등에 관한 법률		공동주택 바닥충격음 차단구조 인정 및 관리기준
	문화예술진흥법		내화구조의 인정 및 관리기준
	산업집적활성화 및 공장설립에 관한 법률		녹색건축 인증기준
	산지관리법		다중생활시설 건축기준
	실내공기질 관리법		발코니 등의 구조변경절차 및 설치기준
	영유아보육법		범죄예방 건축기준 고시
	의료법		벽체의 차음구조 인정 및 관리기준
	자연재해대책법		실내건축의 구조·시공방법 등에 관한 기준
	자연환경보전법		에너지절약형 친환경주택의 건설기준
	체육시설의 설치·이용에 관한 법률		오피스텔 건축기준
	택지개발촉진법		자동방화셔터 및 방화문의 기준
	하수도법		장수명 주택 건설·인증기준
	학교보건법		조경기준
	학교시설사업 촉진법		주택의 설계도서 작성기준
	학교안전사고 예방 및 보상에 관한 법률		지능형 건축물 인증기준
	환경영향평가법		
특별 법규	다중이용업소의 안전관리에 관한 특별법		
	도시재정비 촉진을 위한 특별법		

02

건축구조학

2017. 6. 24. 제2회 서울특별시 시행

2017. 8. 26. 인사혁신처 시행

2017. 10. 21. 생활안전분야 시행

2018. 3. 24. 제1회 서울특별시 시행

2018. 6. 23. 제2회 서울특별시 시행

2018. 8. 18. 인사혁신처 시행

2019. 2. 23. 제1회 서울특별시 시행

2019. 8. 17. 인사혁신처 시행

2019. 10. 12. 제3회 서울특별시 시행

2020. 9. 26. 인사혁신처 시행

2020. 10. 17. 제3회 서울특별시 시행

2021. 9. 11. 인사혁신처 시행

2021. 10. 16. 제2회 지방직 시행

2022. 10. 29. 제1회 지방직 시행

2023. 10. 28. 제1회 지방직 시행

1 지붕의 적설하중에 대한 설명으로 가장 옳은 것은?

① 지상적설하중이 $1.0kN/m^2$보다 작은 지역에서는 눈의 퇴적량에 의한 추가하중을 고려하지 않아도 무방하다.

② 다른 조건이 동일한 경우 바람의 영향이 거의 없는 숲 지역 평지붕에서의 적설하중이 바람막이가 없는 거센 바람이 부는 지역의 적설하중보다 작다.

③ 수직최심적설깊이가 0.5m인 경우보다 1.0m인 경우에 눈의 평균단위중량을 큰 값으로 적용한다.

④ 적설제거작업 등으로 인하여 내민보 형태에서 내민부분 적설하중의 반을 제거하면 지지부재의 응력을 항상 감소시킨다.

2 「건축구조기준(KBC2016)」의 하중에 대한 설명으로 가장 옳지 않은 것은?

① 일반사무실의 기본등분포 활하중은 $2.0kN/m^2$로 한다.

② 최소 지상적설하중은 $0.5kN/m^2$로 한다.

③ 지진구역 I 에서의 지진구역계수는 0.22g으로 한다.

④ 주골조설계용 설계풍압은 $500N/m^2$보다 작아서는 안 된다.

ANSWER 1.③ 2.①

1 ① 지상적설하중이 $0.5kN/m^2$보다 작은 지역에서는 눈의 퇴적량에 의한 추가하중을 고려하지 않아도 무방하다.
　② 다른 조건이 동일한 경우 바람의 영향이 거의 없는 숲 지역 평지붕에서의 적설하중이 바람막이가 없는 거센 바람이 부는 지역의 적설하중보다 크다. (바람이 강할수록 눈이 지붕위에 쌓이기가 어려워지기 때문이다.)
　④ 부분재하현상(적설하중을 지지하는 지붕구조의 어느 부분에서나 균형하중의 반을 제거했을 때 발생할 수 있는 불리한 효과)가 존재한다.

2 일반사무실의 기본등분포 활하중은 $2.5kN/m^2$로 한다.

3 용접철망에 대한 설명으로 가장 옳지 않은 것은?

① 가공조립의 인력이 저감되고 고도의 기술을 필요로 하지 않는다.

② 치수가 정확하고 배근이 용이하다.

③ 절단 등에 의한 손실이 크다.

④ 연신율이 커서 가공이 용이하다.

4 그림과 같이 H-형강과 브라켓의 이음부를 양면 필렛용접으로 할 때, 용접길이가 400mm, 모살치수가 10mm인 경우 유효용접면적(A_w)은?

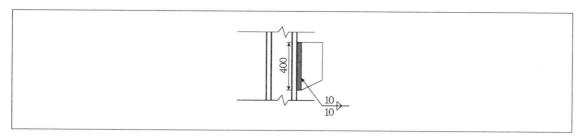

① 2,660mm^2

② 2,702mm^2

③ 5,320mm^2

④ 5,404mm^2

ANSWER 3.④ 4.③

3 용접철망(와이어메쉬, Wiremesh)
ⓐ 냉간압연 또는 신선된 고강도 철선을 사용하여 세로선과 가로선을 직각으로 배열하여, 교차점을 전기저항용접으로 접합한 격자형의 시트이다.
ⓑ 일반적으로 원형단면용접철망과 이형단면용접철망으로 분류된다.
ⓒ 이형단면용접철망은 나선형의 문양이 표면에 새겨져 있어 표면적이 넓어 콘크리트와의 부착력이 우수하다.
※ 용접철망의 일반적 특성
ⓐ 가공조립의 인력이 저감되고 고도의 기술을 필요로 하지 않는다.
ⓑ 치수가 정확하고 배근이 용이하다.
ⓒ 일반적으로 높은 항복강도를 갖는다.
ⓓ 구부림이나 절단 등에 의한 손실이 크다.
ⓔ 망눈치수에 제한이 있다.
ⓕ 열과 충격에 의한 변형이 크므로 가공시 주의를 요한다.
ⓖ 재료의 연신율이 일반적인 철근의 연신율(16%)에 비해 매우 낮은 3~8%정도이다.
ⓗ 철선을 가늘게 하면 할수록 가공경화에 의한 취성파괴의 우려가 커진다.

4 $A_w = \sum a \cdot L_e = 0.7S \cdot (L - 2S) = [0.7(10) \cdot (400 - 2 \cdot 10)] \cdot 2 = 5,320[\text{mm}^2]$
(양면용접이므로 2를 곱해야 한다.)

5 건축물 내풍설계 시 풍동실험에 대한 설명으로 가장 옳은 것은?

① 일반적으로 풍동 내의 압력분포는 일정하게 하여야 한다.

② 단면 폐쇄율이 클수록 풍동실험이 설계건물의 실제 상황을 잘 고려할 수 있다.

③ 외장재의 풍하중 평가를 위하여 풍력실험을 한다.

④ 공력진동실험은 일반적으로 비탄성모형을 사용한다.

6 「건축구조기준(KBC2016)」에 따른 철근콘크리트 구조부재의 비틀림 설계에 대한 설명으로 가장 옳지 않은 것은?

① 비틀림에 대한 설계는 속이 찬 부재의 입체트러스모델을 근거로 하고 있다.

② 일정한 조건을 만족하면 비틀림을 고려하지 않아도 된다.

③ 비틀림에 의한 전단응력과 순수전단응력의 평균값은 순수 전단응력의 허용최대응력 값을 초과하지 않아야 한다.

④ 비틀림철근은 계산상으로 필요한 위치에서 일정 값 이상의 거리까지 연장시켜 배치한다.

ANSWER 5.① 6.①

5 ② 단면 폐쇄율이 클수록 풍동실험이 설계건물의 실제 상황을 고려하기가 어렵다.

③ 외장재의 풍하중 평가를 위하여 풍압실험을 한다.

④ 공력진동실험은 일반적으로 탄성모형을 사용한다.

※ **풍동실험** … 주골조설계용 수평풍하중, 주골조설계용 지붕풍하중, 외장재 설계용 풍하중, 건축물 부속물 및 기타구조물의 풍하중, 간편법에 따른 풍하중 산정법들을 대신하여 건축구조물에 대한 풍하중 및 풍응답을 평가할 때 사용한다. 풍동실험은 풍압실험과 풍력실험으로 분류된다.

㉠ 풍압실험은 모형에 작용하는 풍압력을 풍압계에 의하여 측정하는 실험으로서 건축물의 외장재용 풍하중을 평가하는 것이 목적이다.

㉡ 풍력실험은 건축물 또는 부재 등의 전체에 작용하는 풍하중을 평가하기 위하여 행해지며, 설계대상 건축물의 구조골조용 설계자료인 건축물 주축에 대한 풍력, 전도모멘트 및 수직축에 대한 비틀림모멘트를 구하는 것이 주목적이다.

※ 공력진동실험

㉠ 구조물의 진동특성을 모형화한 탄성모형을 이용하여 바람에 의한 구조물의 진동을 재현하는 실험으로 주로 동적 풍응답 평가를 목적으로 실시된다.

㉡ 주로 연돌과 같이 세장하고 경량인 고층구조물 혹은 탑상구조물 등을 대상으로 풍응답을 직접적으로 측정하기 위한 실험으로 풍압이나 풍력실험과 달리 모형이 진동함에 따라 발생하는 부가적인 공기력도 외력으로서 작용한 상태에서 풍응답을 측정하는 것이 가능하다.

6 비틀림에 대한 설계는 속이 빈 부재인 박벽관의 입체트러스모델을 근거로 한다.

7 축하중과 2축 휨모멘트를 받는 단주의 설계방법으로 가장 옳지 않은 것은?

① 브레슬러의 상반하중법
② 확대모멘트법
③ 엄밀해석법
④ PCA등하중선법

8 조적식구조의 모르타르와 그라우트에 대한 설명으로 가장 옳은 것은?

① 벽체용 줄눈 모르타르의 용적배합비(세골재/결합재)는 바닥용 붙임 모르타르의 용적배합비보다 작게 사용한다.
② 모르타르의 결합재는 주로 시멘트를 사용하며, 보수성 향상을 위하여 석회를 약간 혼합할 때도 있다.
③ 치장용 모르타르의 용적배합비(세골재/결합재)는 사춤용 모르타르의 용적배합비보다 크게 사용한다.
④ 동결방지용액이나 염화물 등의 성분은 일반적으로 모르타르에 사용할 수 있다.

ANSWER 7.② 8.②

7 확대모멘트법(모멘트확대법)은 2축 휨모멘트를 받는 단주의 설계방법에 속하지 않으며 축하중과 모멘트하중을 동시에 받는 기둥의 해석에 적용된다.

8

모르타르의 종류		용적배합비(세골재/결합재)
줄눈모르타르	벽체용	2.5~3.0
	바닥용	3.0~3.5
붙임모르타르	벽체용	1.5~2.5
	바닥용	0.5~1.5
깔 모르타르	바탕 모르타르	2.5~3.0
	바닥용 모르타르	3.0~6.0
안채움(사춤) 모르타르		2.5~3.0
치장줄눈용 모르타르		0.5~1.5

① 벽체용 줄눈 모르타르의 용적배합비(세골재/결합재)는 바닥용 붙임 모르타르의 용적배합비보다 크게 사용한다.
③ 치장용 모르타르의 용적배합비(세골재/결합재)는 사춤용 모르타르의 용적배합비보다 작게 사용한다.
④ 동결방지용액이나 염화물 등의 성분은 일반적으로 모르타르에 사용할 수 없다.

9 콘크리트 재료에 관한 설명으로 가장 옳은 것은?

① 일반적으로 물-시멘트비와 시멘트량이 감소할수록 크리프가 감소한다.

② 일반적으로 건조수축은 하중이 증가할 때, 콘크리트의 부피가 줄어드는 현상이다.

③ 압축강도용 공시체는 $\phi150\times300mm$를 기준으로 하며, 200mm 입방체 공시체의 경우에는 1.0보다 큰 보정계수를 사용하여 압축강도를 산정한다.

④ 5mm 체에 중량비율로 50% 이상 통과하는 골재를 잔골재라 한다.

10 「KDS(국가건설기준코드)」에서는 구조재료의 품질확보, 제작물의 성능검증, 시공과 유지관리 등에 관련된 검사를 하기 위한 규정을 두고 있다. 다음 중 구조검사에 대한 설명으로 가장 옳지 않은 것은?

① 중요도 (특) 또는 (1)에 해당하는 건축물은 내진구조검사 대상이다.

② 특별검사는 부품이나 연결 부위의 제작·가설·설치 시 적절성을 확보하기 위하여 책임구조기술자의 확인이 필요한 검사를 말한다.

③ 특별검사 중 용접부 검사는 '강구조 용접부 비파괴검사 기준'을 따른다.

④ 내풍구조검사는 기본풍속 35m/sec를 초과하는 지역에 위치한 건축물 중 높이가 20m 이상인 경우와 구조설계자가 요청한 경우에 한다.

11 건축물에 적용하는 기본 등분포활하중의 크기 순서에 대한 설명으로 가장 옳은 것은?

① 학교교실 < 옥외광장 < 도서관 서고 < 기계실

② 학교교실 < 기계실 < 도서관 서고 < 옥외광장

③ 학교교실 < 도서관 서고 < 기계실 < 옥외광장

④ 옥외광장 < 학교교실 < 기계실 < 도서관 서고

ANSWER 9.① 10.④ 11.②

9 ② 일반적으로 건조수축은 경화 후 수분이 증발하면서, 콘크리트의 부피가 줄어드는 현상이다.
　③ 압축강도용 공시체는 $\phi150\times300mm$를 기준으로 하며, $\phi100\times200mm$ 입방체 공시체의 경우에는 강도보정계수 0.97을 적용하며 이외의 경우 적절한 강도보정계수를 고려하여야 한다.
　④ 5mm 체에 중량비율로 85% 이상 통과하는 골재를 잔골재라 한다.

10 내풍구조검사 대상 건축물
　㉠ 기본풍속이 35m/sec를 초과하는 지역에 위치한 건축물 중 높이가 22m 이상인 경우
　㉡ 구조적 안전성 확보를 위하여 구조설계자가 요청한 경우

11 기본 등분포활하중의 비교는 다음과 같다.
　학교교실(3) < 기계실(5) < 도서관 서고(7.5) < 옥외광장(12)

12 그림과 같은 부정정구조물의 단부 C의 재단모멘트(M_{CE})는? (단, 부재의 강비는 K_1=1.0, K_2=2.0, K_3=3.0 이다.)

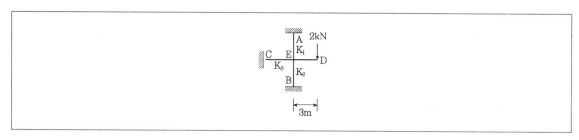

① 1.0kN·m

② 1.5kN·m

③ 2.0kN·m

④ 3.0kN·m

13 그림과 같이 직경(D)이 20mm, 길이가 1m인 강봉이 축방향 인장력 65kN을 받을 경우 길이는 0.8mm 늘어나고 직경은 0.006mm 줄어들었다고 할 때, 이 재료의 푸아송비는?

65kN ← ▭ → 65kN

① 0.300

② 0.325

③ 0.350

④ 0.375

14 콘크리트 응력-변형률 곡선에 대한 설명으로 가장 옳지 않은 것은?

① 응력이 낮은 범위에서는 비선형이지만 선형으로 볼 수 있다.

② 허용응력 범위에서 콘크리트는 탄성재료이다.

③ 최대응력에서 변형률은 0.002~0.003 범위에 있다.

④ 저강도 콘크리트는 고강도 콘크리트보다 더 작은 변형률에서 파괴된다.

ANSWER 12.② 13.④ 14.④

12 E를 중심으로 6kN·m의 모멘트가 발생하게 되고 이는 각 부재의 강비에 비례하여 분배된다. CE부재에 3kN·m의 모멘트가 분배되고 C지점에 도달되는 모멘트는 절반값인 1.5kN·m이 된다.

13 푸아송비 $\nu = \dfrac{\varepsilon'}{\varepsilon} = \dfrac{\Delta D/D}{\Delta L/L}$ 이므로 $\nu = \dfrac{\varepsilon'}{\varepsilon} = \dfrac{\Delta D/D}{\Delta L/L} = \dfrac{0.006mm/20mm}{0.8mm/1,000mm} = 0.375$

14 저강도 콘크리트는 고강도 콘크리트보다 더 큰 변형률에서 파괴된다.

15 「KDS(국가건설기준코드)」에 따른 건축물 구조설계에 대한 설명으로 가장 옳은 것은?

① 강도설계법은 구조부재의 계수하중에 따른 설계용 부재력이 그 부재단면의 공칭강도에 강도감소계수를 나눈 설계용 강도를 초과하지 않도록 한다.

② 강도설계법에서 구조부재의 부재력은 하중계수를 곱하여 조합한 하중조합 값 중 가장 불리한 값으로 설계한다.

③ 연면적 $5,000m^2$ 이상인 공연장은 중요도(특)으로 분류한다.

④ 구조설계도는 설계의 진척도에 따라 실시설계, 계획설계, 기본설계의 3단계로 작성한다.

ANSWER 15.②

15 ① 강도설계법은 구조부재의 계수하중에 따른 설계용 부재력이 그 부재단면의 공칭강도에 강도감소계수를 곱한 설계용 강도를 초과하지 않도록 한다.

③ 연면적 $5,000m^2$ 이상인 공연장은 중요도(1)으로 분류한다.

④ 구조설계도는 설계의 진척도에 따라 계획설계, 중간설계, 실시설계의 3단계로 작성한다.

※ 건축물의 중요도는 용도 및 규모에 따라 다음과 같이 중요도(특), 중요도(1), 중요도(2) 및 중요도(3)으로 분류한다.

I_S : 건축물의 중요도에 따라 적설하중의 크기를 증감하는 계수

I_w : 건축물의 중요도에 따라 설계풍속의 크기를 증감하는 계수

I_E : 건축물의 중요도에 따라 지진응답계수를 증감하는 계수

중요도 분류	I_S	I_w	I_E	용도
중요도(특)	1.2	1	1.5	• 연면적 $1,000m^2$ 이상인 위험물 저장 및 처리시설 • 연면적 $1,000m^2$ 이상인 국가 또는 지방자치단체의 청사 · 외국공관 · 소방서 · 발전소 · 방송국 · 전신전화국 • 종합병원, 수술시설이나 응급시설이 있는 병원 • 지진과 태풍 또는 다른 비상시의 긴급대피수용시설로 지정한 건축물
중요도(1)	1.1	1	1.2	• 연면적 $1,000m^2$ 미만인 위험물 저장 및 처리시설 • 연면적 $1,000m^2$ 미만인 국가 또는 지방자치단체의 청사 · 외국공관 · 소방서 · 발전소 · 방송국 · 전신전화국 • 연면적 $5,000m^2$ 이상인 공연장 · 집회장 · 관람장 · 전시장 · 운동시설 · 판매시설 · 운수시설(화물터미널과 집배송시설은 제외함) • 아동관련시설 · 노인복지시설 · 사회복지시설 · 근로복지시설 • 5층 이상인 숙박시설 · 오피스텔 · 기숙사 · 아파트 • 학교 • 수술시설과 응급시설 모두 없는 병원, 기타 연면적 $1,000m^2$ 이상인 의료시설로서 중요도(특)에 해당하지 않는 건축물
중요도(2)	1.0	0.95	1.0	• 중요도(특), (1), (3)에 해당하지 않는 건축물
중요도(3)	0.8	0.9	1.0	• 농업시설물, 소규모창고 • 가설구조물

16 다음 단면 중에서 X축에 대한 단면2차모멘트 값이 다른 것은?

①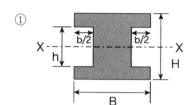

②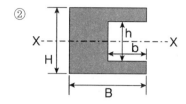

③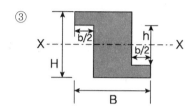

④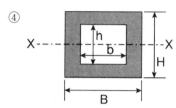

17 그림과 같은 양단고정단 보의 고정단에서 부모멘트 값은?

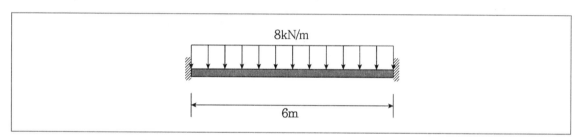

① $-12\text{kN} \cdot \text{m}$

② $-18\text{kN} \cdot \text{m}$

③ $-24\text{kN} \cdot \text{m}$

④ $-30\text{kN} \cdot \text{m}$

16 직관적으로 살펴보면 중립축을 기준으로 ③만이 플랜지 부분의 면적이 다름으로 단면2차모멘트가 다른 단면과는 차이가 있음을 알 수 있다.

17 $M_A = -\dfrac{wl^2}{12} = -\dfrac{8 \cdot 6^2}{12} = -24kN \cdot m$

18 고력볼트 접합에서 설계미끄럼강도식과 가장 관련이 없는 것은?

① 전단면의 수

② 설계볼트장력

③ 고장력볼트의 공칭단면적

④ 구멍의 종류에 따른 계수

19 휨모멘트의 작용여부에 상관없이 축력을 받는 건축구조물의 벽체 설계에 대한 설명으로 가장 옳은 것은?

① 수직 및 수평철근의 간격은 벽두께의 3배 이하, 또한 450mm 이하로 하여야 한다.

② 두께 200mm 이상의 벽체는 수직 및 수평철근을 벽면을 따라 양면으로 배치하여야 한다.

③ 설계기준항복강도 400MPa 이상으로서 D16 이하의 이형철근을 사용하는 경우 최소 수직철근비는 0.0025로 한다.

④ 설계기준항복강도 400MPa 이상으로서 D16 이하의 이형 철근을 사용하는 경우 최소 수평철근비는 0.0012로 한다.

ANSWER 18.③ 19.①

18 고력볼트의 설계미끄럼강도

$\phi R_n = \phi \cdot \mu \cdot h_{sc} \cdot T_o \cdot N_s$ (μ: 미끄럼계수, h_{sc}: 구멍계수, N_s: 전단면의 수, T_o: 설계볼트장력)

㉠ 사용성한계상태에서 미끄럼방지를 위한 마찰접합의 경우 강도감소계수는 1.0

㉡ 하중조합에 따른 소요강도에 대하여 미끄럼이 일어나지 않도록 해야 하는 마찰접합의 경우 강도감소계수는 0.85

19 ② 두께 250mm 이상의 철근콘크리트 벽체는 수직 및 수평철근을 벽면을 따라 양면으로 배치하여야 한다. (지하실 벽체에는 이 규정을 적용하지 않을 수 있다.)

③ 설계기준항복강도 400MPa 이상으로서 D16 이하의 이형철근을 사용하는 경우 최소 수직철근비는 0.0012로 한다.

④ 설계기준항복강도 400MPa 이상으로서 D16 이하의 이형 철근을 사용하는 경우 최소 수평철근비는 0.0020로 한다.

이형철근	최소수직철근비	최소수평철근비
$f_y \geq$ 400Mpa이고 D16 이하	0.0012	0.0020
기타 이형 철근	0.0015	0.0025
지름 16mm 이하의 용접철망	0.0012	0.0020

20 다음 내진설계 대상 구조물에 있어서 「KDS(국가건설기준코드)」에 따라 등가정적해석법으로 설계할 수 있는 구조물은?

① 높이 70m 이상 또는 21층 이상의 정형구조물

② 높이 20m 이상 또는 9층 이상의 비정형구조물

③ 평면 및 수직 비정형성을 가지는 기타 구조물

④ 주기 1초에서 설계스펙트럼가속도(S_{D1})가 0.07 미만의 내진등급 특급 구조물

ANSWER 20.④

20	내진설계범주	적용하는 해석법
	A, B	등가정적해석법을 적용한다.
	C	등가정적해석법에 의해 설계할 수 있으나 다음 중 하나에 해당되는 경우에는 동적해석법을 적용해야 한다. • 높이 70m 이상 또는 21층 이상의 정형구조물 • 높이 20m 이상 또는 6층 이상의 비정형구조물
	D	등가정적해석법이나 동적해석법 또는 이보다 정밀한 해석법을 적용한다. • 등가정적해석법 또는 동적해석법을 하는 구조물 • 3층 이하의 경량골조구조와 각 층에서 유연한 격막을 갖는 2층 이하인 기타구조로서 내진등급 II의 구조물 • 높이 70m 미만의 정형구조물 • 동적해석법을 적용하는 구조물 • V-1, V-2, V-3의 수직비정형성을 가지거나 H-1의 수평비정형성을 가지면서 높이가 5층 또는 20m를 초과하는 구조물 또는 높이가 70m를 초과하는 정형구조물 • 평면 및 수직 비정형성을 가지는 기타 구조물

단주기에서의 설계스펙트럼가속도 (S_{DS})의 값	주기1초에서의 설계스펙트럼가속도 (S_{D1})의 값	내진등급		
		특	I	II
$S_{DS} \geq 0.50$	$S_{D1} \geq 0.20$	D	D	D
$0.33 \leq S_{DS} \leq 0.50$	$0.14 \leq S_{D1} < 0.20$	D	C	C
$0.17 \leq S_{DS} \leq 0.33$	$0.07 \leq S_{D1} < 0.14$	C	B	B
$S_{DS} < 0.17$	$S_{D1} < 0.07$	A	A	A

※ 내진설계 해석법의 종류

ㄱ 등가정적해석법 : 기본진동모드 반응특성에 바탕을 두고 구조물의 동적특성을 무시한 해석법

ㄴ 동적해석법(모드해석법) : 고차 진동모드의 영향을 적절히 고려할 수 있는 해석법

ㄷ 탄성시간이력해석법 : 지진의 시간이력에 대한 구조물의 탄성응답을 실시간으로 구하는 해석법

ㄹ 비탄성정적해석법(Pushover해석법) : 정적지진하중분포에 대한 구조물의 비선형해석법

ㅁ 비탄성시간이력해석법 : 실제의 지진시간이력을 사용한 해석법

비탄성정적해석을 사용하는 경우 건축구조기준에서 정하는 반응수정계수를 적용할 수 없으며 구조물의 비탄성변형능력 및 에너지소산능력에 근거하여 지진하중의 크기를 결정해야 한다.

1 내진설계 시 동적해석을 수행해야 하는 경우 선택할 수 있는 해석법이 아닌 것은?

① 응답스펙트럼해석법

② 비탄성시간이력해석법

③ 탄성시간이력해석법

④ 등가골조해석법

2 그림과 같은 조건을 갖는 두 보에 동일한 크기의 최대 처짐이 발생하려면 등분포하중 w2의 크기는 등분포하중 w1 크기의 몇 배가 되어야 하는가? (단, 두 보의 EI는 동일하다)

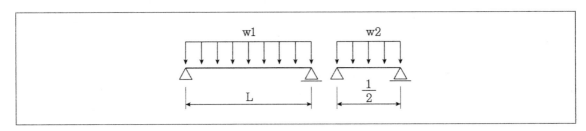

① 2배

② 4배

③ 8배

④ 16배

1 등가골조해석법은 동적해석법이 아니라 3차원적인 골조부재를 2차원적으로 변환하여 해석하기 쉽도록 하기 위한 해석법이다.

2 단순보의 최대처짐은 $\delta_{max} = \dfrac{5wL^4}{384EI}$ 이므로, 제시된 그림과 같은 조건을 갖는 두 보에 동일한 크기의 최대 처짐이 발생하려면 등분포하중 w2의 크기는 등분포하중 w1 크기의 16배가 되어야 한다.

3 철근콘크리트구조에 사용되는 인장 이형철근의 정착길이에 대한 설명으로 옳지 않은 것은?

① 철근의 설계기준항복강도 및 공칭지름에 비례하고 콘크리트 설계기준압축강도의 제곱근에 반비례한다.

② 에폭시 도막이 되어 있는 철근은 도막되어 있지 않은 철근보다 정착길이가 감소한다.

③ D22 이상의 철근은 D19 이하의 철근보다 정착길이를 크게 해야 한다.

④ 경량콘크리트를 사용하는 경우 일반적인 중량의 보통콘크리트보다 정착길이가 증가한다.

4 그림과 같은 트러스 구조를 구성하는 부재 ㉠~㉣의 각 부재력 절댓값의 총합은? (단, 부재의 자중은 무시한다)

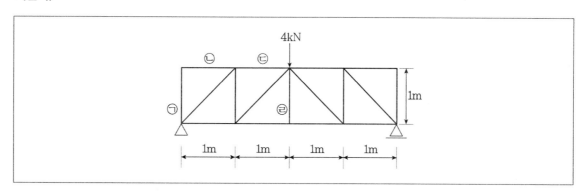

① 1kN

② 2kN

③ 4kN

④ 6kN

ANSWER 3.② 4.②

3 에폭시 도막이 되어 있는 철근은 도막되어 있지 않은 철근보다 정착길이가 증가해야 한다.

4 제시된 그림의 트러스는 하우트러스로서 사재가 압축을 받고 수직재는 인장을 받는다. 상현재는 압축을 받으며 하현재는 인장을 받는다.

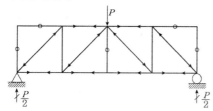

위와 같이 0부재가 발생되며, ㉠, ㉡, ㉣은 0부재이며, ㉢은 2kN(압축)이 발생된다.
㉢부재에 수직으로 절단선을 그은 후 미지의 부재가 만나는 점에서의 모멘트가 0이 되어야 함을 이용하여 구하면 ㉢은 2kN(압축)이 발생된다.

5 휨을 받는 합성부재에 대한 설명으로 옳지 않은 것은?

① 골데크플레이트를 사용한 합성보에서 스터드앵커의 상단 위로 10mm 이상의 콘크리트피복이 있어야 한다.

② 정모멘트 및 부모멘트에 대한 설계휨강도를 구하기 위한 휨저항계수(Φ_b)는 모두 0.9를 사용한다.

③ 콘크리트슬래브의 유효폭은 보중심을 기준으로 좌우 각 방향에 대한 유효폭의 합으로 구한다.

④ 동바리를 사용하지 않는 경우, 콘크리트의 강도가 설계기준 강도의 75%에 도달되기 전에 작용하는 모든 시공하중은 강재단면만으로 지지할 수 있어야 한다.

ANSWER 5.①

5 골데크플레이트를 사용한 합성보에서 스터드앵커의 상단 위로 13mm 이상의 콘크리트피복이 있어야 한다.

※ 골데크플레이트를 사용한 합성보

 ㉠ 데크플레이트의 공칭골깊이는 75mm 이하이어야 한다. 더 큰 골높이의 사용은 실험과 해석을 통하여 정당성이 증명되어야 한다. 골 또는 헌치의 콘크리트 평균폭 w_r은 50mm 이상이어야 하며 데크플레이트 상단에서의 최소순폭 이하로 한다.

 ㉡ 콘크리트슬래브와 강재보를 연결하는 스터드앵커의 직경은 19mm 이하이어야 하며 데크플레이트를 통하거나 아니면 강재보에 직접 용접되어야 한다. 스터드앵커는 부착 후 데크플레이트 상단 위로 38mm 이상 돌출되어야 하며 스터드앵커의 상단 위로 13mm 이상의 콘크리트피복이 있어야 한다.

 ㉢ 데크플레이트 상단 위의 콘크리트두께는 50mm 이상이어야 한다.

 ㉣ 데크플레이트는 지지부재에 450mm 이하의 간격으로 고정되어야 한다. 데크플레이트의 고정은 스터드앵커나 스터드앵커와 점용접의 조합, 또는 설계자에 의해 명시된 방법에 의해 이루어져야 한다.

 ㉤ 데크플레이트의 골방향이 강재보와 직각인 경우 골 내부의 콘크리트는 합성단면의 성능산정이나 A_c의 계산에 포함할 수 없다.

 ㉥ 데크플레이트의 골방향이 강재보와 평행인 경우 골 내부의 콘크리트는 합성단면의 성능산정에 포함될 수 있으며 A_c의 계산에 포함한다. 지지보 위의 데크플레이트골은 길이방향으로 절단한 후 간격을 벌림으로써 콘크리트 헌치를 형성하도록 할 수 있다. 데크플레이트의 공칭깊이가 40mm 이상일 때 골 또는 헌치의 평균폭 w_r은 스터드앵커가 일렬배치인 경우에는 50mm 이상이어야 하며 추가되는 스터드앵커마다 스터드앵커 직경의 4배를 더해주어야 한다.

6 기초의 침하량 산정 시 평판재하시험에 따른 즉시침하량 추정에 사용되는 계수가 아닌 것은?

① 기초의 침하계수

② 기초의 폭

③ 지반의 탄성계수

④ 평판의 침하량

7 그림과 같은 조건의 단순보에 선형적으로 증가하는 분포하중 w가 작용할 경우 내부 휨모멘트가 최대가 되는 위치의 좌측 단부로부터의 거리는?

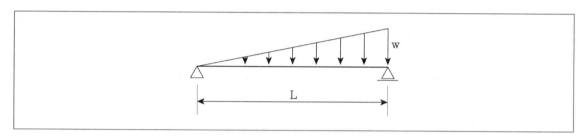

① $\frac{2}{3}L$

② $\sqrt{\frac{2}{3}}L$

③ $\frac{1}{3}L$

④ $\sqrt{\frac{1}{3}}L$

6 지반의 탄성계수는 평판재하시험에 따른 즉시침하량 추정에 사용되지 않으며 탄성이론에 의한 즉시침하량 추정에 사용된다.
- 평판재하시험에 따른 즉시침하량 추정에 사용되는 계수 : 기초의 폭, 기초의 침하계수, 재하판의 폭, 재하판의 침하계수, 평판의 침하량
- 탄성이론에 의한 즉시침하량 추정에 사용되는 계수 : 지반의 탄성계수, 지반의 푸아송비, 기초의 폭, 등분포하중, 영향계수, 변형계수

7 선형적으로 증가하는 분포하중이 작용할 경우 내부 휨모멘트가 최대가 되는 위치는 좌측 단부로부터 $\sqrt{\frac{1}{3}}L$만큼 떨어진 거리이며 이때 발생하는 모멘트의 크기는 $\frac{wL^2}{9\sqrt{3}}$이다.

8 강구조의 부분용입그루브용접에서 계산에 의한 응력전달에 필요한 값 이상을 만족하는 경우의 최소유효 목두께로 옳은 것은? (단, t[mm]는 접합부의 얇은 쪽 소재 두께이다)

① t ≦ 6인 경우, 최소유효목두께 3mm

② 6 < t ≦ 13인 경우, 최소유효목두께 4mm

③ 13 < t ≦ 19인 경우, 최소유효목두께 5mm

④ 19 < t ≦ 38인 경우, 최소유효목두께 6mm

9 강구조 접합설계 시 용접접합, 마찰접합 또는 전인장조임을 적용하지 않아도 되는 접합부는?

① 높이가 40m인 다층구조물의 기둥이음부

② 높이가 50m인 구조물에서, 모든 보와 기둥의 접합부 그리고 기둥에 횡지지를 제공하는 기타의 모든 보의 접합부

③ 용량 40kN의 크레인구조물 중 지붕트러스이음, 기둥과 트러스접합, 기둥이음, 기둥횡지지가새, 크레인 지지부

④ 기계류 지지부 접합부 또는 충격이나 하중의 반전을 일으키는 활하중을 지지하는 접합부

ANSWER 8.① 9.③

8 부분용입용접(PJP)의 최소 유효목두께 (KDS 41 31 00 : 2019)

부분용입그루브용접의 최소유효목두께는 계산에 의한 응력전달에 필요한 값 이상, 또한 아래 표에 제시된 값 이상으로 한다. 다만, 표에서 t는 접합되는 얇은쪽 판두께이다.

접합부의 얇은쪽 소재 두께 t(mm)	최소 유효목두께(mm)
$t ≦ 6$	3
$6 < t ≦ 13$	5
$13 < t ≦ 19$	6
$19 < t ≦ 38$	8
$38 < t ≦ 57$	10
$57 < t ≦ 150$	13
$150 < t$	16

9 다음의 접합에 대해서는 용접접합, 마찰접합 또는 전인장조임을 적용해야 한다.

㉠ 높이가 38m 이상 되는 다층구조물의 기둥이음부

㉡ 높이가 38m 이상 되는 구조물에서, 모든 보와 기둥의 접합부 그리고 기둥에 횡지지를 제공하는 기타의 모든 보의 접합부

㉢ 용량 50kN 이상의 크레인구조물 중 지붕트러스이음, 기둥과 트러스접합, 기둥이음, 기둥횡지지가새, 크레인지지부

㉣ 기계류 지지부 접합부 또는 충격이나 하중의 반전을 일으키는 활하중을 지지하는 접합부

10 강구조 인장재 설계에 대한 설명으로 옳지 않은 것은?

① 인장재의 중심과 접합의 중심이 일치하지 않을 경우 전단 지연현상이 발생한다.

② 인장재의 유효순단면적이란 단면의 순단면적에 전단지연의 영향을 고려한 것이다.

③ 인장재는 순단면에 대한 항복과 유효순단면에 대한 파단이라는 두 가지 한계상태에 대해 검토하여야 한다.

④ 순단면적 산정 시 파단선이 불규칙배치인 경우 동일 조건의 정렬배치와 비교하여 약간 더 큰 단면적으로 계산한다.

11 높이가 4m인 H형강 기둥의 이론적인 유효좌굴길이가 2.8m일 때, 지지상태로 옳은 것은?

① 양단 고정

② 양단 핀

③ 1단 자유, 타단 고정

④ 1단 핀, 타단 고정

10 인장재는 총단면에 대한 항복과 단면결손 부분의 파단이라는 두 가지 한계상태에 대해 검토해야 한다.

11 유효좌굴길이가 기둥길이의 0.7배이므로, 1단 힌지(핀), 타단 고정인 상태이다.

단부구속조건	양단고정	1단힌지 타단고정	양단힌지	1단회전구속 이동자유 타단고정	1단회전자유 이동자유 타단고정	1단회전구속 이동자유 타단힌지
좌굴형태						
유효좌굴 길이계수(K)	0.50	0.70	1.0	1.0	2.0	2.0

절점조건의 범례	회전구속, 이동구속 : 고정단
	회전자유, 이동구속 : 힌지
	회전구속, 이동자유 : 큰 보강성과 작은 기둥강성인 라멘
	회전자유, 이동자유 : 자유단

12 옹벽의 안정에 대한 설명으로 옳지 않은 것은?

① 옹벽은 전도, 활동지지력, 사면활동에 대한 안정에 대하여 모두 만족하도록 검토하여야 한다.

② 옹벽의 전도에 대한 안전율은 2.0 이상이어야 한다.

③ 기초지반에 작용하는 최대압축응력은 기초지반의 허용지지력보다 커야 한다.

④ 옹벽 저판의 깊이는 동결심도보다 깊어야 하며 최소한 1.0m 이상으로 한다.

13 말뚝머리 지름이 500mm인 현장타설콘크리트말뚝 4개를 정사각형으로 배치한 정방형 독립기초의 최소 치수는? (단, 말뚝머리에 작용하는 수평하중이 큰 것으로 가정한다)

① 2,250mm × 2,250mm

② 2,500mm × 2,500mm

③ 2,750mm × 2,750mm

④ 3,000mm × 3,000mm

14 조적식 구조의 경험적 설계법에서 조적내력벽 최소두께에 대한 설명으로 옳지 않은 것은?

① 2층 이상의 건물에서 조적내력벽의 공칭두께는 200mm 이상이어야 한다.

② 최소두께 규정으로 인하여 층간에 두께변화가 발생한 경우에는 평균 두께값을 상층에 적용하여야 한다.

③ 층고가 2,700mm를 넘지 않는 1층 건물의 속찬조적벽의 공칭두께는 150mm 이상으로 할 수 있다.

④ 파라펫벽의 두께는 200mm 이상이어야 하며, 높이는 두께의 3배를 넘을 수 없다.

12 기초지반에 작용하는 최대압축응력은 기초지반의 허용지지력보다 작아야만 한다.

13 현장타설콘크리트말뚝을 배치할 때 그 중심간격은 말뚝머리 지름의 2.0배 이상이어야 하며, 또한 말뚝머리 지름에 1,000mm를 더한 값 이상이어야 한다.
  ㉠ 말뚝중심간의 거리는 2.0D 또는 말뚝머리 지름에 1,000mm을 더한 값이어야 하므로, 2.0D = 1,000mm
    말뚝머리 지름에 1,000mm를 더한 값 = 1,500mm
    위의 두 값 중 큰 값을 적용해야 하므로 말뚝중심간 거리는 1,500mm가 된다.
  ㉡ 말뚝과 기초끝단간의 거리는 1.25D 이상 확보되어야 하므로 1.25 × 500 = 625mm이며 양쪽이므로 이 값의 2배를 하여 1,250mm가 된다.
    결국, 위의 두 값을 더하면 = 1,500 + 1,250 = 2,750mm가 된다.

14 최소두께 규정으로 인하여 층간에 두께변화가 발생한 경우에는 더 큰 두께값을 상층에도 적용하여야 한다.

15 프리캐스트콘크리트 벽판을 사용한 구조물에 대한 설명으로 옳은 것은?

① 3층 이상의 프리캐스트콘크리트 내력벽구조의 경우, 종방향 또는 횡방향 연결철근은 바닥과 지붕에 22,000N/m의 공칭 강도를 가지도록 설계하여야 한다.

② 프리캐스트콘크리트 벽판은 최소한 한 개의 연결철근을 서로 연결하여야 하며, 연결철근 하나가 받을 수 있는 인장력은 45,000N 이상이어야 한다.

③ 프리캐스트콘크리트 구조물의 횡방향, 종방향, 수직방향 및 구조물 둘레는 부재의 효과적인 결속을 위하여 압축연결철근으로 일체화하여야 한다.

④ 3층 이상의 프리캐스트콘크리트 내력벽구조의 경우, 각층 바닥 또는 지붕층 바닥 주위의 둘레 연결철근은 모서리에서 1.5m 이내에 있어야 하며, 71,000N 이상의 공칭인장강도를 가져야 한다.

16 내진설계 시 반응수정계수 산정방식으로 옳지 않은 것은?

① 임의 층에서 해석방향의 반응수정계수는 옥상층을 제외하고, 상부층들의 동일방향 지진력저항시스템에 대한 반응수정계수 중 최솟값을 사용하여야 한다.

② 구조물의 직교하는 2축을 따라 서로 다른 지진력저항시스템을 사용하는 경우에는 각 시스템에 해당하는 반응수정계수를 사용하여야 한다.

③ 반응수정계수가 서로 다른 시스템들에 의하여 공유되는 구조 부재의 경우에는 그 중 큰 반응수정계수에 상응하는 상세를 갖도록 설계하여야 한다.

④ 서로 다른 구조시스템의 조합이 같은 방향으로 작용하는 횡력에 저항하도록 사용한 경우에는 각 시스템의 반응수정계수 중 최댓값을 적용한다.

ANSWER 15.① 16.④

15 ② 프리캐스트콘크리트 벽판은 최소한 두 개의 연결철근을 서로 연결하여야 하며, 연결철근 하나가 받을 수 있는 인장력은 45,000N 이상이어야 한다.
　③ 프리캐스트콘크리트 구조물의 횡방향, 종방향, 수직방향 및 구조물 둘레는 부재의 효과적인 결속을 위해서는 인장연결철근을 배치시켜 일체화하여야 한다.
　④ 3층 이상의 프리캐스트콘크리트 내력벽구조의 경우, 각층 바닥 또는 지붕층 바닥 주위의 둘레 연결철근은 모서리에서 1.2m 이내에 있어야 하며, 71,000N 이상의 공칭인장강도를 가져야 한다.

16 서로 다른 구조시스템의 조합이 같은 방향으로 작용하는 횡력에 저항하도록 사용한 경우에는 각 시스템의 반응수정계수 중 최솟값을 적용한다.

17 그림과 같은 프리스트레스를 가하지 않은 압축부재 단면 A와 B에 대하여 최대 설계축강도($\phi P_{n(\max)}$)의 비를 비교한 것으로 옳은 것은? (단, 단면 A 및 B는 모두 관련 횡철근 상세규정을 만족하고 있으며, 두 단면의 전체단면적 A_g, 종방향 철근의 전체단면적 A_{st}, 콘크리트 설계기준압축강도 f_{ck}, 철근의 설계기준항복강도 f_y는 전부 서로 동일하다)

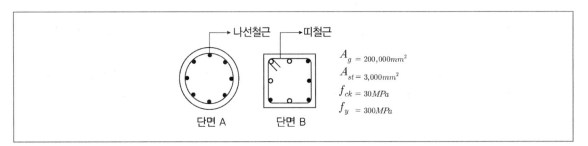

① A : B = 135 : 104

② A : B = 119 : 104

③ A : B = 135 : 100

④ A : B = 119 : 100

---

17 압축재의 설계 축하중은 예측하지 못한 편심응력에 대비하여 순수 압축부재 단면에서의 축하중설계강도를 최대공칭축하 중의 80%(띠기둥), 85%(나선기둥)으로 저감한다.
- 나선철근기둥의 최대 설계축강도 : (7×8.5)×2=119
- 띠철근기둥의 최대 설계축강도 : (6.5×8)×2=104
- ※ 단주의 설계식
  - ㉠ 띠 기둥 : $\phi P_n = (0.65)(0.80)[0.85 f_{ck}(A_g - A_{st}) + f_y A_{st}]$
  - ㉡ 나선 기둥 : $\phi P_n = (0.70)(0.85)[0.85 f_{ck}(A_g - A_{st}) + f_y A_{st}]$

18 프리캐스트콘크리트 벽판을 사용한 구조물의 지압부에서 해석이나 실험을 통해 성능이 규명되지 않을 경우, 받침부재의 모서리면으로부터 경간방향 프리캐스트 부재 끝까지의 거리에 대한 최소 규정에 해당하지 않는 것은? (단, 경간의 1/180 이상인 조건은 만족한다)

① 속찬슬래브의 경우 최소 50mm 이상

② 속빈슬래브의 경우 최소 50mm 이상

③ 보 부재의 경우 최소 75mm 이상

④ 복부를 가진 부재의 경우 최소 50mm 이상

19 목구조에 대한 설명으로 옳지 않은 것은?

① 건축용으로 사용되는 구조용OSB는 건축시공 중에 외기에 노출되어 비나 눈의 영향을 받는 환경에서 사용되기 때문에 내수성 접착제로 제조되는 노출 1등급에 적합하여야 한다.

② 구조용목재의 재종은 육안등급구조재와 기계등급구조재의 2가지로 구분되는데, 육안등급구조재는 다시 1종구조재(규격재), 2종구조재(보재) 및 3종구조재(기둥재)로 구분된다.

③ 육안등급구조재와 기계등급구조재에 대한 기준허용응력은 건조사용조건 이하의 사용함수율에서 기준하중기간일 때 적용한다.

④ 단판적층재는 단판의 섬유방향이 서로 직각이 되도록 배열하여 접착한 구조용목질재료이다.

18 복부를 가진 부재의 경우 최소 75mm 이상이어야 한다.

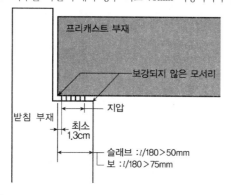

19 단판의 섬유방향이 서로 직각이 되도록 배열하여 접착한 구조용목질재료는 합판이다.

20 철근콘크리트 보 부재의 순간처짐을 계산하기 위한 유효단면2차 모멘트(I_e)를 산정하는 식으로 옳은 것은? (단, $I_e \leq I_g$, M_{cr} = 외력에 의해 단면에서 휨균열을 일으키는 모멘트, M_a = 처짐을 계산할 때 부재의 최대 휨모멘트, I_g = 철근을 무시한 콘크리트 전체 단면의 중심축에 대한 단면2차모멘트, I_{cr} = 균열단면의 단면2차모멘트이다.)

① $I_e = \left(\dfrac{M_a}{M_{cr}} \right)^3 I_g + \left[1 - \left(\dfrac{M_a}{M_{cr}} \right)^3 \right] I_{cr}$

② $I_e = \left(\dfrac{M_{cr}}{M_a} \right)^3 I_g + \left[1 - \left(\dfrac{M_{cr}}{M_a} \right)^3 \right] I_{cr}$

③ $I_e = \left(\dfrac{M_{cr}}{M_a} \right)^3 I_{cr} + \left[1 - \left(\dfrac{M_{cr}}{M_a} \right)^3 \right] I_g$

④ $I_e = \left(\dfrac{M_a}{M_{cr}} \right)^3 I_{cr} + \left[1 - \left(\dfrac{M_a}{M_{cr}} \right)^3 \right] I_g$

ANSWER 20.②

20 $I_e = \left(\dfrac{M_{cr}}{M_a} \right)^3 I_g + \left[1 - \left(\dfrac{M_{cr}}{M_a} \right)^3 \right] I_{cr}$ 가 성립한다.

1 벽돌 벽에 발생 가능한 백화현상을 줄이기 위한 방법으로 옳지 않은 것은?

① 파라핀 도료를 벽면에 도포한다.

② 벽돌쌓기 줄눈은 충분히 사춤하여 빈틈이 없도록 한다.

③ 물시멘트비가 높은 줄눈 모르타르를 사용한다.

④ 차양, 루버 등을 설치하여 빗물을 막는다.

2 건물의 지하층 방수구조는 방수층의 위치에 따라 안방수와 바깥방수로 구분한다. 이에 대한 설명으로 옳지 않은 것은?

① 바깥방수는 벽체의 외부에서 방수 작업을 하기 때문에 일반적으로 안방수에 비해 공사비가 저렴하다.

② 안방수는 수압이 비교적 작은 지하층에 적절한 방수법이다.

③ 바깥방수는 방수효과가 좋으나 준공 후에는 방수층의 수리가 어렵다.

④ 안방수는 준공 후에도 방수층의 수리가 가능하다.

Answer 1.③ 2.①

1 물시멘트비가 가능한 적은 줄눈 모르타르를 사용해야 백화현상을 최소화시킬 수 있다.

2 바깥방수는 안방수에 비해 공사비가 고가이다.

3 그림과 같이 폭(b)과 유효춤(d)을 갖는 단근 직사각형 보의 공칭 휨모멘트강도(M_n)와 가장 가까운 것은? (단, 콘크리트의 설계기준 압축강도(f_{ck})는 20MPa, 인장철근의 설계기준 항복강도(f_y)는 400MPa, 인장철근의 전체면적은 850mm² (최소철근비$\rho_{\min}$ < 철근비ρ < 최대철근비$\rho_{\max}$)로 가정한다)

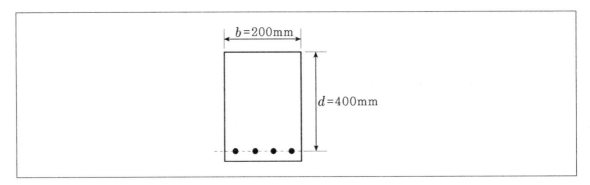

① 109kN · m
② 119kN · m
③ 129kN · m
④ 139kN · m

4 플랫 슬래브 시스템에 설치하는 주두와 지판의 가장 중요한 역할은?

① 기둥의 좌굴 방지
② 슬래브의 횡방향 변위 구속
③ 슬래브의 과도한 진동 방지
④ 슬래브의 뚫림전단 방지

ANSWER 3.② 4.④

3 압축응력 사각형의 높이는 $a = \dfrac{A_s \cdot f_y}{0.85 f_{ck} \cdot b} = 100\,\text{mm}$

공칭휨모멘트 강도의 값은 다음과 같다.

$M_n = T \cdot (d - \dfrac{a}{2}) = A_s \cdot f_y \cdot (d - \dfrac{a}{2}) = 850 \cdot 400 \cdot (400 - \dfrac{100}{2}) = 119\,\text{kN} \cdot \text{m}$

4 플랫 슬래브 시스템에 설치하는 주두와 지판의 가장 중요한 역할은 슬래브의 뚫림전단을 방지하는 것이다.

5 그림과 같은 보의 C점에서 휨모멘트의 크기는? (단, 보의 자중은 고려하지 않는다)

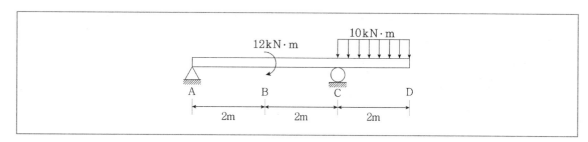

① $-20\text{kN}\cdot\text{m}$

② $-24\text{kN}\cdot\text{m}$

③ $-32\text{kN}\cdot\text{m}$

④ $-40\text{kN}\cdot\text{m}$

6 내진설계에서 건물의 비정형성에 대한 유형은 평면비정형성과 수직비정형성으로 구분된다. 다음 중 평면비정형성 유형에 해당하지 않는 것은?

① 비틀림 비정형

② 기하학적 비정형

③ 요철형 평면

④ 격막의 불연속

ANSWER 5.① 6.②

5 직관적으로 판단해서 C지점에서는 부재가 위로 볼록하게 만드는 부모멘트가 발생함을 알 수 있다.

우선 A점을 기준으로 모멘트의 총합이 0이 되어야 한다.

$\sum M_A = 12 + 10 \cdot 2 \cdot 5 - R_c \cdot 4 = 0$

따라서, $R_c = 28kN(\uparrow)$이 되고 수직력의 합력이 0이 되어야 하므로, $R_A = 10 \cdot 2 - R_B = 8kN(\downarrow)$

위의 계산에 근거하여 전단력도와 휨모멘트도를 그리면 C점에서는 $-20\text{kN} \cdot \text{m}$임을 확인할 수 있다.

6 평면비정형성의 유형 : 비틀림 비정형, 요철형 평면, 격막의 불연속, 면외 어긋남, 비평행 시스템

수직비정형성의 유형 : 강성 비정형, 중량 비정형, 기하학적 비정형, 횡력저항 수직저항요소의 비정형, 강도불연속

7 목재의 강도에 대한 설명으로 옳지 않은 것은?

① 압축강도의 경우 섬유방향에 평행한 방향의 강도가 섬유방향에 직각인 방향의 강도보다 크다.

② 육안등급 구조재는 각 재종별로 규정된 등급별 품질기준에 따라 1~5등급으로 구분하여 기준허용응력을 정하고 있다.

③ 목재의 함수율이 섬유 포화점 이상일 경우 함수율이 증가 하더라도 강도에는 변화가 거의 없다.

④ 인장강도의 경우 동일 수종에서 변재의 강도보다 심재의 강도가 크다.

8 건물의 기초와 지반에 대한 설명으로 옳은 것은?

① 상부구조의 광범위한 면적 내의 응력을 단일 기초판으로 연결하여 지반 또는 지정에 전달하도록 하는 기초를 연속 기초라고 한다.

② 점토질 지반이면 기초의 주변부보다 중심부에 토압이 더 크게 작용하고, 사질토 지반이면 기초의 중심부보다 주변부에 토압이 더 크게 작용한다.

③ 평판 재하시험 시 최대 재하하중은 지반의 극한지지력 또는 예상되는 설계하중의 3배로 한다.

④ 기초판 윗면에서 하부철근까지의 기초깊이는 직접기초의 경우는 150mm 이상, 말뚝기초의 경우는 200mm 이상으로 하여야 한다.

---

7 육안등급구조재는 KSF 3020에 제시된 침엽수구조재의 각 재종별로 규정된 등급별 품질기준(옹이지름비, 둥근모, 갈라짐, 평균나이테간격, 섬유주행경사, 굽음, 썩음, 비틀림, 수심, 함수율, 방부방충처리)에 따라 1등급, 2등급, 3등급으로 구분한다.(기계등급구조재는 휨탄성계수를 측정하는 기계장치에 의해 등급을 구분한 구조재를 말하며, KSF 3020에 제시된 침엽수 기계등급구조재의 품질기준(휨탄성계수와 구조재의 결점사항)에 의해 E7, E9, E11, E13, E15의 5가지 등급으로 구분한다.)

8 평판 재하시험 시 최대 재하하중은 지반의 극한지지력 또는 예상되는 장기 설계하중의 3배로 한다.

① 상부구조의 광범위한 면적 내의 응력을 단일 기초판으로 연결하여 지반 또는 지정에 전달하도록 하는 기초를 온통기초(전면기초)라고 한다.

② 점토질 지반이면 기초의 중심부보다 주변부에 토압이 더 크게 작용하고, 사질토 지반이면 기초의 주변부보다 중심부에 토압이 더 크게 작용한다.(사질토 지반은 입자가 큰 토질지반이므로 상부하중이 작용하면 기초 주위의 흙들이 바깥쪽으로 약간 이동하기 때문에 토압은 기초 중심에서 증가하게 되며 주변에서 감소하는 분포를 보인다. 반면 점토지반은 강한 점착력으로 지반이 하중을 받더라도 이동을 하지 않고 기초의 주변에는 평균 토압에 더하여 전단저항이 형성되어 토압의 분포는 기초 중심부가 작고 주변이 큰 형태가 된다.)

④ 기초판 윗면에서 하부철근까지의 깊이는 흙에 놓이는 직접기초의 경우는 150mm 이상, 말뚝기초의 경우는 300mm 이상으로 하여야 한다.

9 지진하중 산정에 필요한 설계스펙트럼가속도의 계산에 고려하지 않는 것은?

① 지진구역
② 지반의 종류
③ 건물의 고유 주기
④ 반응수정계수

10 건축 구조재료에 대한 설명으로 옳지 않은 것은?

① 목재는 가연성 재료이며, 건습에 의한 변형 및 수축팽창이 크다.
② 석재는 압축강도가 크고 불연재료이나 화재 시 고온의 화열을 접할 경우 내구성이 저하될 수 있다.
③ 콘크리트 크리프에 의한 변형은 이를 유발한 외부하중을 완전히 제거할 경우 시간이 경과함에 따라 모두 회복된다.
④ 강재는 대부분이 철성분으로 구성되어 있고 철 이외의 성분은 극소량이나, 이러한 극소량의 성분들이 강재의 재료특성에 많은 영향을 끼친다.

11 휨모멘트와 축력을 받는 철근콘크리트 부재의 강도설계에 적용되는 가정으로 옳지 않은 것은?

① 콘크리트의 응력은 중립축으로부터의 거리에 비례하는 것으로 가정한다.
② 휨모멘트를 받는 부재의 콘크리트 압축연단의 극한변형률은 0.003으로 가정한다.
③ 철근의 변형률이 설계기준항복강도 f_y에 대응하는 변형률보다 큰 경우에 철근의 응력은 변형률에 관계없이 f_y로 한다.
④ 콘크리트 압축응력의 분포와 콘크리트변형률 사이의 관계는 직사각형, 사다리꼴, 포물선 또는 강도의 예측에서 광범위한 실험의 결과와 실질적으로 일치하는 어떤 형상으로도 가정할 수 있다.

ANSWER 9.④ 10.③ 11.①

9 설계스펙트럼가속도 : 설계지진에 대한 단주기와 주기 1초에서의 응답스펙트럼가속도

단주기 응답스펙트럼가속도 : $S_{DS} = S \times 2.5 \times F_a \times \dfrac{2}{3}$

주기1초에서의 응답스펙트럼가속도 : $S_{D1} = S \times F_a \times \dfrac{2}{3}$

F_a, F_v : 지반증폭계수(지진구역과 지반종류에 따라 변함)
S : 유효지반가속도

10 콘크리트 크리프에 의한 변형은 이를 유발한 외부하중을 완전히 제거할 경우 시간이 경과함에 따라 일정량 만큼만 회복된다.

11 콘크리트의 변형률은 중립축으로부터의 거리에 비례하는 것으로 가정한다.

12 강구조에서 중심축 압축력을 받는 부재의 설계에 대한 설명으로 옳지 않은 것은?

① 공칭압축강도 P_n은 휨좌굴, 비틀림좌굴, 휨－비틀림좌굴의 한계상태 중에서 가장 작은 값으로 한다.

② 설계압축강도 $\phi_c P_n$에서 압축저항계수 ϕ_c는 부재의 세장비에 따라서 변화되는 값을 적용한다.

③ 압축력에 기초하여 설계되는 부재의 세장비는 가급적 200을 넘지 않도록 한다.

④ 2개 이상의 압연형강으로 구성된 조립압축재는 접합재 사이의 개재세장비가 조립압축재 전체세장비의 3/4배를 초과하지 않도록 한다.

13 강재보와 골데크플레이트 슬래브로 이루어진 합성부재에 요구되는 조건으로 옳지 않은 것은?

① 데크플레이트의 공칭골깊이는 75mm 이하로 하며, 더 큰 골높이는 실험과 해석을 통하여 정당성이 증명되어야 한다.

② 콘크리트 슬래브와 강재보를 연결하는 스터드앵커의 직경은 19mm 이하여야 한다.

③ 데크플레이트 상단 위의 콘크리트 두께는 50mm 이상이어야 한다.

④ 데크플레이트는 지지부재에 600mm 이하의 간격으로 고정되어야 한다.

14 단순보에서 발생하는 부재력에 대한 설명으로 옳지 않은 것은?

① 부재 길이 전체에 걸쳐 동일한 등분포 하중만 작용하는 경우에, 최대 휨모멘트는 부재 중앙부에서 발생한다.

② 하중조건에 따라 전단력도와 휨모멘트도는 모두 불연속인 곡선을 보일 수 있다.

③ 단순보의 지점은 회전에 대한 구속이 없기 때문에 지점 위치에서는 어떠한 하중조건에서도 휨모멘트가 0(영)이다.

④ 전단력과 휨모멘트의 크기는 부재 강성과는 무관하다.

ANSWER 12.② 13.④ 14.③

12 설계압축강도 $\phi_c P_n$에서 압축저항계수 ϕ_c는 부재의 세장비와 관계없이 일정한 값을 적용해야 한다.

13 데크플레이트는 지지부재에 450mm 이하의 간격으로 고정되어야 한다.

14 단순보의 지점에 모멘트가 가해지면 지점에서는 휨모멘트가 발생하게 된다.

15 철근콘크리트 특수모멘트골조 및 중간모멘트골조의 휨부재 설계에 대한 설명으로 옳지 않은 것은?

① 특수모멘트골조의 휨부재 접합면에서 정휨강도는 부휨강도의 1/2 이상이 되어야 한다.

② 중간모멘트골조의 휨부재 접합면에서 정휨강도는 부휨강도의 1/3 이상이 되어야 한다.

③ 특수모멘트골조의 휨부재 어느 위치에서나 정 또는 부휨강도는 양측 접합면의 최대휨강도의 1/4 이상이 되어야 한다.

④ 중간모멘트골조의 휨부재 어느 위치에서나 정 또는 부휨강도는 양측 접합면의 최대휨강도의 1/6 이상이 되어야 한다.

16 철근콘크리트구조에서 지진력에 저항하는 부재의 철근에 대한 설명으로 옳지 않은 것은?

① 지진력에 의한 휨모멘트 및 축력을 받는 특수모멘트골조나 특수전단벽의 경계요소에 사용하는 주철근의 설계기준항복강도는 600MPa까지 허용된다.

② 강재를 제작한 공장에서 계측한 실제 항복강도가 공칭항복강도를 120MPa 이상 초과하지 않아야 한다.

③ 실제 항복강도에 대한 실제 극한인장강도의 비가 1.25 이상이어야 한다.

④ 비선형 횡변위의 결과로 철근의 항복이 일어날 수 있는 단면으로부터 부재 깊이의 2배만큼 떨어진 거리 안에서는 용접이음을 사용할 수 있다.

15 중간모멘트골조의 휨부재 어느 위치에서나 정 또는 부휨강도는 양측 접합면의 최대휨강도의 1/5 이상이 되어야 한다.

16 비선형 횡변위의 결과로 철근의 항복이 일어날 수 있는 단면으로부터 부재 깊이의 2배 만큼 떨어진 거리 안에서는 용접 이음을 사용할 수 없다.

17 구조용 강재의 항복강도(F_y, MPa)를 나타내는 다음 표의 ㉠~㉣에 들어갈 값으로 옳은 것은?

판두께 \ 강재종별	SS275	SM355	SN355	SM420
40mm 이하	265	(㉡)	(㉢)	420
40mm 초과 75mm 이하	245	335	335	400
75mm 초과 100mm 이하	(㉠)	325	335	(㉣)

	㉠	㉡	㉢	㉣
①	245	355	355	390
②	265	325	345	390
③	245	355	315	375
④	265	325	325	375

18 합성부재 설계에 대한 설명으로 옳지 않은 것은?

① 합성단면의 공칭강도를 결정하는데 있어 매입형합성부재는 국부좌굴을 고려할 필요가 없다.

② 변형률적합법을 이용한 강도산정에서는 단면에 걸쳐 변형률이 비선형적으로 분포한다고 가정하며, 콘크리트의 최대압축 변형률을 0.0030~0.0035로 가정한다.

③ 매입형 합성부재에서 강재코어의 단면적은 합성기둥 총단면적의 1% 이상으로 한다.

④ 충전형 합성부재에서 강관의 단면적은 합성부재 총단면적의 1% 이상으로 한다.

ANSWER 17.① 18.②

17

판두께 \ 강재종별	SS275	SM355	SN355	SM420
40mm 이하	265	355	355	420
40mm 초과 75mm 이하	245	335	335	400
75mm 초과 100mm 이하	245	325	335	390

18 변형률적합법에서는 단면에 걸쳐 변형률이 선형적으로 분포한다고 가정하며, 콘크리트의 최대압축변형률은 0.0030으로 가정한다.

19 충전형 합성부재에서 압축강재요소의 최대허용 폭두께비로 옳지 않은 것은? (단, b는 각형강관의 폭, D 는 원형강관의 직경, t는 두께, E는 강재의 탄성계수(MPa), F_y는 강재의 항복강도(MPa)이며, 각형강관 은 사각형 강관 및 두께가 일정한 용접사각형강관이다)

① 압축력을 받는 충전형 각형강관(b/t) : $5.0\sqrt{E/F_y}$

② 압축력을 받는 충전형 원형강관(D/t) : $0.31E/F_y$

③ 휨을 받는 충전형 각형강관의 플랜지(b/t) : $5.7\sqrt{E/F_y}$

④ 휨을 받는 충전형 원형강관(D/t) : $0.31E/F_y$

20 콘크리트 슬래브 또는 합성 슬래브에 매입된 스터드앵커의 공칭전단강도 산정 시에 고려하여야 할 요소 가 아닌 것은?

① 스터드앵커의 단면적

② 콘크리트의 설계기준압축강도 및 탄성계수

③ 스터드앵커의 설계기준항복강도

④ 전단연결재의 위치에 따른 효과를 고려한 계수

ANSWER 19.③ 20.③

19 휨을 받는 충전형 합성기둥에 사용되는 각형강관의 최대허용 폭두께비는 $5.0\sqrt{E/F_y}$ 이하이어야 한다.

20 스터드앵커의 설계기준인장강도가 고려요소이다.(스터드앵커의 설계기준항복강도는 고려요소가 아님.)
스터드앵커 1개의 공칭전단강도는 다음과 같다.

$Q_n = 0.5A_{sa}\sqrt{f_{ck}E_c} \leq R_gR_pA_{sa}F_u$

A_{sa} : 스터드앵커의 단면적(mm^2)

f_{ck} : 콘크리트의 설계기준강도(MPa)

A_{sa} : 스터드앵커의 단면적(mm^2)

E_c : 콘크리트의 탄성계수(MPa)

F_u : 스터드앵커의 설계기준인장강도(MPa)

$R_g,\ R_p$: 감소계수(스터드앵커의 위치에 따라 값이 변화한다.)

1 기초구조에서 말뚝기초의 기본사항에 대한 설명으로 가장 옳지 않은 것은?

① 말뚝은 시공상 지장이 없고 신뢰할 만한 내력이 있는 것을 선택하여야 한다.

② 말뚝기초의 허용지지력은 말뚝의 지지력에 따른 것만으로 하고, 특별히 검토한 사항 이외에는 기초판 저면에 대한 지반의 지지력을 가산하여야 한다.

③ 충격력, 반복력, 횡력, 인발력 등을 받는 기초에 있어서는 말뚝기초에 대한 지반의 저항력 및 말뚝에 발생하는 복합 응력에 대하여 안전성을 검토하여야 한다.

④ 말뚝머리 부분, 이음부, 선단부는 충분히 응력을 전달할 수 있는 것으로 하여야 한다.

2 용접에 대한 설명으로 가장 옳지 않은 것은?

① 완전 용입된 그루브용접의 유효목두께는 접합판 중 얇은 쪽 판 두께로 한다.

② 그루브용접의 유효면적은 용접의 유효길이에 유효목두께를 곱한 것으로 한다.

③ 필릿용접의 유효길이는 필릿용접의 총 길이에서 유효목 두께의 2배를 공제한 값으로 한다.

④ 필릿용접의 유효목두께는 용접루트로부터 용접표면까지의 최단 거리로 하며 이음면이 직각인 경우에는 필릿 사이즈의 0.7배로 한다.

ANSWER 1.② 2.③

1 말뚝기초의 허용지지력은 말뚝의 지지력에 따른 것만으로 하고, 특별히 검토한 사항 이외에는 기초판 저면에 대한 지반의 지지력을 가산하지 않는 것으로 한다.

2 필릿용접의 유효길이는 필릿용접의 총 길이에서 필릿사이즈의 2배를 공제한 값으로 한다.

3 〈보기〉와 같은 부정정구조의 회전단에 휨모멘트 M이 작용할 때 양 지점에서의 반력 R의 값은?

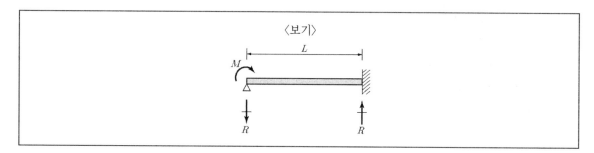

① 0

② $\dfrac{M}{L}$

③ $\dfrac{M}{2L}$

④ $\dfrac{3M}{2L}$

4 철근콘크리트구조의 철근 간격제한에 대한 내용으로 가장 옳지 않은 것은?

① 상단과 하단에 2단 이상으로 배치된 경우 상하 철근은 동일 연직면 내에 배치되어야 하고, 이때 상하 철근의 순 간격은 25mm 이상으로 하여야 한다.

② 철근의 순간격에 대한 규정은 서로 접촉된 겹침이음철근과 인접된 이음철근 또는 연속철근 사이의 순간 격에도 적용하여야 한다.

③ 벽체 또는 슬래브에서 휨 주철근의 간격은 벽체나 슬래브 두께의 4배 이하로 하여야 하고, 또한 500mm 이하로 하여야 한다.

④ 2개 이상의 철근을 묶어서 사용하는 다발철근은 이형철근으로, 그 개수는 4개 이하이어야 하며, 이들은 스터럽이나 띠철근으로 둘러져야 한다.

ANSWER 3.④ 4.③

3 모멘트 분배와 전달에 관한 문제이다.
좌측지점을 A지점, 우측고정단지점을 B지점이라고 하면

$\sum M_A = 0 : \dfrac{M}{2} - R_B \cdot L + M = 0$이 성립하며 따라서

따라서 $R_B = \dfrac{3M}{2L}$

4 벽체 또는 슬래브에서 휨 주철근의 간격은 벽체나 슬래브 두께의 3배 이하로 하여야 하고, 또한 450mm 이하로 하여야 한다.(단, 콘크리트 장선구조의 경우 이 규정이 적용되지 않는다.)

5 프리스트레스트 콘크리트구조에서 응력손실의 원인 중 콘크리트에 의한 응력손실이 아닌 것은?

① 탄성수축에 의한 손실

② 크리프에 의한 손실

③ 건조수축에 의한 손실

④ 정착장치의 활동에 의한 손실

6 충전형 합성기둥의 구조제한에 대한 설명으로 가장 옳지 않은 것은? (단, E는 강재의 탄성계수, F_y는 강재의 항복강도이다.)

① 최소한 4개의 연속된 길이방향 철근을 배치하여야 한다.

② 강관의 단면적은 합성부재의 총 단면적의 1% 이상이어야 한다.

③ 각형강관의 판폭두께비가 $2.26\sqrt{E/F_y}$ 이하를 만족하면 조밀단면으로 설계할 수 있다.

④ 원형강관의 지름두께비가 $0.15E/F_y$ 이하를 만족하면 조밀 단면으로 설계할 수 있다.

7 직접설계법을 사용하여 철근콘크리트 슬래브를 설계하기에 적합하지 않은 조건은?

① 각 방향으로 2경간 연속된 슬래브

② 단변경간에 대한 장변경간의 비가 2인 직사각형 슬래브

③ 각 방향으로 연속한 받침부 중심 간 경간 길이의 차이가 긴 경간의 1/3인 슬래브

④ 모든 하중이 슬래브판 전체에 걸쳐 등분포된 연직하중이며, 활하중이 고정하중의 2배인 슬래브

ANSWER 5.④ 6.① 7.①

5 정착장치의 활동에 의한 응력손실은 콘크리트에 의한 것이 아니라 정착장치에 연결된 긴장재의 응력손실에 의한 것이다.

6 최소한 4개의 연속된 길이방향 철근을 배치하여야 하는 것은 매입형 합성기둥에 관한 규정이다.

7 각 방향으로 3경간 연속된 슬래브이어야 한다.

8 〈보기〉와 같은 등변분포하중을 받는 단순보에서 최대 휨모멘트가 작용하는 위치는 A지점에서 얼마나 떨어진 위치인가?

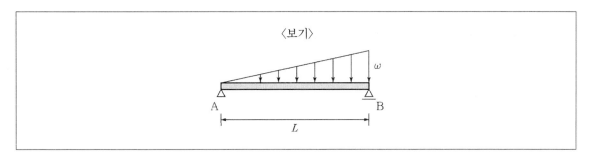

〈보기〉

① $\dfrac{L}{2}$

② $\dfrac{L}{3}$

③ $\dfrac{L}{\sqrt{3}}$

④ $\dfrac{2L}{3}$

9 철근콘크리트구조 옹벽에 있어 전도에 대한 안정 조건은?

① 저항휨모멘트는 횡토압에 의한 전도모멘트의 2.0배 이상이어야 한다.

② 저항휨모멘트는 횡토압에 의한 전도모멘트의 1.5배 이상이어야 한다.

③ 횡토압에 의한 전도모멘트는 저항휨모멘트의 1.5배 이상이어야 한다.

④ 횡토압에 의한 전도모멘트는 저항휨모멘트의 2.0배 이상이어야 한다.

ANSWER 8.③ 9.①

8 등변분포하중을 받는 단순보에서 최대 휨모멘트가 작용하는 위치는 A지점으로부터 $\dfrac{L}{\sqrt{3}}$ 만큼 떨어진 곳이다.

전단력선도를 그리면 아래의 그림과 같이 되며 전단력이 0이 되는 곳이 바로 최대휨모멘트가 작용하는 곳이다. 이 때 최대휨모멘트의 크기는 $M_{\max} = \dfrac{wL^2}{9\sqrt{3}}$ 이 된다.

전단력선도	휨모멘트선도

9 저항휨모멘트는 횡토압에 의한 전도모멘트의 2.0배 이상이어야 한다. (안전율이 2 이상이어야 한다.)

10 조적식 구조 중 공간쌓기벽의 벽체연결철물에 대한 설명으로 가장 옳지 않은 것은?

① 벽체 면적 0.4m² 당 적어도 직경 9.0mm의 연결철물을 1개 이상 설치해야 한다.

② 공간쌓기벽의 공간 너비가 100mm 이상, 150mm 이하인 경우에는 벽체 면적 0.3m²당 적어도 직경 9.0mm의 연결철물을 1개 이상 설치해야 한다.

③ 연결철물은 교대로 배치해야 하며, 연결철물 간의 수직과 수평 간격은 각각 600mm와 900mm를 초과할 수 없다.

④ 개구부 주위에는 개구부의 가장자리에서 300mm 이내에 최대 간격 900mm인 연결철물을 추가로 설치해야 한다.

11 목구조의 구조계획에 대한 설명으로 가장 옳지 않은 것은?

① 건물외주벽체 및 주요 칸막이벽 등 구조내력상 중요한 부분의 기초는 가능한 한 연속기초로 한다.

② 벽체는 압축력에 대한 좌굴을 고려하지 않아도 된다.

③ 층도리와 깔도리, 기둥과의 맞춤은 철물을 사용하여 견고하게 접합한다.

④ 토대는 그 부분에 작용하는 응력에 대하여 충분한 강도, 강성을 지니도록 한다.

12 강구조의 조립압축재의 구조제한 사항에 대한 설명으로 가장 옳지 않은 것은?

① 2개 이상의 압연형강으로 구성된 조립압축재는 접합재 사이의 개재세장비가 조립압축재 전체 세장비의 3/4배를 초과하지 않도록 한다.

② 조립부재개재를 연결시키는 재축방향의 용접 또는 파스너열 사이 거리가 380mm를 초과하면 래티스는 복래티스로 하거나 ㄱ형강으로 하는 것이 바람직하다.

③ 유공커버플레이트 형식 조립압축재의 응력 방향 개구부 길이는 개구부 폭의 2배 이하로 한다.

④ 유공커버플레이트 형식 조립압축재 개구부의 모서리는 곡률반경이 35mm 이상 되도록 하여야 한다.

10 공간쌓기벽의 공간 너비가 80mm 이상, 120mm 이하인 경우에는 벽체 면적 0.3m²당 적어도 직경 9.0mm의 연결철물을 1개 이상 설치해야 한다.

11 벽체는 압축력에 대한 좌굴을 필히 고려해야 한다.

12 유공커버플레이트 형식 조립압축재 개구부의 모서리는 곡률반경이 38mm 이상 되도록 하여야 한다.

13 철근의 정착 및 이음에 대한 설명으로 가장 옳지 않은 것은?

① 인장 이형철근 및 이형철선의 정착길이는 항상 300mm 이상이어야 한다.

② 압축 이형철근의 정착길이는 항상 200mm 이상이어야 하며 갈고리는 유효하지 않은 것으로 본다.

③ 인장력을 받는 이형철근 및 이형철선의 겹침이음길이는 300mm이어야 하며 A급 이음은 정착길이의 1.3배, B급 이음은 정착길이의 1.0배 이상으로 하여야 한다.

④ 서로 다른 크기의 철근을 압축부에서 겹침이음하는 경우, 이음길이는 직경이 큰 철근의 정착길이와 직경이 작은 철근의 겹침이음길이 중 큰 값 이상이어야 한다.

14 〈보기〉와 같이 양단부가 단순지지된 트러스 구조에서 'a'절점에 하중 P가 작용할 때, $a-b$ 부재에 작용하는 부재력은?

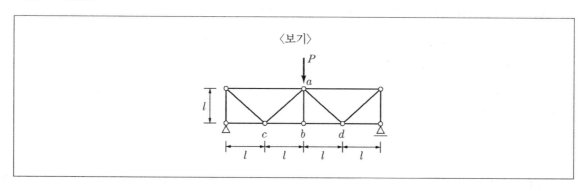

① 0

② $P/2$(압축)

③ P(압축)

④ P(인장)

13 인장력을 받는 이형철근 및 이형철선의 겹침이음길이는 300mm 이상이어야 하며 A급 이음은 정착길이의 1.0배, B급 이음은 정착길이의 1.3배 이상으로 하여야 한다.

14 a-b 부재에 작용하는 부재력은 0이 된다.

15 철근콘크리트 압축부재 설계에 대한 설명으로 가장 옳지 않은 것은?

① 정사각형, 8각형 또는 다른 형상의 단면을 가진 압축부재 설계에서 전체 단면적을 사용하는 대신 실제 형상의 최소 치수에 해당하는 지름을 가진 원형 단면을 사용할 수 있다.

② 하중에 의해 요구되는 단면보다 큰 단면으로 설계된 압축 부재의 경우, 감소된 유효단면적을 사용하여 최소 철근량과 설계강도를 결정할 수 있으며, 이때 감소된 유효단면적은 전체 단면적의 1/2 이상이어야 한다.

③ 압축부재의 장주 설계에서 원형 압축부재의 회전반지름은 원형 압축부재 지름의 0.25배로 사용할 수 있다.

④ 압축부재의 비지지길이는 바닥슬래브, 보, 기타 고려하는 방향으로 횡지지할 수 있는 부재들 사이의 중심 간 길이로 취하여야 한다.

16 등가정적해석법에 의한 밑면전단력 산정 시 유효건물중량 산정 방법으로 가장 옳지 않은 것은?

① 바닥하중에 칸막이벽 하중을 포함하는 경우, 칸막이의 실제 중량과 $0.5kN/m^2$ 중 큰 값을 사용한다.

② 영구설비는 총 하중의 25%를 반영한다.

③ 적설하중이 $1.5kN/m^2$를 넘는 평지붕의 경우, 평지붕 적설하중의 20%를 반영한다.

④ 개방된 주차장 건물의 경우, 활하중은 고려하지 않는다.

17 시공과정에서 구조적합성과 구조안전을 확인하기 위하여 책임구조기술자가 수행해야 하는 업무에 해당하지 않는 것은?

① 구조체 배근시공도 작성

② 구조재료에 대한 시험성적표 검토

③ 배근의 적정성 및 이음·정착 검토

④ 시공하자에 대한 구조내력 검토 및 보강 방안 마련

ANSWER 15.④ 16.②

15 압축부재의 비지지길이는 바닥슬래브, 보, 기타 고려하는 방향으로 횡지지할 수 있는 부재들 사이의 순간격으로 해야 한다.

16 영구설비는 총 하중을 반영한다.
등가정적해석법에 의한 밑면전단력 산정 시 유효건물중량 산정 방법
㉠ 창고로 쓰이는 공간에서는 활하중의 최소 25% (공용차고와 개방된 주차장 건물의 경우에 활하중은 포함시킬 필요가 없음.)
㉡ 바닥하중에 칸막이벽 하중이 포함될 경우에 칸막이의 실제중량과 $0.5kN/m^2$ 중 큰 값
㉢ 영구설비의 총 하중
㉣ 적설하중이 $1.5kN/m^2$을 넘는 평지붕의 경우에는 평지붕 적설하중의 20%
㉤ 옥상정원이나 이와 유사한 곳에서 조경과 이에 관련된 재료의 무게

17 구조체 배근시공도 작성은 책임구조기술자가 하는 것이 아니라 실무자인 현장시공자가 한다.

※ 책임구조기술자가 수행해야 하는 업무

㉠ 책임구조기술자 : 건축구조 분야에 대한 전문적인 지식, 풍부한 경험과 식견을 가진 전문가로서 이 기준에 따라 건축물 및 공작물의 구조체에 대한 구조설계 및 구조검토, 구조감리, 안전진단 등 관련 업무를 책임지고 수행할 수 있는 능력을 가진 기술자

㉡ 시공 중 구조안전 확인

시공과정에서 구조안전을 확인하기 위하여 책임구조기술자가 이 기준에 따라 수행해야 하는 업무의 종류는 다음과 같다.

ⓐ 구조물 규격에 관한 검토·확인
ⓑ 사용구조자재의 적합성 검토·확인
ⓒ 구조재료에 대한 시험성적표 검토
ⓓ 배근의 적정성 및 이음·정착 검토
ⓔ 설계변경에 관한 사항의 구조검토·확인
ⓕ 시공하자에 대한 구조내력검토 및 보강방안
ⓖ 기타 시공과정에서 구조체의 안전이나 품질에 영향을 줄 수 있는 사항에 대한 검토

• 구조설계도서의 구조안전 확인 : 건축구조물의 구조체에 대한 구조설계도서는 책임구조기술자가 이 기준에 따라 작성하여 구조적합성과 구조안전이 확보되도록 설계하였음을 확인하여야 한다.
• 시공상세도서의 구조안전 확인 : 시공자가 작성한 시공상세도서 중 이 기준의 규정과 구조설계도서의 의도에 적합한지에 대하여 책임구조기술자로부터 구조적합성과 구조안전의 확인을 받아야 할 도서는 다음과 같다.
– 구조체 배근시공도
– 구조체 제작·설치도(강구조 접합부 포함)
– 구조체 내화상세도
– 부구조체(커튼월·외장재·유리구조·창호틀·천정틀·돌붙임골조 등) 시공도면과 제작·설치도
– 건축 비구조요소의 설치상세도(구조적합성과 구조안전의 확인이 필요한 경우만 해당)
– 건축설비(기계·전기 비구조요소)의 설치상세도
– 가설구조물의 구조시공상세도
– 건설가치공학(V.E.) 구조설계도서
– 기타 구조안전의 확인이 필요한 도서

• 시공 중 구조안전 확인 : 시공과정에서 구조적합성과 구조안전을 확인하기 위하여 책임구조기술자가 이 기준에 따라 수행해야 하는 업무의 종류는 다음과 같다.
– 구조물 규격에 관한 검토·확인
– 사용구조자재의 적합성 검토·확인
– 구조재료에 대한 시험성적표 검토
– 배근의 적정성 및 이음·정착 검토
– 설계변경에 관한 사항의 구조검토·확인
– 시공하자에 대한 구조내력검토 및 보강방안
– 기타 시공과정에서 구조의 안전이나 품질에 영향을 줄 수 있는 사항에 대한 검토

• 유지·관리 중 구조안전 확인 : 유지·관리 중에 이 기준에 따라 구조안전을 확인하기 위하여 건축주 또는 관리자가 책임구조기술자에게 의뢰하는 업무의 종류는 다음과 같다.
– 안전진단
– 리모델링을 위한 구조검토
– 용도변경을 위한 구조검토
– 증축을 위한 구조검토

18 기초판 설계에 대한 설명으로 가장 옳지 않은 것은?

① 기초판 각 단면에서의 휨모멘트는 기초판을 자른 수직면에서 그 수직면의 한 쪽 전체 면적에 작용하는 힘에 대해 계산한다.

② 조적조 벽체를 지지하는 기초판은 벽체의 외면을 위험단면으로 하여 휨모멘트를 계산한다.

③ 2방향 정사각형 기초판의 휨철근은 기초판 전체 폭에 걸쳐 균등하게 배치하여야 한다.

④ 강재 밑판을 갖는 기둥을 지지하는 기초판은 기둥 외측면과 강재 밑판 단부 사이의 중간을 위험단면으로 하여 휨모멘트를 계산한다.

19 철골구조 용접부의 비파괴검사방법에는 내부 결함 검출을 위한 비파괴시험, 표면 결함 검출을 위한 비파괴시험이 있다. 아래 보기 중 비파괴시험이 아닌 것은?

① 방사선 투과법   ② 초음파 탐상법
③ 반발경도법   ④ 침투 탐상법

ANSWER   18.②   19.③

18 조적벽체를 지지하는 기초판은 벽체중심과 벽체면과의 중간에 위험단면이 있으며, 콘크리트 벽체를 지지하는 기초판은 벽체의 앞면에 위험단면이 있다.

※ 휨모멘트에 대한 위험단면
- 철근 콘크리트 기둥, 받침대 또는 벽체를 지지하는 확대기초는 기둥, 받침대 또는 벽체의 전면을 휨모멘트에 대한 위험단면으로 본다. 직사각형이 아닌 경우는 같은 면적을 가진 정사각형으로 고쳐 그 전면으로 한다.
- 석공벽을 지지하는 확대기초는 벽의 중심선과 전면과의 중간선을 위험단면으로 본다.
- 강철 저판을 갖는 기둥을 지지하는 확대기초는 강철 저판의 연단과 기둥 또는 받침대 전면의 중간선을 위험단면으로 본다.

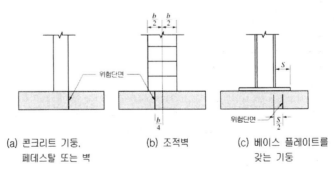

(a) 콘크리트 기둥,
페데스탈 또는 벽

(b) 조적벽

(c) 베이스 플레이트를
갖는 기둥

19 반발경도법은 콘크리트 구조물의 비괴시험법이다.

20 〈보기〉와 같은 정사각형 기초에 하중 P가 중심선으로부터 200mm 떨어진 위치에서 작용할 때, 기초의 저면에 발생하는 응력 분포도로 가장 옳은 것은?

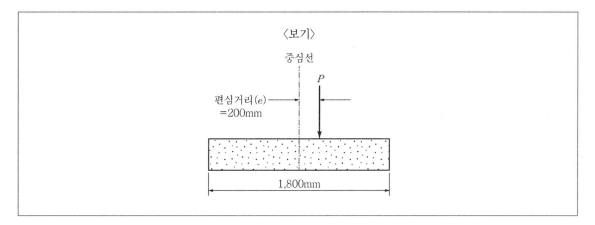

① 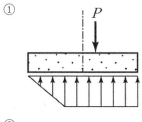 ②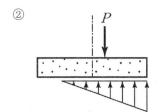

③ 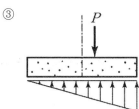 ④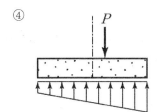

20 정사각형 기초의 경우 단면상 핵거리는 중심으로부터 한 변의 길이의 1/6만큼이다. 한 변의 길이가 1,800mm이므로 핵거리는 300mm가 되며 작용력 P의 편심거리가 200mm이므로 압축응력만 작용하게 되며 직관적으로 응력분포는 ④와 같은 형상을 갖는다.

1 풍하중 산정 시 고려해야 할 요소에 해당하지 않는 것은?

① 건물의 용도
② 건물의 표면적
③ 지표면 상태
④ 건물의 중량

2 「KDS(국가건설 기준코드)」에 따른 목구조의 부재설계에 대한 설명으로 가장 옳지 않은 것은?

① 인장부재의 경우, 섬유방향의 실제 인장응력은 순단면적에 근거하고 섬유직각방향으로는 인장응력이 발생하지 않도록 설계한다.
② 직사각형 기둥에 대한 세장비는 50을 초과하지 않도록 한다.
③ 휨부재에서 섬유직각방향의 전단강도는 섬유방향 전단강도보다 크기 때문에 섬유직각방향의 전단검토는 필요하지 않다.
④ 보의 최대처짐은 활하중만 고려할 경우 부재길이의 1/240보다 작아야 한다.

ANSWER 1.④ 2.④

1 풍하중은 글자 그대로 바람이 건물에 작용하는 하중이다. 따라서 건물의 중량을 고려하지 않는다.

2 보의 최대처짐은 활하중만 고려할 경우 부재길이의 1/360, 활하중과 고정하중을 함께 고려할 때에는 1/240보다 작아야 한다.

3 「KDS(국가건설 기준코드」에 따른 철근콘크리트 기둥의 띠철근 배근에 대한 설명으로 가장 옳지 않은 것은?

① 띠철근의 수직간격은 축방향 철근 지름의 16배 이하, 띠철근 지름의 48배 이하, 기둥단면의 최소 치수 이하로 한다.

② D32 이하의 축방향 철근은 D10 이상의 띠철근으로, D35 이상의 축방향 철근은 D13 이상의 띠철근을 사용한다.

③ 모든 모서리 축방향 철근과 하나 건너 위치하고 있는 축방향 철근들은 135° 이하로 구부린 띠철근의 모서리에 의해 횡지지되어야 한다.

④ 기초판 또는 슬래브 윗면에 연결되는 기둥의 첫 번째 띠철근 간격은 다른 띠철근 간격의 2/3 이하로 한다.

4 「KDS(국가건설 기준코드」에 따른 지진력 저항시스템 중 반응수정계숫값이 가장 큰 것은?

① 내력벽시스템 중 철근콘크리트 보통전단벽

② 건물골조시스템 중 철골편심 가새골조

③ 모멘트－저항골조 시스템 중 철골 중간모멘트 골조

④ 모멘트－저항골조 시스템 중 철근콘크리트 중간모멘트 골조

ANSWER 3.④ 4.②

3 기초판 또는 슬래브 윗면에 연결되는 기둥의 첫 번째 띠철근 간격은 다른 띠철근 간격의 1/2 이하로 한다.

4 ① 내력벽시스템 중 철근콘크리트 보통전단벽 : 4
② 건물골조시스템 중 철골편심 가새골조 : 8(링크 타단 모멘트저항접합), 7(링크 타단 비모멘트저항접합)
③ 모멘트－저항골조 시스템 중 철골 중간모멘트 골조 : 4.5
④ 모멘트－저항골조 시스템 중 철근콘크리트 중간모멘트 : 5

5 〈보기〉와 같은 단순보 중앙점의 휨모멘트가 0이 되기 위해서 필요한 집중하중 P의 크기는?

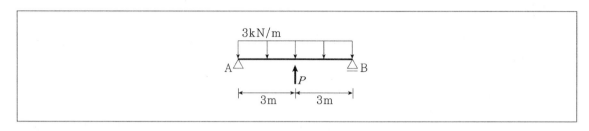

① 3kN
② 6kN
③ 9kN
④ 12kN

6 강재의 용접성에 대한 설명으로 가장 옳지 않은 것은?

① 탄소량이 증가하면 강도는 증가하나 연성과 용접성이 감소한다.
② TMCP강은 판두께 40mm 이상의 후판인 경우라도 용접성이 우수하다.
③ 가스실드아크용접(gas shield arc welding)은 후판의 용접을 목적으로 개발한 것이다.
④ 탄소당량은 탄소를 포함한 용접성에 영향을 미치는 원소의 함유량으로 계산한다.

7 조적재료를 쌓기 위한 모르타르는 접착용, 줄눈용, 치장용 등 목적에 따라 배합하여 사용하는데, 특별한 배합이 제시되지 않았을 경우에 벽체 붙임모르타르의 용적배합비(세골재/결합재)는?

① 1 ~ 1.5
② 1.5 ~ 2.5
③ 2.5 ~ 3.0
④ 3.0 ~ 4.0

ANSWER 5.③ 6.③ 7.②

5 등분포하중으로 인한 중앙점의 최대휨모멘트와 집중하중에 의한 중앙점의 최대휨모멘트의 크기가 서로 같아야 하므로
$\frac{wL^2}{8} = \frac{3 \cdot 6^2}{8} = \frac{PL}{4} = \frac{P \cdot 6}{4}$ 을 만족하는 $P = 9[\text{kN}]$ 이 된다.

6 가스실드아크용접은 이산화탄소가스나 이산화탄소와 아르곤가스의 혼합 가스 등으로 아크 및 용착 금속을 대기로부터 차폐하면서 하는 아크 용접법이다.

7 조적재료를 쌓기 위한 모르타르는 접착용, 줄눈용, 치장용 등 목적에 따라 배합하여 사용하는데, 특별한 배합이 제시되지 않았을 경우에 벽체 붙임모르타르의 용적배합비(세골재/결합재)는 1.5 ~ 2.5로 한다.

8 강재의 용접에서 PL-8×45 강판을 두께 10mm 판재 위에 겹쳐 놓은 후 측면 필릿용접을 실시할 경우 최소 및 최대 사이즈는?

	최소사이즈	최대사이즈
①	3	6
②	5	6
③	3	8
④	5	8

9 「KDS(국가건설 기준코드)」에 따른 철근 콘크리트 슬래브 설계 중 직접설계법에 대한 제한사항으로 가장 옳지 않은 것은?

① 모든 하중은 슬래브 판 전체에 걸쳐 등분포된 연직하중이어야 하며, 활하중은 고정하중의 1.5배 이하여야 한다.

② 슬래브 판들은 단변 경간에 대한 장변 경간의 비가 2 이하인 직사각형이어야 한다.

③ 각 방향으로 연속한 받침부 중심 간 경간 차이는 긴경간의 1/3 이하여야 한다.

④ 각 방향으로 3경간 이상 연속되어야 한다.

8 필릿용접의 최소사이즈(mm) (KDS 41 31 00 : 2019)

접합부의 얇은 쪽 모재두께 t	필릿용접의 최소사이즈
$t \leq 6$	3
$6 < t \leq 13$	5
$13 < t \leq 19$	6
$19 < t$	8

필릿용접의 최대사이즈(mm)

• $t < 6$mm일 때, $s = t$

• $t \geq 6$mm일 때, $s = t - 2$mm

9 모든 하중은 슬래브 판 전체에 걸쳐 등분포된 연직하중이어야 하며, 활하중은 고정하중의 2.0배 이하여야 한다.

10 〈보기〉의 단면과 스팬길이가 다른 두 단순보 ㈎, ㈏의 중앙점에 집중하중(P)이 작용하는 경우, 최대 처짐비(δ_A/δ_B)는?

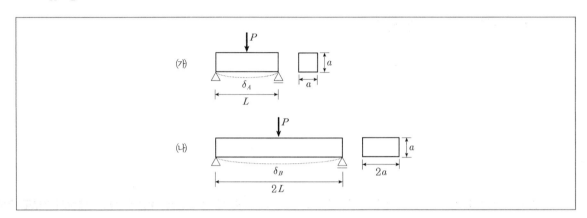

① 1/2

② 1/4

③ 1/8

④ 2

10 $\delta = \dfrac{PL^3}{48EI}$ 이므로, $\delta_A = \dfrac{PL^3}{48EI_A}$, $\delta_B = \dfrac{P(2L)^3}{48E(2I_A)} = \dfrac{PL^3}{12EI_A}$

따라서 최대처짐비 δ_A/δ_B는 1/4이 된다.

11 직사각형 단면($b \times h$)을 가진 단순보가 등분포 하중을 받을 때 보에 발생하는 최대휨응력과 최대전단응력의 값의 비(σ_{max}/τ_{max})는? (단, 보의 스팬(L)은 춤(h)의 10배이다.)

① 5

② 10

③ 15

④ 20

12 강구조의 강도한계상태설계에서 고정하중(D), 활하중(L), 지진하중(E)을 고려한 하중조합으로 가장 옳지 않은 것은?

① $1.4D$

② $1.2D+1.6L$

③ $1.2D+1.0E+L$

④ $0.9D+1.3E$

ANSWER 11.② 12.④

11 직사각형 단면($b \times h$)을 가진 단순보가 등분포 하중을 받을 때

최대휨응력 $\sigma_{max} = \dfrac{M_{max}}{Z} = \dfrac{\dfrac{wL^2}{8}}{\dfrac{bh^2}{6}} = \dfrac{3wL^2}{4bh^2}$

최대전단응력 $\tau_{max} = \dfrac{3}{2} \cdot \dfrac{V_{max}}{bh} = \dfrac{3}{2} \cdot \dfrac{\dfrac{wL}{2}}{bh} = \dfrac{3wL}{4bh}$

보의 스팬(L)은 춤(h)의 10배이므로 $L = 10h$, 이를 대입하면,

$\sigma_{max}/\tau_{max} = \dfrac{3wL^2}{4bh^2} / \dfrac{3wL}{4bh} = L/h = 10$

12 $0.9D+1.0E$이다.

13 「KDS(국가건설 기준코드))」에서의 프리캐스트콘크리트 부재설계시 일반적인 설계원칙으로 가장 옳은 것은?

① 인접 부재와 하나의 구조시스템으로서 역할을 하기 위하여 모든 접합부와 그 주위에서 발생할 수 있는, 단면력과 변형을 고려하여 설계하여야 한다.

② 설계할 때 사용된 제작과 조립에 대한 허용오차는 관련 도서에 표시하여야 하며, 부재를 설계할 때 일시적 조립응력도는 고려하지 않는다.

③ 연결부와 지압부를 설계할 때에는 건조수축, 크리프, 온도, 탄성변형, 부동침하, 풍하중, 지진하중 등에 의해 전달되는 힘 중 가장 큰 힘에 대해 설계한다.

④ 프리캐스트콘크리트 부재의 설계기준강도는 30MPa 이상으로 하여야 한다.

14 「KDS(국가건설 기준코드)」에 따른 중간모멘트 골조가 적용된 철근콘크리트 건축물의 내진설계 제한사항 중 보부재에 대한 설명으로 가장 옳지 않은 것은? (단, d : 보의 유효깊이이다.)

① 접합면에서의 정휨강도는 부휨강도의 1/3 이상이어야 한다.

② 보 양단에서 중앙부로 d값의 2배 길이에는 후프철근을 반드시 배치한다.

③ 양단부의 첫 번째 후프철근은 지지부재면에서 50mm 이내에 배치한다.

④ 스터럽 간격은 부재 전체의 길이에 있어서 d값 이하로 배치한다.

ANSWER 13.① 14.④

13 ② 설계할 때 사용된 제작과 조립에 대한 허용오차는 관련 도서에 표시하여야 하며, 부재를 설계할 때 일시적 조립응력도도 고려해야 한다.
③ 연결부와 지압부를 설계할 때에는 건조수축, 크리프, 온도, 탄성변형, 부동침하, 풍하중, 지진하중 등을 포함하여 부재에 전달되는 모든 힘의 영향에 대해 설계한다.
④ 프리캐스트콘크리트 부재의 설계기준강도는 21MPa 이상으로 하여야 한다.

14 스터럽 간격은 부재 전체의 길이에 있어서 $d/2$값 이하로 배치한다.

15 「KDS(국가건설 기준코드)」에서는 지진하중 산정 시 건물의 비정형성에 따라 건축물의 구조해석법을 달리 적용한다. 이 때 수직비정형성을 나타내는 것으로 가장 옳지 않은 것은?

① 횡력저항 시스템의 수평치수가 인접층 치수의 130%를 초과하는 경우
② 어떤 층의 횡강성이 인접한 상부층 횡강성의 70% 미만인 경우
③ 어떤 층의 유효중량이 인접층 유효중량의 130%를 초과하는 경우
④ 임의 층의 횡강도가 직상층 횡강도의 80% 미만인 약층이 존재하는 경우

16 〈보기〉와 같이 2개의 정사각형 형태단면을 가진 강철막대가 축하중 P를 받고 있을 때, 막대 AB가 150MPa의 축방향 인장응력을 받는다면 BC의 인장응력값은?

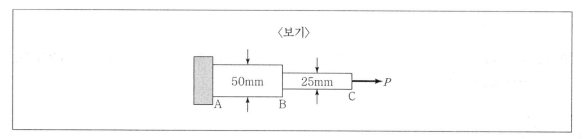

① 150MPa
② 300MPa
③ 450MPa
④ 600MPa

15 어떤 층의 유효중량이 인접층 유효중량의 150%를 초과하는 경우 중량분포의 비정형인 것으로 간주한다. (단, 지붕층이 하부층보다 가벼운 경우는 이를 적용하지 않는다.)

16 단면의 크기가 4배의 차이가 나며, 응력은 하중을 단면적으로 나눈 값이다. 주어진 그림을 보면 각 단면에 동일한 힘 P가 작용하므로 BC에는 AB막대에 발생하는 150MPa의 4배의 응력인 600MPa가 발생하게 된다.

17 경사형 스터럽을 전단철근으로 사용하는 경우, 철근에 의한 전단강도를 계산하는 식은? (단, α : 경사스터럽과 부재축의 사잇각, s : 종방향 철근과 평행한 방향의 철근간격, A_v : 스터럽철근의 단면적, f_{yt} : 횡방향철근의 항복강도, d : 보의 유효깊이, f_y : 종방향 철근의 항복강도이다.)

① $V_s = \dfrac{A_v f_{yt}(\sin\alpha + \cos\alpha)d}{2s}$

② $V_s = \dfrac{A_v f_{yt}(\sin\alpha + \cos\alpha)d}{s}$

③ $V_s = \dfrac{A_v f_{yt}(\tan\alpha + \cot\alpha)d}{2s}$

④ $V_s = \dfrac{A_v f_{yt}(\tan\alpha + \cot\alpha)d}{s}$

18 철근을 묶어 다발로 사용할 때 최대로 묶을 수 있는 다발 철근 묶음의 개수와 이때 증가시켜야 하는 최대 정착길이의 증가율은?

① 3개 – 20%   ② 3개 – 33%

③ 4개 – 20%   ④ 4개 – 33%

---

17 경사형 스터럽을 전단철근으로 사용하는 경우, 철근에 의한 전단강도를 계산하는 식은 다음과 같다.

$V_s = \dfrac{A_v f_{yt}(\sin\alpha + \cos\alpha)d}{s}$

α : 경사스터럽과 부재축의 사잇각

s : 종방향 철근과 평행한 방향의 철근간격

A_v : 스터럽철근의 단면적

f_{yt} : 횡방향철근의 항복강도

d : 보의 유효깊이

f_y : 종방향 철근의 항복강도

18 3개의 철근다발일 때는 20%, 4개의 철근다발일 때는 33%를 증가시켜야 한다.

19 「KDS(국가건설 기준코드)」에 따른 축력을 받는 부재 중 매입형 합성부재와 충전형 합성부재의 구조제한에 대한 설명으로 가장 옳은 것은?

① 충전형 합성부재의 경우 강관의 폭두께비 제한치를 만족해야 하며, λ_p, λ_r, λ_{max}로 구분된다.(λ_p : 조밀/비조밀, λ_r : 비조밀/세장, λ_{max} : 최대허용)

② 강재코어의 단면적은 합성기둥 총 단면적의 3% 이상으로 한다.

③ 횡 방향철근의 중심간 간격은 직경 D10의 철근을 사용할 경우에는 300mm 이하, 직경 D13 이상의 철근을 사용할 경우에는 500mm 이하로 한다.

④ 매입형 합성부재의 경우 연속된 길이방향 철근의 최소 철근비는 0.003으로 한다.

20 〈보기〉 점 D에서의 반력의 크기는?

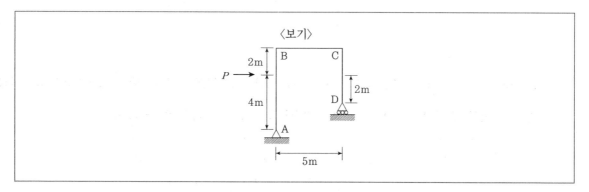

① 0.4P

② 0.5P

③ 0.8P

④ 1.0P

---

19 ② 강재코어의 단면적은 합성기둥 총 단면적의 1% 이상으로 한다.

③ 횡 방향철근의 중심간 간격은 직경 D10의 철근을 사용할 경우에는 300mm 이하, 직경 D13 이상의 철근을 사용할 경우에는 400mm 이하로 한다.

④ 매입형 합성부재의 경우 연속된 길이방향 철근의 최소 철근비는 0.004로 한다.

20 $H_A = P(\leftarrow)$

$\sum M_A = 4P - 5V_B = 0$

$V_D = 0.8P(\uparrow)$

본 문제는 국토교통부에서 고시한 국가건설기준코드(구조설계기준 : KDS 14 00 00, 건축설계 기준 : KDS 41 00 00)에 부합하도록 출제되었습니다.

1 강구조 용접에 대한 설명으로 옳지 않은 것은?

① 그루브용접의 유효길이는 그루브용접 총길이에서 2배의 유효목두께를 공제한 값으로 한다.

② 필릿용접의 유효면적은 용접의 유효길이에 유효목두께를 곱한 값으로 한다.

③ 그루브용접의 유효면적은 용접의 유효길이에 유효목두께를 곱한 값으로 한다.

④ 이음면이 직각인 필릿용접의 유효목두께는 필릿사이즈의 0.7배로 한다.

2 그림 (가)와 같은 직사각형 보의 항복모멘트(M_y)에 대한 소성 모멘트(M_p)의 비$\left(\dfrac{M_p}{M_y}\right)$는? (단, 보는 그림 (나)와 같이 이상적인 탄성-완전소성 재료로 가정하고, F_y는 재료의 항복강도이다)

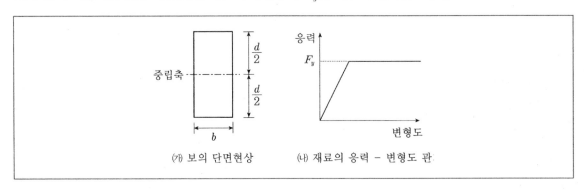

(가) 보의 단면현상   (나) 재료의 응력 - 변형도 관

① 0.5

② 1.0

③ 1.2

④ 1.5

1 그루브용접의 유효길이는 그루브용접 총길이에서 2배의 다리길이를 공제한 값으로 한다.

2 직사각형 단면의 항복모멘트는 $\dfrac{bd^2}{6}$, 소성모멘트는 $\dfrac{bd^2}{4}$ 이므로 정답은 1.5가 된다.

3 막구조 및 케이블구조의 허용응력설계법에서 장기하중에 대한 하중조합에 포함되지 않는 것은?

① 고정하중   ② 활하중

③ 풍하중   ④ 초기장력

4 기초구조의 하중에 대한 설명으로 옳지 않은 것은?

① 진동 또는 반복하중을 받는 기초의 설계는 상부구조의 사용상 지장이 없도록 하여 하중을 결정해야 한다.

② 지하구조부에서 흙과 접하는 벽에 대해서는 토압과 수압을 고려해야 한다.

③ 지하구조부에서 기초판에 대해서는 상부에서 오는 하중에 대응하는 접지압을 고려해야 한다.

④ 구조체와 흙의 상태가 같다면 기초 및 지하구조물에 작용하는 정지토압, 수동토압 및 주동토압의 크기가 동일하다.

5 프리스트레스트 콘크리트 휨부재의 사용성에 대한 설명으로 옳지 않은 것은?

① 프리스트레스 도입 직후의 콘크리트 허용응력에 대한 제한은 사용성을 위한 것으로써 극한하중에 대한 강도검토는 별도로 수행해야 한다.

② 프리스트레스 도입 직후 콘크리트의 응력검토는 콘크리트 설계기준압축강도를 기준으로 해야 한다.

③ 프리스트레스 도입 직후의 콘크리트 응력은 콘크리트 탄성수축, 긴장재 릴랙세이션, 정착장치의 활동에 의한 손실과 부재의 자중에 의한 응력에 따라 감소한다.

④ 프리스트레스에 의한 휨모멘트는 사용하중 시의 휨모멘트와 반대방향으로 작용한다.

ANSWER   3.③   4.④   5.②

3 막구조 및 케이블구조의 구조설계에 적용되는 설계하중 … 고정하중, 활하중, 적설하중, 풍하중, 지진하중, 초기인장력, 내부압력

※ 막구조 및 케이블의 허용응력설계법에서의 하중조합

장기하중	$D + L + T_i(P_i)$
단기하중	$D + L + S + T_i(P_i)$
	$D + L + W + T_i(P_i)$

(D는 고정하중, L은 활하중, S는 적설하중, W는 풍하중, T_i는 초기장력, P_i는 내부압력)

4 구조체와 흙의 상태(비중, 온습도 등의 특성)가 일정하다고 할 경우 기초 및 지하구조물에 작용하는 정지토압, 수동토압 및 주동토압의 크기는 차이가 있다. 일반적으로 수동토압 > 정지토압 > 주동토압의 크기를 갖는다.

5 프리스트레스 도입 직후 콘크리트의 응력검토는 콘크리트 설계기준압축강도(f_{ck})를 기준으로 하는 것이 아니라 프리스트레스를 도입할 때 콘크리트의 압축강도(f_{ci})로 해야 한다.

6 기초지반의 지지력 및 침하에 대한 설명으로 옳지 않은 것은?

① 기초는 상부구조를 안전하게 지지하고, 유해한 침하 및 경사 등을 일으키지 않도록 해야 한다.

② 기초는 접지압이 지반의 허용지지력을 초과하지 않아야 한다.

③ 기초지반의 허용지지력 산정 시 기초폭은 기초저면의 최대폭을 사용해야 한다.

④ 기초의 침하는 허용침하량 이내이고, 가능하면 균등해야 한다.

7 철근콘크리트 압축부재의 장주설계에 대한 설명으로 옳지 않은 것은?

① 비횡구속 골조 내 압축부재의 세장비가 22 이하인 경우에는 압축부재의 장주효과를 무시할 수 있다.

② 비횡구속 골조 내 압축부재의 유효길이계수는 1.0보다 작아야 한다.

③ 장주효과에 의한 압축부재의 휨모멘트 증대는 압축부재 단부 사이의 모든 위치에서 고려해야 한다.

④ 두 주축에 대해 휨모멘트를 받는 압축부재에서 각 축에 대한 휨모멘트는 해당 축의 구속조건을 기초로 하여 각각 증대시켜야 한다.

8 다음 그림과 같이 압연 H형강 H-248×124×5×8(필릿반경 12mm) 단순보의 단부에 집중하중 P가 작용할 경우 웨브의 국부항복 설계강도는? (단, F_{yw}는 웨브의 항복강도(N/mm²)이다)

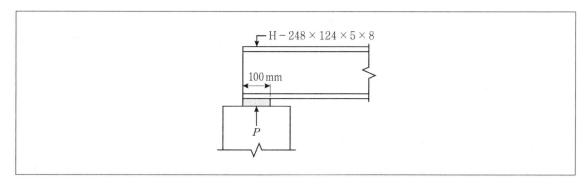

① $750F_{yw}$

② $1,000F_{yw}$

③ $1,140F_{yw}$

④ $1,480F_{yw}$

8 웨브의 직상 또는 직하의 플랜지에 작용하는 집중하중의 지점에서 웨브모살선단부의 설계강도는 다음과 같이 구한다.

※ 웨브국부항복강도

단일집중하중과 이중집중하중의 인장·압축 2요소에 모두 적용된다. 집중하중이 작용하는 지점에서 웨브모살 선단부의 설계강도 ϕR_n은 다음에 의해 산정한다. (단, $\phi = 1.00$)

웨브 국부공칭강도 R_n은 다음에 의해서 산정한다.

㉠ 인장 또는 압축 집중하중의 작용점에서 재단까지의 거리가 부재깊이를 초과할 경우 $R_n = (5k + N)F_{yw}t_w$

㉡ 상기의 집중하중의 작용점에서 재단까지의 거리가 부재깊이 이하일 경우 $R_n = (2.5k + N)F_{yw}t_w$

• k : 플랜지의 바깥쪽 면으로부터 웨브필렛선단부까지의 거리, mm
• F_{yw} : 웨브의 항복응력
• N : 집중하중이 작용하는 폭(다만 보의 단부 반력에 대해서는 k보다 작지 않을 것), mm
• t_w : 웨브두께, mm, d : 부재의 전체깊이, mm

웨브의 국부항복에 대한 저항계수 ϕ는 1.0

$k = t_f + r = 8 + 12 = 20$

문제의 그림에서 주어진 경우는 ㉡의 식으로 해석한다.

$R_n = \phi(2.5k + N)F_{yw}t_w = 1.0(2.5 \cdot 20 + 100)F_{yw} \cdot 5 = 750F_{yw}$

9 내진설계 시 철근콘크리트 중간모멘트골조에 대한 요구사항으로 옳지 않은 것은?

① 보의 첫 번째 후프철근은 지지부재면으로부터 50mm 이내의 구간에 배치해야 한다.

② 보의 스터럽 간격은 부재 전길이에 걸쳐서 유효깊이(d)의 1/2 이하이어야 한다.

③ 기둥의 휨항복 발생구간 내 첫 번째 후프철근은 접합면으로부터 횡방향 철근의 최대간격 이내에 있어야 한다.

④ 보의 접합면에서 정휨강도는 부휨강도의 1/3 이상이 되어야 한다.

10 철근콘크리트 아치구조에 대한 설명으로 옳지 않은 것은?

① 아치의 축선이 고정하중에 의한 압축력선 또는 고정하중과 등분포활하중의 1/2이 재하된 상태에 대한 압축력선과 일치하도록 설계해야 한다.

② 아치 리브의 세장비(λ)가 20 이하인 경우 좌굴검토는 필요하지 않다.

③ 아치 리브가 박스 단면인 경우에는 연직재가 붙는 곳에 격벽을 설치해야 한다.

④ 아치 리브의 세장비(λ)가 35를 초과하는 경우에는 아치 축선 이동의 영향을 고려하지 않는다.

11 흙막이구조물에 대한 설명으로 옳지 않은 것은?

① 흙막이벽의 지지구조형식은 벽의 안전성, 시공성, 민원발생 가능성, 인접건물과의 이격거리 등을 검토하여 선정한다.

② 흙막이구조물의 설계에서는 벽의 배면에 작용하는 측압을 깊이에 반비례하여 증대하는 것으로 한다.

③ 지하굴착공사 중 및 굴착완료 후 주변지반의 침하 및 함몰 등에 대한 지하 공극조사 계획을 수립해야 한다.

④ 구조물 등에 근접하여 굴토하는 경우 벽의 배면측압에 구조물의 기초하중 등에 따른 지중응력의 수평성분을 가산한다.

9 기둥의 휨항복 발생구간 내 첫 번째 후프철근은 접합면으로부터 횡방향 철근의 최대간격의 1/2 이내에 있어야 한다.

10 아치 리브의 세장비가 35를 초과하는 경우에는 유한변형이론 등에 의해 아치 축선 이동의 영향을 반드시 고려해야 한다.

11 흙막이벽체 설계 시 배면에 작용하는 토압은 깊이에 비례하여 증대하는 것으로 한다.

12 철근콘크리트 휨부재 복부철근의 정착에 대한 설명으로 옳지 않은 것은?

① 복부철근은 피복두께 요구조건과 다른 철근과의 간격이 허용하는 한 부재의 압축면과 인장면 가까이까지 연장해야 한다.

② U형 스터럽을 구성하는 용접원형철망의 종방향철선 하나는 압축면에서 유효깊이 d 이하에 배치해야 한다.

③ 전단철근으로 사용하기 위해 굽혀진 종방향 주철근이 인장구역으로 연장되는 경우에 종방향 주철근과 연속되어야 한다.

④ 단일 U형 또는 다중 U형 스터럽의 양 정착단 사이의 연속구간 내 굽혀진 부분은 종방향철근을 둘러싸야 한다.

13 강구조 국부좌굴 거동을 결정하는 강재단면의 요소에 대한 설명으로 옳지 않은 것은?

① 콤팩트(조밀)단면은 완전소성 응력분포가 발생할 수 있고, 국부좌굴 발생 전에 약 3의 곡률연성비를 발휘할 수 있다.

② 세장판단면은 소성범위에서 국부좌굴이 발생할 수 있다.

③ 콤팩트(조밀)단면에서의 모든 압축요소는 콤팩트(조밀)요소의 판폭두께비 제한값 이하의 판폭두께비를 가져야 한다.

④ 비콤팩트(비조밀)단면은 국부좌굴이 발생하기 전에 압축요소에 항복응력이 발생할 수 있다.

ANSWER 12.② 13.②

12 U형 스터럽을 구성하는 용접원형철망의 각 가닥은 다음의 방법으로 정착해야 한다.
    ㉠ U형 스터럽의 가닥 상부에 50mm 간격으로 2개의 종방향 철선을 배치하여야 한다.
    ㉡ 종방향 철선 하나는 압축면에서 $d/4$ 이하에 배치하고 두 번째 종방향 철선은 첫 번째 철선으로부터 50mm 이상의 간격으로 압축면에 가까이 배치하여야 한다. 이 때 두 번째 종방향 철선은 굴곡부 밖에 두거나 또는 굴곡부 내면지름이 $8d_b$ 이상일 경우는 굴곡부상에 둘 수 있다

13 세장판단면은 소성범위에 도달하기 전 탄성범위에서 국부좌굴이 발생한다.

14 프리캐스트 콘크리트구조에 대한 설명으로 옳지 않은 것은?

① 프리캐스트 콘크리트 부재의 설계기준압축강도는 21MPa 이상으로 해야 한다.

② 프리캐스트 콘크리트 벽판 구조물에서 프리캐스트 콘크리트 부재가 바닥격막구조일 때, 격막구조와 횡력을 부담하는 구조를 연결하는 접합부는 최소한 4,400N/m의 공칭인장강도를 가져야 한다.

③ 프리캐스트 콘크리트 벽판 구조물의 일체성 확보를 위해 접합부는 강재의 항복에 앞서 콘크리트의 파괴가 먼저 이루어지도록 설계해야 한다.

④ 프리캐스트 콘크리트 접합부에서는 그라우트 연결, 전단키, 기계적이음장치, 철근, 보강채움 또는 이들의 조합 등을 통해 힘이 전달되도록 해야 한다.

15 목구조 용어에 대한 설명으로 옳지 않은 것은?

① 목구조에서 목재부재 사이의 접합을 보강하기 위하여 사용되는 못, 볼트, 래그나사못 등의 조임용 철물을 파스너라 한다.

② 주요구조부가 공칭두께 50mm(실제두께 38mm)의 규격재로 건축된 목구조를 경골목구조라 한다.

③ 경골목구조에서 벽체의 뼈대를 구성하는 수직부재를 스터드라 한다.

④ 수직하중을 골조 또는 벽체 등의 수직재에 전달하기 위한 구조를 바닥격막구조라 한다.

16 철근콘크리트구조 슬래브와 기초판의 전단설계에 대한 설명으로 옳지 않은 것은?

① 2방향으로 하중을 전달하는 슬래브와 기초판은 뚫림전단에 대하여 설계해야 한다.

② 슬래브의 전단보강용으로 I형강 및 ㄷ형강을 사용할 수 있다.

③ 확대머리 전단스터드는 슬래브 또는 기초판 부재면에 수평으로 배치하여 전단보강용으로 사용해야 한다.

④ 슬래브 전단철근은 충분히 정착되어야 하며 길이방향 휨철근을 둘러싸야 한다.

ANSWER 14.③ 15.④ 16.③

14 프리캐스트 콘크리트 벽판 구조물의 일체성 확보를 위해 접합부는 콘크리트의 파괴에 앞서 강재의 항복이 먼저 이루어져야 한다.

15 바닥격막구조는 횡하중을 골조 또는 벽체 등의 수직재에 전달하기 위한 바닥 또는 지붕틀 구조이다.

16 확대머리 전단스터드는 슬래브 또는 기초판 부재면에 수직으로 배치하여 전단보강용으로 사용해야 한다.

17 보강조적조 강도설계법의 설계가정으로 옳지 않은 것은?

① 휨강도의 계산에서 보강근과 조적조벽의 인장강도를 고려해야 한다.
② 보강근은 조적재료와 완전히 부착되어야만 하나의 재료로 거동하는 것으로 가정한다.
③ 단근보강 조적조벽단면의 휨과 압축하중 조합에 대한 공칭강도 계산 시 보강근과 조적조의 변형률은 중립축으로부터의 거리에 비례하는 것으로 가정한다.
④ 조적조의 압축강도와 변형률은 직사각형으로 가정한다.

18 건축물 내진설계 시 내진설계범주 'D'에 해당하는 구조물에 적용할 수 없는 기본 지진력저항시스템은?

① 철근콘크리트 특수전단벽의 내력벽시스템
② 철근콘크리트 중간모멘트골조의 모멘트−저항골조 시스템
③ 철골 보통중심가새골조의 건물골조시스템
④ 철골 보통모멘트골조의 역추형 시스템

19 마찰접합 또는 전인장조임되는 고장력볼트접합에서 설계볼트장력 이상의 장력을 도입하기 위한 조임방법이 아닌 것은?

① 간접인장측정법
② 토크관리법
③ 토크쉬어볼트법
④ 너트회전법

---

17 보강조적조 강도설계법에서는 휨강도의 계산에서 조적조벽의 인장강도는 고려하지 않는다.

18 철골 보통모멘트골조의 역추형 시스템은 내진설계범주 'D'에 해당하는 구조물에 적용할 수 없다.(역추형 시스템은 구조물의 상부쪽의 형태가 크거나 무게가 무겁고 아래쪽이 작은 형태로 된 구조를 말한다.)

19 마찰접합 또는 전인장조임되는 고장력볼트접합에서 설계볼트장력 이상의 장력을 도입하기 위한 조임방법에는 직접인장측정법, 토크관리법, 토크쉬어볼트법, 너트회전법 등이 있다.

20 그림과 같은 트러스구조에서 인장력을 받는 부재의 개수는? (단, 부재의 자중은 무시한다)

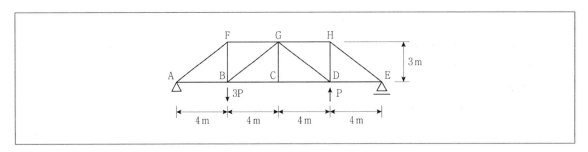

① 3개   ② 4개

③ 5개   ④ 6개

20 각 지점의 반력을 구하면,

$$\sum M_A = 0 : 3P \cdot 4m - P \cdot 12m - R_E \cdot 16m = 0$$

따라서 E점에서의 연직반력은 0이 되며 A점의 연직반력은 $2P(\uparrow)$가 된다.

절단법으로 해석을 하면,

BD의 부재를 구하기 위해 절단선이 BD의 부재를 지나가도록 한다.

$$\sum V = 0 : 2P - 3P + F_{BG} \cdot \frac{3}{5} = 0, \quad F_{BG} = \frac{5}{3}P(인장)$$

$$M_B = R_A \cdot 4m + F_{FG} \cdot 3m = 0, \quad F_{FG} = -4P \ (압축)$$

$F_{BC} = 4P(인장)$이며 AB도 인장이 된다.

BF부재는 인장임을 직관적으로 알 수 있다. (AF부재는 압축부재가 된다.)

$$\sum V = 0 : P - \frac{3}{5}F_{GD} = 0 \text{이므로} \quad F_{GD} = -\frac{5}{3}P(압축)$$

트러스 부재의 부재력은 다음과 같이 된다.

㉠ 인장부재 : AB, BC, BF, BG, CD

㉡ 압축부재 : AF, FG, GD

㉢ 0부재 : GC, GH, HD, HE, DE

1 〈보기〉와 같이 보가 삼각형모양의 분포하중을 받고 있을 때, 중앙부 C점에서의 휨모멘트 값은?

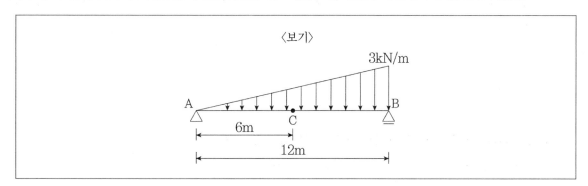

① 9kN · m

② 12kN · m

③ 27kN · m

④ 36kN · m

1 $M_x = R_A \cdot x - \dfrac{3[kN]}{12[m]} \cdot x \cdot \dfrac{x}{2} \cdot \dfrac{x}{3} = \dfrac{1}{6}\left(3[kN] \cdot 12[m] \cdot x - \dfrac{3[kN]}{12} \cdot x^3\right)$

$M_{x=6} = \dfrac{1}{6}\left(3 \cdot 12 \cdot 6 - \dfrac{6^3}{4}\right) = 27$

2 철근콘크리트 구조물에서 수축·온도철근에 대한 설명으로 가장 옳은 것은?

① 1방향 철근콘크리트 슬래브에 수축·온도철근으로 배치되는 이형철근 및 용접철망의 철근비는 0.0014이상이어야 한다.

② 수축·온도철근량은 수축 및 온도변화에 대한 변형이 심하게 구속된 부재에 대해서는 하중계수와 하중조합을 고려하여 최대철근량을 증가시켜야 한다.

③ 슬래브에서 휨철근이 1방향으로만 배치되는 경우 이 휨철근에 평행한 방향으로 수축·온도철근을 배치하여야 한다.

④ 1방향 철근콘크리트 슬래브의 수축·온도철근은 설계 기준항복강도까지 발휘할 수 있도록 정착할 필요는 없다.

3 매입형 합성부재의 구조제한 사항에 대한 설명으로 가장 옳은 것은?

① 연속된 길이방향철근의 최소철근비(ρ_{sr})는 0.005로 한다.

② 플랜지에 대한 콘크리트 순피복두께는 플랜지폭의 1/8 이상으로 한다.

③ 강재코어의 단면적은 합성기둥의 총단면적의 1%이상으로 한다.

④ 횡방향철근의 중심 간 간격은 직경 D10의 철근을 사용할 경우에는 200mm 이하로 한다.

ANSWER 2.① 3.③

2 ② 수축·온도철근량은 수축 및 온도변화에 대한 변형이 심하게 구속된 부재에 대해서는 하중계수와 하중조합을 고려하여 최소철근량을 증가시켜야 한다.
　　③ 슬래브에서 휨철근이 1방향으로만 배치되는 경우 휨철근에 직각인 방향으로 수축·온도철근을 배치하여야 한다.
　　④ 1방향 철근콘크리트 슬래브의 수축·온도철근은 설계 기준항복강도까지 발휘할 수 있도록 정착해야 한다.

3 ① 연속된 길이방향철근의 최소철근비(ρ_{sr})는 0.004로 한다.
　　② 플랜지에 대한 콘크리트 순피복두께는 플랜지폭의 1/6 이상으로 한다.
　　④ 횡방향철근의 중심 간 간격은 직경 D10의 철근을 사용할 경우에는 300mm 이하로 한다(직경 D13 이상의 철근을 사용할 경우에는 400mm 이하로 한다).

4 콘크리트 구조설계에 대한 설명으로 가장 옳은 것은?

① 콘크리트보에서 사용하중상태에서의 균열폭을 줄이기 위해서는 대구경 철근을 사용하는 것이 바람직하다.

② 건축구조기준에서는 고강도철근을 무량판슬래브에 사용하는 경우, 더 큰 슬래브 두께를 요구하고 있다.

③ 건축구조기준에서 슬래브의 뚫림전단 보강철근의 최대항복강도는 500MPa 이다.

④ 콘크리트 기둥에서 압축력이 증가할수록 휨강도가 감소한다.

5 〈보기〉와 같이 독립기초에 중심하중 N=50kN, 휨모멘트 M=30kN·m가 작용할 때, 기초 슬래브와 지반과의 사이에 접지압이 압축응력만 생기게 하기 위한 최소기초 길이(l)는? (단, 기초판은 직사각형으로 한다.)

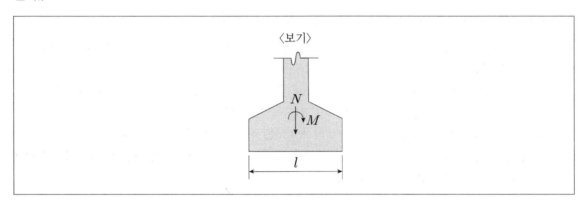

① 3.6m

② 4.0m

③ 4.4m

④ 4.8m

4 ① 콘크리트보에서 사용하중상태에서의 균열폭을 줄이기 위해서는 되도록 작은 구경의 철근을 여러개를 쓰는 것이 바람직하다.

③ 건축구조기준에서 슬래브의 뚫림전단보강철근의 최대항복강도는 400MPa 이다.

④ 콘크리트 기둥에서 압축력이 증가할수록 휨강도가 증가하게 된다.

5 $\sigma = \dfrac{P}{A} - \dfrac{M}{Z} \geq 0$을 만족하는 최소기초길이($l$)는

$\dfrac{P}{A} = \dfrac{50}{l^2} = \dfrac{M}{Z} = \dfrac{30}{\dfrac{l \cdot l^2}{6}}$ 을 만족하는 $l = 3.6[m]$

6 플레이트보(Plate girder, 판보)에 대한 설명으로 가장 옳지 않은 것은? (단, h: 필릿 또는 코너반경을 제외한 플랜지 간의 순거리, t_w: 웨브 두께, E: 강재의 탄성계수, F_{yf}: 플랜지의 항복응력이다.)

① 플레이트보는 보의 깊이가 깊어서 휨모멘트와 전단력이 큰 곳에 사용하며, 웨브(web)플레이트와 플랜지 (flange)플레이트의 접합재는 휨모멘트에 의해 결정한다.

② 스티프너(stiffener)는 웨브(web)플레이트의 좌굴을 방지하기 위한 것이다.

③ 커버플레이트(cover plate)는 플랜지 보강용으로 휨내력 부족을 보강하기 위한 것이다.

④ 웨브(web)의 폭두께비(h/t_w)가 $5.7\sqrt{E/F_{yf}}$ 보다 큰 경우에 적용한다.

7 구조용 강재를 사용한 건축물에 대한 용어의 설명으로 가장 옳은 것은?

① 비구속판요소(Unstiffened element) : 하중의 방향과 평행하게 한쪽 끝단이 직각방향의 판요소에 의해 연접된 평판요소

② 비콤팩트단면(Noncompact section) : 완전소성 응력 분포가 발생할 수 있고 국부좌굴이 발생하기 전에 약 3의 곡률연성비(회전능력)를 발휘할 수 있는 능력을 가진 단면

③ 크리플링(Crippling) : 집중하중이나 반력이 작용하는 위치에서 발생하는 전체적인 파괴

④ 패널존(Panel zone) : 접합부를 관통하는 보와 기둥의 웨브의 연장에 의해 구성되는 보-기둥접합부의 플랜지영역으로, 전단패널을 통하여 모멘트를 전달하는 영역

ANSWER 6.① 7.①

6 플레이트보는 보의 깊이가 깊어서 휨모멘트와 전단력이 큰 곳에 사용하며, 웨브(web)플레이트와 플랜지(flange)플레이트의 접합재는 전단력에 의해 결정한다.

7 ② 비콤팩트단면(Noncompact section) : 단면을 구성하는 요소 중 하나 이상의 압축판요소가 비콤팩트요소인 단면이다.
   ※ **콤팩트(조밀)단면** : 완전소성 응력분포가 발생할 수 있고 국부좌굴이 발생하기 전에 약 3의 곡률연성비(회전능력)를 발휘할 수 있는 능력을 지닌 단면
   ③ 크리플링(Crippling) : 집중하중이나 반력이 작용하는 위치에서 발생하는 국부적인 파괴
   ④ 패널존(Panel zone) : 접합부를 관통하는 보와 기둥의 웨브의 연장에 의해 구성되는 보-기둥접합부의 웨브영역으로, 전단패널을 통하여 모멘트를 전달하는 영역

8 〈보기〉에서 보의 중앙에 집중하중 P를 받는 단순보에서 단면 Y-Y의 중립축의 위치 A에서 일어나는 전단응력도를 τ, 그 아래 B에서 일어나는 인장응력도를 σ로 할 때, $\dfrac{\sigma}{\tau}$의 값이 4로 되는 x의 값은?

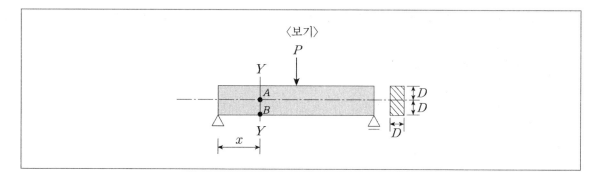

① D

② $\dfrac{5}{3}D$

③ $\dfrac{4}{3}D$

④ $2D$

ANSWER 8.④

8 $\tau_A = \dfrac{3}{2} \cdot \dfrac{S}{A} = \dfrac{3}{2} \cdot \dfrac{0.5P}{2D^2} = \dfrac{1.5P}{4D^2}$

$\sigma_B = \dfrac{M}{Z} = \dfrac{0.5P \cdot x}{\dfrac{D(2D)^2}{6}} = \dfrac{2}{3}D^3$

$\sigma_B = 4\tau_B$ 이어야 하므로 $\dfrac{1.5P}{4D^2} = 4 \cdot \dfrac{1.5P \cdot x}{2D^3}$

이를 만족하는 $x = 2D$가 된다.

9 기성콘크리트말뚝과 현장타설콘크리트말뚝에 대한 설명으로 가장 옳지 않은 것은?

① 기성콘크리트말뚝의 주근은 6개 이상 또한 그 단면적의 합은 말뚝 실면적의 0.8% 이상으로 하고, 띠철근 또는 나선철근으로 상호 연결한다.

② 기성콘크리트말뚝을 타설할 때 그 중심 간격은 말뚝머리 지름의 2.5배 이상 또한 750mm 이상으로 한다.

③ 현장타설콘크리트말뚝은 특별한 경우를 제외하고, 주근은 6개 이상 또한 설계단면적의 0.4% 이상으로 하고 띠철근 또는 나선철근으로 보강하여야 한다.

④ 현장타설콘크리트말뚝을 배치할 때 그 중심간격은 말뚝머리 지름의 2.0배 이상 또한 말뚝머리 지름에 1,000mm를 더한 값 이상으로 한다.

10 성능설계법에 대한 설명으로 가장 옳지 않은 것은?

① 동적해석을 위한 설계지진파의 결정에서 시간이력 해석은 지반 조건에 상응하는 지반운동 기록을 최소한 3개 이상 사용하여 수행한다.

② 비탄성정적해석을 사용하는 경우에는 구조물의 비탄성 변형능력 또는 에너지소산능력에 따라서 탄성응답 스펙트럼가속도를 저감시켜서 비탄성응답스펙트럼을 정의할 수 있다.

③ 지진력저항시스템을 성능설계법으로 설계하고자 할 때, 내진등급이 I이고, 성능목표가 인명안전인 경우, 지진 위험도는 설계스펙트럼가속도의 1.2배로 한다.

④ 구조체의 설계에 사용되는 밑면전단력의 크기는 등가정적해석법에 의한 밑면전단력의 60% 이상이어야 한다.

11 목구조의 내구계획 및 공법으로 가장 옳지 않은 것은?

① 내구성을 고려한 계획·설계는 목표사용연수를 설정하여 실시한다.

② 사용연수는 건축물 전체와 각 부위, 부품, 기구마다 추정하고, 성능저하에 따른 추정치와 썩음에 의한 추정치 중 작은 추정치를 구한다.

③ 방부공법으로 구조법을 최소로 하고 방부제처리법을 우선으로 한다.

④ 흰개미방지를 위하여 구조법, 방지제처리법, 토양 처리법을 통하여 개미가 침입하는 것을 막는다.

12 〈보기〉에서 보의 최대 처짐이 큰 것에서 작은 것 순서 대로 바르게 연결된 것은? (단, P : 집중하중, w : 등분포하중, l는 동일하고, $P = w\,l$이다.)

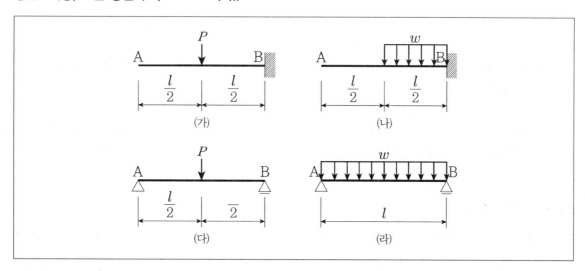

① (가)→(다)→(나)→(라)

② (나)→(가)→(라)→(다)

③ (다)→(가)→(나)→(라)

④ (라)→(나)→(가)→(다)

13 풍하중 기준에 대한 설명으로 가장 옳은 것은?

① 지표면조도구분 D인 지역에서의 기준경도풍높이(Z_g)값이 지표면조도구분 A, B, C 지역의 기준경도풍높이(Z_g)값보다 크다.

② 지표면조도구분 D인 지역에서의 대기경계층 시작 높이(z_b)값이 지표면조도구분 A, B, C 지역의 대기 경계층 시작높이(z_b)값보다 크다.

③ 대도시 중심부에서 고층건축물(10층 이상)이 밀집해 있는 지역의 지표면조도구분은 D이다.

④ 기준경도풍높이란 풍속이 일정한 값을 가지는 지상으로부터의 높이를 말한다.

14 강구조의 접합에 대한 설명으로 가장 옳지 않은 것은?

① 모멘트접합의 경우 단부가 구속된 작은보, 큰보 및 트러스의 접합은 접합강성에 의하여 유발되는 모멘트와 전단의 조합력에 따라 설계하여야 한다.

② 단순보의 접합부는 충분한 단부의 회전 능력이 있어야 하며, 이를 위해서는 소정의 비탄성변형은 허용될 수 없다.

③ 접합부의 설계강도는 45kN 이상이어야 한다.

④ 기둥이음부의 고장력볼트 및 용접이음은 이음부의 응력을 전달함과 동시에 이들 인장내력은 피접합재 압축강도의 1/2 이상이 되도록 한다.

ANSWER 13.④ 14.②

13 ① 지표면조도구분 D인 지역에서의 기준경도풍높이(Z_g) 값이 지표면조도구분 A, B, C 지역의 기준경도풍높이 (Z_g)값보다 작다.

② 지표면조도구분 D인 지역에서의 대기경계층 시작 높이(z_b)값이 지표면조도구분 A, B, C 지역의 대기 경계층 시작높이(z_b)값보다 작다.

③ 대도시 중심부에서 고층건축물(10층 이상)이 밀집해 있는 지역의 지표면조도구분은 A이다.

지표면조도구분	A	B	C	D
Z_b (m)	20m	15m	10m	5.0m
z_g (m)	500m	400m	300m	250m
α	0.33	0.22	0.15	0.10

지표면조도	주변지역의 지표면 상태
A	대도시 중심부에서 10층 이상의 대규모 고층건축물이 밀집해 있는 지역
B	높이 3.5m 정도의 주택과 같은 건축물이 밀집해 있는 지역 중층건물이 산재해 있는 지역
C	높이 1.5~10 m 정도의 장애물이 산재해 있는 지역 저층건축물이 산재해 있는 지역
D	장애물이 거의 없고, 주변 장애물의 평균높이가 1.5m 이하인 지역해안, 초원, 비행장

14 ② 단순보의 접합부는 충분한 단부의 회전 능력이 있어야 하며, 이를 위해서는 소정의 비탄성변형은 허용할 수 있다.

15 〈보기〉 트러스의 U_1의 부재력[kN]은? (단, 인장력은 (+), 압축력은 (−)이다.)

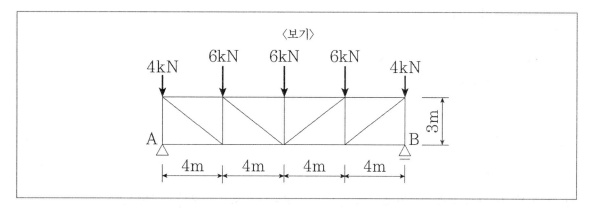

① 12.0kN

② −12.0kN

③ 10.5kN

④ −10.5kN

15

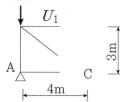

U_1부재를 지나는 절단면을 그은 후 절단된 좌측부재에서 가상의 C점을 잡은 후 이 점에 대하여 모멘트평형을 이루어야 한다는 점에 따라 문제를 풀면 된다.

$\sum M_C = 0 : (13-4) \cdot 4m + U_1 \cdot 3 = 0$이어야 하므로,

$U_1 = -12.0[kN]$이어야 한다.

A점의 수직반력은 좌우대칭 상태에서 하중도 대칭이므로, 26kN의 절반인 13kN(↑)이 되며, U_1부재를 포함하여 수직으로 절단 후, 왼쪽 두번째 6kN 하중이 내려오는 곳 하연재 힌지 부분에서 모멘트합이 0이 되어야 하므로

$R_A \cdot 4m - 4kN \cdot 4m + U_1 \cdot 3m = 0$이어야 하므로 $R_A = 13kN$이고 $U_1 = -12kN$가 된다. (부호가 − 이므로 U_1은 압축부재이다.)

16 철근콘크리트 보에서 압축철근을 배치하는 이유로 가장 옳지 않은 것은?

① 지속하중에 의한 처짐의 감소

② 연성의 증가

③ 파괴모드를 인장파괴에서 압축파괴로 전환

④ 철근의 배치 용이

17 다발철근에 대한 설명으로 가장 옳지 않은 것은?(단, d_b: 철근의 공칭 지름이다.)

① 2개 이상의 철근을 묶어서 사용하는 다발철근은 원형철근과 이형철근으로 그 개수는 4개 이하이어야 하며, 스터럽이나 띠철근으로 둘러싸여야 한다.

② 휨 부재의 경간 내에서 끝나는 한 다발철근 내의 개개 철근은 $40d_b$ 이상 서로 엇갈리게 끝나야 한다.

③ 다발철근의 간격과 최소피복두께를 철근지름으로 나타낼 경우, 다발철근의 지름은 등가단면적으로 환산된 1개의 철근지름으로 보아야 한다.

④ 보에서 D35를 초과하는 철근은 다발로 사용할 수 없다.

16 파괴모드를 인장파괴에서 압축파괴로 전환하는 것은 취성파괴가 발생하게 되므로 바람직하지 못하며 압축철근을 배치하는 이유로 볼 수 없다.

17 2개 이상의 철근을 묶어서 사용하는 다발철근은 이형철근으로, 그 개수는 4개 이하이어야 하며, 이들은 스터럽이나 띠철근으로 둘러싸여져야 한다.

18 다음의 지진력저항시스템 중 반응수정계수(R)값이 가장 큰 시스템은?

① 모멘트–저항골조 시스템 중 합성 중간모멘트골조
② 모멘트–저항골조 시스템 중 합성 보통모멘트골조
③ 모멘트–저항골조 시스템 중 철골 중간모멘트골조
④ 모멘트–저항골조 시스템 중 철골 보통모멘트골조

19 폭이 b이고 높이가 h인 직사각형 단면보에 전단력 V가 작용할 때, 전단응력도 τ에 대한 설명으로 가장 옳은 것은?

① 단면1차모멘트 Q에 반비례한다.
② 보의 폭 b에 비례한다.
③ 전단력 V에 반비례한다.
④ 직사각형 보 단면의 중앙부에서 최대이다.

ANSWER 18.① 19.④

18 ① 모멘트–저항골조 시스템 중 합성 중간모멘트골조 : 5
② 모멘트–저항골조 시스템 중 합성 보통모멘트골조 : 3
③ 모멘트–저항골조 시스템 중 철골 중간모멘트골조 : 4.5
④ 모멘트–저항골조 시스템 중 철골 보통모멘트골조 : 3.5

모멘트–저항골조 시스템	반응수정계수
철골 특수모멘트골조	8
철골 중간모멘트골조	4.5
철골 보통모멘트골조	3.5
합성 특수모멘트골조	8
합성 중간모멘트골조	5
합성 보통모멘트골조	3
합성 반강접모멘트골조	6

19 $\tau = \dfrac{V \cdot Q}{I \cdot b}$ 이므로 보기 중 맞는 설명은 ④이다.

20 길이, 단면 및 재질이 동일한 두 개의 기둥이 〈보기〉와 같이 지지점의 조건만 다를 때, 두 기둥에 작용하는 좌굴하중 P_1과 P_2의 이론적인 비율은?

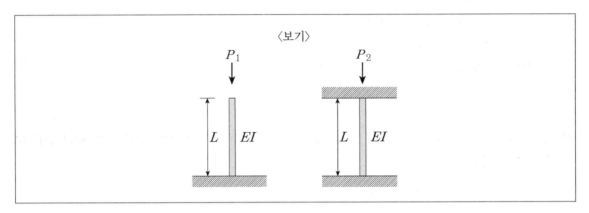

① $P_2/P_1 = 2.0$

② $P_2/P_1 = 4.0$

③ $P_2/P_1 = 8.0$

④ $P_2/P_1 = 16.0$

20 양단고정인 경우는 1단고정 1단 자유인 경우보다 좌굴이 발생하는 하중이 16배가 크게 된다.

1 설계용 지붕적설하중 산정 시 고려하지 않는 것은?

① 건축물의 용도
② 건축물의 난방 상태
③ 지붕의 경사
④ 건축물의 중량

2 조적구조에 대한 설명으로 옳지 않은 것은?

① 공간쌓기벽에서 홑겹벽에 걸친 벽체연결철물 부분은 모르타르나 그라우트 내부에 완전히 매립되어야 한다.
② 공간쌓기벽의 벽체연결철물 간의 수직간격과 수평간격이 각각 600mm와 900mm를 초과할 수 없다.
③ 그라우트의 압축강도는 조적개체 압축강도의 1.2배 이상으로 한다.
④ 조적구조를 위한 모르타르 또는 그라우트에는 동결방지용액을 사용할 수 없다.

ANSWER   1.④   2.③

1 건축물의 중량은 지붕의 적설하중과 관련이 없다.

2 그라우트의 압축강도는 조적개체 압축강도의 1.3배 이상으로 한다.

3 건축물의 중요도 분류에서 중요도(1)에 해당하는 것은?

① 연면적 1,000m^{2}인 위험물 저장 및 처리 시설
② 연면적 100m^{2}인 긴급대피수용시설로 지정된 건축물
③ 연면적 3,000m^{2}인 전시장
④ 연면적 500m^{2}인 소방서

ANSWER 3.④

3 ① 연면적 1,000m^{2}인 위험물 저장 및 처리 시설의 중요도는 특이다.
② 연면적 100m^{2}인 긴급대피수용시설로 지정된 건축물의 중요도는 특이다.
③ 연면적 3,000m^{2}인 전시장의 중요도는 2이다.

건축물의 중요도는 용도 및 규모에 따라 다음과 같이 중요도(특), 중요도(1), 중요도(2) 및 중요도(3)으로 분류한다.

I_S: 건축물의 중요도에 따라 적설하중의 크기를 증감하는 계수

I_w: 건축물의 중요도에 따라 설계풍속의 크기를 증감하는 계수

I_E: 건축물의 중요도에 따라 지진응답계수를 증감하는 계수

중요도 분류	I_S	I_w	I_E	용도
중요도(특)	1.2	1	1.5	• 연면적 1,000m^{2}이상인 위험물 저장 및 처리시설 • 연면적 1,000m^{2}이상인 국가 또는 지방자치단체의 청사 · 외국공관 · 소방서 · 발전소 · 방송국 · 전신전화국 • 종합병원, 수술시설이나 응급시설이 있는 병원 • 지진과 태풍 또는 다른 비상시의 긴급대피수용시설로 지정한 건축물
중요도(1)	1.1	1	1.2	• 연면적 1,000m^{2}미만인 위험물 저장 및 처리시설 • 연면적 1,000m^{2}미만인 국가 또는 지방자치단체의 청사 · 외국공관 · 소방서 · 발전소 · 방송국 · 전신전화국 • 연면적 5,000m^{2}이상인 공연장 · 집회장 · 관람장 · 전시장 · 운동시설 · 판매시설 · 운수시설(화물터미널과 집배송시설은 제외함) • 아동관련시설 · 노인복지시설 · 사회복지시설 · 근로복지시설 • 5층 이상인 숙박시설 · 오피스텔 · 기숙사 · 아파트 • 학교 • 수술시설과 응급시설 모두 없는 병원, • 기타 연면적 1,000m^{2}이상인 의료시설로서 중요도(특)에 해당하지 않는 건축물
중요도(2)	1.0	0.95	1.0	• 중요도(특), (1), (3)에 해당하지 않는 건축물
중요도(3)	0.8	0.9	1.0	• 농업시설물, 소규모창고 • 가설구조물

4 기초구조에 관한 설명으로 옳지 않은 것은?

① 지정(base)은 기초판을 지지하기 위하여 기초판 하부에 제공되는 자갈, 잡석 및 말뚝 등의 부분을 의미한다.

② 액상화(liquefaction)는 물에 포화된 느슨한 모래가 진동, 충격 등에 의하여 간극수압이 급격히 상승하기 때문에 전단저항을 잃어버리는 현상을 의미한다.

③ 융기현상(heaving)은 모래층에서 수압 차로 인하여 모래입자가 부풀어 오르는 현상을 의미한다.

④ 흙막이구조물(earth retaining structure)은 지반굴착 공사 중 지반의 붕괴와 주변의 침하, 위험 등을 방지하기 위하여 설치하는 구조물을 의미한다.

5 강재보와 골데크플레이트 슬래브로 이루어진 노출형 합성보에 대한 설명으로 옳지 않은 것은?

① 데크플레이트 상단 위의 콘크리트 두께는 최소 40mm이어야 한다.

② 실험과 해석을 통하여 정당성을 증명하지 않는 한 데크 플레이트의 공칭골깊이는 75mm 이하이어야 한다.

③ 데크플레이트는 강재보에 450mm 이하의 간격으로 고정되어야 한다.

④ 콘크리트슬래브와 강재보를 연결하는 스터드앵커의 직경은 19mm 이하이어야 한다.

6 철근콘크리트 깊은보 설계에 대한 설명으로 옳지 않은 것은?

① 깊은보는 순경간이 부재 깊이의 4배 이하이거나 하중이 받침부로부터 부재 깊이의 2배 거리 이내에 작용하는 보이다.

② 깊은보는 단면의 변형률이 선형분포로 나타나므로 스트럿-타이모델을 적용하여 설계할 수 있다.

③ 스트럿-타이모델에서 스트럿과 타이의 강도감소계수는 동일하지 않다.

④ 스트럿-타이모델에서 콘크리트 스트럿의 강도 산정 시 균열과 구속철근의 영향을 고려한 유효압축강도를 적용한다.

ANSWER 4.③ 5.① 6.②

4 융기현상(heaving)은 연약한 점성토 지반에서 땅파기 외측의 흙의 중량으로 인하여 땅파기 된 저면이 부풀어 오르는 현상이며 모래층에서 수압 차로 인하여 모래입자가 부풀어 오르는 현상은 분사현상(Quick Sand)이다.

5 데크플레이트 상단 위의 콘크리트 두께는 최소 50mm이어야 한다.

6 깊은보는 비선형변형률분포를 고려하여 설계하거나 스트럿-타이모델에 따라 설계해야 하며 횡좌굴을 고려해야 한다.

7 폭 200mm, 높이 300mm인 직사각형 단면의 단순보 중앙에 그림과 같이 20kN의 집중하중이 작용할 때, 보 단면 중심에 발생하는 최대 전단응력은? (단, 자중은 무시한다)

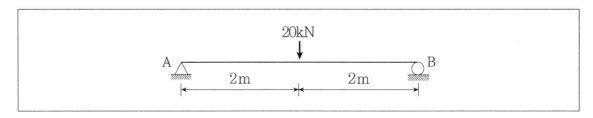

① 0.10MPa

② 0.15MPa

③ 0.20MPa

④ 0.25MPa

8 목구조에 대한 설명으로 옳지 않은 것은?

① 층도리는 평기둥 및 통재기둥 위에 설치하여 위·아래층 중간에 대는 수평재이다.

② 버팀대는 가새를 댈 수 없는 곳에서 수평력에 저항하도록 모서리에 짧게 보강하는 부재이다.

③ 샛기둥은 본기둥 사이에 세워 벽체를 구성하며 가새의 휨을 방지하는 역할을 한다.

④ 인방은 기둥과 기둥 사이에 가로로 설치하여 창문틀의 상·하부 하중을 기둥에 전달한다.

7 양지점에 작용하는 연직반력(전단력)의 크기는 10kN이 된다.

양지점에 작용하는 전단력을 단면적으로 나눈 값이 평균전단응력이 되며 이 값에 1.5배를 한 값이 최대전단응력의 크기가 된다. 따라서 $1.5 \cdot \dfrac{V}{A} = \dfrac{3}{2} \cdot \dfrac{10kN}{200 \cdot 300[mm^2]} = 0.25MPa$

8 층도리는 2층 마룻바닥이 있는 부분에 수평으로 대는 가로재이며 통재기둥의 위가 아닌 옆면에 대고 철물로 접합하는 수평재이다.

통재기둥은 밑층에서 위층까지 1개의 재로 연결되는 기둥(2층이상의 모서리 기둥)이므로 층도리는 통재기둥의 위에 설치를 하는 것이 아니라 중간부와 접합시켜 설치한다.

※ 평기둥은 한층에서만 서는 기둥이므로 이 위에 층도리가 얹히게 된다.

9 그림과 같이 길이가 2.0m인 강봉의 온도가 50˚C만큼 상승할 때, 강봉에 발생하는 길이방향 응력(σ)은? (단, 강봉의 선팽창계수는 $\alpha = 1.2 \times 10^{-5}/˚C$이고, 탄성계수는 $E = 2.0 \times 10^5$ MPa로 하며, 자중은 무시한다)

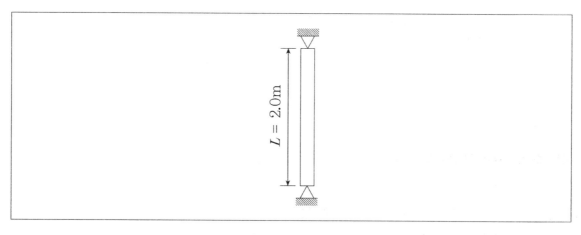

① 60MPa

② 120MPa

③ 180MPa

④ 240MPa

10 단순지지된 노출형 합성보에서 강재보와 콘크리트슬래브 사이 접합면에 설치하는 강재앵커(전단연결재)의 설계에 대한 설명으로 옳지 않은 것은?

① 스터드앵커, ㄷ형강 또는 ㄱ형강을 강재앵커로 사용한다.

② 강재보와 콘크리트슬래브 접합면에 작용하는 수평전단력은 강재앵커에 의해서만 전달된다고 가정한다.

③ 정모멘트가 최대가 되는 위치와 모멘트가 0인 위치 사이 구간에 배치되는 강재앵커 소요개수는 해당 구간에 작용하는 총 수평전단력(V')을 강재앵커 1개의 공칭전단강도(Qn)로 나누어 결정한다.

④ 별도의 시방이 없는 한 강재앵커는 정모멘트가 최대인 위치와 모멘트가 0인 위치 사이 구간에 일정한 간격으로 배치한다.

ANSWER 9.② 10.①

9 주어진 조건에서 발생하게 되는 온도응력은

$$\sigma_T = E \cdot \alpha \cdot \triangle T = (2.0 \cdot 10^5) \cdot 1.2 \cdot 10^{-5} \cdot (50) = 120[MPa]$$

※ 온도응력은 부재의 길이와는 관계가 없음에 유의해야 한다.

10 강재전단연결재는 스터드 전단연결재 또는 ㄷ형강 전단연결재를 사용한다. (ㄱ형강은 전단연결재로서 부적합한 형상이다.)

11 건축물의 내진구조계획에 대한 설명으로 적절하지 않은 것은?

① 각 방향의 지진하중에 대하여 충분한 여유도를 갖도록 횡력 저항시스템을 배치한다.

② 한 층의 유효질량이 인접 층의 유효질량보다 과도하게 크지 않도록 계획한다.

③ 긴 장방형 평면의 건축물에서는 평면의 중앙에 지진력저항 시스템을 배치한다.

④ 증축 계획이 있는 경우 내진구조계획에 증축의 영향을 반영한다.

12 철근콘크리트구조의 철근상세에 대한 설명으로 옳은 것은?

① 기둥의 나선철근 순간격은 20mm 이상이어야 한다.

② D25 축방향 철근으로 배근된 기둥에 사용되는 띠철근은 D10이상이어야 한다.

③ 단부에 표준갈고리가 있는 인장 이형철근에 대한 정착길이는 135mm 이상이어야 한다.

④ 인장 용접이형철망의 겹침이음길이는 150mm 이상이어야 한다.

13 길이 8m인 단순보의 전단력도가 다음과 같을 때 최대 휨모멘트의 크기는? (단, 외력으로 가해지는 휨모멘트는 없다)

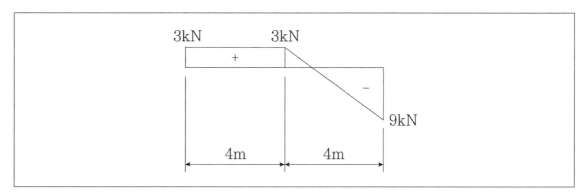

① 12.0 kN · m

② 13.5 kN · m

③ 15.5 kN · m

④ 18.0 kN · m

13 최대휨모멘트가 발생하는 곳은 전단력이 0이 되는 곳이므로 좌측단부터 5m떨어진 지점까지의 면적을 구하면 $3 \times 4 + 3 \times 1 \times 0.5 = 13.5$kNm가 된다.

14 그림과 같은 인장재의 순단면적은? (단, 인장재의 두께는 10mm이고, 모든 볼트 구멍은 M20 볼트의 표준구멍이다)

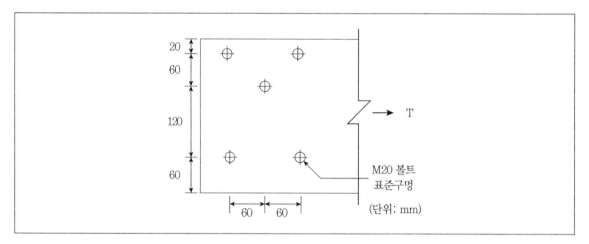

① 1,940 [mm²]

② 2,160 [mm²]

③ 2,165 [mm²]

④ 2,200 [mm²]

14 이 문제의 경우, 구멍의 직경과 파단형상을 고려해야 한다.

M20인 경우 구멍의 직경은 20+2=22[mm]가 된다.

파단면의 총단면적은 $A_g = L_g \cdot t = 260 \cdot 10 = 2,600 [\text{mm}^2]$

파단선 A-B-C의 순단면적:

$A_n = A_g - n d_o t = 2,600 - 2 \times 22 \times 10 = 2,160 [\text{mm}^2]$

파단선 D-E-F-G의 순단면적:

$A_n = A_g - n d_o t + \sum \dfrac{s^2 \times t}{4g} = 2,600 - 3 \times 22 \times 10 + (\dfrac{60^2 \cdot 10}{4 \times 60} + \dfrac{60^2 \cdot 10}{4 \times 120}) = 2,165 [\text{mm}^2]$

위의 2가지 경우 중 작은 값을 취해야 하므로 순단면적은 2,160[mm²]이 된다.

15 철근콘크리트 2방향 슬래브의 해석 및 설계에 대한 설명으로 옳지 않은 것은?

① 슬래브 시스템은 평형조건과 기하학적 적합조건을 만족한다면 어떠한 방법으로도 설계할 수 있다.

② 중력하중에 저항하는 슬래브 시스템은 유한요소법, 직접설계법 또는 등가골조법으로 설계할 수 있다.

③ 슬래브 시스템이 횡하중을 받는 경우, 횡하중 해석 결과와 중력하중 해석 결과에 대하여 독립적인 설계가 가능하다.

④ 횡하중에 대한 골조해석을 위하여 슬래브를 일정한 유효폭을 갖는 보로 치환할 수 있다.

16 지진력에 저항하는 철근콘크리트 특수모멘트골조 부재의 철근이음에 대한 설명으로 옳지 않은 것은?

① 용접이음에는 용접용 철근을 사용하여야 하며 철근 설계기준 항복강도의 125% 이상을 발휘할 수 있는 완전용접이어야 한다.

② 기둥이나 보 단부로부터 부재 단면깊이의 2배만큼 떨어진 거리 안에서는 용접이음을 사용할 수 없다.

③ 기계적 이음을 사용하는 경우 철근 설계기준항복강도의 125% 이상을 발휘할 수 있는 완전 기계적 이음이어야 한다.

④ 기둥이나 보 단부로부터 부재 단면깊이의 2배만큼 떨어진 거리 안에서는 기계적 이음을 사용할 수 없다.

ANSWER 15.③ 16.④

15 슬래브 시스템이 횡하중을 받는 경우, 횡하중 해석 결과와 중력하중 해석 결과는 조합해서 해석해야 한다.

16 • 특수모멘트골조부재 철근의 기계적이음은 유형1 또는 유형2의 기계적이음으로 분류할 수 있다.
   - 유형1 기계적이음 : KDS 14 20 52 (4.5.1)의 규정에 따라야 한다.
   - 유형2 기계적이음 : KDS 14 20 52 (4.5.1)의 규정에 따르고, 이음철근은 규정한 인장강도를 달성할 수 있어야 한다.
  • 유형1의 기계적이음은 기둥이나 보의 단부로부터 또는 비선형 횡변위의 결과로 철근의 항복이 일어날 수 있는 단면부터 부재 깊이의 두 배만큼 떨어진 거리 안에서 사용할 수 없으며, 유형2의 기계적이음은 어떤 위치에서든 사용할 수 있다.

17 그림과 같은 2차원 평면골조에서 다음 조건에 따른 기둥 탄성좌굴 하중(P_{cr})의 크기가 큰 순서대로 바르게 나열한 것은?

> • 기둥과 보의 휨변형은 면내방향으로만 발생하며, 면외방향의 변형은 발생하지 않는다.
> • 원형, 삼각형 및 사각형 표식은 각각 이동단, 회전단 및 고정단의 지점조건을 나타낸다.
> • 모든 부재에서 탄성계수(E)와 단면2차모멘트(I)는 동일하며, 축방향 변형은 발생하지 않는 것으로 가정한다.
> • 자중이 기둥 탄성좌굴에 미치는 영향은 무시한다.

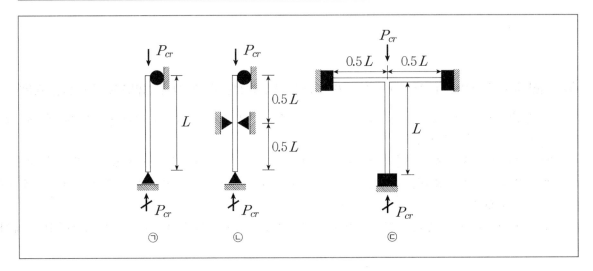

① ㉠ > ㉡ > ㉢　　　　　　　② ㉡ > ㉠ > ㉢

③ ㉡ > ㉢ > ㉠　　　　　　　④ ㉢ > ㉡ > ㉠

17 $P_{cr} = \dfrac{\pi^2 EI}{(KL)^2}$ 이며 부재의 길이와 유효좌굴길이계수(K)를 곱한 값이 클수록 탄성좌굴하중의 값은 작아지게 된다.

㉡은 부재의 중앙이 횡지지가 되어 있어 부재 길이를 0.5로 볼 수 있으며 ㉢은 부재의 길이가 ㉡의 2배에 이르고 하중에 대해 양쪽의 보가 기둥부재를 횡지지하고 있으나 변형이 일어나는 스프링과 같은 상태이므로 ㉡보다는 탄성좌굴하중이 작은 값을 갖게 된다. 또한 ㉠은 부재의 길이가 L이면서 단부가 모두 회전이 가능한 상태이므로 탄성좌굴하중값이 가장 작다.

18 프리스트레스트 콘크리트 슬래브 설계에서 긴장재와 철근의 배치에 대한 설명으로 옳지 않은 것은?

① 기둥 위치에 배치된 비부착긴장재는 기둥 주철근으로 둘러싸인 구역을 지나거나 그 구역에 정착되어야 한다.

② 비부착긴장재가 배치된 슬래브에는 최소 부착철근을 배치하여야 한다.

③ 경간 내에서 단면 두께가 변하는 경우 유효프리스트레스에 의한 콘크리트의 평균압축응력이 모든 단면에서 0.7MPa 이상이 되도록 긴장재의 간격을 정하여야 한다.

④ 등분포하중에 대하여 배치하는 긴장재의 간격은 최소한 1방향으로는 슬래브 두께의 8배 또는 1.5m 이하로 해야 한다.

19 상부 콘크리트 내력벽구조와 하부 필로티 기둥으로 구성된 3층 이상의 수직비정형 골조에서 필로티층의 벽체와 기둥에 대한 설계 고려사항으로 옳지 않은 것은?

① 필로티층에서 코어벽구조를 1개소 이상 설치하거나, 평면상 두 직각방향의 각 방향에 2개소 이상의 내력벽을 설치하여야 한다.

② 지진하중 산정 시 반응수정계수 등 지진력저항시스템의 내진설계계수는 내력벽구조에 해당하는 값을 사용한다.

③ 필로티 기둥과 상부 내력벽이 연결되는 층 바닥에서는 필로티 기둥과 내력벽을 연결하는 전이슬래브 또는 전이보를 설치하여야 한다.

④ 필로티 기둥의 전 길이에 걸쳐서 후프와 크로스타이로 구성되는 횡보강근의 수직간격은 단면 최소폭의 1/2 이하이어야 한다.

ANSWER 18.③ 19.④

18 경간 내에서 단면 두께가 변하는 경우에는 단면변화 방향이 긴장재 방향과 평행이거나 직각이거나에 관계없이 유효프리스트레스에 의한 콘크리트의 평균압축응력이 모든 단면에서 0.9MPa 이상이 되도록 긴장재의 간격을 정하여야 한다.

19 필로티 기둥에서는 전 길이에 걸쳐서 후프와 크로스타이로 구성되는 횡보강근의 수직 간격은 단면최소폭의 1/4 이하이어야 한다. (단 150mm 보다 작을 필요는 없다. 횡보강근에는 135도 갈고리정착을 사용하는 내진상세를 사용하여야 한다.)

20 다음은 중력하중에 저항하는 철근콘크리트 보에 대한 〈전단강도 검토 결과〉이다. 이에 대하여 설계기준에 따라 수립한 〈조치 계획〉 중 옳은 것만을 모두 고르면?

〈전단강도 검토 결과〉

- 단면의 계수전단력(V_u) : 400kN
- 단면 유효깊이(d): 500mm
- 부재축에 직각으로 배치된 전단철근의 간격(s) : 300mm
- 콘크리트에 의한 전단강도($V_c = \dfrac{1}{6}\sqrt{f_{ck}}b_w d$) : 150kN
- 전단철근에 의한 전단강도(V_s) : 350kN

〈조치 계획〉

㉠ 전단철근에 의한 전단강도를 400kN으로 증가시켜 강도요구조건($\phi V_n \geq V_u$)을 만족시킨다.

㉡ 전단철근을 200mm 간격으로 배근하여 간격 제한조건을 만족시킨다.

㉢ 전단철근에 의한 전단강도가 설계기준의 제한값($[2\sqrt{f_{ck}}/3]b_w d$)을 초과하므로, 보 단면 유효깊이를 600mm로 증가시킨다.

① ㉠

② ㉠, ㉡

③ ㉡, ㉢

④ ㉠, ㉡, ㉢

20 ㉠ $\phi V_c = 0.75 \cdot 150 = 112.5 < V_u = 400$이므로 전단철근을 배치해야 한다.

㉡ 스터럽(전단철근)의 간격은 d/2이하이면서 600mm이하여야 하나 전단철근에 의한 전단강도가 $V_s > \dfrac{1}{3}\sqrt{f_{ck}}b_w d$이므로 전단철근의 간격은 이의 1/2값을 취해야 하므로 d/4이하이면서 300mm이하여야 한다. 따라서 전단철근의 간격은 125mm이하여야 한다.

㉢ 스터럽(전단철근)의 전단강도는 $\dfrac{2}{3}\sqrt{f_{ck}}b_w d$이하이어야 한다.

1 철근콘크리트 구조에서 2개 이상의 기둥이나 벽체를 하나의 기초판으로 지지하는 것으로 기둥들이 가까이 있거나 외부 기둥이 대지 경계선 가까이 있을 때 사용되는 기초구조는?

① 독립기초
② 복합기초
③ 온통기초
④ 연속기초

ANSWER 1.②

1 철근콘크리트 구조
• 복합기초 : 구조 2개 이상의 기둥이나 벽체를 하나의 기초판으로 지지하는 것으로 기둥들이 가까이 있거나 외부 기둥이 대지 경계선 가까이 있을 때 사용되는 기초구조
• 독립기초 : 기둥마다 별개의 독립된 기초판을 설치하는 것. 일체식 주고에서는 지중보를 설치하여 기초판의 부동침하를 막고 주각부의 휨모멘트를 흡수하여 구조물 전체의 강성을 높인다.
• 확대기초 : 상부구조물의 하중을 지반에 안전하게 분포시킬 목적으로 그 바닥면적을 확대시킨 구조물이다.
• 줄기초 : 일정한 폭과 깊이를 가진 연속된 띠 형태의 기초. 건축물 밑부분에 공기층을 형성하여 환기등이 원활하여 더 운지방에서 많이 이용한다.
• 온통기초 : 건물의 하부 전체 또는 지하실 전체를 하나의 기초판으로 구성한 기초로 상부구조물의 하중이 클 때, 연약 지반일 때 사용한다.

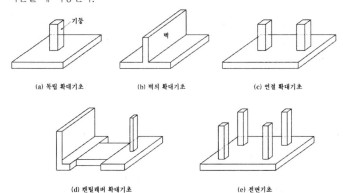

(a) 독립 확대기초   (b) 벽의 확대기초   (c) 연결 확대기초

(d) 캔틸레버 확대기초   (e) 전면기초

2 〈보기〉에 주어진 구조물의 지점 A와 B의 수직반력의 크기와 방향이 가장 옳은 것은?

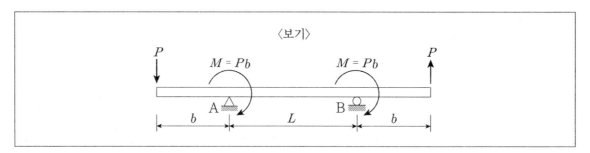

지점 A	지점 B
① P($\uparrow$)	P($\downarrow$)
② P($\downarrow$)	P($\uparrow$)
③ 2P($\uparrow$)	2P($\downarrow$)
④ 2P($\downarrow$)	2P($\uparrow$)

3 「건축구조기준(KDS 41)」에 따라 내진설계 시 허용층간변위가 '0.010×층고'인 건축물은?

① 연면적 800m²인 위험물 저장 및 처리시설　　② 연면적 800m²인 소방서

③ 연면적 800m²인 종합병원　　④ 20층 오피스텔

2 부재 양단에 가해진 짝힘(우력)에 의한 모멘트와 지점에서 작용하는 모멘트를 합한 값을 두 지점사이의 거리로 나누면 지점A와 지점B는 서로 방향은 반대이며 크기는 P인 반력이 형성된다.

3 허용층간변위가 '0.010×층고'인 건물은 중요도가 '특'에 해당되는 건물이므로 연면적 800m²인 종합병원이 해당된다.
허용층간변위는 주어진 상·하단 질량중심의 수평변위간의 차이이며 허용응력설계의 경우에도 허용층간변위는 지진하중에 하중계수 0.7을 곱하지 않고 산정해야만 한다.

① x층의 변위 : $\delta_x = \dfrac{C_d \cdot \delta_{xe}}{I_E}$

② C_d : 변위증폭계수

③ δ_{xe} : 지진력 저항시스템의 탄성해석에 의한 변위

④ 허용층간변위($\triangle$) : h_{sx}는 x층의 층고

	내진등급		
	중요도(특)	중요도(1)	중요도(2)
허용층간변위($\triangle$)	$0.010h_{sx}$	$0.015h_{sx}$	$0.020h_{sx}$

4 철근콘크리트 구조에서 부재의 형태가 과도한 처짐에 의해 손상되기 쉬운 비구조 요소를 지지 또는 부착하지 않은 평지붕 구조에서 활하중에 의한 순간처짐 한계의 크기는? (단, l은 부재의 경간길이이다.)

① $\dfrac{l}{180}$ ② $\dfrac{l}{240}$

③ $\dfrac{l}{360}$ ④ $\dfrac{l}{480}$

5 「구조설계기준(KDS 14)」에 따라 철근콘크리트 부재에 사용할 수 있는 전단철근으로 가장 옳지 않은 것은?

① 나선철근
② 부재축에 직각으로 배치된 용접철망
③ 주인장 철근에 40°의 각도로 설치된 스터럽
④ 주인장 철근에 40°의 각도로 구부린 굽힘철근

ANSWER   4.①   5.③

4

부재의 종류	고려해야 할 처짐	처짐한계
과도한 처짐에 의해 손상되기 쉬운 비구조 요소를 지지 또는 부착하지 않은 평지붕구조(외부환경)	활하중 L에 의한 순간처짐	L / 180
과도한 처짐에 의해 손상되기 쉬운 비구조 요소를 지지 또는 부착하지 않은 바닥구조(내부환경)	활하중 L에 의한 순간처짐	L / 360
과도한 처짐에 의해 손상되기 쉬운 비구조 요소를 지지 또는 부착한 지붕 또는 바닥구조	전체 처짐 중에서 비구조 요소가 부착된 후에 발생하는 처짐부분(모든 지속하중에 의한 장기처짐과 추가적인 활하중에 의한 순간처짐의 합	L / 480
과도한 처짐에 의해 손상될 우려가 없는 비구조 요소를 지지 또는 부착한 지붕 또는 바닥구조		L / 240

5 전단철근의 형태
• 부재축에 직각인 스터럽
• 부재축에 직각으로 배치한 용접철망
• 나선철근, 원형 띠 철근 또는 후프철근
• 주인장 철근에 45° 이상의 각도로 설치되는 스터럽
• 주인장 철근에 30° 이상의 각도로 구부린 굽힘철근
• 스터럽과 굽힘철근의 조합

6 「구조설계기준(KDS 14)」에 따른 철근콘크리트 구조물 내구성 설계에 관한 사항으로 가장 옳지 않은 것은?

① 해풍, 해수, 황산염 및 기타 유해물질에 노출된 콘크리트는 내구성 허용기준을 만족하는 콘크리트를 사용하여야 한다.

② 설계 초기단계에서 구조적으로 환경에 민감한 구조배치를 피하고, 유지관리 및 점검을 위하여 접근이 용이한 구조 형상을 선정하여야 한다.

③ 콘크리트의 품질이 보장될 수 있도록 다지기와 양생이 적절하며 밀도가 작고, 강도가 높고, 투수성이 높은 콘크리트를 시공하여야 한다.

④ 설계자는 내구성에 관련된 콘크리트 재료, 피복 두께, 철근과 긴장재, 처짐, 균열, 피로 등에 대한 제반 규정을 검토하여야 한다.

7 강재의 인장시험을 통한 응력-변형도 관계에서 각 영역에 대한 설명으로 가장 옳지 않은 것은?

① 탄성영역에서 변형도에 대한 응력의 비를 강재의 탄성계수라 한다.

② 소성영역에서는 하중을 제거하면 원점으로 되돌아간다.

③ 변형도 경화영역에서는 변형도가 증가하면서 응력이 비선형적으로 증가한다.

④ 파괴영역에서는 네킹현상에 의하여 단면적이 현저하게 감소한다.

8 강구조에서 인장재의 한 변만이 접합에 사용된 경우 접합의 중심이 인장재의 중심과 일치하지 않게 되어 편심에 의한 영향이 발생하게 된다. 접합에 사용된 면은 전체가 인장력을 받게 되나 접합에 사용되지 않은 면에는 인장력이 불균등하게 생기게 되는 현상은?

① 부재효과   ② 골조효과

③ 전단중심   ④ 전단지연

ANSWER 6.③ 7.② 8.④

6 콘크리트는 투수성이 높을수록 좋지 않으므로 이에 대한 관리를 철저히 해야 한다.

7 탄성영역에서는 하중을 제거하면 원점으로 되돌아가지만 소성영역에서는 하중을 제거해도 하중을 가하기 전의 상태로 되돌아 가지 않는다.

8 전단지연 : 강구조에서 인장재의 한 변만이 접합에 사용된 경우 접합의 중심이 인장재의 중심과 일치하지 않게 되어 편심에 의한 영향이 발생하게 된다. 접합에 사용된 면은 전체가 인장력을 받게 되나 접합에 사용되지 않은 면에는 인장력이 불균등하게 생기게 되는 현상이다.

9 보에 작용하는 하중에 따른 휨모멘트선도(BMD)의 형태를 짝지은 것으로 가장 옳지 않은 것은?

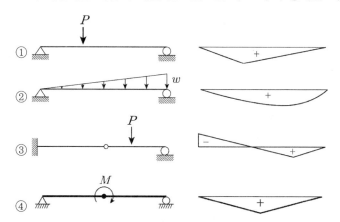

9 ④의 경우 어느 부분이건 동일한 휨모멘트가 발생한다.

10 「구조설계기준(KDS 14)」에 따라 〈보기〉에서 대칭 T형보(G1)의 유효폭(b_w)은? (단, ㈏는 ㈎의 G1보 단면이다.)

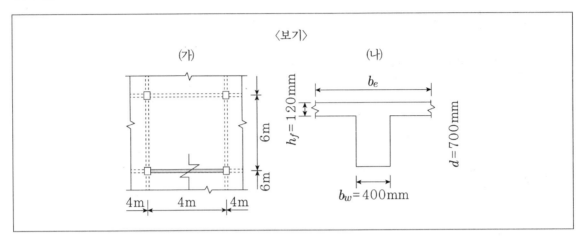

① 1,000mm

② 1,500mm

③ 2,320mm

④ 6,000mm

10 다음 조건 중에서 최소의 값을 유효폭으로 하므로

$16t_f + b_w$: 16 · 120+400=2,320mm

양쪽슬래브의 중심간 거리 : 5,000mm

보 경간의 1/4 : 1,000mm

유효폭은 1,000mm가 된다.

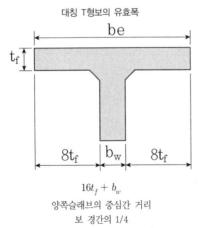

대칭 T형보의 유효폭

$16t_f + b_w$
양쪽슬래브의 중심간 거리
보 경간의 1/4

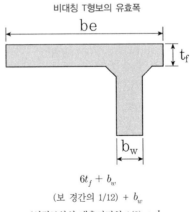

비대칭 T형보의 유효폭

$6t_f + b_w$
(보 경간의 1/12) + b_w
(인접보와의 내측거리의 1/2) + b_w

※ t_f : 슬래브의 두께, b_w : 웨브의 폭

11 〈보기〉와 같은 캔틸레버 보에서 B점에서의 처짐값은?(단, 보의 휨강성 EI는 동일하다.)

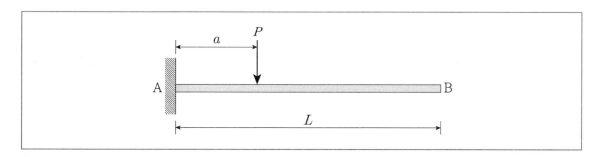

① $\dfrac{Pa}{EI}$

② $\dfrac{Pa}{2EI}(L-a)$

③ $\dfrac{Pa^2}{2EI}$

④ $\dfrac{Pa^2}{6EI}(3L-a)$

12 「내진설계기준(KDS 41)」에서 건축물의 성능수준이 '즉시복구' 일 때, 구조요소와 비구조요소의 성능수준으로 가장 옳은 것은?

구조요소   비구조요소

① 거주가능   기능수행

② 거주가능   위치유지

③ 인명안전   기능수행

④ 인명안전   위치유지

ANSWER   11.④   12.②

11 구조역학 공식에 따라 B점에서의 처짐은 $\dfrac{Pa^2}{6EI}(3L-a)$

12 건축물의 성능수준이 '즉시복구'일 때 구조요소는 거주가능한 수준이어야 하며, 비구조요소는 위치를 유지하고 있는 수준 이어야 한다.

건축물의 성능수준	구조요소의 성능수준	비구조요소의 성능수준
기능수행	거주가능	기능수행
즉시복구	거주가능	위치유지
인명보호	인명안전	인명안전
붕괴방지	붕괴방지	－

13 「건축구조기준(KDS 41)」에 따른 막구조 건축물에서 막재에 대한 설명으로 가장 옳지 않은 것은?

① 구조내력상 주요한 부분에 사용하는 막재의 두께는 0.5mm 이상이어야 하며, 파단신율은 35% 이하이어야 한다.

② 막재 두께의 기준치는 두께 측정기를 이용하여 75mm 이상 간격으로 5개소 이상에 대하여 측정한 값의 평균치로 한다.

③ 막재의 접힘 인장강도는 시험 전에 측정된 종사방향 및 횡사방향 최대인장강도의 70% 이상이어야 한다.

④ 막재가 습윤상태에 있을 때 종사방향 및 횡사방향의 인장강도 평균치는 각각 초기인장강도의 80% 이상이어야 한다.

ANSWER 13.③

13 막재의 접힘 인장강도는 종사방향 및 횡사방향 각각의 인장강도 평균치가 동일한 로트에 있어 시험 전에 측정된 각 실방향 인장강도 평균치의 70% 이상이어야 한다.

※ 막재의 요구조건
- 직포의 구성 및 섬유밀도 : 일반직물(직포)이란 제조시의 장력이 걸리지 않은 상태에서 종사와 종사 사이, 횡사와 횡사 사이의 망목 간격이 각각 0.5mm 이하인 것을 말한다. 망목 간격이 0.5mm를 초과하는 것을 망목상직물(직포)로 구별한다. 섬유밀도의 분산에 대한 기준치는 측정된 섬유밀도에 대하여 ±5% 이내여야 한다.
- 막재의 두께 : 막재 두께의 기준치는 두께 측정기를 이용하여 75mm 이상 간격으로 5개소 이상에 대하여 측정한 값의 평균치로 한다.
- 직물의 휨 측정은 300mm 이상 간격으로 5개소 이상에 대하여 측정한다.
- 종사방향 및 횡사방향의 인장강도 및 인장신율을 측정하여 품질기준치를 정한다.
- 종사방향 및 횡사방향의 인열강도를 측정하여 품질기준치를 정한다.
- 종사방향 및 횡사방향의 코팅재 밀착강도를 측정하여 품질기준치를 정한다.
- 종사방향 및 횡사방향의 인장크리프에 따른 신장률을 측정하여 품질기준치를 정한다.
- 반복하중을 받는 경우의 인장강도를 측정하여 품질 기준치를 정한다. 다만, 막재의 구성재 및 사용환경 조건에 따라 이 기준치를 요구하지 않는 경우 하지 않아도 된다.
- 막재의 접힘 인장강도는 종사방향 및 횡사방향 각각의 인장강도 평균치가 동일한 로트에 있어 시험 전에 측정된 각 실 방향 인장강도 평균치의 70% 이상이어야 한다.
- 막재는 외부 폭로에 대해 종사방향 및 횡사방향의 인장강도의 평균가가 막재의 종류에 따라 다음의 수치를 만족하여야한다.

> A종 및 B종 : 종사 및 횡사방향의 인장강도가 각각 초기인장강도의 70% 이상
> C종 : 종사 및 횡사방향의 인장강도가 각각 초기인장강도의 80% 이상

- 막재가 습윤상태에 있을 때 종사방향 및 횡사방향의 인장강도 평균치는 각각 초기인장강도의 80% 이상이어야 한다.
- 막재가 고온상태에 있을 때 종사방향 및 횡사방향의 인장강도 평균치는 각각 초기인장강도의 70% 이상이어야 한다.
- 막재는 흡수길이의 최대치가 20mm 이하이어야 한다.

14 「건축구조기준(KDS 41)」에 따른 목구조 접합부 설계에 관한 사항으로 가장 적합하지 않은 것은?

① 목구조에 사용되는 파스너는 인장, 전단, 휨, 지압 및 좌굴에 저항하기 위하여 적절한 금속설계기법으로 설계한다.

② 접합부의 설계허용내력은 기준허용전단내력에 적용가능한 보정계수를 곱하여 산정한다.

③ 하나의 접합부에 동일한 항복모드를 나타내는 같은 형태 및 비슷한 치수의 파스너가 2개 이상 사용되는 경우에 해당 접합부의 총 설계허용내력은 각각의 파스너에 대한 설계허용내력의 최댓값으로 한다.

④ 목재 내에 횡인장응력을 유발시키는 편심접합부는 적절한 시험이나 분석에 의하여 작용하중을 지지하기에 충분하다는 사실이 증명된 경우를 제외하고 사용할 수 없다.

15 구조용 강재를 사용한 건축물의 접합부 강도 산정에서 강도저항계수(ϕ)로 0.75를 사용하는 경우로 가장 옳지 않은 것은?

① 휨모멘트를 받는 핀의 설계전단강도

② 지압접합에서 인장과 전단의 조합을 받는 고장력볼트의 설계강도

③ 장슬롯 구멍에 구멍 방향의 수직으로 지압력을 받는 고장력볼트 구멍의 설계지압강도

④ 밀착조임된 고장력볼트의 설계인장강도

14 하나의 접합부에 동일한 항복모드를 나타내는 같은 형태 및 비슷한 치수의 파스너가 2개 이상 사용되는 경우에 해당 접합부의 총 설계허용내력은 각각의 파스너에 대한 설계허용내력의 합으로 한다.

※ 목구조 접합부의 내력

• 하나의 접합부에 동일한 항복모드를 나타내는 같은 형태 및 비슷한 치수의 파스너가 2개 이상 사용되는 경우에 해당 접합부의 총 설계허용내력은 각각의 파스너에 대한 설계허용내력의 합으로 한다.

• 설계허용내력은 기준허용전단내력에 적용 가능한 보정계수를 곱하여 산정한다.

• 목구조에 사용되는 파스너는 인장, 전단, 휨, 지압 및 좌굴에 저항하기 위하여 적절한 금속설계기법으로 설계한다. 접합부의 내력이 목재보다는 파스너의 내력에 의하여 좌우되는 경우에 이 기준에 주어진 기준허용전단내력의 보정계수를 적용할 수 없다.

• 목구조가 콘크리트 또는 벽돌 구조와 접합되고 그 접합부의 내력이 목재보다는 콘크리트 또는 벽돌의 내력에 의하여 좌우되는 경우에 이 기준에 주어진 기준허용전단내력의 보정계수를 적용할 수 없다.

• 파스너접합부에서 접합부의 설계내력은 파스너의 지압내력에 좌우되며 파스너의 지압내력은 접합부의 항복모드에 의하여 결정된다.

15 휨모멘트를 받는 핀의 설계전단강도의 강도저항계수(ϕ)는 0.90이다.

16 「건축구조기준(KDS 41)」에 따라 강구조에서 판재, 형강 등으로 조립인장재를 구성할 때 가장 옳지 않은 것은?

① 띠판의 재축방향 길이는 조립부재 개재를 연결시키는 용접이나 파스너 사이 거리의 2/3 이상이 되어야 하고, 띠판두께는 이 열 사이 거리의 1/50 이상 되어야 한다.

② 띠판에서의 단속용접 또는 파스너의 재축방향 간격은 150mm 이하로 한다.

③ 끼움판을 사용한 2개 이상의 형강으로 구성된 조립인장재는 개재의 세장비가 가급적 300을 넘지 않도록 한다.

④ 판재와 형강 또는 2개의 판재로 구성되어 연속적으로 접촉되어 있는 조립인장재의 재축방향 긴결간격은 판두께의 30배 또는 450mm 이하로 한다.

17 보강 조적조 건축물 설계에서 보, 피어, 기둥 등의 「강도설계법(KDS 41)」에 규정된 내용으로 가장 옳지 않은 것은?

① 전단에 대한 강도감소계수(ϕ)는 0.6을 적용한다.

② 전단철근이 필요한 곳에서 전단철근의 최대 간격은 단면 깊이의 1/2 혹은 1,220mm를 초과해서는 안 된다.

③ 한계압축상태에서 균형철근비 계산 시, 압축력에 저항하는 철근을 제외한 모든 길이방향 철근은 균형철근비에 포함되어야 한다.

④ 부재의 어떠한 부위의 단면에서도 공칭휨강도는 최대휨강도의 1/3보다 적어서는 안 된다.

18 「구조설계기준(KDS 14)」에 따른 철근콘크리트 구조에서 슬래브의 직접설계법에 대한 규정으로 가장 옳은 것은?

① 모든 하중이 슬래브 판 전체에 걸쳐 등분포된 연직하중으로 작용하고, 활하중이 고정하중의 2.5배인 슬래브에 적용할 수 있다.

② 부계수휨모멘트는 원형 받침부 외측면에 위치하는 것으로 하여야 한다.

③ 받침부 사이에 보가 있는 슬래브의 주열대는 보가 부담하지 않는 중간대 휨모멘트에 견디도록 설계하여야 한다.

④ 벽체가 지지하는 가장자리에 인접하고, 그에 평행한 중간대는 첫 번째 내부 받침부의 1/2 중간대에 할당된 휨모멘트의 2배를 견디도록 설계하여야 한다.

19 「구조설계기준(KDS 14)」에 따른 철근콘크리트 부재의 전단설계에서 계수전단력(V_a)이 콘크리트에 의한 설계전단강도(ϕV_c)의 1/2을 초과하는 휨부재에는 최소 전단철근을 배치해야 한다. 이 규정의 예외인 경우가 아닌 것은?

① 기초판

② 전체 깊이가 250mm 이하이거나 I형보, T형보에서 그 깊이가 플랜지 두께의 2.5배 또는 복부폭의 1/2 중 큰 값 이하인 보

③ 순 단면의 깊이가 315mm를 초과하지 않는 속빈부재에 작용하는 계수전단력이 $0.5\phi V_{cw}$를 초과하는 경우

④ 교대 벽체 및 날개벽, 옹벽의 벽체, 암거 등과 같이 휨이 주거동인 판부재

18 ① 모든 하중이 슬래브 판 전체에 걸쳐 등분포된 연직하중으로 작용하고, 활하중이 고정하중의 2배 이하이어야 직접설계법을 적용할 수 있다.

② 부계수휨모멘트는 직사각형 받침부 면에 위치하는 것으로 하여야 한다. (원형이나 정다각형 받침부는 같은 단면적의 정사각형 받침부로 취급할 수 있다.)

③ 받침부 사이에 보가 있는 슬래브의 주열대는 보가 부담하지 않는 주열대 휨모멘트에 견디도록 설계하여야 한다.

19 순 단면의 깊이가 315mm를 초과하지 않는 속빈부재에 작용하는 계수전단력이 $0.5\phi V_{cw}$를 초과하지 않는 경우를 예외로 한다.

20 높이 3m의 콘크리트 충전강관 기둥에 대하여 중심축하중 1,000kN이 작용할 경우 감소되는 길이는? (단, 강관의 탄성계수 200GPa, 콘크리트의 탄성계수 20GPa, 강관의 단면적 5,000mm², 콘크리트의 단면적 250,000mm²이며, 축하중 작용 시 좌굴이 작용하지 않는 탄성상태에 있다고 가정한다.)

① 0.2mm

② 0.5mm

③ 1.0mm

④ 2.0mm

20 $\delta = \dfrac{PL}{AE} = \dfrac{1,000[kN] \cdot 3[m]}{A_c E_c + A_s E_s} = \dfrac{1,000[kN] \cdot 3[m]}{250,000[mm^2] \cdot 20[GPa] + 5,000[mm^2] \cdot 200[GPa]} = 0.5[mm]$

1 높이 50m의 다층구조물을 강구조로 설계할 때, 기둥이음부에 적용할 수 없는 접합방법은?

① 고장력볼트 마찰접합

② 고장력볼트 지압접합

③ 그루브용접접합

④ 필릿용접접합

2 그림의 빗금 친 부분과 같은 양면 필릿용접부의 유효면적의 크기[mm²]는?

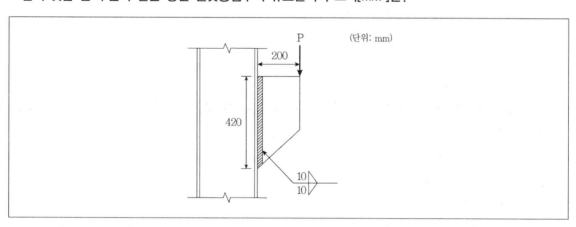

① 4,20

② 5,600

③ 5,880

④ 8,000

ANSWER 1.② 2.②

1 고장력볼트의 지압접합방식은 높이 50m의 다층구조물을 강구조로 설계할 때, 기둥이음부 접합방식으로는 부적합하다.
(마찰접합에 비해서 접합력과 안정성이 매우 약하기 때문이다.)

2 $l = L - 2s = 420 - 2 \cdot 10 = 400$

$a = 0.7 \cdot s = 7$

유효면적 $\sum al = 2 \cdot al = 2 \cdot 7 \cdot 400 = 5600$

3 경골목구조 내력벽의 배치에 대한 설명으로 옳지 않은 것은?

① 건축물에 작용하는 수직하중 및 수평하중을 안전하게 지지할 수 있도록 내력벽을 균형 있게 배치한다.

② 외벽 사이의 교차부에는 길이 900mm 이상의 내력벽을 하나 이상 설치한다.

③ 높이 3층 경골목조건축물의 1층 내력벽면적은 실내벽을 포함한 전체 벽면적의 30 % 이상으로 한다.

④ 내력벽 사이의 거리는 12m 이하로 한다.

4 인장력을 받는 확대머리 이형철근의 정착에 대한 설명으로 옳지 않은 것은?

① 철근의 설계기준항복강도는 600MPa 이하이어야 한다.

② 정착길이는 철근 공칭지름의 8배 또한 150mm 이상이어야 한다.

③ 철근의 지름은 35mm 이하이어야 한다.

④ 확대머리 이형철근은 경량콘크리트에는 적용할 수 없다.

5 건축물 및 건물외 구조물을 성능기반설계법으로 설계하고자 할 때, 재현주기별 설계지진의 정의로 옳지 않은 것은?

① 2,400년 재현주기지진은 최대고려지진으로 정의한다.

② 1,000년 재현주기지진은 기본설계지진으로 정의한다.

③ 1,400년 재현주기지진은 기본설계지진의 1.5배에 해당하는 지진을 의미한다.

④ 50년과 100년 재현주기지진은 기본설계지진에 각각 0.30과 0.43을 곱하여 구한다.

ANSWER 3.③ 4.① 5.③

3 경골목구조 건축물의 각 층에서 전체 벽면적(실내벽 및 개구부 포함)에 대한 내력벽 면적의 비율은 3층 건물의 1층에서는 40%이상, 3층 건물의 2층(또는 2층 건물의 1층)에서는 30%이상, 그리고 3층 건물의 3층(또는 2층 건물의 2층이나 1층 건물의 1층)에서는 25%이상으로 한다.

4 확대머리 이형철근의 설계기준항복강도는 400 MPa 이하이어야 한다.

5 1,400년 재현주기지진은 기본설계지진의 1.2배에 해당하는 지진을 의미한다.

6 그림과 같이 B점에 힌지(회전절점)가 있는 겔버보에서 D점에 집중하중 35kN이 작용할 때, 고정단 A에 발생하는 수직반력의 크기[kN]는? (단, 부재의 휨강성은 EI로 동일하며, 자중을 포함한 기타 하중의 영향은 무시한다)

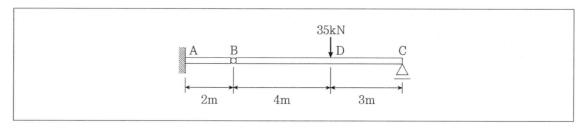

① 15

② 20

③ 25

④ 35

7 강구조에서 전단력을 받는 부재의 설계에 대한 설명으로 옳지 않은 것은?

① 비구속 또는 구속웨브를 갖는 부재에서 수직스티프너에 단속필릿용접을 사용하면 용접 간 순간격은 웨브두께의 16배 또는 250mm 이하이어야 한다.

② 비구속 또는 구속웨브를 갖는 부재에서 거더웨브에 수직스티프너를 접합시키는 볼트의 중심간격은 300mm 이하로 한다.

③ 인장역작용을 사용하기 위해서는 웨브의 3면이 플랜지나 스티프너에 의해 지지되어 있어야 한다.

④ 웨브에 구멍이 있는 부분에 계수하중이나 구조해석으로 결정된 소요전단력이 설계전단강도를 초과하는 경우 이를 적절히 보강하여야 한다.

Aɴꜱᴡᴇʀ 6.① 7.③

6 전형적인 겔버보에 관한 문제이다. B점을 단순보로 치환하면 B점에 발생되는 반력은 15[kN]이 된다. AB부재는 캔틸레버와 동일한 거동을 하므로 A점에 작용하는 수직반력은 B점에 작용하는 15[kN]와 크기는 같고 방향은 반대인 힘이 작용한다.

7 인장역작용을 사용하기 위해서는 웨브의 4면 모두가 플랜지나 스티프너에 의해 지지되어 있어야 한다.

8 하중저항계수설계법에 따른 강구조 골조의 안정성 설계 시 직접해석법에 대한 설명으로 옳지 않은 것은?

① 휨, 전단 및 축부재의 변형과 구조물의 변위에 영향을 유발하는 모든 구성요소 및 접합부의 변형을 고려하여 해석한다.

② 구조물의 안정성에 영향을 주는 모든 중력과 외력을 고려하여 해석한다.

③ 개별부재의 비지지길이를 결정하는 가새는 가새절점에서의 부재이동을 제어할 수 있도록 충분한 강성과 강도를 가져야 한다.

④ 부재와 연결재의 설계강도는 전체구조물의 안정성을 고려하여 산정한다.

9 건축구조물의 내진설계에서 등가정적해석법에 대한 설명으로 옳지 않은 것은?

① 철근콘크리트와 철골 모멘트저항골조에서 12층을 넘지 않고 층의 최소높이가 3m 이상일 때 근사고유주기는 층수에 0.1을 곱하여 산정할 수 있다.

② 지진응답계수는 건축물의 중요도계수에 비례하고 반응수정계수에 반비례한다.

③ 밑면전단력을 수직분포시킨 층별 횡하중은 밑면전단력과 수직분포계수의 곱으로 산정한다.

④ 층간변위 결정을 위한 각 층의 층변위는 건축물의 중요도계수에 비례한다.

ANSWER 8.④ 9.④

8 하중저항계수설계법에서 직접해석법이란 2차 해석 시 강성을 저감시키고 가상하중을 작용시킴으로써 잔류응력과 골조의 초기 불완전성에 대한 효과를 고려하는 안정성 설계방법을 말한다. 직접해석법으로 설계할 경우, 부재와 연결재의 설계강도는 전체구조물의 안정성을 고려하지 않고 인장부재, 압축부재, 휨부재, 조합력과 비틀림부재, 기타부재, 연결 등의 각 규정에 따라 계산한다. 모든 부재의 유효좌굴길이계수(K)는 1을 사용한다. (단, 합리적 해석으로 1보다 작은 값을 사용할 수 있다.)

9 층간변위 결정을 위한 각 층의 층변위는 건축물의 중요도계수에 반비례한다. (건축물의 중요도가 높을수록 층간변위가 적어야만 하기 때문이다.)

10 콘크리트구조 사용성 설계 시 1방향 구조의 처짐에 대한 설명으로 옳지 않은 것은?

① 장기처짐 효과를 고려 시 과도한 처짐에 의해 손상되기 쉬운 비구조 요소를 지지 또는 부착하지 않은 바닥구조인 경우, 활하중에 의한 순간 처짐의 허용 한계는 부재 길이의 $\frac{1}{180}$ 이하이어야 한다.

② 처짐을 계산할 때 하중의 작용에 의한 순간처짐은 탄성 처짐공식을 사용하여 계산한다.

③ 처짐 계산에 의하여 최대 허용처짐 규정을 만족하는 경우, 처짐을 계산하지 않는 1방향 슬래브 최소 두께 규정을 적용할 필요가 없다.

④ 연속부재인 경우에 정모멘트 및 부모멘트에 대한 위험단면의 유효단면2차모멘트를 구하고 그 평균값을 사용할 수 있다.

11 프리스트레스트 콘크리트구조에서 유효프리스트레스를 결정하기 위하여 고려해야 할 프리스트레스 손실의 원인이 아닌 것은?

① 정착장치의 활동
② 콘크리트의 균열
③ 긴장재 응력의 릴랙세이션
④ 포스트텐션 긴장재와 덕트 사이의 마찰

ANSWER 10.① 11.②

10 장기처짐 효과를 고려 시 과도한 처짐에 의해 손상되기 쉬운 비구조 요소를 지지 또는 부착하지 않은 바닥구조인 경우, 활하중에 의한 순간 처짐의 허용 한계는 부재 길이의 $\frac{1}{360}$ 이하이어야 한다.

11 콘크리트구조기준에 의하면 콘크리트의 균열은 강재의 유효프리스트레스를 결정하기 위해 고려해야 할 프리스트레스 손실원인으로 보기에는 무리가 있다.

12 그림과 같은 두 캔틸레버보에서 B점과 D점의 처짐이 같게 하기 위한 $w1$과 $w2$의 비($w1 : w2$)는? (단, 두 부재의 휨강성은 EI로 동일하며, 자중을 포함한 기타 하중의 영향은 무시한다)

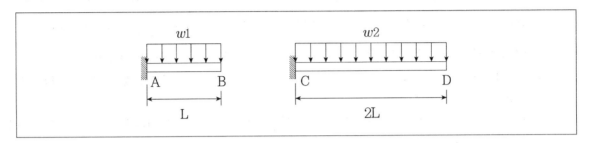

① 16 : 1

② 8 : 1

③ 4 : 1

④ 2 : 1

13 철근콘크리트구조의 철근 배치에서 간격 제한에 대한 설명으로 옳지 않은 것은?

① 동일 평면에서 평행한 철근 사이의 수평 순간격은 25mm 미만 또한 철근의 공칭지름 미만으로 하여야 한다.

② 상단과 하단에 2단 이상으로 배치된 경우 상·하 철근은 동일 연직면 내에 배치되어야 하고, 이때 상·하 철근의 순간격은 25mm 이상으로 하여야 한다.

③ 벽체 또는 슬래브에서 휨 주철근의 간격은 벽체나 슬래브 두께의 3배 이하 또한 450mm 이하로 하여야 한다.

④ 2개 이상의 철근을 묶어서 사용하는 다발철근은 이형철근으로, 그 개수는 4개 이하이어야 한다.

12 등분포하중 w가 작용하는 길이L인 캔틸레버의 자유단의 처짐은 $\dfrac{wL^4}{8EI}$ 이 된다. 문제에서 주어진 조건을 식으로 표현하면

$\dfrac{w_1 L^4}{8EI} = \dfrac{w_2 (2L)^4}{8EI}$ 이 성립되어야 하므로 $w_1 = 16 w_2$가 된다.

13 동일 평면에서 평행한 철근 사이의 수평 순간격은 25mm 이상이면서 철근의 공칭지름 이상으로 하여야 한다.

14 콘크리트 내진 설계기준에서 중간모멘트골조에 대한 요구 사항으로 옳지 않은 것은?

① 보 부재에서 스터럽의 간격은 부재 전 길이에 걸쳐서 단면 유효깊이의 $\frac{1}{2}$ 이하이어야 한다.

② 설계전단강도는 내진설계기준의 설계용 하중조합에서 지진하중을 2배로 하여 계산한 최대 전단력 이상이어야 한다.

③ 기둥 부재의 첫 번째 후프철근은 접합면으로부터 횡방향 철근 최대 간격의 $\frac{1}{2}$ 이내에 있어야 한다.

④ 보가 없는 2방향 슬래브에서 주열대 내 받침부의 상부철근 중 $\frac{1}{5}$ 이상은 전체 경간에 걸쳐서 연속되어야 한다.

15 건축구조기준 설계하중에서 규정하고 있는 하중 산정에 대한 설명으로 옳지 않은 것은?

① 승용차용 방호하중은 방호시스템 임의의 수평방향으로 30kN의 집중하중을 바닥면으로부터 0.4m와 0.8m 사이에서 가장 큰 하중효과를 일으키는 높이에 적용한다.

② 중량차량의 주차장 활하중을 산정할 때 차량의 실제하중 크기와 배치를 합리적으로 고려하여 활하중을 산정한다면 이를 적용할 수 있으나, 그 값은 $5\,kN/m^2$ 이상이어야 하고 활하중 저감 규정을 적용할 수 없다.

③ 활하중 $5\,kN/m^2$ 이하의 공중집회 용도에 대해서는 활하중을 저감할 수 없다.

④ 건축물 내부에 설치되는 이동성 경량칸막이벽 및 이와 유사한 것을 제외한 높이 1.8m 이상의 각종 내벽은 벽면에 직각방향으로 작용하는 $0.25\,kN/m^2$ 이상의 등분포하중에 대하여 안전하도록 설계한다.

<u>**A**NSWER</u> 14.④ 15.①

14 보가 없는 2방향 슬래브에서 주열대 내 받침부의 상부철근 중 $\frac{1}{4}$ 이상은 전체 경간에 걸쳐서 연속되어야 한다.

15 ① 승용차용 방호시스템은 임의의 수평방향으로 30kN의 집중하중에 저항하도록 설계해야 하며 집중하중은 바닥면으로부터 0.45m와 0.70m 사이에서 가장 큰 하중 효과를 일으키는 높이에 적용해야 한다.

16 강성이 72 kN/m이고 무게가 20 kN인 구조물의 주기(초)는? (단, 중력가속도는 10 m/sec², π는 3으로 한다)

① 0.5

② 1.0

③ 2.0

④ 4.0

17 강구조 내진설계 시 특수모멘트골조에 대한 설명으로 옳지 않은 것은?

① 보-기둥 접합부의 기둥 외주면에서 접합부의 계측 휨강도는 0.04rad의 층간변위에서 적어도 보 공칭소성모멘트(M_p)의 80% 이상이 유지되어야 한다.

② 특수모멘트골조의 보 소성힌지영역은 보호영역으로 고려해야 하고, 접합부 성능인증요소의 하나로서 제시되어야 한다.

③ 보-기둥 접합부의 소요전단강도 산정을 위한 지진하중효과(E)는 보 소성힌지 사이의 거리에 비례한다.

④ 보-기둥 접합부의 성능입증은 연구논문 또는 신뢰할 만한 연구보고서의 실험결과에 근거를 둘 수 있고, 이때 최소 2개의 반복재하 실험결과를 제시하여야 한다.

---

16 구조물의 주기를 산정하는 식에서 질량값은 kg을 기준으로 하므로 단위를 이에 맞게 변환시켜야 한다. 중력가속도 g가 10m/sec²이므로 1kg은 10N이 된다. 따라서 무게가 20kN이라면 이는 2000kg과 같다. 따라서 이 값들을 식에 대입하면 다음과 같다.

$$T = 2\pi \sqrt{\frac{m}{k}} = 2\pi \sqrt{\frac{2000}{72000}} = 2 \cdot 3 \sqrt{\frac{1}{36}} = 1.0[\text{sec}]$$

17 보-기둥 접합부의 소요전단강도 산정을 위한 지진하중효과(E)는 보 소성힌지 사이의 거리에 반비례한다.

※ 지진하중효과 산정식 : $E = 2[1.1R_y M_p]/L_h$

R_y : 공칭항복강도(F_y)에 대한 예상항복응력의 비

M_p : 공칭소성모멘트

L_h : 보 소성힌지 사이의 거리

18 조적조에서 내진설계 적용대상 전단벽의 부재설계에 대한 설명으로 옳지 않은 것은?

① 최소단면적 130 mm²의 수직벽체철근을 각 모서리와 벽의 단부, 각 개구부의 각 면 테두리에 연속적으로 배근해야 한다.

② 수직벽체철근의 수평배근 최대간격은 1.5m 이내로 한다.

③ 수평벽체철근은 벽체개구부의 하단과 상단에서는 600mm 또는 철근직경의 40배 이상 연장하여 배근한다.

④ 수평벽체철근은 균일하게 분포된 접합부철근이 있는 경우를 제외하고는 3m의 최대간격을 유지한다.

19 기초구조에 대한 설명으로 옳지 않은 것은?

① 평판재하시험의 재하판은 지름 300mm를 표준으로 하고, 최대 재하하중은 지반의 극한지지력 또는 예상되는 설계하중의 3배로 한다.

② 양호한 지반이란 상부구조물의 하중에 대하여 지반의 전단파괴나 과도한 침하 없이 충분히 지지할 수 있는 특성을 지닌 압밀된 세립토층이나 상대밀도가 큰 조립토층 또는 암반층을 말한다.

③ 기초는 접지압이 지반의 허용지지력을 초과하지 않아야 하며, 또한 기초의 침하가 허용침하량 이내이고, 가능하면 균등해야 한다.

④ 압밀침하량은 지반을 탄성체로 보고 탄성이론에 기초한 지반의 탄성계수와 포아송비를 적절히 설정하여 산정한다.

ANSWER 18.② 19.④

18 수직벽체철근의 수평배근 최대간격은 1.2m 이내로 한다.
※ 조적조에서 내진설계 적용대상 전단벽의 부재설계기준
  • 최소단면적 130mm²의 수직벽체철근을 각 모서리와 벽의 단부, 각 개구부의 각 면 테두리에 연속적으로 배근해야 하며 수평배근의 최대간격은 1.2m이내여야 한다. 최소단면적 130mm²인 수평벽체의 철근배근은 다음 조건을 따른다.
  • 수평벽체철근은 벽체개구부의 하단과 상단에서는 600mm 또는 철근직경의 40배 이상 연장하여 배근한다.
  • 수평벽체철근은 구조적으로 연결된 지붕과 바닥층, 벽체의 상부에 연속적으로 배근한다.
  수평벽체철근은 벽체의 하부와 기초의 상단에 장부철근으로 연결배근 한다.
  수평벽체철근은 균일하게 분포된 접합부철근이 있는 경우를 제외하고는 3m의 최대간격을 유지한다.

19 지반을 탄성체로 보고 탄성이론에 기초한 지반의 탄성계수와 포아송비를 적절히 설정하여 산정하는 것은 즉시침하(탄성침하)이다. 압밀침하는 탄성침하 후 장시간에 걸쳐일어나는 침하로서 토양 속의 간극수가 배출되면서 발생하는 침하이다.

20 말뚝기초의 내진상세에 대한 설명으로 옳은 것은?

① 내진설계범주 'C'로 분류된 구조물의 현장타설말뚝에서 종방향 주철근은 4개 이상 또한 설계단면적의 0.2% 이상으로 하고, 말뚝머리로부터 말뚝길이의 $\frac{1}{2}$ 구간에 배근하여야 한다.

② 현장타설말뚝의 횡방향철근은 직경 10mm 이상의 폐쇄띠철근이나 나선철근을 사용하고, 간격은 말뚝머리부터 말뚝직경의 3배 구간에는 주철근직경의 8배와 150mm 중 작은 값 이하로 한다.

③ 내진설계범주 'D'로 분류된 구조물의 현장타설말뚝의 종방향 주철근은 4개 이상 또한 설계단면적의 0.25% 이상으로 하고, 말뚝머리로부터 말뚝길이의 $\frac{1}{3}$ 구간에 배근하여야 한다.

④ 내진설계범주 'C' 또는 'D'로 분류된 구조물의 프리텐션이 사용되지 않은 기성콘크리트말뚝의 종방향 주철근비는 전체 길이에 대해 0.5% 이상으로 하고, 횡방향철근은 직경 9mm 이상의 폐쇄띠철근이나 나선철근을 사용하여야 한다.

ANSWER 20.②

20 ① 내진설계범주 'C'로 분류된 구조물의 현장타설말뚝에서 종방향 주철근은 4개 이상 또한 설계단면적의 0.25% 이상으로 하고, 말뚝머리로부터 다음에 규정하는 최댓값의 구간에 배근하여야 한다.
   ㉠ 말뚝길이의 1/3
   ㉡ 말뚝최소직경의 3배
   ㉢ 3.0m
   ㉣ 말뚝의 상단으로부터 식(0407.10.1)에 따라 계산한 설계균열모멘트가 0301.5의 하중조합을 반영하여 산정한 소요 휨강도를 초과하는 지점까지의 거리

③ 내진설계범주 'D'로 분류된 구조물에 사용되는 현장타설말뚝의 종방향 주철근은 4개 이상 또한 설계단면적의 0.5% 이상으로 하고, 말뚝머리로부터 다음에 규정하는 최댓값의 구간에 배근해야 한다.
   ㉠ 말뚝길이의 1/2
   ㉡ 말뚝최소직경의 3배
   ㉢ 3.0m
   ㉣ 말뚝의 상단으로부터 식(0407.10.1)에 따라 계산한 설계균열모멘트가 0351.5의 하중조합을 반영하여 산정한 소요 휨강도를 초과하는 지점까지의 거리

④ 내진설계범주 C 또는 D로 분류된 구조물에서 프리텐션이 사용되지 않은 기성콘크리트말뚝의 종방향 주철근비는 전체 길이에 대해 1% 이상으로 하고, 횡방향철근은 직경 9.5mm 이상의 폐쇄띠철근이나 나선철근을 사용하여야 한다.

1 건축물 상층부는 내력벽이나 가새골조 등 강성과 강도가 매우 큰 구조로 구성되어 있으나, 하층부는 개방형 건축공간을 위하여 대부분의 수직재가 기둥으로 구성되어 내진성능이 크게 저하될 수 있는 구조는?

① 편심가새골조
② 특수모멘트골조
③ 내력벽 방식
④ 필로티구조

2 등분포하중 w가 작용하고 있는 길이 l을 갖는 캔틸레버의 최대 처짐을 d라고 할 때, 길이 $2l$을 갖는 캔틸레버의 최대 처짐이 $2d$가 되기 위해 작용해야 하는 등분포 하중의 크기는? (단, E와 I는 동일하고, 등분포하중 w는 전체 길이에 작용한다.

① $w/16$
② $w/8$
③ $w/32$
④ $w/4$

3 철근콘크리트구조 압축부재의 철근량 제한 조건 중 사각형이나 원형 띠철근으로 둘러싸인 압축부재의 축방향 주철근의 최소 개수는?

① 6개
② 4개
③ 3개
④ 2개

ANSWER 1.④ 2.② 3.②

1 필로티구조 : 건축물 상층부는 내력벽이나 가새골조 등 강성과 강도가 매우 큰 구조로 구성되어 있으나, 하층부는 개방형 건축공간을 위하여 대부분의 수직재가 기둥으로 구성되어 내진성능이 크게 저하될 수 있는 구조

2 처짐은 부재의 길이의 세제곱에 비례한다.
따라서 등분포하중 w가 작용하고 있는 길이 l을 갖는 캔틸레버의 최대 처짐을 d라고 할 때, 길이 2L을 갖는 캔틸레버의 최대 처짐이 $2d$가 되기 위해 작용해야 하는 등분포 하중의 크기는 $w/8$가 된다.

3 철근콘크리트구조 압축부재의 철근량 제한 조건 중 사각형이나 원형 띠철근으로 둘러싸인 압축부재의 축방향 주철근의 최소 개수는 4개이다.

4 건축물의 내진등급별 성능목표를 옳지 않게 짝지은 것은?

	내진등급	재현주기	성능수준
①	특	2400년	인명보호
②	특	1000년	기능수행
③	I	1400년	붕괴방지
④	II	1000년	인명보호

5 프리스트레스하지 않는 구조부재의 현장치기콘크리트와 최소 피복두께를 옳지 않게 짝지은 것은? (단, 콘크리트설계기준압축강도는 28MPa이다.)

① 수중에서 치는 콘크리트 – 100mm

② 흙에 접하여 콘크리트를 친 후 영구히 흙에 묻혀 있는 콘크리트 – 60mm

③ 옥외의 공기나 흙에 직접 접하지 않는 보나 기둥 – 40mm

④ D35 이하의 철근을 사용한 옥외의 공기나 흙에 직접 접하지 않는 슬래브 – 20mm

ANSWER 4.③ 5.②

4 내진등급이 I이고 재현주기가 1400년일 때의 성능목표는 인명보호이다. 붕괴방지는 2400년일 때의 성능목표이다.

내진등급과 성능목표

내진등급	성능목표	
	재현주기	성능수준
특	2400년	인명보호
	1000년	기능수행
I	2400년	붕괴방지
	1400년	인명보호
	100년	기능수행
II	2400년	붕괴방지
	1000년	인명보호
	50년	기능수행

5 흙에 접하여 콘크리트를 친 후 영구히 흙에 묻혀 있는 콘크리트 : 80mm

6 구조설계법에 대한 설명으로 가장 옳지 않은 것은?

① 강도설계법에서 구조부재의 계수하중에 따른 설계용 부재력이 그 부재단면의 공칭강도에 강도감소계수를 곱한 설계용 강도를 초과하지 않도록 한다.

② 성능설계법은 비선형해석이나 실물실험 등을 통하여 성능을 검증하는 설계법으로 KDS 등의 기준에서 주어지는 설계방법을 준수하여야 한다.

③ 성능설계법에서 구조부재의 설계는 의도하는 성능수준에 적합한 하중조합에 근거하여야 하며, 재료 및 구조물 치수에 대한 적절한 설계 값을 선택한 후 합리적인 거동이론을 적용하여 구한 구조성능이 요구되는 한계기준을 만족한다는 것을 검증한다.

④ 한계상태설계법에서 구조부재는 건축구조기준에 규정된 설계하중에 따른 하중 및 외력을 사용하여 산정한 부재력에 한계상태설계법에 따른 하중계수를 곱하여 조합한 값 중 가장 불리한 값으로 설계한다.

7 풍하중에 관한 용어에 대한 설명으로 가장 옳지 않은 것은?

① 와류방출 : 시시각각 변하는 바람의 난류성분으로 인해 물체가 풍방향으로 불규칙하게 진동하는 현상

② 가스트영향계수 : 바람의 난류로 인해 발생되는 구조물의 동적 거동 성분을 나타내는 것으로 평균변위에 대한 최대변위의 비를 통계적인 값으로 나타낸 계수

③ 인접효과 : 건축물의 일정거리 풍상측에 장애물이 있는 경우, 건축물은 장애물의 영향을 받아 진동이 증가하고 이로 인하여 건축물 전체에 가해지는 풍응답이 증가하며, 외장재에 작용하는 국부풍압도 크게 증가하는 현상

④ 공기력불안정진동 : 건축물 자신의 진동에 의해 발생하는 부가적인 공기력이 건축물의 감쇠력을 감소시키도록 작용함으로써 진동이 증대되거나 발산하는 현상

ANSWER 6.② 7.①

6 성능설계법(PBD, Performance Based Design method) : 기존처럼 기준에서 주어지는 어떠한 설계방법과 관계없이 어떠한 증명방법을 사용하더라도, 구조물의 성능목표를 미리 정하여 이에 부합되는 구조부재를 설계하는 방법이다.

7 와류방출 : 물체의 양측에서 박리한 흐름이 후류에 말려들어가 물체의 후면에서 교대로 서로 반대방향으로 회전하는 정형적인 2열의 와가되어 후류로 방출되는 현상. 원주의 경우에는 레이놀즈수가 30~5,000 범위, 각주의 경우에는 1,000 전후의 범위에서 발생하며, 이 와류방출로 인하여 물체는 풍직각방향으로 진동함.
① 시시각각 변하는 바람의 난류성분으로 인해 물체가 풍방향으로 불규칙하게 진동하는 현상은 버펫팅(Baffeting)이다.

8 볼트 F8T-M20 3개의 인장파단 한계 상태에 대한 설계 인장강도(ϕR_n)의 크기[kN]는?

① 45π

② 90π

③ 135π

④ 180π

9 이형철근의 정착길이에 대한 설명으로 가장 옳지 않은 것은?

① 직선 모양 인장철근의 정착길이는 철근의 위치, 도막, 지름의 영향을 받는다.

② 직선 모양 압축철근의 정착길이는 철근 위치의 영향을 받지 않는다.

③ 표준갈고리 인장철근의 정착길이는 철근 도막의 영향을 받지 않는다.

④ 직선 모양 인장철근의 정착길이는 횡방향 철근의 영향을 고려하면 줄어들 수 있다.

10 2축 대칭인 용접 H형강 H-500×500×16×20의 플랜지 및 웨브 각각의 판폭두께비로 옳은 것은?

플랜지	웨브
① 12.50	28.75
② 12.50	25.75
③ 13.75	23.50
④ 13.75	27.50

ANSWER 8.③ 9.③ 10.①

8 인장파단이므로 강도감소계수는 0.75를 적용해야 한다. 또한 $F_{nt} = 0.75F_u$이므로

$$n \cdot \phi R_n = n \cdot \phi F_{nt} A_b = 3 \times 0.75(0.75 \cdot F_u) \cdot A_b = 3 \cdot 0.75^2 \cdot 800 \cdot \frac{\pi \cdot 20^2}{4} = 135,000\pi \, [N] = 135\pi \, [kN]$$

9 표준갈고리 인장철근의 정착길이는 철근 도막의 영향을 받는다.

10 플랜지의 판폭두께비 $\lambda_f = \dfrac{0.5B}{t_f} = \dfrac{500}{2 \cdot 20} = 12.5$

웨브의 판두께비 $\lambda_w = \dfrac{H - 2(t_f + r)}{t_w} = \dfrac{500 - 2 \cdot 20}{16} = \dfrac{460}{16} = 28.75$

11 건축물 강구조를 포함한 일반 강구조 아이바의 구조제한에 대한 설명으로 가장 옳지 않은 것은?

① 아이바의 원형 머리부분과 몸체 사이부분의 반지름은 아이바 머리의 직경보다 커야 한다.

② 항복강도 F_y가 460MPa을 초과하는 강재의 구멍직경은 플레이트 두께의 5배를 초과할 수 없다.

③ 플레이트 두께는 핀 플레이트와 필러 플레이트를 조임하기 위해 외부 너트를 사용하는 경우에만 13mm 이하의 두께 사용이 허용된다.

④ 핀구멍의 연단으로부터 힘의 방향에 수직으로 측정한 플레이트의 연단까지의 폭은 아이바 몸체폭의 2/3 보다 커서는 안 된다.

12 조적식구조에 대한 설명으로 가장 옳은 것은?

① 조적식구조인 건축물 중 2층 건축물에 있어서 2층 내력벽의 높이는 9m를 넘을 수 없다.

② 조적식구조인 내력벽의 길이는 15m를 넘을 수 없다.

③ 조적식구조인 내력벽으로 둘러싸인 부분의 바닥면적은 100m²를 넘을 수 없다.

④ 조적식구조인 내력벽의 기초(최하층의 바닥면 이하에 해당하는 부분을 말한다)는 연속기초로 하여야 한다.

ANSWER 11.④ 12.④

11 핀구멍의 연단으로부터 힘의 방향에 수직으로 측정한 플레이트의 연단까지의 폭은 아이바 몸체폭의 2/3보다 커야 하고, 3/4보다 커서는 안 된다.

※ 아이바의 구조제한

건축물 강구조를 포함한 일반 강구조 아이바에 대한 구조제한은 다음과 같다.

㉠ 아이바의 원형 머리부분과 몸체 사이부분의 반지름은 아이바 머리의 직경보다 커야 한다. 핀 직경은 아이바 몸체폭의 7/8배 보다 커야하고, 핀 구멍의 직경은 핀 직경보다 1mm 이상 크면 안 된다.

㉡ F_y가 460MPa을 초과하는 강재의 구멍직경은 플레이트 두께의 5배를 초과할 수 없고 아이바 본체의 폭은 그에 따라 감소시켜야 한다.

㉢ 플레이트 두께는 핀 플레이트와 필러 플레이트를 조임하기 위해 외부 너트를 사용하는 경우에만 13mm 이하의 두께 사용이 허용된다.

㉣ 핀구멍의 연단으로부터 힘의 방향에 수직으로 측정한 플레이트의 연단까지의 폭은 아이바 몸체폭의 2/3보다 커야 하고, 3/4보다 커서는 안 된다.

12 ① 조적식구조인 건축물 중 2층 건축물에 있어서 2층 내력벽의 높이는 4m를 넘을 수 없다.
② 조적식구조인 내력벽의 길이는 10m를 넘을 수 없다.
③ 조적식구조인 내력벽으로 둘러싸인 부분의 바닥면적은 80m²를 넘을 수 없다.

13 〈보기〉와 같이 경간 $L=6$m인 단순보의 가운데 지점에 하중 P가 수직방향으로 작용하고 있다. 보는 균질의 재료로 이루어진 직사각형 단면을 가지고 있으며 단면의 항복모멘트강도가 60kN · m일 때, 항복이후 완전소성상태까지 최대로 가할 수 있는 하중의 크기[kN]는? (단, 항복이후 완전소성상태까지 좌굴은 발생하지 않는 것으로 가정한다.)

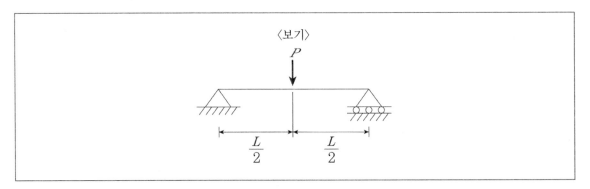

① 40

② 60

③ 120

④ 180

13

$$M_P = M_Y \cdot \frac{Z_P}{Z} = 60 \cdot \frac{3}{2} = 90[kN \cdot m]$$

$$M_P = \frac{PL}{4} = \frac{P \cdot 6}{4} = 90을 \text{ 만족하는 P의 크기는 } 60[kN \cdot m]가 \text{ 된다.}$$

14 〈보기〉의 ㉠, ㉡에 들어갈 내용으로 옳은 것은? (단, d_b는 철근의 공칭지름이다.)

> 스터럽으로 사용되는 D13철근의 135° 표준갈고리의 구부림 내면 반지름은 (㉠)이상으로 하여야 하며 구부린 끝에서 (㉡)이상 더 연장하여야 한다.

	㉠	㉡
①	$2d_b$	$6d_b$
②	$2d_b$	$12d_b$
③	$3d_b$	$6d_b$
④	$3d_b$	$12d_b$

15 〈보기〉의 ㉠, ㉡에 들어갈 내용으로 옳은 것은?

> 〈보기〉
> 철근콘크리트 비합성 압축부재의 축방향 주철근 단면적은 전체 단면적 A_g의 (㉠)배 이상, (㉡)배 이하로 하여야 한다.

	㉠	㉡
①	0.01	0.06
②	0.02	0.06
③	0.01	0.08
④	0.02	0.08

ANSWER 14.① 15.③

14 스터럽으로 사용되는 D13철근의 135° 표준갈고리의 구부림 내면 반지름은 $2d_b$이상으로 하여야 하며 구부린 끝에서 $6d_b$ 이상 너 연상하여야 한다.

15 철근콘크리트 비합성 압축부재의 축방향 주철근 단면적은 전체 단면적 A_g의 0.01배 이상, 0.08배 이하로 하여야 한다.

16 〈보기〉와 같은 단순보에서 A지점의 단면에 걸리는 휨모멘트 값[kN·m]은?

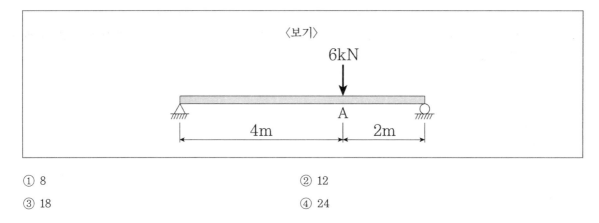

① 8   ② 12
③ 18   ④ 24

17 강재의 인장재 접합부 설계를 포함한 인장재 설계 시 검토할 사항으로 가장 옳지 않은 것은?

① 총단면 항복   ② 유효순단면파단
③ 블록전단파단   ④ 휨-좌굴강도

18 철근콘크리트 부재의 휨 해석과 설계를 위한 가정 사항으로 가장 옳지 않은 것은?

① 변형 전에 부재축에 수직한 평면은 변형 후에도 부재축에 수직한다.
② 콘크리트는 인장변형률이 0.003에 도달했을 때 파괴된다.
③ 철근의 변형률은 같은 위치의 콘크리트에 생기는 변형률과 같다.
④ 콘크리트의 압축응력-변형률 관계는 시험 결과에 따라 직사각형, 사다리꼴 또는 포물선 등으로 가정할 수 있다.

16 왼쪽지점의 상향반력이 2[kN]이며 여기에 A점까지의 거리인 4[m]를 곱한 값이 A지점에 발생하는 휨모멘트 값이므로 8[kN·m]이 된다.

17 인장재 접합부는 휨-좌굴이 발생하지 않는다. 좌굴현상은 압축력에 의해 발생하게 되는 현상이다.

18 콘크리트는 압축변형률이 0.003에 도달했을 때 파괴된다고 가정한다.

19 강도설계법에서 처짐을 계산하지 않는 경우, 길이가 L인 철근콘크리트 리브가 없는 1방향 슬래브 또는 보의 최소 두께 규정으로 옳게 짝지은 것은? (단, 보통중량 콘크리트와 설계기준항복강도 400MPa인 철근을 사용한 부재이다.)

① 단순지지 1방향 슬래브 – $L/24$ 　　② 1단연속 1방향 슬래브 – $L/20$

③ 양단연속 1방향 슬래브 – $L/10$ 　　④ 단순지지 보 – $L/16$

20 목구조에 대한 설명으로 가장 옳지 않은 것은?

① 구조용목재의 재종은 육안등급구조재와 기계등급구조재의 2가지로 구분된다. 육안등급구조재는 다시 1종 구조재(규격재), 2종구조재(보재) 및 3종구조재(기둥재)로 구분된다.

② 인장부재는 섬유직각방향으로 인장응력이 발생하지 않도록 설계한다. 섬유직각방향 인장응력이 발생하는 인장부재는 모든 응력에 저항하도록 충분히 보강한다.

③ 경골목구조에서 구조내력상 중요한 부분에 사용하는 바닥, 벽 또는 지붕의 덮개에는 KS F 등 규정에 적합한 구조용OSB가 사용되어야 한다.

④ 부재의 공칭강도에 강도감소계수 ϕ를 곱한 강도가 하중조합에 근거하여 산정된 소요강도보다 크도록 설계되며 목재의 강도는 습윤계수, 온도계수, 보안정계수, 형상계수 등 다양한 계수가 고려된다.

ANSWER 19.④ 20.④

19 부재의 처짐과 최소두께 : 처짐을 계산하지 않는 경우의 보 또는 1방향 슬래브의 최소두께는 다음과 같다. (L은 경간의 길이)

부재	최소 두께 또는 높이			
	단순지지	일단연속	양단연속	캔틸레버
1방향 슬래브	$L/20$	$L/24$	$L/28$	$L/10$
보 및 리브가 있는 슬래브	$L/16$	$L/18.5$	$L/21$	$L/8$

※ 위의 표의 값은 보통콘크리트($m_c = 2,300 kg/m^3$)와 설계기준항복강도 400MPa철근을 사용한 부재에 대한 값이며 다른 조건에 대해서는 그 값을 다음과 같이 수정해야 한다.

• 1500~2000kg/m³범위의 단위질량을 갖는 구조용 경량콘크리트에 대해서는 계산된 h_{min} 값에 $(1.65-0.00031 \cdot m_c)$를 곱해야 하나 1.09보다 작지 않아야 한다.

• f_y가 400MPa 이외인 경우에는 계산된 h_{min} 값에 $(0.43 + \dfrac{f_y}{700})$를 곱해야 한다.

20 목구조 설계에서는 허용응력설계법이 적용되며 습윤계수, 온도계수 등의 다양한 계수의 적용은 허용응력실계법을 전세로 한다.
④ 극한 강도설계법에 대한 설명이다.

1 건축구조기준에서 풍하중에 대한 설명으로 옳지 않은 것은?

① 거주성을 검토하기 위하여 필요한 응답가속도는 재현기간 10년 풍속을 이용하여 산정할 수 있다.

② 풍하중을 산정할 때에는 각 건물표면의 양면에 작용하는 풍압의 대수합을 고려해야 한다.

③ 풍동실험의 실험조건으로 풍동 내 대상건축물 및 주변 모형에 의한 단면폐쇄율은 풍동의 실험단면에 대하여 8% 미만이 되도록 하여야 한다.

④ 건축물의 풍방향·풍직각방향 진동으로 인한 최대응답가속도에 대하여 거주자가 불안과 불쾌감을 느끼지 않고 건축물이 피해를 입지 않도록 설계하여야 한다.

2 건축물 내진설계기준에서 지진하중의 계산 및 구조해석 시 동적해석법에 대한 설명으로 옳지 않은 것은?

① 동적해석법의 해석방법에는 응답스펙트럼해석법, 선형시간이력해석법 및 비선형시간이력해석법이 있다.

② 응답스펙트럼해석법에서 밑면전단력, 층전단력 등의 설곗값은 각 모드의 영향을 제곱합제곱근법(SRSS) 또는 완전2차조합법(CQC)으로 조합하여 구한다. 단, 일련된 각 모드의 주기차이가 25% 이내일 때에는 제곱합제곱근법(SRSS)을 사용하여야 한다.

③ 응답스펙트럼해석법의 모드특성에서 해석에 포함되는 모드개수는 직교하는 각 방향에 대해서 질량참여율이 90% 이상이 되도록 결정한다.

④ 시간이력해석법에서 지반운동의 영향을 직접적으로 고려하기 위하여 구조물 인접지반을 포함하여 해석을 수행할 수 있다.

ANSWER 1.① 2.②

1 거주성을 검토하기 위하여 필요한 응답가속도는 재현기간 1년 풍속을 이용하여 산정할 수 있다.

2 응답스펙트럼해석법에서 밑면전단력, 층전단력 등의 설계값은 각 모드의 영향을 제곱합제곱근법(SRSS) 또는 완전2차조합법(CQC)으로 조합하여 구한다. 단, 일련된 각 모드의 주기차이가 25% 이내일 때에는 완전2차조합법(CQC)을 사용하여야 한다.

3 그림과 같이 직사각형 단면보의 중앙에 집중하중 12kN이 작용할 때, 이 집중하중에 의한 최대휨모멘트를 지지할 수 있는 단순보의 최대길이(m)는? (단, 탄성상태에서 보의 허용 휨응력은 12MPa이고, 보의 자중은 무시한다)

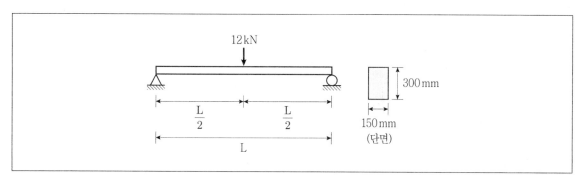

① 3.0
② 4.0
③ 4.5
④ 5.0

4 건축물 강구조 설계기준에서 인장재 설계 시 유효순단면적(A_e)을 산정할 때, 계수(U)를 사용하는 이유는?

① 전단지연 영향을 고려하기 위하여
② 파단면의 삼축응력효과를 고려하기 위하여
③ 잔류응력집중 현상을 고려하기 위하여
④ 면외좌굴의 영향을 고려하기 위하여

ANSWER 3.정답 없음 4.①

3 중앙에서 최대휨모멘트가 발생하며 그 크기는 $M_c = \dfrac{PL}{4} = \dfrac{12[\text{kN}]}{4} \cdot L[\text{m}] = 3L[\text{kNm}]$

중앙부 단면의 하연에서 최대 휨인장응력이 발생하며 그 크기는

$\sigma_{tmax} = \dfrac{M_c}{I} y_t = \dfrac{3L}{\dfrac{bh^3}{12}} \times 150[\text{mm}] = \dfrac{3L}{\dfrac{150 \times 300^3}{12}} \times 150[\text{mm}] \le 12[\text{MPa}]$

주어진 보기 중 정답이 없어 모두 정답 처리하였음

4 건축물 강구조 설계기준에서 인장재 설계 시 유효순단면적(A_e)을 산정할 때, 계수(U)를 사용하는 이유는 전단지연 영향을 고려하기 위해서이다.

5 그림과 같은 트러스에서 부재력이 '0'인 부재의 개수는? (단, 모든 부재의 강성은 같고 자중은 무시하며, 하중 P_1, P_2, P_3는 0보다 크다)

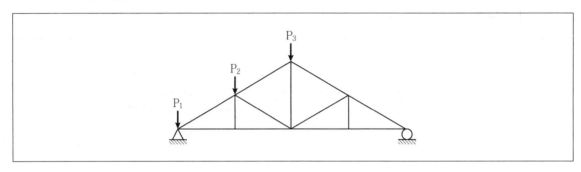

① 1

② 2

③ 3

④ 4

5 0부재는 다음과 같이 3개이다.

6 목구조 방화설계에서 내화설계 시 주요구조부의 내화성능기준으로 옳지 않은 것은?

① 외벽의 비내력벽 중 연소 우려가 없는 부분 : 0.5시간

② 내벽 : 1~3시간

③ 보 · 기둥 : 0.5~2시간

④ 지붕틀 : 0.5~1시간

---

6 보 · 기둥의 내화성능기준은 1 ~ 3시간이다.

※ 내화성능기준

구분				내화시간
벽	외벽	내력벽		1~3
		비내력벽	연소 우려가 있는 부분	1~1.5
			연소 우려가 없는 부분	0.5
	내벽			1~3
보 · 기둥				1~3
바닥				1~2
지붕틀				0.5~1

• 지붕 및 바닥 아래 천장이 방화재료로 피복되어 있을 경우에는 해당 천장을 지붕 및 바닥의 일부로 본다.

• 외벽의 재하가열시험은 내측면만 가열한다.

7 그림과 같은 지지조건과 단면을 갖는 기둥 ㈎와 기둥 ㈏의 면내탄성좌굴하중의 비[P_{cr}㈎/P_{cr}㈏]는? (단, 기둥의 길이와 재질은 모두 같고 자중은 무시하며, 유효좌굴길이계수는 이론값을 사용하고 면외방향좌굴은 발생하지 않는다)

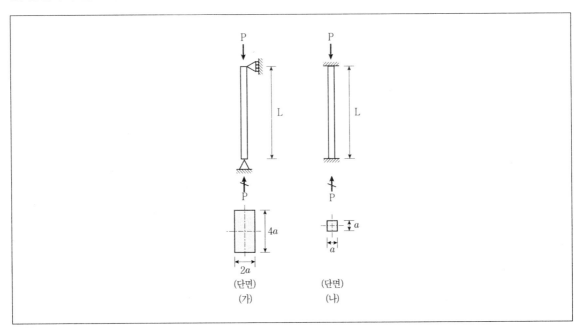

① 2

② 8

③ 32

④ 64

ANSWER 7.②

7

$$P_{cr(\text{가})} = \frac{\pi^2 E I_{\min}}{(KL)^2} = \frac{\pi^2 E \frac{4a \times (2a)^3}{12}}{(1.0 \times L)^2} = \frac{\pi^2 E \frac{8a^4}{3}}{L^2}$$

$$P_{cr(\text{나})} = \frac{\pi^2 E I_{\min}}{(KL)^2} = \frac{\pi^2 E \frac{a \times a^3}{12}}{(0.5 \times L)^2} = \frac{\pi^2 E \frac{a^4}{3}}{L^2}$$

따라서 [Pcr㈎/Pcr㈏]는 8이 된다.

※ 오일러의 탄성좌굴하중

$$P_{cr} = \frac{\pi^2 E I_{\min}}{(KL)^2} = \frac{n \cdot \pi^2 E I_{\min}}{L^2} = \frac{\pi^2 E A}{\lambda^2}$$

- E : 탄성계수 [MPa, N/mm^2]
- $I_{\min}$: 최소단면2차 모멘트[mm^4]
- K : 지지단의 상태에 따른 좌굴계수
- KL : 유효좌굴길이[mm]
- λ : 세장비(길이를 단면2차반경으로 나눈 값)
- n : 좌굴계수(강도계수, 구속계수)이며 $n = \frac{1}{K^2}$ 이다.

단부구속조건	양단 고정단	1단 힌지단 타단 고정단	양단 힌지단	1단 자유단 타단 고정단
좌굴계수	0.50	0.70	1.0	2.0

8 건축물 강구조 설계기준에서 강축휨을 받는 2축대칭 H형강 또는 ㄷ형강 콤팩트(조밀)단면 부재의 설계에 대한 설명으로 옳지 않은 것은?

① 소성휨모멘트(M_p)는 강재의 항복강도(F_y)에 강축(x축)에 대한 소성단면계수(Z_x)를 곱하여 산정한다.

② 보의 비지지길이(L_b)가 소성한계비지지길이(L_p) 이하인 경우 부재의 공칭모멘트(M_n)는 소성휨모멘트(M_p)가 된다.

③ 보의 비지지길이(L_b) 내에서 휨모멘트의 분포형태가 횡좌굴모멘트에 미치는 영향을 고려하기 위해 횡좌굴모멘트수정계수(C_b)를 적용한다.

④ 보의 비지지길이(L_b)가 탄성한계비지지길이(L_r)를 초과하는 경우 부재단면이 항복상태에 도달한 후 탄성횡좌굴이 발생한다.

9 다음은 조적식 구조 설계일반사항에서 재하시험을 설명한 것이다. ㈎ ~ ㈐에 들어갈 수치를 바르게 연결한 것은?

> 하중시험이 필요한 경우에는 해당부재나 구조체의 해당 부위에 설계활하중의 (㈎)배에 고정하중의 (㈏)배를 합한 하중을 (㈐)시간 동안 작용시킨 후 하중을 제거한다. 시험 도중이나 하중의 제거 후에 부재나 구조체 해당 부위에 파괴현상이 생기면 파괴현상 발생 시의 하중까지 지지할 수 있는 것으로 등급을 매기거나 그보다 하향조정한다.

	㈎	㈏	㈐
①	0.5	2	12
②	2	0.5	12
③	0.5	2	24
④	2	0.5	24

8 보의 비지지길이(L_b)가 탄성한계비지지길이(L_r)를 초과하는 경우 부재단면이 항복상태에 도달하기 전에 탄성횡좌굴이 발생한다.

9 하중시험이 필요한 경우에는 해당부재나 구조체의 해당 부위에 설계활하중의 2배에 고정하중의 0.5배를 합한 하중을 24시간 동안 작용시킨 후 하중을 제거한다. 시험 도중이나 하중의 제거 후에 부재나 구조체 해당 부위에 파괴현상이 생기면 파괴현상 발생 시의 하중까지 지지할 수 있는 것으로 등급을 매기거나 그보다 하향조정한다.

10 건축물 내진설계기준에서 지하구조물의 내진설계에 대한 설명으로 옳지 않은 것은?

① 지하구조 강성이 지상구조의 강성보다 매우 큰 경우 지상구조와 지하구조를 분리하여 해석할 수 있다.

② 지하구조와 지상구조로 구성된 건축물에서 지상구조물의 지진력저항시스템의 설계계수는 지상구조물의 구조형식에 따라 결정하고 높이제한규정 적용 시 지하구조물의 높이를 산입한다.

③ 지진하중과 설계지진토압에 대하여 지상구조와 지하구조가 안전하도록 설계해야 한다.

④ 지하구조에 대한 근사적인 설계방법으로 설계지진토압을 포함하는 모든 횡하중을 횡하중에 평행한 외벽이 지지하도록 설계할 수 있다.

11 건축물 기초구조 설계기준에서 건축구조물 등의 부지에 사용되는 철근콘크리트옹벽에 대한 설명으로 옳지 않은 것은?

① 옹벽에 대한 전도모멘트값은 안전율을 고려한 안정모멘트값을 초과하지 않아야 한다.

② 옹벽에 작용하는 토압의 수평성분에 따른 수평방향의 활동에 대하여 안전하여야 한다.

③ 옹벽이 수평방향으로 긴 경우 신축이음을 설치하지 않는다.

④ 옹벽 주변지반에 액상화의 가능성이 있는 경우 그 영향을 고려한다.

12 콘크리트구조 철근상세 설계기준에서 압축부재의 횡철근에 대한 설명으로 옳지 않은 것은?

① 나선철근의 순간격은 25mm 이상, 75mm 이하이어야 한다.

② 나선철근의 정착은 나선철근의 끝에서 추가로 1.0 회전만큼 더 확보하여야 한다.

③ 띠철근 중 D35 이상의 축방향 철근과 다발철근은 D13 이상의 띠철근으로 둘러싸야 하며, 띠철근 대신 등가단면적의 이형철선 또는 용접철망을 사용할 수 있다.

④ 띠철근 중 기초판 또는 슬래브의 윗면에 연결되는 압축부재의 첫 번째 띠철근 간격은 다른 띠철근 간격의 1/2 이하로 하여야 한다.

Aɴsᴡᴇʀ 10.② 11.③ 12.②

10 지하구조와 지상구조로 구성된 건축물에서 지상구조물의 지진력저항시스템의 설계계수는 지상구조물의 구조형식에 따라 결정하고 높이제한규정 적용 시 지하구조물의 높이를 산입하지 아니한다.

11 옹벽이 수평방향으로 긴 경우 상황에 맞도록 적절히 신축이음을 설치한다.

12 나선철근의 정착은 나선철근의 끝에서 추가로 1.5 회전만큼 더 확보하여야 한다.

13 콘크리트 벽체 설계기준에서 축하중을 받는 벽체의 최소 철근비에 대한 설명으로 옳지 않은 것은? (단, 정밀한 구조해석을 수행하지 않는다)

① 설계기준항복강도 400MPa 이상으로서 D19 이상의 이형철근을 사용할 때 벽체의 전체 단면적에 대한 최소 수직철근비는 0.0012이다.

② 설계기준항복강도 400MPa 이상으로서 D16 이하의 이형철근을 사용할 때 벽체의 전체 단면적에 대한 최소 수평철근비는 0.0020 × 400/f_y이다. 다만, 이 철근비의 계산에서 f_y는 500MPa을 초과할 수 없다.

③ 지하실 벽체를 제외한 두께 250mm 이상의 벽체의 외측면 철근은 각 방향에 대하여 전체 소요철근량의 1/2 이상, 2/3 이하로 배치하여야 한다.

④ 수직 및 수평철근의 간격은 벽두께의 3배 이하 또한 450mm 이하로 하여야 한다.

14 콘크리트구조의 정착 및 이음 설계기준에서 철근의 정착에 대한 설명으로 옳지 않은 것은?

① 인장 이형철근의 정착길이(l_d)는 항상 300mm 이상이어야 하고, 압축 이형철근의 정착길이(l_d)는 항상 200mm 이상이어야 한다.

② 철근의 정착은 묻힘길이, 갈고리, 기계적 정착 또는 이들의 조합에 의한다. 이때, 갈고리는 압축철근의 정착에 유효하지 않은 것으로 본다.

③ 인장 또는 압축을 받는 하나의 다발철근 내의 개개 철근의 정착길이(l_d)는 다발철근이 아닌 경우의 각 철근의 정착길이보다 3개의 철근으로 구성된 다발철근에 대해서는 20%, 4개의 철근으로 구성된 다발철근에 대해서는 30%를 증가시켜야 한다.

④ 확대머리 이형철근 및 기계적 인장 정착에서 압축력을 받는 경우 확대머리의 영향을 고려할 수 없다.

15 그림과 같이 하중이 작용하는 캔틸레버보의 고정단에 작용하는 휨모멘트의 절댓값(kN · m)은? (단, 자중은 무시한다)

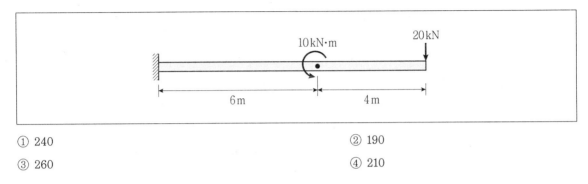

① 240

② 190

③ 260

④ 210

16 건축물 강구조 설계기준에서 볼트 접합 시 볼트구멍의 지압강도와 블록전단파단(block shear rupture)에 대한 설명으로 옳은 것은?

① 표준구멍을 갖는 볼트구멍의 지압강도는 사용하중상태에서 볼트구멍의 변형이 설계에 고려되는지 여부에 따라 달라진다.

② 총단면 인장파단과 순단면 전단항복의 조합으로 접합부재의 블록전단파단 설계강도를 산정한다.

③ 한계상태설계법에서 블록전단파단 설계강도 산정 시 강도감소계수는 0.6이다.

④ 인장저항 강도산정 시 인장응력이 일정한 경우 계수(U_{bs})는 0.5이고, 인장응력이 일정하지 않는 경우에는 계수(U_{bs})는 1.0이다.

ANSWER 15.② 16.①

15 그림에서 캔틸레버보에 작용하는 휨모멘트는 자유단에 가해지는 20kN에 의한 휨모멘트 20[kN]×10[m]=200[kN · m]과 −10[kN · m]의 합이므로 190[kN · m]이 된다.

16 ② 볼트간 순단면 인장파단과 종전단 총단면파단의 조합으로 접합부재의 블록전단파단 설계강도를 산정한다.

③ 한계상태설계법에서 블록전단파단 설계강도 산정 시 강도감소계수는 0.75이다.

④ 인장저항 강도산정 시 인장응력이 일정한 경우 계수(U_{bs})는 1.0이고, 인장응력이 일정하지 않은 경우에 계수(U_{bs})는 0.5이다.

17 건축구조기준에서 구조설계의 단계에 대한 설명으로 옳지 않은 것은?

① 건축구조물의 구조계획에는 건축구조물의 용도, 사용재료 및 강도, 지반특성, 하중조건, 구조형식, 장래의 증축여부, 용도변경이나 리모델링 가능성 등을 고려한다.

② 기둥과 보의 배치는 건축평면계획과 잘 조화되도록 하며, 보 춤을 결정할 때는 기둥 간격 외에 층고와 설비계획도 함께 고려한다.

③ 지진하중이나 풍하중 등 수평하중에 저항하는 구조요소는 평면상의 균형뿐만 아니라 입면상 균형도 고려한다.

④ 골조해석은 비선형해석을 원칙으로 한다.

18 막과 케이블구조의 해석에 대한 설명으로 옳지 않은 것은?

① 공기막구조 해석에서 최대 내부압은 정상적인 기후와 서비스 상태에서 구조 안전성을 확보하기 위한 것이다.

② 막구조의 해석에서 기하학적 비선형을 고려하여야 한다.

③ 막구조의 구조해석에는 유한요소법, 동적이완법, 내력밀도법 등이 있다.

④ 케이블 부재는 원칙적으로 인장력에만 저항하는 선형 탄성부재로 가정한다.

ANSWER 17.④ 18.①

17 골조해석은 탄성해석을 원칙으로 하되 필요한 경우 비선형해석도 수행하여 실제 구조물의 거동에 가까운 부재력이 산출되도록 해야 한다.

18 공기막구조에 대해서 최대 내부압, 최소 내부압, 상시 내부압이 합리적으로 보장하여야 한다.
- 최대 내부압은 심각한 구조변경에서도 최악의 상태가 발생하지 않도록 설정하여야 한다.
- 최소 내부압은 정상적인 기후와 서비스 상태에서 구조 안전성을 확보하기 위한 것으로 일반적으로 200 이상이어야 한다.

19 건축물 콘크리트구조 설계기준에서 소요강도 산정에 대한 설명으로 옳지 않은 것은?

① 철근콘크리트 구조물을 설계할 때는 건축구조기준 설계하중에 제시된 하중조합을 고려하여 해당 구조물에 작용하는 최대 소요강도에 대하여 만족하도록 설계하여야 한다.

② 부등침하, 크리프, 건조수축, 팽창콘크리트의 팽창량 및 온도변화는 사용구조물의 실제적 상황을 고려하여 계산하여야 한다.

③ 건축구조기준 설계하중에서 지진하중 E에 대하여 사용수준 지진력을 사용하는 경우에는 1.0E를 사용한다.

④ 포스트텐션 정착부 설계에 대하여 최대 프리스트레싱 강재 긴장력에 하중계수 1.2를 적용하여야 한다.

20 기존 콘크리트 구조물의 안전성평가기준에서 내하력이 의심스러운 기존 콘크리트 구조물의 안정성평가에 대한 설명으로 옳은 것은?

① 구조해석, 강도 및 하중의 계산에 사용하는 구조물의 제원, 부재치수 등 치수의 평가 입력값은 설곗값을 사용하여야만 한다.

② 건물에서 부재의 안전성을 재하시험 결과에 근거하여 직접 평가할 경우에는 기둥, 벽체 등과 같은 압축부재의 안전성 검토에만 적용할 수 있다.

③ 안전성평가를 위한 강도감소계수 항목에서 전단력 및 비틀림모멘트의 강도감소계수는 0.80을 초과할 수 없다.

④ 구조물의 안전성평가를 위한 하중의 크기를 정밀 현장 조사에 의하여 확인하는 경우에는, 구조물의 소요강도를 구하기 위한 하중조합에서 고정하중과 활하중의 하중계수는 10%만큼 감소시킬 수 있다.

Aɴsᴡᴇʀ 19.③ 20.③

19 건축구조기준 설계하중에서 지진하중 E에 대하여 사용수준 지진력을 사용하는 경우에는 1.0E 대신 1.4E를 사용한다.

20 ① 구조해석, 강도 및 하중의 계산에 사용하는 구조물의 제원, 부재치수 등 치수의 평가 입력값은 가능한 한 측정한 값을 사용하여야 한다.

② 건물에서 부재의 안전성을 재하시험 결과에 근거하여 직접 평가할 경우에는 보, 슬래브 등과 같은 휨부재의 안전성 검토에만 적용할 수 있다.

④ 구조물의 안전성평가를 위한 하중의 크기를 정밀 현장 조사에 의하여 확인하는 경우에는, 구조물의 소요강도를 구하기 위한 하중조합에서 고정하중과 활하중의 하중계수는 5%만큼 감소시킬 수 있다.

21 건축물 강구조 설계기준에서 압축력을 받는 합성기둥의 하중전달에 대한 설명으로 옳지 않은 것은?

① 강재와 콘크리트 간의 길이방향 전단력을 전달할 수 있도록 설계되어야 한다.

② 힘전달기구는 직접부착작용, 전단접합, 직접지압이다.

③ 힘이 직접부착작용에 의해 콘크리트 충전 사각형강관단면 합성부재에 전달되는 경우 강재와 콘크리트 간의 공칭부착응력은 0.4MPa이다. 단, 강재단면 표면에 도장, 윤활유, 녹 등이 없다고 가정한 값이다.

④ 힘전달기구 중 가장 작은 공칭강도를 사용하며 힘전달기구들을 중첩하여 사용할 수 있다.

22 구조용 무근콘크리트 설계기준에 대한 설명으로 옳지 않은 것은?

① 기둥에는 구조용 무근콘크리트를 사용할 수 없다.

② 구조용 무근콘크리트 벽체는 벽체가 받고 있는 연직하중, 횡하중 그리고 다른 모든 하중을 고려하여 설계하여야 한다.

③ 말뚝 위의 기초판에는 구조용 무근콘크리트를 사용할 수 있으며, 구조용 무근콘크리트 기초판의 두께는 200mm 이상으로 하여야 한다.

④ 휨모멘트, 휨모멘트와 축력의 조합, 전단력에 대한 강도를 계산할 때 부재의 전체 단면을 설계에 고려한다. 다만, 지반에 콘크리트를 치는 경우에 전체 두께는 실제 두께보다 50mm 작은 값을 사용하여야 한다.

23 건축물 강구조 설계기준에서 용어의 정의로 옳지 않은 것은?

① 다이아프램(diaphragm plate) : 지지요소에 힘을 전달하도록 이용된 면내 전단강성과 전단강도를 갖고 있는 플레이트

② 밀스케일(mill scale) : 열간압연과정에서 생성되는 강재의 산화피막

③ 엔드탭(end tab) : 용접선의 단부에 붙인 보조판

④ 필러(filler) : 접촉면이나 지압면 사이에 두께 차이 시 공간을 메우기 위해 사용되는 얇은 판재

---

24 그림과 같은 인장지배를 받는 단철근 직사각형 보를 등가 직사각형 압축응력블록을 이용하여 해석할 경우, 공칭휨강도(M_n)로 가장 가까운 값(kN · m)은? (단, 콘크리트의 설계기준압축강도(f_{ck})는 20MPa, 인장철근의 설계기준항복강도(f_y)는 400MPa, 인장철근량(A_s)은 850mm²이다)

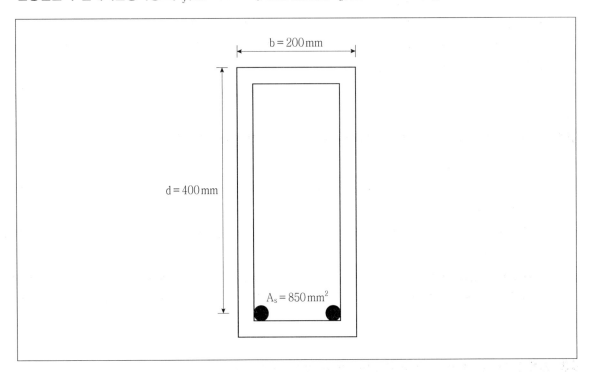

① 90

② 120

③ 150

④ 180

24 $M_n = T\left(d - \dfrac{a}{2}\right) = A_s \cdot f_y\left(d - \dfrac{a}{2}\right)$

$a = \dfrac{A_s \cdot f_y}{0.85 f_{ck} \cdot b} = \dfrac{850 \times 400}{0.85 \times 20 \times 200} = 100[\text{mm}]$

$M_n = A_s \cdot f_y\left(d - \dfrac{a}{2}\right) = 850 \times 400\left(400 - \dfrac{100}{2}\right) = 119[\text{kN} \cdot \text{m}]$

25 그림 (가)와 그림 (나)의 주어진 조건에서 두 보가 최대 처짐이 같을 때, 단순보에 작용하는 등분포하중 (ω_A)과 캔틸레버보에 작용하는 등분포하중(ω_B)의 관계식으로 옳은 것은? (단, 두 보의 탄성계수는 같고, 자중은 무시한다)

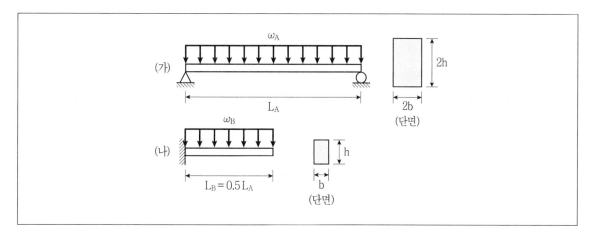

① $\omega_A = \dfrac{12}{5}\omega_B$

② $\omega_A = \dfrac{24}{5}\omega_B$

③ $\omega_A = \dfrac{36}{5}\omega_B$

④ $\omega_A = \dfrac{48}{5}\omega_B$

25

(가)의 최대처짐은 $\delta_{\max} = \dfrac{5wL^4}{384EI} = \dfrac{5w_A L_A^4}{384EI}$

(나)의 최대처짐은 $\delta_{\max} = \dfrac{wL^4}{8EI} = \dfrac{w_B(0.5L_A)^4}{8EI} = \dfrac{w_B L_A^4}{96EI}$

$\dfrac{5w_A L_A^4}{384EI} = \dfrac{w_B L_A^4}{96EI}$ 이므로 $\omega_A = \dfrac{48}{5}\omega_B$ 가 된다.

하중조건	처짐각	처짐
A ─ w ─ B, L	$\theta_B = \dfrac{wL^3}{6EI}$	$\delta_B = \dfrac{wL^4}{8EI}$
A ─ w ─ B, L	$\theta_A = -\theta_B = \dfrac{wL^3}{24EI}$	$\delta_{\max} = \dfrac{5wL^4}{384EI}$

1 그림과 같은 케이블 구조물에서 인장재 AB, BC의 저항능력이 T인 경우, 각 구조물에 재하할 수 있는 최대하중의 비($P_1 : P_2 : P_3$)는? (단, 케이블의 자중은 무시한다)

$$\begin{array}{cccc}
 & \underline{P_1} & \underline{P_2} & \underline{P_3} \\
① & 1 & : \sqrt{2} & : \sqrt{3} \\
② & \sqrt{3} & : \sqrt{2} & : 1 \\
③ & 1 & : \dfrac{1}{\sqrt{2}} & : \dfrac{1}{\sqrt{3}} \\
④ & \dfrac{1}{\sqrt{3}} & : \dfrac{1}{\sqrt{2}} & : 1
\end{array}$$

ANSWER 1.①

1 주어진 그림을 보고 직관적으로 바로 답을 찾을 수 있는 문제이다.

케이블에 걸리는 장력을 비교하면 $1 : \dfrac{1}{\sqrt{2}} : \dfrac{1}{\sqrt{3}}$ 가 된다.

2 철근콘크리트 기둥 단면에 그림 (가)와 같이 변형률이 분포된 경우, 이 변형률 분포는 그림 (나)와 같은 설계 축력-휨모멘트($\phi P_n - \phi M_n$) 상관곡선 상에서 어느 부분에 해당하는가? (단, ε_s는 인장철근의 변형률, ε_y는 인장철근의 항복변형률, ε_c는 압축연단의 콘크리트 변형률, ε_{cu}는 콘크리트의 극한변형률이다)

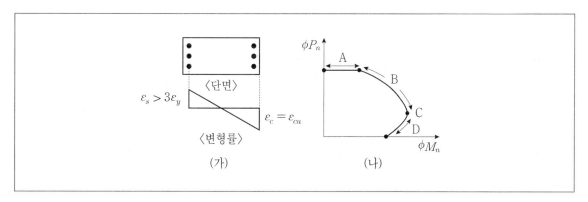

① A 구간　　　　　　　　　　　② B 구간

③ C 점　　　　　　　　　　　　④ D 구간

---

2 철근콘크리트 기둥 단면에 그림 (가)와 같이 변형률이 분포된 경우, 이 변형률 분포는 그림 (나)와 같은 설계 축력-휨모멘트($\phi P_n - \phi M_n$) 상관곡선 상에서 D부분에 해당된다.

※ P-M 상관도 : 기둥이 받을 수 있는 최대축력가 모멘트를 표시한 그래프이다. 이 선도 안쪽은 안전하나 밖은 파괴가 일어난다. 선도의 직선부는 기둥부재에서 아무리 주의를 기울여도 발생할 수 밖에 없는 최소한의 편심을 고려한 것이다. PM상관도에서 K점으로부터 알 수 있듯이 $P_u \le \phi P_n$, $M_u \le \phi M_n$ 이라고 해서 완전히 안전을 확보한 것은 아니다.

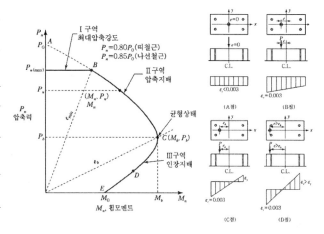

A점 : 최대압축강도 발휘지점. 축하중이 기둥단면 도심에 작용하는 경우로 PM상관도에서 최대압축강도를 발휘하는 영역이다.

B점 : 압축지배구역. 축하중이 기둥단면 도심을 벗어나 편심이 작용하는 경우로 압축측 콘크리트가 파괴변형률 0.003에 도달하는 경우이다. 그러나 여전히 전체 단면은 압축응력이 작용하고 있다.

C점 : 균형상태. 하중이 편심을 계속 증가시키면 인장측 철근이 항복변형률($f_y = 400$MPa인 경우 0.002)에 도달할 때 압축측 콘크리트가 파괴변형률 0.003에 도달하는 경우로 균형파괴를 유발하는 하중재하위치의 지점이다.

D점 : 인장파괴. 균형파괴를 유발하는 하중작용점을 지나 계속 편심을 증가시키면 인장측 철근은 항복변형률보다 큰 극한변형률에 도달하여 인장측 철근이 파괴되는 형태를 보이는 구간이다. 기둥에 인장이 지배하는 구역이다.

E점 : 순수휨파괴. 축하중은 0이 되고 모든 하중은 휨모멘트에 의해 작용하므로 파괴는 보가 휨만을 받을 때와 동일하게 된다.

3 토질 주상도에서 얻을 수 있는 정보가 아닌 것은?

① 지하수위

② 지층의 N값

③ 지층의 전단파 속도

④ 지층의 구성상태 및 두께

4 벽돌구조의 공간쌓기에 대한 설명으로 옳지 않은 것은?

① 연결재의 배치 및 간격은 수직거리 900mm 이하, 수평거리 400mm 이하로 한다.

② 도면 또는 공사시방서에서 정한 바가 없을 때에는 바깥쪽을 주벽체로 하고 안쪽은 반장쌓기(0.5 B)로 하며, 공간 너비는 50 ~ 70mm 정도로 한다.

③ 안쪽 반장쌓기(0.5 B)는 연결재를 사용하여 주벽체에 튼튼히 연결하며 연결재는 벽돌, 철선, 철망, 철근 등이 사용된다.

④ 방습, 단열 등을 목적으로 한다.

5 그림과 같은 하중을 지지하는 보의 고정단 C에서 반력(V_C, M_C)으로 옳은 것은? (단, A점은 이동단, B점은 활절점(회전절점)이며 보의 자중은 무시한다)

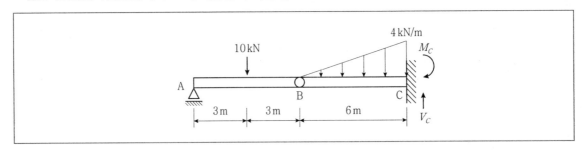

① $V_C = 11\,\text{kN}$

② $V_C = 12\,\text{kN}$

③ $M_C = 48\,\text{kN} \cdot \text{m}$

④ $M_C = 54\,\text{kN} \cdot \text{m}$

ANSWER 3.③ 4.① 5.④

3 토질주상도에서 주어진 데이터만으로는 지층의 전단파 속도를 구할 수 없다.

4 연결재의 배치 및 거리 간격의 최대 수직거리는 400mm를 초과해서는 안 되고, 최대 수평거리는 900mm를 초과해서는 안 된다. 연결재는 위 아래층 것이 서로 엇갈리게 배치한다.

5 AB를 단순보로, BC를 캔틸레버로 간주하여 해석하면

BC캔틸레버에서 B점에 가해지는 집중하중은 5kN이 되며, C점에서의 휨모멘트의 크기는 $(-5 \times 6) - \left(\dfrac{6 \times 4}{2}\right) \times \dfrac{6}{3} + M_c = 0$

$M_c = 54[\text{kN} \cdot \text{m}]$

6 다음 중 건축물의 중요도 분류에서 중요도(1)에 해당하는 건축물은?

① 연면적 900m²인 태풍에 대한 긴급대피수용시설

② 연면적 5,200m²인 전신전화국

③ 연면적 4,200m²인 판매시설

④ 연면적 5,200m²인 노인복지시설

6

내진등급	분류목적	소분류
중요도(특) 중요도계수 1.5	유출 시 인명피해가 우려되는 독극물 등을 저장하고 처리하는 건축물	연면적 1,000m² 이상인 위험물 저장 및 처리시설
	응급비상 필수시설물로 지정된 건축물	연면적 1,000m² 이상인 국가 또는 지방자치단체의 청사·외국공관·소방서·발전소·방송국·전신전화국
		종합병원, 또는 수술시설이나 응급시설이 있는 병원
중요도(1) 중요도계수 1.2	중요도(특)보다 작은 규모의 위험물 저장·처리시설 및 응급비상 필수시설물	연면적 1,000m² 미만인 위험물 저장 및 처리시설
		연면적 1,000m² 미만인 국가 또는 지방자치단체의 청사·외국공관·소방서·발전소·방송국·전신전화국
	붕괴 시 인명에 상당한 피해를 주거나 국민의 일상생활에 상당한 경제적 충격이나 대규모 혼란이 우려되는 건축물	연면적 5,000m² 이상인 공연장·집회장·관람장·전시장·운동시설·판매시설·운수시설(화물터미널과 집배송시설은 제외함)
		아동관련시설·노인복지시설·사회복지시설·근로복지시설
		5층 이상인 숙박시설·오피스텔·기숙사·아파트
		학교
		수송시설과 응급시설 모두 없는 병원, 기타 연면적 1,000m² 이상 의료시설로서 중요도(특)에 해당되지 않은 건축물
중요도(2) 중요도계수 1.0	붕괴 시 인명피해의 위험도가 낮은 건축물	중요도(특), 중요도(1), 중요도(3)에 해당하지 않는 건축물
중요도(3) 중요도계수 1.0	붕괴 시 인명피해가 없거나 일시적인 건축물	농업시설물, 소규모창고 가설구조물

7 프리스트레스트콘크리트(prestressed concrete, PSC) 부재 설계에 대한 설명으로 옳지 않은 것은?

① 프리스트레스트콘크리트 휨부재는 미리 압축을 가한 인장구역에서 사용하중에 의한 인장연단응력에 따라 비균열등급, 부분균열등급, 완전균열등급으로 구분된다.

② 부분균열등급 휨부재의 사용하중에 의한 응력은 균열 환산단면을 사용하여 계산하여야 한다.

③ 유효프리스트레스를 결정하기 위하여 프리스트레스 손실 원인을 고려하여야 한다.

④ 긴장할 때 긴장재의 인장응력은 긴장재 설계기준인장강도의 80% 또는 설계기준항복강도의 94% 중 작은 값 이하로 하여야 한다.

8 사용하중에 의해 휨 균열이 발생된 철근콘크리트 복근보의 순간 처짐량을 산정하기 위하여 필요한 항목이 아닌 것은?

① 인장철근의 설계기준항복강도

② 인장철근량

③ 콘크리트의 설계기준압축강도

④ 압축철근량

ANSWER 7.② 8.①

7 부분균열등급 휨부재의 사용하중에 의한 응력은 비균열단면을 사용하여 계산해야 한다.

8 부재의 순간처짐은 콘크리트의 탄성계수와 유효단면2차모멘트(I_e)를 이용하여 구한다. 즉, 휨균열이 발생한 순간 유효단면2차모멘트를 구하고 이를 처짐산정식의 단면2차모멘트에 대입시켜 순간처짐량을 구해야 한다. 유효단면2차모멘트식에서는 인장철근의 설계기준항복강도는 고려하지 않는다.

유효단면2차모멘트(I_e)

유효단면2차모멘트의 식 : $I_e = \left(\dfrac{M_{cr}}{M_a}\right)^3 I_g + \left[1 - \left(\dfrac{M_{cr}}{M_a}\right)^3\right] I_{cr}$

M_{cr} : 균열모멘트이며 식 $M_{cr} = \dfrac{f_r \cdot I_g}{y_t}$ (f_r : 파괴계수$(0.63\sqrt{f_{ck}})$, y_t : 도심에서 인장측 외단까지의 거리, I_g : 보의 전체 단면에 대한 단면2차모멘트)로 구한다.

M_a : 단면2차모멘트가 계산되는 부분에서의 최대모멘트

I_{cr} : 균열단면의 단면2차모멘트

9 철근콘크리트구조에서 전단철근에 대한 설명으로 옳지 않은 것은? (단, λ는 경량콘크리트계수, f_{ck}는 콘크리트 설계기준압축강도, b_w는 복부의 폭, d는 종방향 인장철근의 중심에서 압축콘크리트 연단까지의 거리이다)

① 부재축에 직각인 스터럽 및 용접철망, 주인장 철근에 45° 이상의 각도로 설치되는 스터럽, 주인장 철근에 30° 이상의 각도로 구부린 굽힘철근 등이 전단철근으로 사용될 수 있다.

② 전단철근의 설계기준항복강도는 500MPa를 초과할 수 없지만 벽체의 전단철근 또는 용접 이형철망을 사용할 경우 전단철근의 설계기준항복강도는 600MPa를 초과할 수 없다.

③ 전단철근에 의한 전단강도 V_s가 $\lambda\left(\sqrt{f_{ck}}/3\right)b_w d$ 이하인 경우, 부재축에 직각으로 배치된 전단철근의 간격은 $d/2$ 이하 또한 600mm 이하로 하여야 한다.

④ 기초판의 계수전단력 V_u가 콘크리트에 의한 설계전단강도 ϕV_c의 1/2을 초과하는 경우 최소 전단철근을 배치하여야 한다.

ANSWER 9.④

9 계수전단력 V_u가 콘크리트에 의한 설계전단강도 ϕV_c의 1/2을 초과하는 모든 철근콘크리트 및 프리스트레스트콘크리트 휨부재에는 다음의 경우를 제외하고 최소 전단철근을 배치하여야 한다.
① 슬래브와 기초판
② KDS 14 20 10(4.11)에서 규정한 콘크리트 장선구조
③ 전체 깊이가 250mm 이하이거나 I형보, T형보에서 그 깊이가 플랜지 두께의 2.5배 또는 복부폭의 1/2 중 큰 값 이하인 보
④ 교대 벽체 및 날개벽, 옹벽의 벽체, 암거 등과 같이 휨이 주거동인 판부재
⑤ 순 단면의 깊이가 315mm를 초과하지 않는 속빈 부재에 작용하는 계수전단력이 $0.5\phi V_{cw}$를 초과하지 않는 경우
⑥ 보의 깊이가 600mm를 초과하지 않고 설계기준압축강도가 40MPa을 초과하지 않는 강섬유콘크리트 보에 작용하는 계수전단력이 $\phi\left(\sqrt{f_{ck}}/6\right)b_w d$를 초과하지 않는 경우
전단철근이 없어도 계수휨모멘트와 계수전단력에 저항할 수 있다는 것을 실험에 의해 확인할 수 있다면 최소 전단철근 규정을 적용하지 않을 수 있다.

10 건축물 기초구조 설계기준에 규정된 말뚝기초에 대한 설명으로 옳은 것은?

① 현장타설콘크리트말뚝은 특별한 경우를 제외하고 주근은 4개 이상 또한 설계단면적의 0.25% 이상으로 하고 띠철근 또는 나선철근으로 보강할 필요는 없다.

② 침하검토가 중요하지 않은 말뚝기초에서는 말뚝하중이 설계용 한계값인 극한지지력의 1/2 이하인 경우에는 침하검토를 생략할 수 있다.

③ 기성콘크리트말뚝의 허용압축응력은 콘크리트설계기준강도의 최대 1/4까지를 말뚝재료의 허용압축응력으로 한다.

④ 낙엽송 나무말뚝의 허용압축응력은 상시 습윤상태에 있는 경우의 값과 5MPa 중 작은 값을 택한다.

11 건축구조기준에 제시된 풍동실험에 대한 설명으로 옳지 않은 것은?

① 풍동 내의 압력 분포는 일정하게 유지한다.

② 레이놀즈수에 의한 영향은 최소화하여 실험한다.

③ 풍동실험을 위해 재현한 상세 주변 모형의 범위 안에 대상건축물에 특별한 영향을 미칠 건축물이나 장애물이 없는 경우에는 풍동실험에서 얻어진 풍하중과 풍압을 100% 사용하여 설계할 수 있다.

④ 풍동 내 대상건축물 및 주변 모형에 의한 단면폐쇄율은 풍동의 실험단면에 대하여 18% 미만이 되도록 한다.

12 주요구조부가 공칭두께 50mm(실제두께 38mm)의 규격재로 건축된 목구조는?

① 대형목구조

② 경골목구조

③ 중목구조

④ 전통목구조

ANSWER　10.③　11.④　12.②

10 ① 현장타설콘크리트말뚝은 특별한 경우를 제외하고 주근은 4개 이상, 또한 설계단면적의 0.25% 이상으로 하고 띠철근 또는 나선철근으로 보강해야 한다.

② 침하검토가 중요하지 않은 말뚝기초에서는 말뚝하중이 설계용 한계값인 극한지지력의 1/3 이하인 경우에는 침하검토를 생략할 수 있다.

④ 나무말뚝의 허용압축응력은 소나무, 낙엽송, 미송에 있어서 5MPa, 기타의 수종에 있어서는 상시 습윤상태에 있는 경우의 값과 5MPa 중 작은 값을 택한다.

11 풍동 내 대상건축물 및 주변 모형에 의한 단면폐쇄율은 풍동의 실험단면에 대하여 8% 미만이 되도록 한다.

12 • 경골목구조 : 주요구조부가 공칭두께 50mm(실제두께 38mm)의 규격재로 건축된 목구조

• 중목구조 : 말 그대로 '무거운 나무(重木)'로 짓는 동양의 전통적인 목조 건축공법으로서 기둥과보를 사용하여 프레임 형태로 건축하는 구조이다. (우리나라의 전통 가옥인 한옥 역시 중목구조에 해당됨)

13 그림과 같은 라멘구조물에서 B점의 수직반력(V_B)과 부재 DE의 중앙부 C점의 휨모멘트(M_C)의 크기는? (단, A점은 회전단, B점은 이동단이며 부재의 자중은 무시한다)

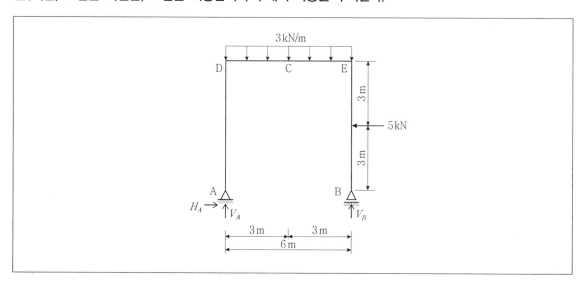

① 6.5kN, 8.0kN·m

② 11.5kN, 8.0kN·m

③ 6.5kN, 9.0kN·m

④ 11.5 kN, 9.0kN·m

14 철근콘크리트 보의 휨 설계에 대한 설명으로 옳지 않은 것은?

① 콘크리트 압축연단의 극한변형률은 콘크리트 설계기준압축강도가 40MPa 이하인 경우에는 0.0033으로 가정하고, 40MPa를 초과하고 90MPa 이하인 경우에는 매 10MPa의 강도 증가에 대하여 0.0001씩 감소시킨다.

② 콘크리트 압축연단의 변형률이 극한변형률에 도달한 시점에서 최외단 인장철근의 순인장변형률이 항복변형률의 2.5배 및 0.004이상인 경우 강도감소계수로 0.85를 적용한다.

③ 최대 및 최소 인장철근비는 철근콘크리트 보의 취성적인 파괴를 방지하기 위한 것이다.

④ SD600 철근의 설계기준 항복변형률은 0.003이 된다.

ANSWER 13.③ 14.②

13 B점에 대한 모멘트합이 0이어야 한다. 따라서

$\sum M_B = V_A \times 6 - (3 \times 6) \times 3 - 5 \times 3 = 0$이므로 $V_A = 11.5$

$V_B = 3 \times 6 - 11.5 = 6.5$이며 C점의 휨모멘트는 9.0[kN·m]이다.

14 인장지배단면 … 압축연단 콘크리트가 가정된 극한변형률인 0.003에 도달할 때 최외단 인장철근의 순인장변형률이 인장지배변형률 한계인 0.005 이상인 단면이다(다만 철근의 항복강도가 400MPa을 초과하는 경우에는 인장지배변형률 한계를 철근 항복변형률의 2.5배로 한다).

15 그림과 같은 단순지지된 H형강 휨재를 설계할 때, 횡좌굴모멘트 수정계수 C_b는? (단, 보의 양단부만 횡지지 되어 있고, 수정계수 C_b는 소수점 셋째자리에서 반올림한다)

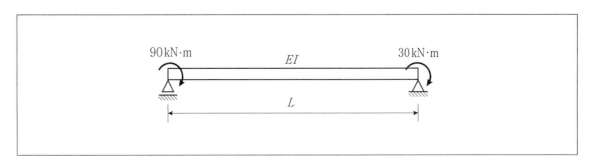

① 1.00   ② 1.67

③ 2.14   ④ 2.27

15 부재의 휨모멘트선도를 그리면 다음과 같다.

※ 횡좌굴모멘트수정계수

$$C_b = \frac{12.5 M_{\max}}{2.5 M_{\max} + 3M_A + 4M_B + 3M_C} \cdot R_m = \frac{12.5 \times 90}{2.5 \times 90 + 3 \times 60 + 4 \times 30 + 3 \times 0} \times 1 = 2.14 \leq 3.0$$

$M_{\max}$: 비지지구간에서 최대모멘트 절대값

M_A : 비지지구간에서 1/4지점의 모멘트 절대값

M_B : 비지지구간에서 2/4지점의 모멘트 절대값

M_C : 비지지구간에서 3/4지점의 모멘트 절대값

R_E : 단면형상계수. 2축 대칭부재 또는 1축 대칭 단곡률부재는 1.0

- 횡좌굴모멘트 수정계수(C_b)는 비지지 길이 내에서 휨모멘트가 변화할 때 그 영향을 고려한 수정계수로, 비지지 길이 내에서 휨모멘트가 균일하지 않으면 보의 공칭휨강도가 증가되는 것을 반영한 것이다.
- 비지지 구간내에서 양 단부의 휨모멘트가 균일하지 않는 경우에 이를 보정하기 위해서 사용하는 변수이다.
- 횡좌굴모멘트 수정계수(C_b) 적용 시 보의 휨모멘트가 균일한 것이 가장 불리한 조건이며 이 때 수정계수 값은 1이 된다.
- 비지지 길이는 압축플랜지의 지점간 거리로, 이것을 적절히 유지시키지 않으면, 부재가 갖고 있는 항복강도에도 불구하고 그 휨내력은 비지지길이가 커짐에 따라 감소하게 된다.
- 보부재에 휨모멘트가 작용하면 처음에는 휨변형을 하지만, 휨모멘트가 어떤 한계값(M_{cr})에 도달하면 압축측 플랜지가 압축재와 같이 좌굴을 하여 횡방향의 휨과 비틀림변형을 하게 되는데 이를 횡좌굴(Lateral Buckling)이라고 하는데, 횡방향의 변형을 구속할 수 있는 가새나 슬래브 등이 없는 보에서는 이러한 횡좌굴로 인하여 보의 휨내력이 현저하게 감소된다.

16 그림과 같이 휨 평면상의 지지점 사이에 횡하중이 작용하지 않고 재단모멘트가 작용하는 강재 보-기둥 설계에서 모멘트 구배에 따른 계수 C_m 값으로 옳은 것은?

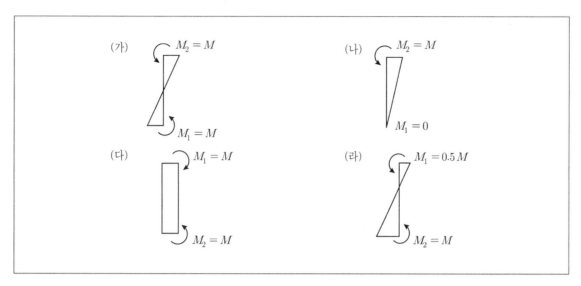

① (가) : $C_m = 1.0$

② (나) : $C_m = 1.0$

③ (다) : $C_m = 0.2$

④ (라) : $C_m = 0.4$

16

(가)의 경우 $C_m = 0.6 - 0.4\dfrac{M_1}{M_2} = 0.2$

(나)의 경우 $C_m = 0.6 - 0.4\dfrac{M_1}{M_2} = 0.6$

(다)의 경우 $C_m = 0.6 - 0.4\dfrac{M_1}{M_2} = 1.0$(단곡률이므로 $\dfrac{M_1}{M_2}$ 는 음수이다.)

(라)의 경우 $C_m = 0.6 - 0.4\dfrac{M_1}{M_2} = 0.4$

17 건축물 강구조의 내진설계 시 두께 20mm인 SN275 강재의 예상항복강도는?

① 291.5MPa   ② 302.5MPa

③ 318.0MPa   ④ 330.0MPa

ANSWER 17.②

17 • SN275의 R_y(예상항복강도 대 최소항복강도의 비)는 1.1이므로 최소항복강도 275의 1.1배인 302.5가 예상항복강도가
된다.
• 예상항복강도 : 공칭항복강도 F_y에 R_y(예상항복강도 대 최소항복강도의 비)를 곱하여 산정되는 부재의 항복강도
• 예상인장강도 : 공칭인장강도 F_u에 R_t(예상인장강도 대 최소인장강도의 비)를 곱하여 산정되는 부재의 항복강도

적용		R_y	R_t
구조용 압연형강 및 냉간가공재	KS D 3503 SS275 KS D 3530 SSC275 KS D 3558 SWH275 KS D 3566 SGT275 KS D 3568 SRT275 KS D 3632 SNT275, SNT355	1.2	1.2
	KS D 3515 SM275, SM355, SM420 KS D 3864 SNRT295E, SNRT275A, SNRT355A	1.2	1.2
	KS D 3861 SN275, SN355 KS D 3866 SHN275, SHN355	1.1	1.1
플레이트	KS D 3503 SS275	1.2	1.2
	KS D 3515 SM355, SM355TMC, SM420, SM420TMC, SM460, SM460TMC, KS D 3529 SMA275, SMA355	1.2	1.2
	KS D 3861 SN275, SN355 KS D 5994 HSA650	1.1	1.1

18 그림과 같이 집중하중이 작용하는 트러스에서 A 점의 수직처짐은? (단, B 점은 회전단, C 점은 이동단이며, 모든 부재의 단면적은 100mm², 탄성계수는 10^5MPa이고, 부재의 자중은 무시한다)

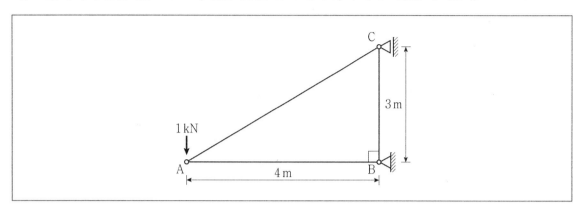

① 2.4mm

② 5.8mm

③ 10.3mm

④ 23.6mm

ANSWER 18.①

18 전형적인 단위하중법 적용 문제이다.

$\triangle_A(\downarrow) = \sum \dfrac{nNL}{EA}$ 이며

$\sum V_A = 0 : -1 + N_{AC} \times \dfrac{3}{5} = 0$이므로 $N_{AC} = \dfrac{3}{5}[\text{kN}]$(인장)

$\sum H_A = 0 : N_{AC} \times \dfrac{4}{5} - N_{AB} = 0$이므로 $N_{BC} = \dfrac{4}{3}[\text{kN}]$(압축)

$\sum V_C = 0 : N_{BC} - N_{AC} \times \dfrac{3}{5} = 0$이므로 $N_{BC} = 1[\text{kN}]$(압축)

$y = \dfrac{5(10)^3}{EA} \dfrac{5}{3} \times 10^3 \times \dfrac{5}{3} + \dfrac{4 \times 10^3}{EA} \dfrac{4}{3} \times 10^3 + \dfrac{3 \times 10^3}{EA} \times 1 \times 10^3 \times 1 = \dfrac{216}{90} = 2.4[\text{mm}]$

19 그림과 같은 인장재 등변 ㄱ형강 L – 100 ×100 × 10에서 설계블록전단파단강도를 구하기 위한 전단저항순단면적(A_{nv})은? (단, 사용 고장력볼트는 M24(F10T), 표준구멍이다)

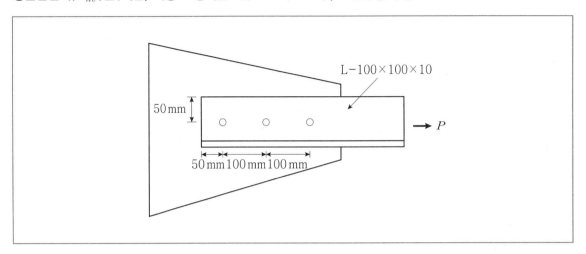

① 365mm^2

② 500mm^2

③ 1,825mm^2

④ 2,500mm^2

19 $A_{nv} = [L-$구멍의 결손$] \times$두께 $= [(50+100+100) - (24+3) \times (1+1+0.5)] \times 10 = 1,825[\text{mm}^2]$

블록전단파단의 한계상태에 대한 설계강도는 전단저항과 인장저항의 합으로 산정한다. 보단부 이음부의 상단플랜지 없는 이음부 및 거셋플레이트 등은 블록전단강도를 검토해야 한다. 설계블록전단강도 R_n은 다음과 같이 산정한다.

20 건축물 비구조요소의 내진설계에 대한 설명으로 옳지 않은 것은?

① 건물 파라펫의 설계에는 내진설계기준을 적용해야 한다.

② 건물외부의 치장 벽돌 및 외부치장마감석재의 설계에는 내진설계기준을 적용해야 한다.

③ 소화배관과 스프링클러 시스템의 중요도계수 I_p 는 1.0으로 한다.

④ 피난경로상의 계단, 캐노피, 비상유도등, 중량칸막이벽 등 손상 시 피난경로 확보에 지장을 주는 비구조요소의 중요도계수 I_p 는 1.5로 한다.

---

20 소화배관과 스프링클러 시스템의 중요도계수 I_p 는 1.5로 한다.

비구조요소의 중요도계수는 일반적으로 1.0으로 하나 다음에 해당할 경우에는 1.5로 한다.

(1) 소화배관과 스프링클러 시스템 등 인명안전을 위해 지진 후에도 반드시 기능하여야 하는 비구조요소. 또한 피난경로 상의 계단, 캐노피, 비상유도등, 중량칸막이벽 등 손상시 피난경로확보에 지장을 주는 비구조요소와 대형 창고형 매장 등에 설치되어 일반대중에게 개방된 적재장치

(2) 규정된 저장용량 이상의 독성, 맹독성, 폭발위험 물질을 저장하거나 지지하는 비구조요소

(3) 내진특등급에 해당하는 구조물에서 시설물의 지속적인 기능수행을 위해 필요하거나 손상시 시설물의 지속적인 가동에 지장을 줄 수 있는 비구조요소

1 건축구조 용어에 대한 설명으로 옳지 않은 것은?

① 응력이란 부재의 단면에서 단위면적에 발생하는 내력의 크기이다.

② 고정하중은 구조물의 수명기간 중 상시 작용하는 하중으로서 자중은 물론 벽, 바닥, 지붕, 천장, 계단 및 고정된 사용 장비 등을 포함한 하중이다.

③ 층간변위라 함은 인접층 사이의 상대수직변위를 말한다.

④ 비구조부재는 차양, 장식탑, 비내력벽, 기타 이와 유사한 것으로서 하중으로는 반영할 수 있으나 구조해석에서 제외되는 건축물의 구성부재이다.

2 목구조의 보강부재에 대한 설명으로 옳지 않은 것은?

① 가새는 수평력에 저항하고 안정성을 향상시키는 대각부재이다.

② 토대는 기둥 등 상부의 하중을 기초에 전달하며 기둥 밑을 고정시켜 일체화시키는 기능을 한다.

③ 귀잡이는 토대나 보, 도리 등의 모서리 부분에 수평 방향으로 귀를 보강하여 안정하게 하는 부재이다.

④ 인방은 기둥 맨 위 처마 부분의 수평재로서 기둥머리를 고정하고 지붕하중을 기둥에 전달하는 부재이다.

ANSWER 1.③ 2.④

1 층간변위란 풍압력, 지진력 등에 의해 생기는 구조체 상, 하 2층간의 상대변위를 말한다.

2 기둥 맨 위 처마 부분의 수평재로서 기둥머리를 고정하고 지붕하중을 기둥에 전달하는 부재는 깔도리이다. 인방은 창문이나 문 등의 개구부에 가해지는 하중을 인접한 샛기둥에 전달하는 수평 부재이다.

3 건축물의 내진설계와 지진하중에 대한 설명으로 옳지 않은 것은?

① 등가정적해석법에서 밑면전단력의 크기는 건물의 유효중량이 커질수록 증가한다.

② 내진설계범주 'B'에 해당하는 구조물의 해석은 등가정적해석법에 의하여 설계할 수 있다.

③ 등가정적해석법의 밑면전단력 산정 시 바닥하중에 칸막이벽 하중이 포함될 경우에 칸막이의 실제중량과 $0.5 \, kN/m^2$ 중 작은 값을 사용한다.

④ 동일한 조건 하에서 수평하중을 받는 건축물의 고유주기는 건축물의 밑면으로부터 최상층까지의 전체 높이가 높을수록 증가한다.

4 철근콘크리트 부재의 슬래브를 직접설계법으로 설계하기 위한 제한 조건으로 옳지 않은 것은?

① 각 방향으로 3경간 이상 연속되어야 한다.

② 슬래브의 단변 경간에 대한 장변 경간의 비가 4 이하인 직사각형이어야 한다.

③ 연속한 기둥 중심선을 기준으로 기둥의 어긋남은 그 방향 경간의 10% 이하이어야 한다.

④ 각 방향으로 연속한 받침부 중심 간 경간 차이는 긴 경간의 1/3 이하이어야 한다.

ANSWER 3.③ 4.②

3 등가정적해석법의 밑면전단력 산정 시 바닥하중에 칸막이벽 하중이 포함될 경우에 칸막이의 실제중량과 $0.5kN/m^2$ 중 큰 값을 사용한다.

4 직접설계법의 적용조건
- 변장비가 2이하여야 한다.
- 각 방향으로 3경간 이상 연속되어야 한다.
- 각 방향으로 연속한 경간 길이의 차가 긴 경간의 1/3이내이어야 한다.
- 등분포 하중이 작용하고 활하중이 고정하중의 2배 이내이어야 한다.
- 기둥 중심축의 오차는 연속되는 기둥 중심축에서 경간길이의 1/10이내이어야 한다.

5 그림과 같은 철근콘크리트 슬래브에서 내부 기둥의 2방향 전단강도를 산정하고자 한다. 내부 기둥의 크기는 300mm × 300mm이고 슬래브 두께에 대한 유효깊이는 150mm이다. 내부 기둥의 위험단면의 둘레길이는? (단, 슬래브 전체의 두께는 일정하다)

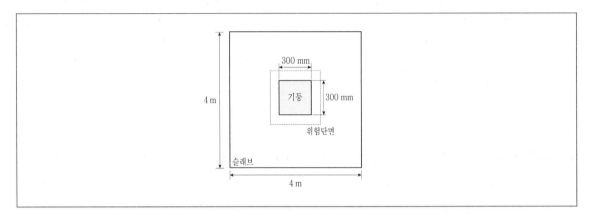

① 1,200mm

② 1,800mm

③ 2,400mm

④ 3,000mm

5 2방향 슬래브의 위험단면은 기둥면으로부터 d/2에 위치한다. (d는 슬래브의 유효깊이) 따라서 기둥면으로부터 150/2 = 75mm떨어진 곳이 위험단면이 위치하게 되므로 위험단면 둘레의 길이는 300×4+75×8=1200+600=1,800mm

6 내진설계 시 고려하는 수직비정형의 유형과 정의로 옳지 않은 것은?

① 어떤 층의 횡강성이 인접한 상부층 횡강성의 70% 미만이거나 상부 3개 층 평균강성의 80% 미만인 연층이 존재하는 경우에는 강성분포의 비정형이 있는 것으로 간주한다.

② 어떤 층의 유효중량이 인접층 유효중량의 120%를 초과할 때 중량 분포의 비정형이 존재하는 것으로 간주한다.

③ 횡력저항시스템의 수평치수가 인접 층 치수의 130%를 초과한 경우에는 기하학적 비정형이 존재하는 것으로 간주한다.

④ 임의 층의 횡강도가 직상 층 횡강도의 80% 미만인 약층이 존재하는 경우에는 강도의 불연속에 의한 비정형이 존재하는 것으로 간주한다.

7 벽돌 조적구조물의 시공 시 주의해야 할 사항으로 옳지 않은 것은?

① 도면 또는 시방서상에서 정한 바가 없을 때는 영식 또는 화란식 쌓기로 한다.

② 세로줄눈은 통줄눈이 되지 않게 한다.

③ 1일 쌓기 높이는 표준 120cm(18켜), 최고 200cm(30켜) 이하로 균일하게 쌓는다.

④ 줄기초, 연결보 및 바닥콘크리트의 쌓기면은 작업 전에 청소하고 우묵한 곳은 모르타르로 수평지게 고른다. 그 모르타르가 굳은 다음 접착면을 적절히 물축이기를 하고 벽돌쌓기를 시작한다.

6 어떤 층의 유효중량이 인접층 유효중량의 150%를 초과할 때 중량 분포의 비정형이 존재하는 것으로 간주한다.

※ 수직비정형성의 유형과 정의

유형	정의
강성 비정형-연층	어떤 층의 횡강성이 인접한 상부층 횡강성의 70% 미만이거나 상부 3개 층 평균 강성의 80% 미만인 연층이 존재하는 경우 강성분포의 비정형이 있는 것으로 간주한다.
중량 비정형	어떤 층의 유효중량이 인접층 유효중량의 150%를 초과할 때 중량 분포의 비정형인 것으로 간주한다. 단, 지붕층이 하부층보다 가벼운 경우는 이를 적용하지 않는다.
기하학적 비정형	횡력 저항시스템의 수평치수가 인접층 치수의 130%를 초과할 경우 기하학적 비정형이 존재하는 것으로 간주한다.
횡력저항 수직 저항요소의 비정형	횡력 저항요소의 면내 어긋남이 그 요소의 길이보다 크거나, 인접한 하부층 저항요소에 강성감소가 일어나는 경우 수직 저항요소의 면내 불연속에 의한 비정형이 있는 것으로 간주한다.
강도의 불연속-약층	임의 층의 횡강도가 직상층 횡강도의 80% 미만인 약층이 존재하는 경우 강도의 불연속에 의한 비정형이 존재하는 것으로 간주한다. 각층의 횡강도는 층 전단력을 부담하는 내진요소들의 저항 방향 강도의 합을 말한다.

7 1일 쌓기 높이는 표준 120cm(18켜), 최고 150cm(22켜) 이하로 균일하게 쌓는다.

8 건축구조기준에 규정된 성능기반내진설계에 대한 설명으로 옳지 않은 것은?

① 초고층건축물, 대공간구조물, 중요시설물 등은 설계기준에 규정된 시스템계수가 정확하지 않으므로, 비선형해석을 이용하여 요구되는 성능수준의 만족 여부를 평가하는 것이 바람직하다.

② 인명 보호의 성능목표를 만족하기 위해서는 구조물의 층간변위와 부재의 비탄성변형이 허용 이내로 억제되어야 한다.

③ 구조물의 설계에 사용되는 밑면전단력의 크기는 등가정적해석법에 의한 밑면전단력의 75% 이상이어야 한다.

④ 비선형정적해석을 사용하는 경우에는 구조물의 강도에 따라서 탄성응답스펙트럼가속도를 저감하여 비탄성응답스펙트럼을 정의할 수 있다.

9 그림과 같이 등분포하중이 작용하는 단순보의 최대 휨인장응력[MPa]의 크기는? (단, 보의 자중은 무시하며, 보의 전 길이에 걸쳐 재질 및 단면의 성질은 동일하다)

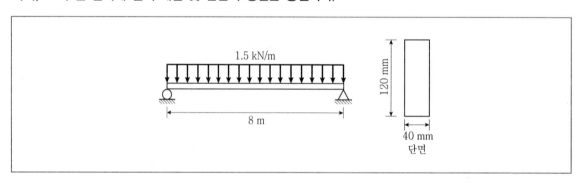

① 50

② 75

③ 100

④ 125

ANSWER 8.④ 9.④

8 • 비선형정적해석을 사용하는 경우에는 구조물의 에너지소산능력 또는 연성능력을 고려하여 저감된 응답스펙트럼을 사용할 수 있다.
   • 비선형해석에 사용되는 탄성응답스펙트럼을 계산하는 경우에는 반응수정계수를 고려하지 않는다.

9 단순보의 최대휨인장응력은 부재 중앙부의 하단에서 발생한다.

$$\sigma_{t,\max} = \frac{M}{Z} = \frac{\dfrac{wl^2}{8}}{\dfrac{bh^2}{6}} = \frac{\dfrac{1.5[kN/m] \cdot 8^2[m^2]}{8}}{\dfrac{40 \cdot 120^2[mm^3]}{6}} = 125[MPa]$$

10 그림 (가)의 부재에 작용하는 하중에 대한 전단력도는 그림 (나)와 같다. 전단력값이 0인 부재 E점의 휨모멘트 절댓값은? (단, 보의 자중은 무시하며, 보의 전 길이에 걸쳐 재질 및 단면의 성질은 동일하다)

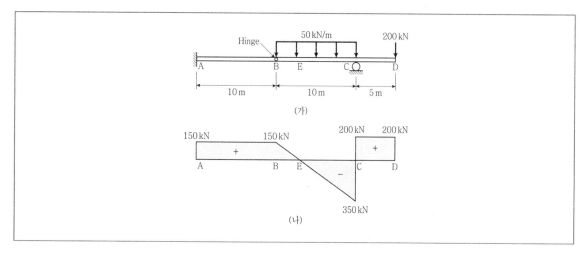

(가)

(나)

① 150kN · m

② 225kN · m

③ 300kN · m

④ 375kN · m

11 프리텐션 프리스트레스트 콘크리트 부재에 발생하는 주요 응력 손실 원인이 아닌 것은?

① 콘크리트의 건조수축

② 긴장재와 덕트 사이의 마찰

③ 콘크리트의 탄성수축

④ 긴장재 응력의 릴랙세이션

ANSWER 10.② 11.②

10 (나)에서 B점이 힌지절점이므로 휨모멘트는 0이 되며 BE구간의 면적(휨모멘트는 전단력도를 적분한 값)을 구하면 $150 \times 3 \times 0.5 = 225 \, kN \cdot m$가 된다. (BE의 길이는 3m)

11 긴장재와 덕트사이의 마찰이 주요응력손실의 원인이 되는 것은 포스트텐션 프리스트레스트 콘크리트이다.

12 그림 A는 일단은 고정단이고 타단은 자유단인 기둥이고, B는 양단이 회전단인 기둥이며, C는 양단이 고정단인 기둥이다. 그림과 같은 장주의 유효좌굴길이에 대한 설명으로 옳은 것은? (단, 기둥의 재질과 단면의 크기는 모두 동일하다)

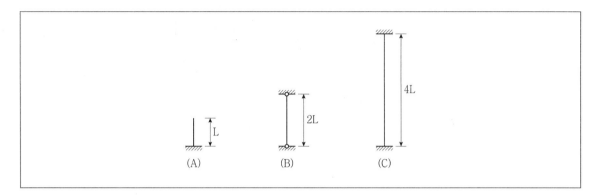

① A, B, C 모두 같다.
② A가 최대이고, B가 최소이다.
③ A가 최소이고, C가 최대이다.
④ A와 C는 같지만 B보다는 작고, B가 최대이다.

13 합성구조(SRC 구조)에 대한 설명으로 옳지 않은 것은?

① 구조용 강재와 철근콘크리트를 적용하여 구성하는 구조이다.
② 부분합성보는 하중이 작용한 경우 합성보의 내력을 충분히 발휘하기 전에 강재앵커가 먼저 파괴된다.
③ 강구조에 비해 내화성 및 좌굴 안정성에 장점을 지닌다.
④ 접합부에서 철근의 조립과 콘크리트 시공이 용이해진다.

ANSWER 12.① 13.④

12 유효좌굴길이는 장주의 길이에 좌굴계수를 곱한 값이다.

단부구속조건	양단 고정단	1단 힌지단 타단 고정단	양단 힌지단	1단 자유단 타단 고정단
좌굴계수	0.50	0.70	1.0	2.0

(A), (B), (C) 모두 장주의 길이에 좌굴계수를 곱한 값은 2.0L이 나온다.

13 SRC구조의 접합부는 철골과 철근이 서로 얽히는 곳으로서 콘크리트 시공이 어려운 부분이다.

14 철근콘크리트 보의 휨설계에서는 콘크리트의 비선형 응력 – 변형률의 관계를 등가직사각형 압축응력블록으로 변경하여 설계할 수 있다. 콘크리트의 비선형 응력 – 변형률의 관계를 등가직사각형 압축응력블록으로 변경할 때 고려해야 하는 주요 항목은?

① 동일한 콘크리트 압축응력 분포 면적 ② 철근의 배근 위치

③ 보 단면의 유효깊이   ④ 콘크리트의 탄성계수

15 철근콘크리트 보의 처짐에 대한 설명으로 옳지 않은 것은?

① 동일한 조건 하에서 콘크리트의 탄성계수가 증가할수록 보의 처짐은 증가한다.

② 연속보의 경우에 정모멘트와 부모멘트에 대한 위험단면의 유효단면2차모멘트의 평균값을 사용하여 처짐을 계산할 수 있다.

③ 콘크리트의 크리프 변형률이 증가하면 보의 처짐은 증가한다.

④ 동일한 조건 하에서 압축철근의 양이 증가할수록 보의 처짐은 감소한다.

16 철근콘크리트 구조물의 피로를 검토하지 않아도 되는 응력범위에 대한 설명이다. 충격을 포함한 사용 활하중에 의한 철근과 긴장재의 응력범위로 옳지 않은 것은?

① 연결부 또는 정착부에 위치한 긴장재의 응력범위는 140MPa 이내이어야 한다.

② 설계기준항복강도가 300MPa인 이형철근의 응력범위는 130MPa 이내이어야 한다.

③ 설계기준항복강도가 400MPa인 이형철근의 응력범위는 150MPa 이내이어야 한다.

④ 설계기준항복강도가 500MPa인 이형철근의 응력범위는 160MPa 이내이어야 한다.

ANSWER 14.① 15.① 16.④

14 콘크리트의 비선형 응력 – 변형률의 관계를 등가직사각형 압축응력블록으로 변경할 때 그 면적은 실재 압축응력분포도 면적과 일치해야 한다.

15 동일한 조건 하에서 콘크리트의 탄성계수가 증가할수록 강성이 증가하므로 보의 처짐은 감소한다.

16 피로를 고려하지 않아도 되는 철근의 인장 및 압축응력의 범위

강재의 종류와 위치		철근 또는 긴장재의 응력범위(MPa)
이형철근	SD 300	130
	SD 350	140
	SD 400	150
긴장재	연결부 또는 정착부 기타 부위	140
		160

17 판폭두께비를 구하기 위한 b, t, d, h 그리고 D의 표시로 옳지 않은 것은?

①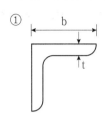

②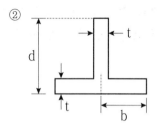

③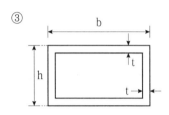

④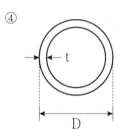

17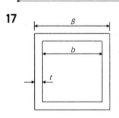

좌측의 그림처럼 직사각형 폐단면의 경우 내부의 폭을 b값으로 한다.

18 그림과 같은 용접 H형강 웨브의 판폭두께비는?

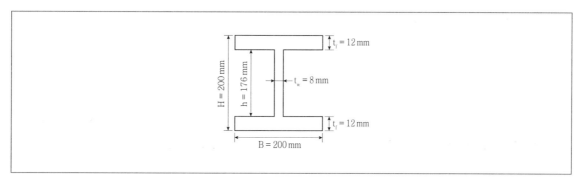

① 8.3　　　　　　　　　　　　　　　　② 12.5

③ 22　　　　　　　　　　　　　　　　④ 25

19 기초구조의 용어 정의로 옳지 않은 것은?

① 마찰말뚝은 지지력의 대부분을 주면의 마찰로 지지하는 말뚝이다.

② 지지말뚝은 연약한 지층을 관통하여 굳은 지반이나 암층까지 도달시켜 지지력의 대부분을 말뚝 선단의 저항으로 지지하는 말뚝이다.

③ 타입말뚝은 기성말뚝의 전장을 지반 중에 소정의 깊이까지 항타 또는 압입한 말뚝이다.

④ PHC말뚝은 공장에서 미리 제작한 강재말뚝이다.

20 기초설계에 대한 설명으로 옳지 않은 것은?

① 지하실을 건물 전체에 균등히 설치하면 침하를 줄이는 데 유리하다.

② 다른 형태의 기초나 말뚝을 혼용한 건물은 부등침하의 우려가 있다.

③ 기초의 밑면은 그 지방의 동결선보다 높게 위치시킨다.

④ 지중보를 충분히 크게 하여 강성을 높이면 부등침하의 저감에 유리하다.

ANSWER 18.③ 19.④ 20.③

18 주어진 웨브의 판폭두께비는 $\dfrac{h}{t_w} = \dfrac{176}{8} = 22$

19 PHC(Pretensioned spun High strength Concrete)말뚝은 고강도 콘크리트 말뚝을 의미한다.

20 기초의 밑면은 그 지방의 동결선보다 낮게 위치시켜야 한다.

1 건축물의 설계하중에서 활하중의 저감에 대한 설명으로 옳지 않은 것은?

① 지붕활하중을 제외한 등분포활하중은 부재의 영향면적이 36m² 이상인 경우 기본등분포활하중에 활하중 저감계수를 곱하여 저감할 수 있다.

② 활하중저감계수는 $0.3 + \dfrac{4.2}{\sqrt{A}}$ 로 계산하며, 이 때 A는 영향면적이다.

③ 영향면적은 벽체 및 기초에서는 부하면적의 4배, 보 또는 기둥에서는 부하면적의 2배, 슬래브에서는 부하면적을 적용한다.

④ 활하중 5kN/m² 이하의 공중집회 용도에 대해서는 활하중을 저감할 수 없다.

ANSWER 1.③

1 부하면적과 영향면적
- **부하면적** : 연직하중을 전달하는 구조부재가 분담하는 하중의 크기를 바닥면적으로 나타낸 것이다.
- **영향면적** : 연직하중 전달 구조부재에 미치는 하중의 영향을 바닥면적으로 나타낸 것이다. 기둥 및 기초의 영향면적은 부하면적의 4배, 보의 영향면적은 부하면적의 2배, 슬래브의 영향면적은 부하면적과 같다. (단, 부하면적 중 캔틸레버 부분은 4배나 2배를 적용하지 않고 그대로 영향면적에 단순 합산한다.)

2 「건축구조기준 총칙」상 용어에 대한 설명으로 옳지 않은 것은?

① 강도감소계수는 실제하중의 사용하중에 대한 편차, 하중을 하중효과로 변환하는 해석상의 불확실성, 2개 이상의 최대하중이 동시에 발생할 확률 등을 고려하여 사용하중에 곱하는 계수이다.

② 사용성은 과도한 처짐이나 불쾌한 진동, 장기변형과 균열 등에 적절히 저항하여 마감재의 손상방지, 건축구조물 본래의 모양유지, 유지관리, 입주자의 쾌적성, 사용중인 기계의 기능유지 등을 충족하는 구조물의 성능이다.

③ 건축비구조요소는 건축구조물을 구성하는 부재중에서 구조내력을 부담하지 않는 구성요소이다.

④ 공칭강도는 구조체나 구조부재의 하중에 대한 저항능력으로서, 적합한 구조역학원리나 현장실험 또는 축소모형의 실험결과로부터 유도된 공식과 규정된 재료강도 및 부재치수를 사용하여 계산된 값이다.

3 그림과 같은 골조에서 절점 A에 휨모멘트 20kN·m가 작용할 때, 지점 C에 전달되는 도달모멘트의 절댓값[kN·m]은? (단, 각 부재의 단면은 전 길이에 걸쳐 동일하고, 자중은 무시하며, k_{AB}, k_{AC}, k_{AD}는 각 부재의 강비이고, 부재의 거동은 선형탄성으로 가정한다)

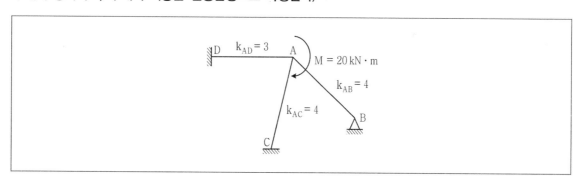

① 3
② 4
③ 6
④ 8

---

2 • 하중계수는 실제하중의 사용하중에 대한 편차, 하중을 하중효과로 변환하는 해석상의 불확실성, 2개 이상의 최대하중이 동시에 발생할 확률 등을 고려하여 사용하중에 곱하는 계수이다.
　• 강도감소계수는 재료의 공칭강도와 실제강도의 차이, 부재를 제작 또는 시공할 때 설계도와 완성된 부재의 차이, 그리고 내력의 추정과 해석에 관련된 불확실성을 고려하기 위한 안전계수

3 $M_{CA} = \dfrac{1}{2} \times M_{AC} = \dfrac{1}{2} \times M \times \dfrac{k_{AC}}{k_{AD} + k_{AC} + k_{AB} \cdot \dfrac{3}{4}} = \dfrac{1}{2} \cdot 20 \cdot \dfrac{4}{3+4+3} = 4$

4 그림과 같이 단순보의 C점과 캔틸레버보의 B점에 같은 크기의 수직방향 힘 P가 작용할 때, 단순보의 C점과 캔틸레버보의 B점에 발생하는 수직처짐이 같아지기 위한 단면2차모멘트 비(I_2 / I_1)는? (단, 두 부재의 탄성계수(E)는 같으며, 각 부재의 단면은 전 길이에 걸쳐 동일하고, 자중은 무시하며, 부재의 거동은 선형탄성으로 가정한다)

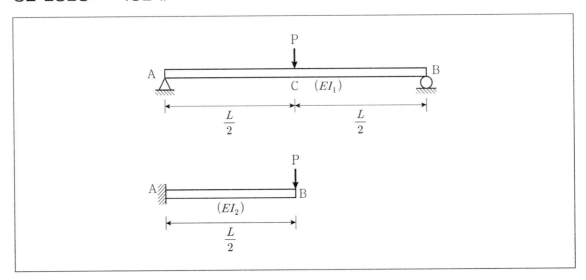

① 0.5

② 2

③ 3

④ 4

하중조건	처짐각	처짐
4 (cantilever with P at B, length L)	$\theta_B = \dfrac{PL^2}{2EI}$	$\delta_B = \dfrac{PL^3}{3EI}$
(simple beam with P at C, L/2 each side)	$\theta_A = -\theta_B = \dfrac{PL^2}{16EI}$	$\delta_{\max} = \delta_C = \dfrac{PL^3}{48EI}$

5 큰 처짐에 의하여 손상되기 쉬운 칸막이벽이나 기타 구조물을 지지하지 않는 철근콘크리트 구조물에서 처짐을 계산하지 않는 경우, 다음과 같은 조건을 가진 1방향 슬래브의 최소두께[mm]는?

- 지지조건 : 1단 연속
- 최소두께 산정을 위한 슬래브의 길이(l) : 4,800mm
- 콘크리트의 단위체적질량(m_c) : 2,300kg/m³
- 철근의 설계기준항복강도(f_y) : 350MPa

① 149
② 163
③ 186
④ 200

ANSWER 5.③

5 $\dfrac{L}{24}\left(0.43+\dfrac{f_y}{700}\right)=\dfrac{4800}{24}\left(0.43+\dfrac{350}{700}\right)=200(0.43+0.5)=186$

※ 처짐의 제한

㉠ 부재의 처짐과 최소두께 : 처짐을 계산하지 않는 경우의 보 또는 1방향 슬래브의 최소두께는 다음과 같다. (L은 경간의 길이)

부재	최소 두께 또는 높이			
1방향 슬래브	단순지지	일단연속	양단연속	캔틸레버
	L/20	L/24	L/28	L/10
보	L/16	L/18.5	L/21	L/8

- 위의 표의 값은 보통콘크리트($m_c=2,300kg/m^3$)와 설계기준항복강도 400MPa 철근을 사용한 부재에 대한 값이며 다른 조건에 대해서는 그 값을 다음과 같이 수정해야 한다.
- 1500~2000kg/m³ 범위의 단위질량을 갖는 구조용 경량콘크리트에 대해서는 계산된 h_{min} 값에 $(1.65-0.00031 \cdot m_c)$를 곱해야 하나 1.09보다 작지 않아야 한다.
- f_y가 400MPa 이외인 경우에는 계산된 h_{min} 값에 $(0.43+\dfrac{f_y}{700})$를 곱해야 한다.

6 그림과 같은 강구조 접합부에서 계수하중 P_u가 200kN이고 수평면으로부터 각 θ가 30°일 때, 인장력과 전단력을 동시에 받는 A부분이 마찰접합으로 설계될 경우, 설계미끄럼강도에 대한 감소계수(k_s)로 옳은 것은? (단, 고장력볼트의 설계볼트장력은 200kN이며, P_u는 A부분 접합부의 도심에 작용하는 것으로 가정한다)

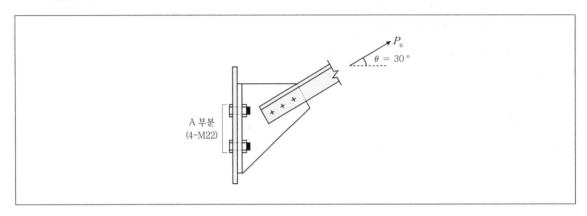

① $1 - \dfrac{\sqrt{3}}{8}$

② $1 - \dfrac{\sqrt{3}}{2}$

③ $\dfrac{7}{8}$

④ $\dfrac{1}{2}$

6 마찰접합이 인장하중을 받아 장력이 감소할 경우의 수정된 설계미끄럼강도 감소계수는

$$k_s = 1 - \frac{T_u}{T_o N_b} = 1 - \frac{173.2}{200 \cdot 4} = 1 - \frac{\sqrt{3}}{8} = 0.783$$

μ는 미끄럼계수이며 특정한 값이 주어지지 않으면 0.5로 한다.

7 「콘크리트구조 휨 및 압축 설계기준」상 철근콘크리트 휨 부재 설계 시 일반원칙에 대한 설명으로 옳지 않은 것은?

① 압축연단 콘크리트가 가정된 극한변형률에 도달할 때 최외단 인장철근의 순인장변형률이 압축지배변형률 한계 이상인 단면을 압축지배단면이라고 한다.

② 압축연단 콘크리트가 가정된 극한변형률에 도달할 때 최외단 인장철근의 순인장변형률이 인장지배변형률 한계 이상인 단면을 인장지배단면이라고 한다.

③ 프리스트레스를 가하지 않은 휨 부재는 공칭강도 상태에서 순인장변형률이 휨부재의 최소 허용변형률 이상이어야 한다.

④ 인장철근이 설계기준항복강도에 대응하는 변형률에 도달하고 동시에 압축콘크리트가 가정된 극한변형률에 도달할 때, 그 단면이 균형변형률 상태에 있다고 본다.

8 강재보와 골데크플레이트 슬래브로 이루어진 합성부재의 일반사항에 대한 설명으로 옳지 않은 것은?

① 데크플레이트의 공칭골깊이는 실험과 해석을 통하여 정당성이 증명되지 않는 경우 100mm 이하이어야 한다.

② 콘크리트슬래브와 강재보를 연결하는 스터드앵커의 직경은 19mm 이하이어야 하며 데크플레이트를 통하거나 아니면 강재보에 직접 용접되어야 한다.

③ 데크플레이트 상단 위의 콘크리트두께는 50mm 이상이어야 한다.

④ 데크플레이트는 지지부재에 450mm 이하의 간격으로 고정되어야 한다.

ANSWER 7.① 8.①

7 압축연단 콘크리트가 가정된 극한변형률에 도달할 때 최외단 인장철근의 순인장변형률이 압축지배변형률 한계 이하인 단면을 압축지배단면이라고 한다.

8 데크플레이트의 공칭골깊이는 실험과 해석을 통하여 정당성이 증명되지 않는 경우 75mm 이하이어야 한다.

9 철근콘크리트 벽체 설계에 대한 설명으로 옳지 않은 것은?

① 벽체의 철근은 이와 교차하는 구조 부재인 바닥, 지붕, 기둥, 벽기둥, 부벽, 교차벽체 및 기초 등에 충분히 정착시켜야 한다.

② 정밀한 구조해석에 의하지 않는 한, 각 집중하중에 대한 벽체의 유효수평길이는 하중 사이의 중심거리, 그리고 하중 지지폭에 벽체 두께의 4배를 더한 길이 중 작은 값을 초과하지 않도록 하여야 한다.

③ 지하실 벽체를 제외한 두께 250mm 이상의 벽체의 외측면 철근은 각 방향에 대하여 전체 소요철근량의 1/3 이상, 2/3 이하로 하며, 외측면으로부터 50mm 이상, 벽두께의 1/3 이내에 배치하여야 한다.

④ 벽체의 수직 및 수평철근의 간격은 벽두께의 3배 이하 또한 450mm 이하로 하여야 한다.

10 「건축물 내진설계기준」상 동적해석법에 대한 설명으로 옳지 않은 것은?

① 응답스펙트럼해석법에서 해석에 포함되는 모드개수는 직교하는 각 방향에 대하여 질량참여율이 85% 이상이 되도록 결정한다.

② 서로 독립적이고 직각으로 배치된 횡력저항시스템을 갖는 정형구조물에 있어서는 독립적인 2차원 모델을 사용할 수 있다.

③ 시간이력해석은 지반조건에 상응하는 지반운동기록을 최소한 3개 이상 이용하여 수행한다.

④ 비선형시간이력해석 시 부재의 비탄성 능력 및 특성은 중요도계수를 고려하여 실험이나 충분한 해석결과에 부합하도록 모델링하여야 한다.

---

11 「건축물 내진설계기준」상 필로티 기둥에 대한 고려사항으로 옳지 않은 것은?

① 하부에 필로티기둥, 상부구조에 내력벽구조가 사용되는 경우, 필로티기둥과 내력벽이 연결되는 층바닥에서는 필로티기둥과 내력벽을 연결하는 전이슬래브 또는 전이보를 설치하여야 한다.

② 코어벽이 없는 경우에는 평면상 두 직각방향의 각 방향에 한 개소 이상의 내력벽을 설치하여야 한다.

③ 필로티 층에서 코어벽은 박스형태의 콘크리트 일체형으로 구성하며 개구부는 최소화한다.

④ 필로티 기둥의 횡보강근에는 135도 갈고리정착을 사용하는 내진상세를 사용하여야 한다.

12 「콘크리트구조 정착 및 이음 설계기준」상 철근콘크리트구조에서 철근의 정착에 대한 설명으로 옳은 것은?

① 부재 각 단면의 철근에 작용하는 인장력 또는 압축력이 단면의 양 측에서 발휘될 수 있도록 묻힘길이, 갈고리, 기계적 정착을 하여야 하며, 이때 갈고리는 압축철근의 정착에 유효한 것으로 본다.

② 인장 이형철근의 정착길이 산정에서 보정계수를 고려할 경우, 아연도금 혹은 도막되지 않은 철근 또는 철선에 대한 도막계수는 1.2이다.

③ 인장 이형철근의 기본정착길이는 철근의 지름 및 설계기준항복강도가 클수록 짧아진다.

④ 인장 이형철근의 정착길이 산정에서 보정계수를 고려할 경우, 상부철근(정착길이 또는 겹침이음부 아래 300mm를 초과되게 굳지 않은 콘크리트를 친 수평철근)에 대한 철근배치 위치계수는 1.3이다.

ANSWER   11.② 12.④

11 코어벽이 없는 경우에는 평면상 두 직각방향의 각 방향에 두 개소 이상의 내력벽을 설치하여야 하며, 전이층에서 기초까지 연속되도록 설계하여야 한다. 내력벽은 평면상 각 방향으로 대칭으로 배치해야 한다.

12 ① 부재 각 단면의 철근에 작용하는 인장력 또는 압축력이 단면의 양 측에서 발휘될 수 있도록 묻힘길이, 갈고리, 기계적 정착을 하여야 하며, 이 때 갈고리는 압축철근의 정착에는 무효한 것으로 본다. (갈고리는 압축철근에서는 효과가 없다.)

② 인장 이형철근의 정착길이 산정에서 보정계수를 고려할 경우, 아연도금 혹은 도막되지 않은 철근 또는 철선에 대한 도막계수는 1.0이다.

③ 인장 이형철근의 기본정착길이는 철근의 지름 및 설계기준항복강도가 클수록 길어진다.

13 강구조 압축부재에서 압축력 방향과 평행한 면 중에서 한 쪽 면에만 지지되어 있는 비구속판요소(자유돌출판)의 폭에 대한 설명으로 옳지 않은 것은?

① ㄱ형강의 다리, ㄷ형강의 플랜지에 대한 폭 b는 전체 공칭치수이다.

② T형강의 스템 d는 전체 공칭높이의 85%로 한다.

③ H형강 플랜지에 대한 폭 b는 전체 공칭플랜지폭의 1/2이다.

④ 플레이트의 폭 b는 자유단으로부터 파스너(연결재)의 첫 번째 줄 혹은 용접선까지의 길이이다.

14 「건축물 기초구조 설계기준」상 말뚝의 허용하중에 대한 설명으로 옳은 것은?

① 항타 시 최종관입 직전에는 새로운 햄머쿠션 또는 말뚝쿠션을 사용해야 한다.

② 재하시험에 의한 허용압축지지력은 항복하중의 1/2 및 극한하중의 1/3 중 작은 값으로 한다.

③ 풍하중 또는 지진하중에 의한 인발일 경우, 단일말뚝의 인발저항력에 대한 최소 안전율은 재하시험에 의할 경우 2로 한다.

④ 수평하중에 대해 설계할 필요가 있는 경우, 단일말뚝 또는 무리말뚝의 수평하중지지력은 해석 또는 설계하중의 최소 1.5배에 해당하는 수평재하시험에 의해 결정하여야 한다.

ANSWER 13.② 14.②

13 T형강의 스템 d는 전체 공칭높이로 한다.

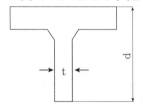

14 ① 항타 시 최종관입 직전에는 새로운 햄머쿠션 또는 말뚝쿠션을 사용해서는 안 된다. (사용할 햄머의 에너지는 항타기의 크기, 힘 및 중량과 최대한 일관성 있게 해야 한다.)

③ 풍하중 또는 지진하중에 의한 인발일 경우, 단일말뚝의 인발저항력에 대한 최소 안전율은 해석에 의해 산정할 경우 2로 해야 하고 재하시험에 의할 경우 1.5로 한다.

④ 수평하중에 대해 설계할 필요가 있는 경우, 단일말뚝 또는 무리말뚝의 수평하중지지력은 해석 또는 설계하중의 최소 2배에 해당하는 수평재하시험에 의해 결정하여야 한다.

15 철근콘크리트기둥-합성보의 연결과 관련된 설명으로 옳지 않은 것은?

① 강재보를 접합부에 관통하여 설치하는 경우, 미끄러짐전단을 전달하기 위하여 강재보 웨브에 전단연결재와 표면지압판을 설치해야 한다.

② 보의 휨변형과 휨모멘트 전달 시에 강재보 하부에 콘크리트의 조기압괴가 발생하지 않도록 충분한 지압강도를 확보해야 하며, 필요시에는 표면지압판을 설치한다.

③ 내진설계에서 고연성도 모멘트골조의 경우 표면지압판을 설치하지 않을 수 있으며, 중연성도 및 저연성도인 경우에는 표면지압판이 필요없다.

④ 보-기둥 접합부의 콘크리트를 횡구속할 수 있도록 접합부 내부와 접합부 상하부에서 단면 둘레에 횡구속철근을 연속되도록 배치하여야 한다.

ANSWER 15.③

15 내진설계에서 고연성도 모멘트골조의 경우 표면지압판을 설치해야 하며 중연성도와 저연성도의 경우 표면지압판을 설치하지 않을 수 있다. 다만, 표면지압판을 설치하지 않을 경우 보 소성힌지의 최대강도는 보의 항복모멘트강도(M_y)를 초과할 수 없다.

- **표면지압판** : 철근콘크리트 벽이나 기둥 안에 묻히는 강재에 접합되는 스티프너로 철근콘크리트의 표면에 위치하여 구속력을 제공하고 하중을 직접 지압에 의해 콘크리트에 전달하는 판
- **고연성도시스템** : 높은 수준의 비탄성 연성거동과 지진에너지 흡수능력이 요구되는 지진력저항시스템으로서, 특수모멘트골조, 특수전단벽 등 특수구조시스템이 포함된다.
- **중연성도시스템** : 중간 수준의 비탄성 연성거동과 지진에너지 흡수능력이 요구되는 지진력저항시스템으로서, 중간모멘트골조 등 중간구조시스템이 포함됨
- **저연성도시스템** : 낮은 수준의 비탄성 연성거동과 지진에너지 흡수능력이 요구되는 지진력저항시스템으로서, 보통모멘트골조, 보통전단벽 등 보통시스템이 포함됨

※ 철근콘크리트기둥 - 합성보의 연결
  ① 강재보는 보-기둥 접합부를 관통하여 설치하거나, 하중전달을 위하여 접합부내부에 설치된 강재에 정착한다.
  ② 강재보를 접합부에 관통하여 설치하는 경우, 미끄러짐전단을 전달하기 위하여 강재보 웨브에 전단연결재와 표면지압판을 설치해야 한다. 직각방향 교차보가 존재하는 경우 이 교차보에 의한 미끄러짐저항을 고려할 수 있다.
  ③ 보의 휨변형과 휨모멘트 전달시에 강재보 하부에 콘크리트의 조기압괴가 발생하지 않도록 충분한 지압강도를 확보해야 하며, 필요시에는 표면지압판을 설치한다.
  ④ 내진설계에서 고연성도 모멘트골조의 경우 표면지압판을 설치해야 하며 중연성도와 저연성도의 경우 표면지압판을 설치하지 않을 수 있다. 다만, 표면지압판을 설치하지 않을 경우 보 소성힌지의 최대강도는 보의 항복모멘트강도(M_y)를 초과할 수 없다.
  ⑤ 보-기둥 접합부의 콘크리트를 횡구속할 수 있도록 접합부 내부(패널부)와 접합부 상하부(지압부)에서 단면 둘레에 횡구속철근을 연속되도록 배치하여야 한다. 횡보강근의 배치는 KDS 41 20 00을 따른다.

16 그림과 같은 부재 단부의 단면중심에 수직방향 힘 60kN이 작용할 때, B-B′ 단면에 생기는 최대 인장 응력[N/mm²]은? (단, 자중은 무시하고, 부재의 거동은 선형탄성으로 가정한다)

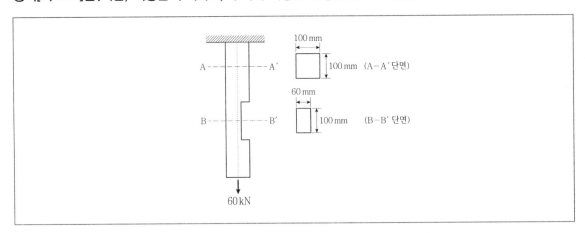

① 14

② 22

③ 30

④ 38

17 보강조적조의 설계가정에 대한 설명으로 옳지 않은 것은?

① 보강근은 조적 재료에 의해 완전히 부착되어야만 하나의 재료로 거동하는 것으로 한다.

② 보강근과 조적조의 변형률은 중립축으로부터의 거리에 비례한다고 가정한다.

③ 보강근의 등급에 따라 결정되는 항복강도보다 작은 하중이 작용하는 경우 보강근에 작용하는 응력도는 철근 탄성계수에 철근 변형률을 곱한 값으로 사용한다.

④ 휨강도의 계산에서는 조적조벽의 인장강도를 포함하며, 처짐을 구할 때는 무시한다.

ANSWER 16.③ 17.④

16 $\sigma = \dfrac{P}{A} + \dfrac{M}{Z} = \dfrac{60[kN]}{100 \cdot 60[mm^2]} + \dfrac{60[kN] \cdot 20[mm]}{\dfrac{100 \cdot 60^2}{6}[mm^3]} = 30[N/mm^2]$

17 휨강도의 계산에서는 조적조벽의 인장강도를 무시하나 처짐을 구할 때는 고려해야 한다.

18 「콘크리트구조 정착 및 이음 설계기준」상 철근콘크리트구조에서 철근의 이음에 대한 설명으로 옳지 않은 것은?

① 휨부재에서 서로 직접 접촉되지 않게 겹침이음된 철근은 횡방향으로 소요 겹침이음길이의 1/4 또는 200mm 중 작은 값 이상 떨어지지 않아야 한다.

② D22 철근의 용접이음은 용접용 철근을 사용해야 하며, 철근의 설계기준항복강도의 125% 이상을 발휘할 수 있는 용접이어야 한다.

③ D22 철근의 기계적이음은 철근의 설계기준항복강도의 125% 이상을 발휘할 수 있는 기계적이음이어야 한다.

④ 지름 22mm 이상인 철근을 겹침 용접이음할 때는 사용하중 상태에서 철근 이음부 주변 콘크리트에 유해한 균열이 발생되지 않도록 횡보강철근을 배치하여야 한다.

19 조적식구조 건축물을 설계할 때 벽체의 유효두께에 대한 설명으로 옳지 않은 것은?

① 일반 조적개체나 속빈개체로 된 홑겹벽의 유효두께는 해당 벽체의 두께와 같다.

② 다중겹벽의 유효두께는 홑겹벽 사이가 모르타르나 그라우트로 채워져 있는 경우에 해당 벽체의 두께와 같다고 본다.

③ 다중겹벽의 유효두께는 홑겹벽 사이가 비어 있는 경우 공간쌓기벽과 같이 계산한다.

④ 1개의 홑겹벽만이 축력을 받는 경우에 공간쌓기벽의 유효두께는 홑겹벽들의 두께의 합에 대한 제곱근으로 구한다.

ANSWER 18.① 19.④

18 휨부재에서 서로 직접 접촉되지 않게 겹침이음된 철근은 횡방향으로 소요 겹침이음길이의 1/5또는 150mm 중 작은 값 이상 떨어지지 않아야 한다.

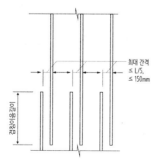

19 1개의 홑겹벽만이 축력을 받는 경우에 공간쌓기벽의 유효두께는 홑겹벽들의 두께의 각각의 제곱합에 대한 제곱근으로 구한다.

20 철근콘크리트 기초판 설계에 대한 설명으로 옳지 않은 것은?

① 기초판의 최대 계수휨모멘트를 계산할 때, 콘크리트 기둥, 주각 또는 벽체를 지지하는 기초판은 기둥, 주각 또는 벽체의 외면을 위험단면으로 한다.

② 말뚝에 지지되는 기초판에서 임의 단면에 대한 전단력을 산정할 때, 말뚝의 중심이 그 단면에서 $d_{pile} / 2$(말뚝지름의 1 / 2) 이상 내측에 있는 말뚝에 의한 반력은 전단력으로 작용하지 않는 것으로 보아야 한다.

③ 기초판의 밑면적, 말뚝의 개수와 배열을 산정할 때, 기초판에 의해 지반 또는 말뚝에 전달되는 힘과 휨모멘트는 하중계수를 곱하지 않은 사용하중을 적용하여야 한다.

④ 기초판 윗면부터 하부철근까지 깊이는 직접기초의 경우는 120mm 이상, 말뚝기초의 경우는 200mm 이상으로 하여야 한다.

ANSWER 20.④

20 기초판 윗면부터 하부철근까지 깊이는 직접기초의 경우는 150mm 이상, 말뚝기초의 경우는 300mm 이상으로 하여야 한다.

▶▷▶ 국가건설기준코드

"국가건설기준코드"는 시설물의 안전·품질 및 공사비와 직결되는 국가의 주요 지적 자산으로 설계자, 시공자 등이 준수해야 하는 기준이다.

지금까지의 건설기준은 도로, 철도, 건축 등 분야별로 총 51종의 책자 형태로 개별적인 기준을 제시해 왔으나 각 기준 간 서로 중복되는 내용들이 상당히 많았고, 동일 공종에 대해 분야별 적용 수치가 다른 경우도 있었다. 또한, 분야별로 별도 기준이 있다 보니 사용자가 여러 기준을 확인하여야 하는 불편한 점도 많았던 것이 사실이다.

국토교통부는 이를 개선하기 위해 국가건설기준센터를 설립하고 코드체계의 통합을 시도하였다. 코드체계는 설계기준(KDS)과 시공기준(KCS)으로 구분되며, 공종별 세부내용에 따라 체계적으로 분류하고 총 6자리의 숫자를 부여하였다.

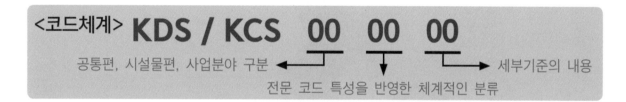

이러한 코드체계의 통합화에 의하여 각 기준 간의 중복되거나·상충되는 부분들이 없어지게 되고, 코드단위별로 개정이 가능해질 수 있게 되었다. (건설기준 코드체계는 국가건설기준센터에서 확인할 수 있다.)

현재까지 사용해오던 각 기준들은 국가건설기준코드와 서로 상충되는 부분을 최소화하면서 점진적으로 국가건설기준코드로 전환, 통합되어 가는 중이다.

03

건축시공학

2017. 6. 24. 제2회 서울특별시 시행

2017. 8. 26. 인사혁신처 시행

2017. 10. 21. 생활안전분야 시행

2018. 3. 24. 제1회 서울특별시 시행

2018. 6. 23. 제2회 서울특별시 시행

2018. 8. 18. 인사혁신처 시행

2019. 2. 23. 제1회 서울특별시 시행

2019. 8. 17. 인사혁신처 시행

2019. 10. 12. 제3회 서울특별시 시행

2020. 9. 26. 인사혁신처 시행

2020. 10. 17. 제3회 서울특별시 시행

2021. 9. 11. 인사혁신처 시행

2021. 10. 16. 제2회 지방직 시행

2022. 10. 29. 제1회 지방직 시행

2023. 10. 28. 제1회 지방직 시행

1 콘크리트 측압의 특성으로 가장 옳은 것은?

① 경화속도가 빠를수록 측압은 증가한다.

② 다짐이 적으면 측압이 증가한다.

③ 거푸집 수평단면적이 클수록 측압이 증가한다.

④ 묽은 콘크리트일수록 측압이 감소한다.

2 다음 설계도서 중 공사 추정가격이 1억 원 이상일 경우 추가로 포함해야 하는 것은?

① 설계도면 ② 시방서

③ 현장설명서 및 질의응답서 ④ 공종별 수량이 표시된 내역서

ANSWER 1.③ 2.④

1 거푸집 수평단면적이 클수록 측압은 상대적으로 감소하게 된다.

※ 측압의 영향요소

요소별 항목	콘크리트 측압에 미치는 영향
콘크리트 타설속도	빠를수록 크다
컨시스턴시	묽을수록 크다
콘크리트 비중	클수록 크다
시멘트량	많을수록 크다
콘크리트 온습도	높을수록 작다
거푸집표면 평활도	평활할수록 크다
거푸집 강성	클수록 크다
거푸집 수평단면	클수록 크다
거푸집 투수성	클수록 작다
거푸집 수평단면크기	클수록 크다
철근량	많을수록 작다

2 공사 추정가격이 1억 원 이상일 경우 공종별 수량이 표시된 내역서를 반드시 설계도서에 포함해야 한다.

3 다음 중 콘크리트 공사에 사용되는 혼화재료에 대한 설명 중 가장 옳지 않은 것은?

① 콘크리트의 배합설계 시 고성능감수제와 같은 혼화제는 배합계산상에서 무시해서는 안 된다.

② 한중콘크리트에 사용되는 응결경화 촉진제로는 염화칼슘, 규산소다 등이 있다.

③ 실리카 품을 시멘트의 일부로 치환시킨 콘크리트는 보통 콘크리트에 비하여 재료분리가 잘 생기지 않고 블리딩이 적어진다.

④ 지연형 유동화제는 유동화 효과와 응결지연 효과를 겸한 것으로, 주로 서중콘크리트나 운반시간이 긴 경우에 유동화 후의 슬럼프 손실을 감소시키기 위해 사용된다.

4 미장공사에 대한 설명으로 가장 옳은 것은?

① 바탕처리 시 바탕면은 모르타르의 부착이 좋도록 매끄럽게 다듬어 놓는다.

② 바닥강화재 시공 시 모르타르 배합비는 1 : 2 이상으로 하고, 두께는 30mm 이상이 되도록 바른다.

③ 시멘트모르타르의 콘크리트 바닥면 정벌바름 두께는 18mm를 표준으로 한다.

④ 테라조 바르기의 줄눈 나누기는 1.5m^2 이내, 최대 줄눈 간격은 2m 이하로 한다.

ANSWER 3.① 4.②

3 혼화재는 배합계산에서 고려되어야 하지만 혼화제는 배합계산에서 무시하는 것이 관례이다.

4 ① 바딩처리 시 바탕면은 모르타르의 부착이 좋도록 거칠게 처리해 놓는다.
　③ 미장바름 두께 표준은 바닥(24mm), 외벽(24mm), 내벽(18mm), 천장(15mm)이 된다.
　④ 테라조 바르기의 줄눈 나누기는 1.2m^2 이내, 최대 줄눈 간격은 2m 이하로 한다.
　※ 바닥강화재
　　㉠ 주로 시멘트계 바닥 바탕의 내마모성, 내화학성 및 분진방지성 등을 증진시키는 재료이다.
　　㉡ 지하주차장, 차량통로, 물류창고 바닥 및 외부 계단 등 주로 차량 및 보행통로에 적용한다.
　　㉢ 분말형, 액상의 바닥강화재가 있으며 압축강도가 높고 균열 저항성이 높으나 오일류의 오염도가 높은 단점이 있다.

5 조적공사의 설명 중 가장 옳은 것은?

① 벽돌구조 주택에서 공간쌓기는 안벽은 시멘트벽돌 1.0B 쌓기, 밖벽은 0.5B 붉은벽돌 치장쌓기로 마무리 하는 것이 보통이다.

② 하루 벽돌쌓기 높이는 1.5m를 표준으로 한다.

③ 단층 및 2층 건물의 충전 모르타르의 용적배합비(세골재/결합재)는 2.5를 기본으로 한다.

④ 보강 콘크리트블록구조에서 벽 세로근의 정착길이는 철근 직경의 35배 이상으로 한다.

ANSWER 5.①

5 ② 하루 벽돌쌓기 높이는 1.2m를 표준으로 한다.
③ 단층 및 2층 건물의 충전 모르타르의 용적배합비(세골재/결합재)는 3.0을 기본으로 한다.
④ 보강 콘크리트블록구조에서 벽 세로근의 정착길이는 철근 직경의 40배 이상으로 한다.

※ 모르타르의 배합

모르타르의 종류		용적배합비(잔골재/결합재)
줄눈모르타르	벽용	2.5~3.0
	바닥용	3.0~3.5
붙임모르타르	벽용	1.5~2.5
	바닥용	0.5~1.5
깔모르타르	바탕용	2.5~3.0
	바닥용	3.0~6.0
안채움 모르타르		2.5~3.0
치장줄눈용 모르타르		0.5~1.5

• 계량의 경우, 시멘트는 단위용적중량은 1.2kg/L 정도이고 잔골재는 표면건조 내부포수상태여야 한다.
• 혼화재료를 사용하는 경우는 요구성능을 손상시키지 않는 범위로 한다.
• 결합재는 주로 시멘트를 사용하며, 보수성의 향상을 위하여 석회를 약간 혼합할 때도 있다.

※ 충전 모르타르의 배합

구분	단층 및 2층 건물		3층 건물	
	시멘트	잔골재	시멘트	잔골재
용적비	1.0	3.0	1.0	2.5

• 계량의 경우, 시멘트는 단위용적중량은 1.2kg/L 정도이고 잔골재는 표면건조 내부포수상태여야 한다.
• 혼화재료를 사용하는 경우는 요구성능을 손상시키지 않는 범위로 한다.

6 석공사에 대한 다음 설명 중 가장 옳지 않은 것은?

① 앵커긴결공법은 앵커, 볼트, 패스너, 꽂음촉 등을 사용하여 석재를 고정하는 방법이다.

② 막돌쌓기는 자연석, 둥근돌 및 막돌을 사용하여 거친다듬 정도로 한 후 쌓는 방법이다.

③ 갈기 공정은 잔다듬을 2회 한 다음에 하는 것을 원칙으로 한다.

④ 외부 치장 석재의 경우 흡수율은 0.4% 이하, 비중은 2.56 이상이어야 한다.

7 철근콘크리트 공사에 대한 다음 설명 중 가장 옳지 않은 것은?

① 철근의 이음 시 주근의 이음은 인장력이 가장 작은 곳에 둔다.

② 물-시멘트비란 시멘트 페이스트 중 물과 시멘트의 부피 비율이다.

③ 건축물의 철근 조립순서는 '기초, 기둥, 벽, 보, 슬래브, 계단' 순으로 한다.

④ 굵은골재의 최대치수는 부재 최소치수의 1/5를 초과해서는 안 된다.

8 다음 중 고유동콘크리트의 시공 및 품질관리에 대한 설명으로 가장 옳지 않은 것은?

① 고유동콘크리트의 제조에서 타설을 종료할 때까지의 시간 한도는 90분 이내를 원칙으로 한다.

② 고유동콘크리트를 제조할 때에는 유동성, 재료분리저항성을 관리하여야 하며, 자기 충전성은 고려하지 않아도 된다.

③ 고유동콘크리트의 거푸집 설계는 콘크리트가 액압으로 작용하는 것을 가정하여 설계한다.

④ 고유동콘크리트는 일반 콘크리트에 비하여 펌프 토출량이 커지면 압력손실이 현저하게 증가하는 경향이 있다.

ANSWER 6.③ 7.② 8.②

6 갈기 공정은 잔다듬을 3회 한 다음에 하는 것을 원칙으로 한다.

7 물-시멘트비란 시멘트 페이스트 중 물과 시멘트의 질량 비율이다.

8 고유동콘크리트를 제조할 때에는 유동성, 재료분리저항성을 관리하여야 하며, 자기 충전성도 필수적으로 고려해야 한다.

9 다음 중 사질토 지반의 개량 공법으로 가장 옳은 것은?

① 샌드 드레인(Sand Drain) 공법

② 생석회 말뚝(Lime Pile) 공법

③ 페이퍼 드레인(Paper Drain) 공법

④ 바이브로 플로테이션(Vibro Flotation) 공법

10 다음 커튼월 시스템의 조립공법 중 하나인 유닛월 공법(unit wall method)에 대한 설명으로 가장 옳지 않은 것은?

① 수직 1개 층, 수평 1개 모듈에 대한 유닛(unit)을 공장에서 조립한 후 현장에서 유닛 단위로 설치한다.

② 공장 제작된 유닛(unit)을 현장에서 바로 설치하므로 작업 품질과 성능 향상, 공기단축 등에 유리하다.

③ 공장에서 가공한 구성 부재를 현장에 운반, 조립하므로 운반이 용이하고 운반비용이 저렴하다.

④ 공장에서 조립되는 관계로 품질이 우수하므로 이에 따라 수밀, 기밀, 단열 성능 등이 우수하다.

11 타일공사에 대한 설명 중 가장 옳지 않은 것은?

① 재료에 따라 자기질, 석기질, 도기질이 있으며 도기질 타일은 흡수율이 거의 없다.

② 압착붙이기의 붙임모르타르 두께는 타일 두께의 1/2 이상을 바른다.

③ 바탕붙임공법의 붙임모르타르 1회 깔기면적은 $6{\sim}8m^2$로 한다.

④ 접착강도 시험은 타일공사 완료 후 4주 후에 실시한다.

ANSWER 9.④ 10.③ 11.①

9 샌드 드레인, 생석회 말뚝, 페이퍼 드레인 공법 등은 사질토 지반의 개량 공법이다.

10 • 공장에서 가공한 구성 부재를 현장에 운반, 현장에서 조립하는 방식은 녹다운(knock-down) 공법이다.
 • 유닛월(unit wall) 공법은 각각의 재료를 공장에서 미리 조립한 후 현장에서 설치하는 방식이다.
 • 녹다운(knock-down) 공법은 각각의 재료를 현장에서 하나씩 조립하여 설치하는 방식이다.

11 토기질과 도기질은 석기질, 자기질에 비해 흡수율이 매우 높다.

12 방수공사에 대한 설명으로 가장 옳은 것은?

① 안방수 공법은 지하 구조체가 완성되면 자유로이 시공 시기를 조정할 수 있으며 바깥방수보다 수압처리가 용이하다.

② 3종 방수 공사용 아스팔트는 연화점 100℃ 이상, 취화점 −10℃ 이하이다.

③ 아스팔트 프라이머의 품질은 건조시간 8시간 이내, 가열 잔분 25% 이상, 비중 0.8 미만을 기준으로 한다.

④ 합성고분자계 시트방수에 사용되는 프라이머는 건조시간이 20℃±3℃에서 3시간 이내인 것을 사용한다.

12 ① 안방수 공법은 바깥방수보다 수압처리가 불리하다.

내용	안방수	바깥방수
사용 환경	비교적 수압이 적은 곳	수압에 상관없음
바탕만들기	따로 만들 필요가 없음	따로 만들어야 함
공사 시기	자유로 선택할 수 있음	본공사에 선행
공사 용이성	간단	상단한 난점
본공사 추진	방수공사에 관계없이 본공사를 추진할 수 있음	방수공사 완료 전에는 본공사 추진이 잘 안 됨
경제성(공사비)	비교적 저렴	비교적 고가
내수압 처리	수압에 견디게 하기 곤란	내수압적
공사순서	간단	상당한 절차가 필요
보호누름	필요	없어도 무방

② 3종 방수 공사용 아스팔트는 연화점 100℃ 이상, 취화점 −15℃ 이하이다.
• 1종 방수공사용 아스팔트 : 보통의 감온성을 가지고 있으며, 비교적 연질로서 실내 및 지하구조 부분에 사용되며 공사기간중이나 그 후에도 알맞은 온도를 가져야 한다.
• 2종 방수공사용 아스팔트 : 비교적 적은 감온성을 가지고 있으며, 일반지역의 물매가 느린 옥내구조부에 사용한다.
• 3종 방수공사용 아스팔트 : 감온성이 적은 것으로서 일반지역의 노출지붕 또는 기온이 비교적 높은 지역의 지붕에 사용한다.
• 4종 방수공사용 아스팔트 : 감온성이 매우 적으며, 비교적 연질의 것으로 일반지역외에 주로 한냉지역의 지붕, 기타부분에 사용한다.
• 감온성 : 아스팔트의 딱딱한 정도의 온도변화에 따라 변하는 성질로서 감온성을 나타내는 수치로는 침입도 지수가 중요시 된다.

[방수공사용 아스팔트의 품질요구표]

종류	1종	2종	3종	4종
연화점	85 이상	90 이상	100 이상	95 이상
침입도	25~45	20~40	20~40	30~50
침입도 지수	3.0 이상	4.0 이상	5.0 이상	6.0 이상
증발량(%)	1 이하	1 이하	1 이하	1 이하
인화점(℃)	250 이상	270 이상	280 이상	280 이상
사염화탄소가용분(%)	98 이상	98 이상	95 이상	92 이상
취화점(℃)	−5 이하	−10 이하	−15 이하	−20 이하
흘러내린길이(mm)	−	−	8 이하	8 이하
가열안정성(℃)	5 이하			

③ 아스팔트 프라이머의 품질은 건조시간 8시간 이내, 가열 잔분 35% 이상, 비중 1.0 미만을 기준으로 한다.

13 다음 중 철골의 공장가공 순서로 가장 옳은 것은?

① 원척도 → 본뜨기 → 금매김 → 구멍뚫기 → 절단 → 리벳치기 → 가조립

② 원척도 → 본뜨기 → 금매김 → 구멍뚫기 → 절단 → 가조립 → 리벳치기

③ 원척도 → 본뜨기 → 금매김 → 절단 → 구멍뚫기 → 가조립 → 리벳치기

④ 원척도 → 금매김 → 본뜨기 → 절단 → 가조립 → 구멍뚫기 → 리벳치기

14 다음 철골 공장가공 작업에서 작업 단계별로 사용하는 장비(공구)의 연결이 적합하지 않은 것은?

① 변형 바로잡기 - 플레이트 스트레이트닝 롤(plate straightening roll), 프릭션 프레스(friction press)

② 금매김(선긋기) - 메탈터치(metal touch)

③ 톱(saw) 절단 - 앵글커터(angle cutter), 핵 소우(hack saw)

④ 구멍뚫기 - 드릴(drill), 리머(reamer)

13 철골의 공장가공 순서 … 원척도 → 본뜨기 → 금매김 → 절단 → 구멍뚫기 → 가조립 → 리벳치기

14 메탈터치(metal touch)는 공구가 아니라 철골기둥부재의 이음면이 가능한 완전히 밀착되도록 하여 힘을 전달하기 위한 방법이다. 강재와 강재를 빈틈없이 밀착시키는 것의 총칭으로 이음부에서 단면에 인장응력이 발생할 염려가 없고 접합부 단면의 면이 페이싱 머신, 또는 로타리 플레이너 등의 절삭가공기를 사용하여 마감하여 밀착되는 경우에는 소요압축력 및 소요휨모멘트 각각의 1/2은 접촉면에서 직접 전달되는 것으로 설계할 수 있다.

15 다음 중 흙막이 공사에 대한 설명으로 가장 옳지 않은 것은?

① 지하연속벽 공사에 있어서 타설되는 콘크리트의 최대 골재 치수는 13~25mm 이하, 물-시멘트비는 50% 이하로 한다.

② 모르타르 주열식 흙막이벽에 사용되는 주철근은 원칙적으로 이형철근을 사용한다.

③ 지반앵커 흙막이 공법에 있어서 앵커체는 수평에서 하향 10~45° 범위 내에서 경제성과 안정성을 고려하여 경사각을 결정한다.

④ 지하연속벽 공사에 있어서 파내기 구멍은 수직으로 파며, 최대 허용오차는 0.5%를 넘을 수 없다.

16 가설공사에 대한 설명으로 가장 옳지 않은 것은?

① 낙하물 방지망의 내민 길이는 비계 외측으로부터 1.5m 이상을 확보해야 한다.

② 강관비계 기둥의 띠장은 최하부는 지상에서 2m 이하, 그 위는 1.5m 내외로 설치한다.

③ 시멘트 창고의 마루높이는 지면에서 30cm 이상으로 한다.

④ 기준점은 이동 등으로 훼손될 가능성을 염두하여 2개소 이상 설치한다.

ANSWER 15.④ 16.①

15 지하연속벽 공사에 있어서 파내기 구멍은 수직으로 파며, 최대 허용오차는 1.0%를 넘을 수 없다.

16 낙하물 방지망의 내민 길이는 비계 외측으로부터 수평거리 2m 이상 확보해야 한다.

17 거푸집 공사에 대한 설명으로 가장 옳은 것은?

① 시스템화 대형 거푸집은 조립 및 해체가 용이하지 않다.

② 갱폼의 경제적인 전용횟수는 30~40회이다.

③ 거푸집 표면이 평활할수록 마찰계수가 감소하여 측압이 낮아진다.

④ 평균기온 15℃에서 조강 포틀랜드 시멘트를 타설할 경우 거푸집 존치기간은 2일이다.

17 ① 시스템화 대형 거푸집은 조립 및 해체가 용이하다.
③ 거푸집 표면이 평활할수록 측압이 높아진다.
④ 콘크리트의 압축강도를 시험하지 않는 조건에서 평균기온 15℃에서 조강 포틀랜드 시멘트를 타설할 경우 거푸집 존치기간은 3일이다.

※ 측압이 크기 위한 조건
㉠ 거푸집 부재단면이 클수록
㉡ 거푸집 수밀성이 클수록
㉢ 거푸집 강성이 클수록
㉣ 거푸집 표면이 평활할수록
㉤ 시공연도가 좋을수록
㉥ 철골 또는 철근량이 적을수록
㉦ 외기온도, 습도가 낮을수록
㉧ 콘크리트의 타설속도가 빠를수록
㉨ 콘크리트의 다짐이 좋을수록
㉩ 콘크리트의 슬럼프가 클수록
㉪ 콘크리트의 비중이 클수록
㉫ 조강시멘트 등 응결시간이 빠를수록

※ 갱폼(Gang-Form)

㉠ 사용할 때마다 작은 부재의 조립, 분해를 반복하지 않고 대형화·단순화하여 한번에 설치하고 해체하는 거푸집을 말한다. 본래 갱폼이라고 하는 것은 넓은 의미에서는 대형화한 모든 거푸집을 의미하지만 시스템 거푸집을 분류할 때는 벽체용 거푸집만을 뜻한다. 갱폼은 거푸집 판 + 보강재가 일체로 된 기본 패널 + 작업을 위한 작업 발판대 및 수직도 조정과 횡력을 지지하는 빗버팀대로 구성된다.
㉡ 근거리 운반시에는 공장 제작, 원거리 운반시는 현장 제작한다.
㉢ 경제적 전용 횟수는 30~40회 정도이며 15층 이상의 아파트에서 층당 0.5벌로 전용하면 경제적이다.
㉣ **장점**: 조립 분해가 생략되고 설치와 탈형만 함으로 인력 절감, 이음부위 감소로 마감 단순화 및 비용절, 기능공의 기능도에 좌우되지 않음, 일개 현장 사용후 합판 교체하여 재사용 가능하다.
㉤ **단점**: 장비 필요, 초기 투자비 과다하며, 거푸집 조립시간 필요, 기능공의 교육 및 숙달기간 필요하다.
㉥ **적용대상**: 고층아파트, 콘도미니엄, 병원 사무소 등 대부분 건축물에 적용가능, 수직적 및 수평적으로 동일 모듈이 15개 정도 이상이면 적용가능하다.
㉦ **사용장비**: 타워 크레인 또는 모빌크레인 (저층)

18 다음 중 철골공사의 현장 조립 공사에 대한 설명으로 가장 옳지 않은 것은?

① 본 볼트 체결은 표준 볼트장력의 80% 정도로 체결한 후 2단계 체결에서 표준 볼트장력으로 체결한다.

② 현장조건이 0℃ 이하 혹은 습도가 높을 경우에는 반드시 예열을 실시해야 한다.

③ 용접개소에서의 풍속은 피복 아크용접, 실드 아크용접에서는 10m/sec를 넘어서지 않아야 한다.

④ 각 볼트군에 대한 볼트 수의 5% 이상, 최소 2개 이상에 대해 체결검사를 실시하고, 체결력이 부적합할 때에는 보정해야 한다.

19 다음 중 콘크리트의 재료분리 현상에 대한 설명으로 가장 옳지 않은 것은?

① 블리딩 현상은 재료분리 현상으로 블리딩이 많으면 철근의 상부 혹은 굵은골재 상면에 공극이 만들어져 콘크리트 품질에 문제를 일으킨다.

② 건축공사에 쓰이는 골재에 있어서 굵은골재가 너무 크면 재료분리가 되기 쉬우므로 일반적인 경우 골재의 최대 한도를 25mm 이하로 한다.

③ 콘크리트의 운반 중에 발생하는 품질변화는 주로 재료 분리와 워커빌리티의 저하이다.

④ 굵은골재 분리, 블리딩 등에 의한 결함은 콘크리트의 응결이 끝나기 전에 처리해야 한다.

18 각 볼트군에 대한 볼트 수의 10% 이상, 최소 1개 이상에 대해 체결검사를 실시하고, 체결력이 부적합할 때에는 보정해야 한다.

19 블리딩 현상은 재료분리 현상으로 블리딩이 많으면 철근의 하부에 공극을 발생시킨다.

※ **블리딩** : 재료분리 현상의 일종으로 아직 굳지 않은 시멘트풀, 모르타르 및 콘크리트에 있어서 물이 윗면에 솟아오르는 현상(침강균열의 원인)

※ **레이턴스** : 블리딩 수의 증발에 따라 콘크리트면에 침전된 백색의 미세한 물질

ㄱ 블리딩 및 레이턴스의 영향요소
- 물시멘트비, 반죽질기 클수록 블리딩 큼
- 굵은골재 최대크기가 클수록 블리딩 적음
- 계면활성제 사용 시 블리딩 적음

ㄴ 블리딩 및 레이턴스의 문제점 및 저감대책
- 문제점
  - 콘크리트 균열발생으로 내구성 및 수밀성 저하
  - 레이턴스 발생에 의한 수직부재 이음시공 시 부착성 저하
  - 철근하부 공극발생으로 콘크리트와 철근 간 부착성 저하
- 저감대책
  - 시멘트는 분말도가 높은 것 사용
  - 세립분 부족 시 포졸란 사용
  - 고감수제를 사용하여 단위수량을 적게함, W/C비 저감
  - 블리딩 발생 시 미장면 처리로 블리딩수 제거
  - 수직부재 이음부위는 파취 후 후속공정 진행(워터젯, 에어젯 등 사용하여 레이턴스 제거)

20 다음 중 건축공사의 공정관리 기법에 대한 설명으로 가장 옳지 않은 것은?

① 횡선식 공정표(Bar Chart)는 표현이 단순 명쾌하고 판별이 용이하며 작성방법이 간단하여 가장 널리 사용된다.

② 화살선형 네트워크에 있어서 기본법칙 중의 하나는 선행 작업이 종료되지 않으면 후속 작업은 개시할 수 없다는 것이다.

③ 화살선형 네트워크의 일정계산에서 독립여유는 선행 작업에 영향을 받지 않으면서 선행 작업의 가장 늦은 개시시간에도 영향을 주지 않는 범위 내에서 한 작업이 가질 수 있는 여유시간을 말한다.

④ 화살선형 네트워크에 있어서 화살선으로 표현할 수 없는 작업의 상호관계를 나타내기 위하여 더미(dummy)를 사용한다.

20 독립여유 : 선행 작업을 가장 늦게 종료하고 후속 작업을 가장 빨리 개시할 때 발생되는 여유시간이다.

1 가설공사 중 강관틀비계의 시공 기준에 대한 설명으로 옳지 <u>않은</u> 것은?

① 가새, 띠장틀 및 수평재에 있어 도리방향은 각각의 세로틀 사이에 가새를 설치하고 최상층 및 5층 이내마다 띠장틀 등의 수평재를 설치한다.

② 구조체와의 연결에 있어 세로틀은 수직방향 6m, 수평방향 8m 내외의 간격으로 건축물의 구조체에 견고하게 긴결한다.

③ 부축틀에 있어 도리방향으로 길이 4m 이하이고, 높이 10m를 초과할 때는 높이 10m 이내마다 띠장방향으로 유효한 보강틀을 설치한다.

④ 높이는 원칙적으로 50m를 초과할 수 없다.

2 토공사 관련 용어에 대한 설명으로 옳지 <u>않은</u> 것은?

① 타이로드 – 흙막이공사에서 띠장으로부터 전달되는 측압을 정착부재에 전달하는 인장재

② 지보공 – 흙막이공사에서 널말뚝을 지지하는 재료의 총칭

③ 토압계수 – 수직압력에 의해 생기는 수평토압의 수직압력에 대한 비

④ 공내수 – 굴착구의 붕락을 방지하며 안정액의 순환 시 굴착 토사를 굴착공 바닥으로부터 굴착구 외부로 배출하기 위해 사용하는 벤토나이트, 점토 등의 현탁액

ANSWER 1.④ 2.④

1 강관틀비계의 높이는 원칙적으로 40m를 초과할 수 없으며, 20m를 초과할 경우 주틀의 높이를 2m 이내로 하고, 주틀의 간격은 1.8m 이하로 해야만 한다.

2 굴착구의 붕락을 방지하며 안정액의 순환 시 굴착 토사를 굴착공 바닥으로부터 굴착구 외부로 배출하기 위해 사용하는 벤토나이트, 점토 등의 현탁액은 "굴착안정액"이다. 공내수는 단지 굴착구와 같은 공간에 있는 물을 가리킨다.

3 콘크리트공사 중 거푸집공사에 대한 설명으로 옳지 않은 것은?

① 거푸집 설계에서는 굳지 않은 콘크리트의 측압을 고려한다.

② 터널폼(Tunnel Form)은 트윈셸폼(Twin Shell Form)과 모노셸폼(Mono Shell Form)으로 구성되는 슬래브 타설 전용 거푸집이다.

③ 거푸집공사 시 보 측면의 거푸집에 별도의 간격재가 없는 경우에는, 보 1개소에 대하여 최소 2군데 또는 3m 이내의 간격으로 보 상부의 벌어짐 방지를 하여야 한다.

④ 슬라이딩폼(Sliding Form)은 수직으로 연속되는 단면형상의 변화가 없는 구조물을 시공이음 없이 시공하기 위하여 사용하는 시스템 거푸집이다.

4 「건설산업기본법 시행령」상 전문공사를 시공하는 업종에 해당하지 않는 것은?

① 산업 · 환경설비공사업

② 승강기설치공사업

③ 시설물유지관리업

④ 실내건축공사업

ANSWER 3.② 4.①

3 터널폼은 벽체 및 슬래브타설 전용거푸집이다.(슬래브 타설 전용으로 볼 수는 없다.)

4 산업 · 환경설비공사업은 종합건설업에 속한다.
   ※ 종합건설업과 전문건설업의 종류
   ㉠ 종합건설업(총 5개 업종) : 토목건축공사업, 토목공사업, 건축공사업, 조경공사업, 산업 · 환경설비공사업
   ㉡ 전문건설업(총 29개 업종) : 실내건축공사업, 토공사업, 습식 · 방수공사업, 기계설비공사업, 석공사업, 가스시설시공업(제2종), 가스시설시공업(제3종), 난방시공업(제1종), 난방시공업(제2종), 난방시공업(제3종), 도장공사업, 수중공사업, 비계 · 구조물해체공사업, 금속구조물 · 창호 · 온실공사업, 지붕판금 · 건축물조립공사업, 조경식재공사업, 상 · 하수도설비공사업, 철근 · 콘크리트공사업, 보링 · 그라우팅공사업, 조경시설물설치공사업, 승강기설치공사업, 가스시설시공업(제1종), 철도 · 궤도공사업, 포장공사업, 강구조물공사업, 삭도설치공사업, 철강재설치공사업, 준설공사업, 시설물유지관리업

   [참고]
   주계약자 공동도급 … 건설공사를 시행하기 위한 공동수급체의 구성원 중 주계약자가 계약의 수행에 관하여 종합적인 계획 · 관리 및 조정을 하는 공동계약을 말한다. 이 경우 종합건설업자와 전문건설업자가 공동으로 도급받은 경우에는 종합건설업자가 주계약자가 되며 전문건설업자는 부계약자가 된다. 이는 기존의 전문건설업체의 역할을 단순한 협력업체가 아닌, 공동수급체의 구성원으로서 시공에 참여하도록 하는 방식이다. 국가계약법과 지방계약법에서는 부계약자가 수급해야 할 최소지분비율이 명시되어 있다.

5 건설 프로젝트의 기획단계에서 사업성 분석에 활용되는 경제적 타당성 분석(Economic Feasibility Analysis)에 대한 설명으로 옳지 않은 것은?

① 현금흐름도(Cash Flow Diagram)는 프로젝트 생애주기(Life Cycle) 동안 발생되는 모든 현금흐름을 시간 축에 그린 하나의 도표로 횡(X)축에는 시간 흐름을, 종(Y)축에는 생애주기 동안 특정 시점(월, 연 단위 등)별로 얻어지는 수익(Benefit)들과 지출되는 비용(Cost)들을 알기 쉽게 도식화한 것이다.

② 순현재가치(NPV) 분석에서 NPV는 프로젝트 생애주기 동안 특정 시점별로 발생하는 수익들의 총 현재가치(Present Worth of Benefit)에서 비용들의 총 현재가치(Present Worth of Cost)를 뺀 값으로, 그 값이 0보다 커야 타당성이 있다.

③ 내부수익률(IRR) 분석에서 IRR은 현재가치를 기준으로 할 때, 프로젝트 생애주기 동안 특정 시점별로 발생하는 수익들의 총 현재가치에서 비용들의 총 현재가치를 뺀 값이 0이 되는 점(Present Worth of Benefit − Present Worth of Cost = 0)에서의 할인율을 의미하며, 그 값이 최소기대수익률(Minimum Attractive Rate of Return ; MARR)보다 작아야만 타당성이 있다.

④ 비용 · 편익비율(B/C Ratio) 분석에서 B/C Ratio는 현재가치를 기준으로 할 때, 프로젝트 생애주기 동안 특정 시점별로 발생하는 비용들의 총 현재가치와 수익(편익)들의 총 현재 가치를 각각 환산하여 그것을 비율(Benefit/Cost)로 나타낸 것으로, 그 값이 1.0보다 커야 타당성이 있다.

ANSWER 5.③

5 내부수익률은 최소기대수익률(Minimum Attractive Rate of Return ; MARR)보다 커야만 프로젝트의 타당성이 있다.

6 다음과 같은 7개 단위작업(Activity)으로 이루어진 건설 프로젝트에서 MCX(Minimum Cost Expediting) 기법을 기반으로 하여 일정 일수의 공사기간을 단축하고자 한다. 공기단축을 위해 가장 최우선적으로 고려되어야 할 단위작업은? (단, 해당 프로젝트 내 자원의 가용성을 고려해 볼 때, 7개 단위작업 모두 추가 자원의 투입으로 공기단축이 가능한 것으로 가정한다)

작업	기간	선행작업	비용구배(만원/일)
A	4	–	1,000
B	3	–	1,500
C	3	A	1,000
D	5	B	1,200
E	3	B	1,400
F	2	B, C	2,000
G	6	D, E	900

① B작업   ② D작업
③ E작업   ④ G작업

7 가설공사에서 작업발판 및 통로에 대한 설치기준으로 옳지 않은 것은?

① 경사로의 폭은 500mm 이상이어야 하며, 경사로 지지기둥은 4m 이내마다 설치하여야 한다.
② 경사로 발판을 지지하는 장선은 1.8m 이하의 간격으로 발판에 3점 이상 지지하도록 하여 경사로 보에 연결한다.
③ 작업 발판의 전체 폭은 400mm 이상이어야 하고, 재료를 저장할 때는 폭이 최소한 600mm 이상이어야 한다.
④ 작업 계단의 단 너비는 350mm 이상이어야 하며, 계단의 끝단과 만나는 통로나 작업 발판에는 2m 이내의 높이에 장애물이 없어야 한다.

ANSWER 6.④ 7.①

6 가장 비용구배가 작은 공종 중 CP상에 있는 공종부터 공기를 단축시켜야 하므로 G작업부터 단축시켜야 한다.

7 경사로의 폭은 900mm 이상이어야 하며, 경사로 지지기둥은 3m 이내마다 설치하여야 한다.

350 | 건축시공학

8 지하연속벽 설치를 위한 시공준비, 장비 및 시공에 대한 설명으로 옳지 않은 것은?

① 지하연속벽의 최소두께는 구조물의 응력해석에 따라 0.6~1.5m 또는 그 이상으로 결정하여야 한다.
② 파내기 슬러리 장비는 슬러리를 파낸 도랑의 전 깊이에 걸쳐서 순환 및 교반해주는 장비도 갖추어야 하며, 슬러리를 압축공기로 교반하여야 한다.
③ 수중 콘크리트 타설 시에는 트레미관을 사용하여 선단은 항상 콘크리트 중에 2m 이상 묻혀 있도록 한다.
④ 파내기는 계획서를 기초로 하고, 파내기 구멍은 수직으로 파며 최대 허용차는 1.0% 이하로 한다.

9 흙막이공사 중 엄지말뚝의 설치기준에 대한 설명으로 옳지 않은 것은?

① 엄지말뚝의 간격은 1~2m 범위로 한다.
② 엄지말뚝의 연직도는 근입깊이의 1/100~1/200 이내가 되도록 한다.
③ 엄지말뚝의 선단은 굴착바닥면 아래로 1m 이상 타입하는 것이 바람직하다.
④ 말뚝 근입부의 측면저항은 흙의 점착력만으로 한다.

ANSWER 8.② 9.③

8 파내기 슬러리 장비는 슬러리를 파낸 도랑의 전 깊이에 걸쳐서 순환 및 교반해주는 장비도 갖추어야 하며, 슬러리를 압축공기로 교반하여서는 안 된다.
ㄱ 파내기 슬러리 장비는 다음 사항을 만족하도록 선정하여야 한다.
• 장비는 자갈 및 호박돌을 포함한 이물질을 깊은 도랑에서 제거할 수 있는 것이라야 하고, 도랑 내에서 슬러리의 수직 통과가 자유롭고 흡입이나 압력의 발생을 방지할 수 있도록 배치하여야 한다.
• 깊은 도랑의 검사용 도구나 장치는 승인된 시공상세도면에 명시된 치수로 도랑이 패고, 침전된 파낸 재료가 제거되었는지 확인할 수 있는 것이라야 한다.
• 슬러리 혼합기는 기계적 교반으로 벤토나이트와 물이 안정된 부유상태를 유지할 수 있게 하는 것이라야 하며, 벤토나이트 슬러리는 가설배관이나 다른 적합한 방법으로 도랑까지 운송하여야 한다.
• 슬러리를 파낸 도랑의 전 깊이에 걸쳐서 순환 및 교반해주는 장비도 갖추어야 하며, 슬러리를 압축공기로 교반해서는 안 된다.
• 슬러리 회수장비를 사용해서 도랑 내에 깨끗한 슬러리를 사용할 수 있도록 슬러리에 섞여 있는 해로운 재료는 제거하여야 하며, 회수된 슬러리는 연속적으로 도랑에 재순환시켜야 한다.
• 슬러리는 감시 · 조절해서 분말이 부유상태에 있도록 하여야 한다.
ㄴ 파내기는 계획서를 기초로 하여 다음 사항에 주의한다.
• 파내기 구멍은 수직으로 판다. 최대 허용차는 1.0% 이하로 한다.
• 필요 깊이까지 정확하게 파내기를 한다.
• 파내기할 때는 주위 지반의 붕괴가 발생하지 않도록 유의한다.
• 항상 계측하면서 파내기를 하여야 하며, 파내기 구멍벽의 붕괴 방지에 유의한다.
• 접속부분이 정확하게 이루어지도록 주의하며 차수능력이 있어야 한다.

9 엄지말뚝의 선단은 굴착바닥면 아래로 2m 이상 타입하는 것이 바람직하다.

10 철근의 조립 및 이음에 대한 설명으로 옳지 않은 것은?

① 고임재 및 간격재의 최대 배치간격은 구조물의 종류, 크기, 형태 등에 따라 상이할 수 있으나, 5~6층 이내 철근콘크리트 구조물의 슬래브에서는 최대 배치간격을 상·하부 철근 각각 가로 세로 2.5m로 하는 것을 표준으로 한다.

② 고임재 및 간격재로 사용되는 플라스틱 제품은 콘크리트와의 열팽창률 차이, 부착 및 강도 부족 등의 문제가 있으므로 이를 사용할 경우에는 책임기술자의 검토 및 확인 후 담당원의 승인을 얻어야 한다.

③ 서로 다른 크기의 철근을 압축부에서 겹침이음하는 경우 D35 이하의 철근과 D35를 초과하는 철근은 겹침이음을 할 수 있다.

④ 철근 간의 순간격이라 함은 철근 표면 간의 최단거리이며, 철근 간의 마디, 리브 등이 가장 근접하는 경우의 치수이다.

ANSWER 10.①

10 고임재 및 간격재의 최대 배치간격은 구조물의 종류, 크기, 형태 등에 따라 상이할 수 있으나, 5~6층 이내 철근콘크리트 구조물의 슬래브에서는 최대 배치간격을 상·하부 철근 각각 가로 세로 1.3m로 하는 것을 표준으로 한다.

11 건설 프로젝트 A는 총 사업예산(Budgeted At Completion ; BAC)이 1,000억 원이며, EVM(Earned Value Management)을 기반으로 일정과 비용을 통합 관리하고 있다. 성과측정 결과, 공사 개시일로부터 현 시점에 이르기까지 당초 계획되었던 작업량에 대한 투입 예정 공사비는 500억 원, 현재까지 실제 완료된 작업량에 대한 달성가치(Earned Value)와 실제 집행(투입)된 공사비는 각각 400억 원, 500억 원인 것으로 가정할 경우, 현 시점에서의 성과 측정 결과로 옳지 않은 것은? (단, 공사개시일로부터 현 성과측정 시점까지의 추세(Trend)는 향후 준공시점까지도 그대로 유지된다고 가정한다)

① 본 사업의 BCWP(Budgeted Cost for Work Performed)는 400억 원이다.

② 본 사업의 ACWP(Actual Cost for Work Performed)는 500억 원이다.

③ 본 사업의 SV(Schedule Variance)는 −100억 원이다.

④ 프로젝트 종료시점에서 당초 총 사업예산(BAC=1,000억 원) 대비 250억 원의 사업예산 절감(Cost Underrun)이 예상된다.

ANSWER 11.④

11 프로젝트 종료시점에서 당초 총 사업예산(BAC=1,000억 원) 대비 250억 원의 사업예산초과가 예상된다.

구분	영문용어	국문용어	약어	내용
계획요소	Work Breakdown Structure	작업분류체계	WBS	프로젝트의 모든 작업내용을 계층적으로 분류한 것
	Control acoount Performance	관리계정	CA	공정·공사비 통합, 성과측정, 분석의 기본단위
	Measurement baseline	관리기준선	PMB	관리계정을 구성하는 항목별로 비용을 일정에 따라 배분하여 표기한 누계곡선
측정요소	Budgeted cost for work scheduled	계획공사비	BCWS (PV)	성과측정시점까지 투입예정된 공사비
	Budgeted cost for work performance (earned value)	달성공사비	BCWP (EV)	성과측정시점까지 지불된 기성금액(수행작업량에 따른 기성금액)
	Actual cost for work performance	실투입비	ACWP (AC)	성과측정시점까지 지불된 기성금액(수행작업량에 따른 기성금액)
분석요소	Schedule variance	공정편차	SV	BCWP−BCWS
	Cost variance	공사비편차	CV	BCWP−ACWP
	Estimate to complete	잔여공사비 추정액	ETC	성과측정기준일 이후부터 추정준공일까지의 실투입비에 대한 추정지
	Estimate at complete	최종공사비 추정액	EAC	공사착수일로부터 추정준공일까지의 실투입비에 대한 추정치
	Variance at complete	최종공사비 편차추정액	VAC	계획공사비와 최종공사비 추정액의 차액
	Schedule performance index	공정수행지수 (공정지수)	SPI	BCWP/BCWS
	Cost performance index	공사비 지출지수 (원가지수)	CPI	BCWP/ACWP

12 철골공사의 시공에 대한 설명으로 옳지 않은 것은?

① 철골부재는 녹막이 칠을 하여야 하지만, 콘크리트에 부착 또는 매립되는 부분은 하지 않아야 한다.

② 너트회전법에 의한 조임검사에서 1차조임 후에 너트회전량이 $120° \pm 30°$ 범위에 있는 것을 합격으로 하는 것이 일반적이다.

③ 기초 앵커볼트 매입방법 중 앵커볼트 상부를 나중에 위치 조정이 가능하도록 깔때기 모양으로 슬리브를 미리 고정 매설하여 설치하는 방법은 고정매입공법이다.

④ 데크플레이트를 이용한 바닥 접합의 종류 중 데크복합슬래브에서는 데크플레이트와 콘크리트의 일체화를 위해 통상 스터드 볼트 접합을 실시한다.

12 기초 앵커볼트 매입방법 중 앵커볼트 상부를 나중에 위치 조정이 가능하도록 깔때기 모양으로 슬리브를 미리 고정 매설하여 설치하는 방법은 가동매입공법이다.

※ 기초앵커볼트 매입공법

종류	개념도	정의	특징
고정매입법		기초철근 조립시 동시에 앵커볼트를 기초 상부에 정확히 묻고 콘크리트를 타설하는 공법	• 대규모공사에 적합 • 구조안정도가 양호 • 불량시공 시 보수가 어려움
가동매입법		고정 매입공법과 유사하나 앵커볼트 상부부분을 조정할 수 있도록 콘크리트 타설 전 사전조치를 해두는 공법	• 중규모 공사에 적합 • 시공오차의 수정 용이 • 부착강도 저하
나중매입법		앵커볼트 위치에 콘크리트 타설 전 볼트를 묻을 구멍을 조치해 두거나 콘크리트 타설 후 코어장비로 천공하여 나중에 고정하는 공법	• 경미한 공사에 적합 • 시공이 간단하고 보수가 쉬움 • 기계기초에 사용

13 타일공사에 대한 설명으로 옳지 않은 것은?

① 모르타르는 건비빔한 후 3시간 이내에 사용하며, 물을 부어 반죽한 후 1시간 이내에 사용한다.

② 벽타일 붙임공법 중 판형붙이기에 있어 줄눈 고치기는 타일을 붙인 후 30분 이내에 실시한다.

③ 모르타르 바탕면에서 타일붙임면의 바탕면은 평탄하게 하고, 바닥면은 물고임이 없도록 구배를 유지하되 1/100을 넘지 않도록 한다.

④ 모자이크 타일 붙이기에 있어 붙임 모르타르의 1회 바름 면적은 $2.0m^2$ 이하로 하고, 붙임 시간은 모르타르 배합 후 30분 이내로 한다.

14 충전형 합성기둥(Concrete Filled Tube ; CFT)에 대한 설명으로 옳지 않은 것은?

① 보−기둥 접합부에서 강도 및 강성의 확보가 우수하며, 강재코어의 단면적은 합성기둥 총 단면적의 1% 이하로 한다.

② 강관 내에 콘크리트를 충전하는 구조로 콘크리트는 강관의 좌굴을 억제시키고, 강관은 내부 콘크리트를 구속하여 강성이 증대되는 합성효과를 기대할 수 있다.

③ 합성구조로써 서로 다른 재료의 상호작용으로 인해 고축력을 받는 기둥재에 적합하며 초고층 구조물에 적용이 용이하다.

④ 강관이 철근과 거푸집 기능을 갖추고 있으므로, 거푸집 관련가설공사를 생략할 수 있으므로 시공성 향상이 기대된다.

15 미장공사 바탕 시공에 대한 설명으로 옳지 않은 것은?

① 미장바름에 적합한 바탕은 내·외벽 등의 부위조건 및 사용 조건을 고려하여 선택한다.

② 콘크리트 벽돌 및 블록 바탕은 쌓기 후 2주 이상 경과하여 침하 및 건조수축 등 조적 바탕이 안정화되도록 한다.

③ 콘크리트 바탕의 경우 콘크리트는 타설 후 28일 이상 경과한 다음 균열, 재료분리, 과도한 요철 등이 없어야 하고, 적절히 보수되어 있는 상태로 한다.

④ 석고보드 바탕의 경우 힘살을 사용할 때 세로 끝단은 기둥 또는 샛기둥 맞이에 닿게 하고, 가로는 간격 300mm 이내로 겹쳐대어 교차하는 부분과 중간의 1개소씩에 갈고리못 등을 친다.

ANSWER 13.② 14.① 15.④

13 벽타일 붙임공법 중 판형붙이기에 있어 줄눈 고치기는 타일을 붙인 후 15분 이내에 실시한다.

14 보−기둥 접합부에서 강도 및 강성의 확보가 우수하며, 강재코어의 단면적은 합성기둥 총 단면적의 1% 이상으로 해야 한다.

15 메탈라스 바탕의 경우 힘살을 사용할 때 세로 끝단은 기둥 또는 샛기둥 맞이에 닿게 하고, 가로는 간격 300mm 이내로 겹쳐대어 교차하는 부분과 중간의 1개소씩에 갈고리못 등을 친다. (주어진 설명은 석고보드 바탕과는 무관하다.)

16 방수공사에 대한 설명으로 옳지 않은 것은?

① 멤브레인(Membrane)방수는 아스팔트 방수층, 개량 아스팔트 시트 방수층, 합성고분자계 시트 방수층 및 도막 방수층 등 불투수성 피막을 형성하여 방수하는 공사를 총칭한다.

② 아스팔트방수공사에서 아스팔트의 용융온도는 접착력 저하방지를 위하여 130℃ 이하가 되도록 유지한다.

③ 시멘트 액체방수공사에서 방수시멘트 모르타르의 비빔 후 사용가능한 시간은 20℃에서 45분 정도가 적정하며, 그 외에는 방수재 제조자의 지정에 따른다.

④ 아크릴 고무계 도막 방수재에 있어 방수재의 점도 조절이 필요할 때에 희석제로써 물을 사용할 경우에는 방수재 제조자의 지정 범위에 따르며, 사용량은 방수재에 대하여 5% 이내로 한다.

17 에너지절약형 친환경주택의 건설기준 (국토교통부고시 2016)에 따른 친환경주택 구성기술 요소에 대한 설명으로 옳지 않은 것은?

① 저에너지 건물 조성기술 – 고단열 · 고기능 외피구조, 기밀설계, 일조확보, 친환경자재 사용 등을 통해 건물의 에너지 및 환경 부하를 절감하는 기술

② 고효율 설비기술 – 태양열, 태양광, 지열, 풍력, 바이오매스 등의 신 · 재생에너지를 이용하여 건물에서 필요한 에너지를 생산 · 이용하는 기술

③ 외부환경 조성기술 – 자연지반의 보존, 생태면적율의 확보, 미기후의 활용, 빗물의 순환 등 건물외부의 생태적 순환기능의 확보를 통해 건물의 에너지부하를 절감하는 기술

④ 에너지절감 정보기술 – 건물에너지 정보화 기술, LED 조명, 자동제어장치 및 지능형전력망 연계기술 등을 이용하여 건물의 에너지를 절감하는 기술

ANSWER 16.② 17.②

16 아스팔트방수공사에서 아스팔트의 용융온도는 접착력 저하방지를 위하여 200℃ 이하가 되지 않도록 유지한다.

17 태양열, 태양광, 지열, 풍력, 바이오매스 등의 신 · 재생에너지를 이용하여 건물에서 필요한 에너지를 생산 · 이용하는 기술은 신재생 에너지이용기술이다.

※ 친환경주택 구성기술의 요소

㉠ 저에너지 건물 조성기술 : 고단열 고기능 외피구조, 기밀설계, 일조확보, 친환경자재 사용 등을 통해 건물의 에너지 및 환경부하를 절감하는 기술

㉡ 고효율 설비기술 : 고효율열원설비, 최적 제어설비, 고효율환기설비 등을 이용하여 건물에서 사용하는 에너지량을 절감하는 기술

㉢ 신 · 재생에너지 이용기술 : 태양열, 태양광, 지열, 풍력, 바이오매스 등의 신 재생에너지를 이용하여 건물에서 필요한 에너지를 생산 이용하는 기술

㉣ 외부환경 조성기술 : 자연지반의 보존, 생태면적율의 확보, 미기후의 활용, 빗물의 순환 등 건물 외부의 생태적 순환기능의 확보를 통해 건물의 에너지부하를 절감하는 기술

㉤ 녹색 IT 기술 : 건물에너지 정보화 기술, LED 조명, 자동제어장치 등을 이용하여 건물의 에너지를 절감하는 기술

18 구조용 유리 시스템 공법에 대한 설명으로 옳지 않은 것은?

① 전면의 유리와 구조 부재로 사용되는 유리에서 구조적 기능을 발휘할 수 있도록 설계되고 사용되도록 시공되는 제반 공법이다.

② 유리는 필요에 의하여 연결구와 구조체에 기계적으로 결합이 되며 연결 부위는 유리에 구멍을 가공하여 적절한 응력이 발생되도록 설계한다.

③ 하이브리드 공법은 장스팬의 경우 단관의 구조 파이프로 구조적 기능이 부족할 때 트러스의 구조적 이점을 살려 구성한 구조적 형태이다.

④ RIB glass공법은 구조체인 수직 지지부재나 구조체 보를 유리로써 사용응력을 높여 강화처리하거나 접합처리하여 구조부재로 사용하는 형태를 말한다.

ANSWER 18.③

18 장스팬의 경우 단관의 구조 파이프로 구조적 기능이 부족할 때 트러스의 구조적 이점을 살려 구성한 구조적 형태는 트러스공법에 관한 설명이다.

※ **구조용 유리 시스템**

  ㉠ **공법의 개요** : 전면의 유리와 구조 부재로 사용되는 유리에서 구조적 기능을 발휘할 수 있도록 설계되고 사용되도록 시공되는 제반 공법이다. 유리는 필요에 의하여 연결구와 구조체에 기계적으로 결합이 되며 연결 부위는 유리에 구멍을 가공하여 적절한 응력이 발생되도록 설계한다.

  ㉡ **공법의 분류**
  - RIB glass : 구조체인 수직 지지부재나 구조체 보를 유리로서 사용응력을 높여 강화처리하거나 접합처리하여 구조부재로 사용하는 형태를 말한다.
  - 케이블 트러스 공법 : 인장재인 케이블을 사용하여 정압 및 부압에 상응하고 유리를 고정하기 위한 지지대를 설치하기 위하여 트러스 형태를 구성하는 형태이다.
  - 케이블 네트 공법 : 인장재인 케이블을 사용하여 평면상의 수직·수평으로 케이블을 설치하여 주하중인 풍압력에 견디며 커튼월로서의 기능을 유지할 수 있도록 설계되는 형태이다.
  - 단관 파이프 공법 : 단관 파이프를 주 구조체로 이용하여 수직 구조재나 수평 구조재로서 사용하는 형태의 공법이다.
  - 트러스 공법 : 장스팬의 경우 단관의 구조 파이프로 구조적 기능이 부족할 때 트러스의 구조적 이점을 살려 구성한 구조적 형태이다.
  - 하이브리드 공법 : 유리보와 스틸, 목재, 기타 재료를 사용해서 복합보로 설계 사용할 수 있는 공법이다.

  ㉢ **전면 유리의 접합부에 따른 분류**
  - countersunk fixing system : 단판유리, 접합 유리, 복층 유리에 구멍을 가공하여 고안된 볼트를 1차 구조재에 연결하는 방법이다. 유리에 접시머리 형태로 가공하여 발생응력을 관리한다.
  - button fixing system : Button 형태의 플레이트가 유리면에 돌출되어 있는 시스템이다.
  - clamp fixing system : 금속판재를 유리면에 압착하여 사용하는 시스템이다.

19 도장공사의 바탕만들기 공사에 대한 설명으로 옳지 않은 것은?

① 목재면 바탕만들기에 있어 송진이 나올 우려가 있는 부분에는 셸락니스를 1회 붓도장하고, 건조 후 다시 1회 더 도장한다.

② 철재면의 바탕만들기는 녹제거 또는 화학처리를 한 다음 곧 담당원의 검사를 받아야 하며, 일반적으로 가공장소에서 바탕재 조립 후에 한다.

③ 아연도금면의 바탕만들기에 있어 황산아연처리를 할 때에는 약 5%의 황산아연 수용액을 1회 도장하고, 약 5시간 정도 풍화시킨다.

④ 건축물의 플라스터, 모르타르 및 콘크리트면은 시공초기에 다량의 수분과 알칼리성을 함유하고 있어, 도장하기 전 충분히 건조시켜야 한다.

19 바탕만들기는 일반적으로 가공장소에서 바탕재를 조립하기 전에 한다.

20 보통콘크리트로서 굵은 골재 최대치수 25mm, 슬럼프 150mm, 슬럼프 플로 500mm, 호칭강도 27MPa 인 레디믹스트 콘크리트를 지정하여 주문한 후, 외기기온이 20℃인 상태에서 받아들이기 검사 및 공기 량, 슬럼프, 슬럼프 플로 시험을 시행하였다. 「콘크리트 표준시방서」에서 레디믹스트 콘크리트 품질에 대한 지정에 있어 그 한도 혹은 허용차를 벗어나 당초 지정 품질을 만족시키지 못하는 것은?

① 콘크리트의 비빔 시작부터 타설 종료까지 110분이 소요되었다.

② 공기량 시험결과는 5.5%로 나타났다.

③ 슬럼프 시험결과는 165mm로 나타났다.

④ 슬럼프 플로 시험결과는 650mm로 나타났다.

20 레미콘의 품질 항목과 기준은 아래와 같으며 검사 시료의 채취는 운반차의 배출지점을 기준으로 한다.
(압축강도, 슬럼프 및 슬럼프 플로, 공기량, 염화물 이온량)

항목		KS기준
강도(압축/휨)	1회시험	호칭강도 비 85% 이상
	3회시험(평균)	호칭강도 비 100% 이상
슬럼프	25mm	±10 mm
	50mm 및 65mm	±15 mm
	80mm 이상	±25 mm
슬럼프 플로	500mm	±75 mm
	600mm	±100 mm
	700mm	±100 mm
공기량	보통콘크리트	4.5±1.5%
	포장콘크리트	
	고강도콘크리트	3.5±1.5%
염화물 이온량		0.30 kg/m³ 이하

• 강도시험은 KS에 규정된 표준 양생한 공시체를 기준으로 하며, 공시체의 재령은 지정이 없는 경우 28일, 지정이 있는 경우는 구입자가 지정한 일수로 한다.

• 슬럼프 플로 700mm는 굵은골재 최대치수가 15mm인 경우에 한하여 적용한다.

• 염화물 이온량은 고객의 승인을 얻어 0.6kg/m³ 이하로 할 수 있다.

1 미장 재료 중 수경성 재료에 해당하지 않는 것은?

① 시멘트 모르타르

② 돌로마이트 플라스터

③ 석고 플라스터

④ 무수석고 플라스터

2 생애주기비용(Life Cycle Cost, 이하 LCC)에 대한 설명으로 옳지 않은 것은?

① 시설물의 내구연한 동안 투입되는 총비용을 말하며, 기획, 조사, 설계, 조달, 시공, 운영, 유지관리, 철거 등의 비용 및 잔존 가치가 포함된다.

② 해당 프로젝트의 목적에 대한 경쟁적인 대안들 사이의 비교를 통하여 효과적인 선택을 가능하게 한다.

③ LCC는 금융 비용을 명확히 추정할 수 있기 때문에 정확한 금액으로 대안을 비교할 수 있다.

④ 초기 투자비, 물가상승률, 건축물의 내용 연수는 LCC에 영향을 미친다.

ANSWER 1.② 2.③

1 돌로마이트 플라스터는 돌로마이트(마그네시아질 석회)에 모래, 여물을 섞어 반죽한 바름벽 재료로서 기경성이며, 점성이 높다.

• 기경성재료 : 진흙질, 회반죽, 돌로마이트 플라스터, 마그네시아시멘트, 아스팔트모르타르

• 수경성재료 : 순석고 플라스터, 경석고 플라스터, 시멘트 모르타르

2 LCC는 금융 비용을 명확히 추정할 수가 없으므로 정확한 금액으로 대안을 비교할 수가 없다.

3 공사감리자의 감리업무에 대한 설명으로 옳지 않은 것은?

① 시공계획 · 공정표 및 설계도서의 적정성을 검토한다.

② 설계변경이 발생한 경우 설계변경 내용에 대해 검토 · 확인한다.

③ 건축물 및 대지가 설계도서에 적합하도록 시공지도 및 확인하고, 부적합한 경우에는 건축주에게 보고한다.

④ 건축주가 사용승인을 신청하는 경우 검사업무를 시공자에게 위임하고 감리완료보고서를 제출토록 한다.

4 가설공사에 대한 설명으로 옳지 않은 것은?

① 가설공사 계획 시 전용성, 안전성, 사용성, 경제성이 고려되어야 한다.

② 현장시험실, 현장세륜시설, 가설숙소, 가설화장실, 가설전기시설은 공통가설공사에 해당한다.

③ 가설공사 항목은 설계자가 제시하는 설계도면에 명시되며 시공자가 관리한다.

④ 규준틀, 비계, 보양은 직접가설공사에 해당한다.

ANSWER 3.④ 4.③

3 공사감리자는 건축주가 사용승인 또는 임시사용승인을 신청하는 경우 설계도서 및 품질관리기준 등에 따라 적합 시공 여부를 검사한 후 감리중간보고서 및 감리완료보고서를 첨부토록 한다.(검사업무를 시공자에게 위임하는 것이 아님)

※ 공사감리자의 감리업무
  ㉠ 공사시공자가 설계도서에 적합하게 시공하는지의 여부 확인
  ㉡ 건축자재가 기준에 적합한지의 여부 확인
  ㉢ 시공계획 및 공사관리의 적정여부 확인
  ㉣ 공정표 및 상세시공도면의 검토 및 확인
  ㉤ 구조물의 위치와 규격의 적정여부 검토 및 확인
  ㉥ 품질시험의 실시여부 및 시험성과 검토 및 확인
  ㉦ 설계변경의 적정여부 검토 및 확인
  ㉧ 공사현장에서의 안전관리 지도
  ㉨ 기타 공사감리계약으로 정하는 사항

4 ③ 가설공사에 대한 자세한 사항은 설계도서에 명시가 되지 않으며 시공자가 공사의 시행 및 관리를 위하여 직접 관리한다.

※ 현장사무실이나 가설사무소, 창고 등의 가설건물의 설치는 현장여건에 따라서 방법과 종류가 다양하다. 현장 인근의 사무실을 임대를 하여 현장사무실로 사용하는 경우도 있으며 토지를 임대하고 가설건축물을 짓는 등의 방법이 있는데 이는 일반적으로 시공사에서 행하는 일이다. 또한, 가설전기나 용수 등의 사용 역시 설계자가 현장의 여건과 가설공사에 요구되는 자세한 사항들을 모두 파악하여 도면에 반영을 한다는 것은 매우 어려운 일이므로 가설공사에 관한 자세한 사항들을 시공자가 직접 맡아서 공사를 시행하고 관리를 한다.

5 커튼월 공사에 대한 설명으로 옳지 않은 것은?

① 커튼월은 외관형태에 따라 스팬드럴 방식(Spandrel type), 샛기둥 방식(Mullion type) 등으로 분류된다.

② 커튼월 누수량에 대한 허용치의 기준은 누수가 발생하지 않거나 통제가 불가능한 유입수가 없어야 하고, 25ml 이하의 유입수의 경우 누수로 생각하지 않는다.

③ 커튼월을 구조체에 긴결하는 방법에는 슬라이드 방식, 회전방식, 고정 방식이 있다.

④ 금속 커튼월 설치 공사에서 실링재 시공 후 완전 경화가 될 때까지는 줄눈재의 손상, 오염, 이물질의 부착 등 피해가 없도록 하고 3일간 양생한다.

6 가치공학(Value Engineering, 이하 VE)에 대한 설명으로 옳지 않은 것은?

① VE에는 기능중심의 해결, 조직적이고 체계적인 활동 등의 원칙이 수반된다.

② 품질모델(Quality model)이란 대상 사업에 대한 사업 관련자들의 요구 및 기대수준을 조사하고 이를 바탕으로 대응수준을 결정하여 도시한 것이다.

③ FAST(Function Analysis System Technique) 다이어그램은 기능분석을 효과적으로 수행하기 위한 도구로, How-Why 질문을 이용하여 기능 간의 논리적 상관관계를 표현한 것이다.

④ AHP(Analytic Hierarchy Process)는 집단토의 기법으로 개발되었으며, 다양한 아이디어를 창출하기 위해 사용하는 도구이다.

7 콘크리트의 일반적인 배합결정 과정을 순서대로 바르게 나열한 것은?

① 설계기준강도 → 배합강도 → 물결합재비 → 단위수량 → 단위결합재량 → 시험배합 → 현장배합

② 설계기준강도 → 배합강도 → 단위수량 → 단위결합재량 → 물결합재비 → 현장배합 → 시험배합

③ 배합강도 → 설계기준강도 → 물결합재비 → 단위수량 → 단위결합재량 → 시험배합 → 현장배합

④ 배합강도 → 설계기준강도 → 단위수량 → 단위결합재량 → 물결합재비 → 현장배합 → 시험배합

ANSWER 5.② 6.④ 7.①

5 커튼월 누수량에 대한 허용치의 기준은 누수가 발생하지 않거나 통제가 불가능한 유입수가 없어야 하고, 15ml 이하의 유입수의 경우 누수로 생각하지 않는다.

6 AHP(Analytic Hierarchy Process)는 '분석적 계층화 과정' 또는 '계층적 분석 과정/방법'으로서 의사결정의 전 과정을 여러 단계로 나눈 후 이를 단계별로 분석 해석함으로써 합리적인 의사결정에 이를 수 있도록 지원해 주는 방법이다.

　※ 브레인스토밍기법(Brainstorming method) : 집단토의 기법으로 개발되었으며, 다양한 아이디어를 창출하기 위해 사용하는 도구이다.

7 콘크리트의 일반적인 배합결정 과정

설계기준강도 → 배합강도 → 물결합재비 → 단위수량 → 단위결합재량 → 시험배합 → 현장배합

8 철골공사에서 용접 이음부의 비파괴 시험방법에 대한 설명으로 옳지 않은 것은?

① 방사선 투과법은 방사선을 사용하여 시험체의 표면 결함을 판별하는 것으로, 내부 결함의 판별은 불가능한 방법이다.

② 초음파 탐상법은 시험체 내부에 입사시킨 초음파 중 결함에 의한 반사파를 검출하고 해석하여 결함을 판별하는 방법이다.

③ 자기분말 탐상법은 시험체에 자장을 걸어 자화시킨 후 자분을 도포하여 누설된 자속으로 인해 형성된 자분의 모양으로 용접부의 결함을 판별하는 방법이며, 용접부위 표면이나 표면 직하의 결함 검출에 이용된다.

④ 침투 탐상법은 용접 부위에 침투액을 사용하여 표면의 결함을 판별하는 데 이용된다.

9 단순 조적 블록 쌓기에 대한 설명으로 옳지 않은 것은?

① 블록은 살두께가 큰 편을 위로 하여 쌓고, 하루 쌓기 높이는 1.5m 이내를 표준으로 한다.

② 모르타르 접착면 뿐만 아니라 블록 전체에 물 축임을 실시하고 쌓도록 한다.

③ 줄눈 너비는 10mm를 표준으로 한다.

④ 모르타르 또는 그라우트를 사춤하는 높이는 3켜 이내로 한다.

8 방사선 투과법(Radiographic Test)은 용접 종료 후 용접부위의 내부결함을 검사하는 방법이다.

※ 용접부의 비파괴 검사법

ㄱ **방사선투과검사법** : 방사선을 사용하여 용접부의 내부결함을 판별하는 방법이다. 가장 많이 사용하는 방법으로 100회 이상의 검사가 가능하며 기록으로 남길 수 있다.

ㄴ **초음파탐상법** : 시험체 내부에 입사시킨 초음파 중 결함에 의한 반사파를 검출하고 해석하여 결함을 판별하는 방법이다. 검사 속도가 빠르나 5mm 이상의 두께를 가진 용접부나 복잡한 부위는 검사가 불가능하며 기록성이 없다.

ㄷ **자기분말탐상법** : 시험체에 자장을 걸어 자화시킨 후 자분을 도포하여 누설된 자속으로 인해 형성된 자분의 모양으로 용접부의 결함을 판별하는 방법이며, 용접부위 표면이나 표면 직하의 결함 검출에 이용된다. 미세부분 및 15mm 정도의 두께를 가진 용접부도 검사가 가능하나 자화력 장치가 크다.

ㄹ **침투탐상법** : 용접부위에 침투액을 사용하여 표현의 결함을 판단하는 방법이다. 자광성 기름을 사용하며 검사가 간단하고 비용이 저렴하며 넓은 범위의 검사가 가능하나 내부결함 검출이 곤란하다.

9 콘크리트용 블록은 물 축임을 해서는 안 된다.

10 가설공사 안전시설의 설치 기준에 대한 설명으로 옳지 않은 것은?

① 낙하물 방지망의 설치는 높이 10m 이내마다 설치한다.

② 방호 선반의 설치 높이는 지상으로부터 10m 이내여야 한다.

③ 작업면으로부터 안전방망의 설치 지점까지의 수직거리는 10m를 초과하지 않아야 한다.

④ 안전난간의 상부 난간대는 바닥면으로부터 0.6m 이상의 높이를 유지해야 한다.

11 지반 개량원리와 그 세부공법의 연결이 바르지 않은 것은?

① 다짐 – 동다짐(Dynamic compaction) 공법

② 탈수 – 페이퍼 드레인(Paper drain) 공법

③ 고결 – 바이브로 플로테이션(Vibro floatation) 공법

④ 압밀 – 프리로딩(Preloading) 공법

Aɴsᴡᴇʀ 10.④ 11.③

10 안전난간의 상부 난간대는 바닥면으로부터 0.9m 이상의 높이를 유지해야 한다.
  ※ 안전난간
  ㉠ 상부난간대는 바닥면, 발판 또는 통로의 표면으로부터 90cm 이상, 120cm 이하의 높이를 유지하여야 한다.
  ㉡ 중간난간대는 상부난간대와 바닥면 등의 중간에 설치되어야 한다.
  ㉢ 발끝막이판은 바닥면 등으로부터 10cm 이상의 높이를 유지하여야 한다.
  ㉣ 상부난간대와 중간난간대는 난간길이 전체를 통하여 바닥면 등과 평행을 유지하여야 한다.
  ㉤ 난간기둥은 상부난간대와 중간난간대를 견고하게 떠받칠 수 있도록 적정 간격을 유지하여야 하며, 설치간격은 수평거리 2m를 초과하지 않아야 한다.
  ㉥ 안전난간은 비계의 통로와 끝단의 단부 및 작업발판의 측면 등 추락발생 우려가 있는 장소에 반드시 설치하여야 한다.
  ㉦ 비계에 설치하는 난간은 비계기둥의 안쪽에 설치하는 것을 원칙으로 한다.
  ㉧ 난간의 각 부재는 탈락, 미끄러짐 등이 발생되지 않도록 견고하게 설치하고, 상부 난간대가 회전하지 않도록 한다.
  ㉨ 난간을 안전대의 로프, 지지로프, 서포트, 벽 연결, 비계판 등의 지지점 또는 자재 운반용 걸이로서 사용하지 말아야 한다.
  ㉩ 난간에 자재 등을 기대어 적치하거나, 난간대를 밟고 승강하지 말아야 한다.
  ㉪ 안전난간은 임의의 지점과 방향으로 움직이는 100kgf 이상의 하중에 견딜 수 있는 튼튼한 구조로 설치하여야 한다.
  ㉫ 안전난간의 설치가 곤란하거나 작업의 형편상 부득이 안전난간을 해체한 경우에는 방망을 설치하거나, 안전대를 사용하는 등 추락에 의한 위험방지 조치를 하여야 한다.

11 바이브로 플로테이션(Vibro floatation) 공법은 사질지반의 지반개량공법으로서 다짐의 원리를 적용한 것이다.
  ※ **바이브로 플로테이션(Vibro floatation) 공법** … 다짐에 의한 사질지반 개량공법의 하나로서 바이블로 플로트라고 하는 대형의 막대모양 진동기를 지반 속에 관입시켜 모래를 다지면서 자갈 등의 충진재를 넣고 빼내는 방법이다.

12 매스콘크리트 시공에 대한 설명으로 옳지 않은 것은?

① 매스콘크리트 타설 후 수화열에 의한 온도상승을 억제하기 위해 표면부의 온도를 급속히 냉각시킨다.

② 외부구속을 많이 받는 벽체 구조물의 경우에는 수축이음을 설치하여 균열 발생 위치를 제어하는 것이 효과적이므로 이를 검토해야 한다.

③ 일반적으로 콘크리트의 온도 상승량은 단위시멘트양 $10kg/m^3$에 대하여 대략 1℃ 정도의 비율로 증가된다.

④ 매스콘크리트 타설 온도는 온도균열을 제어하기 위한 관점에서 가능한 한 낮게 하여야 한다.

13 도장공사 시 주의 사항 및 작업 조건에 대한 설명으로 옳지 않은 것은?

① 건조시간은 온도 약 20℃, 습도 약 75%일 때, 다음 공정까지의 최소 시간을 의미한다.

② 주위의 온도가 5℃ 미만인 경우에는 도장 작업을 해서는 안 된다.

③ 눈이나 비가 올 경우에는 도장 작업을 해서는 안 되지만 안개가 끼었을 경우에는 가능하다.

④ 주위의 습도가 85%를 초과한 경우에는 도장 작업을 해서는 안 된다.

14 현장 타설 콘크리트의 품질관리에 대한 설명으로 옳지 않은 것은?

① 내부 진동기는 연직으로 찔러 넣으며, 삽입 간격은 일반적으로 0.5m 이하로 하는 것이 좋다.

② 습윤양생 기간의 표준은 하루 평균기온이 15℃ 이상일 때, 보통 포틀랜드 시멘트가 5일, 조강 포틀랜드 시멘트가 3일이다.

③ 일반적으로 연직시공 이음부의 거푸집 제거 시기는 콘크리트를 타설하고 난 후 여름에는 4~6시간, 겨울에는 10~15시간 정도로 한다.

④ 현장에 반입된 콘크리트의 압축강도 시험은 1회/일 또는 구조물의 중요도와 공사의 규모에 따라 $150m^3$마다 1회 실시한다.

ANSWER 12.① 13.③ 14.④

12 콘크리트 표면 온도가 급격히 냉각되지 않도록 하고, 내부와 표면부의 온도차를 작게 해야 한다.

13 외부 도장시 안개, 비 또는 강한 바람이 불 때는 도장작업을 중단해야 한다.

14 현장에 반입된 콘크리트의 압축강도 시험은 1회/일 또는 $150m^3$마다 1회, 배합이 변경될 때마다 시행한다.

15 철골공사 시 볼트 접합에 대한 설명으로 옳지 않은 것은?

① 조임 완료 후 토크관리법에 의한 조임 검사의 경우 각 볼트군의 10%의 볼트 개수를 표준으로 검사를 실시한다.

② 고장력 볼트의 세트 구성은 고장력 볼트 1개, 너트 1개 및 와셔 2개로 한다.

③ 접합부 표면의 높이 차이가 2mm 이하의 경우 별도 처리가 필요하지 않고, 2mm를 초과하는 경우 끼움판을 사용한다.

④ 조임 완료 후 너트회전법에 의한 조임 검사의 경우 1차 조임 후에 너트 회전량이 $120\pm30°$의 범위에 있으면 합격이다.

16 건설기술 진흥법령에 따른 안전관리계획 수립 대상인 건설공사의 안전관리 업무에 대한 설명으로 옳지 않은 것은?

① 위험요소(Hazard)란 건설현장의 공사목적물과 주변 건축물 등의 안전을 저해하는 유해위험과 이의 발생가능성을 의미하는 것으로 대상 시설물 고유의 위험요인으로 회피할 수 없지만 저감이 가능한 요소를 말한다.

② 위험성(Risk)이란 사고의 발생빈도와 심각성을 말한다.

③ 시공자는 건설공사의 중단으로 6개월 이상 방치된 시설물의 공사를 재개하는 경우 건설공사를 재개하기 전에 특별안전 점검을 실시하여야 한다.

④ 발주청이 설계의 안전성 검토를 실시하는 건설공사에서 특허 공법이 적용되는 경우 설계자는 특허권자로부터 위험요소, 위험성, 저감대책에 대한 검토서를 제출받아 검토해야 한다.

ANSWER 15.③ 16.③

15 접합부 표면의 높이 차이가 1mm 이하의 경우 별도 처리가 필요하지 않고, 접합부의 틈새가 1mm를 초과하게 되면 끼움판을 사용해야 한다.

16 건설공사 안전점검 지침 제12조(공사재개 전 안전점검의 실시)
① 시공자는 건설공사의 중단으로 1년 이상 방치된 시설물의 공사를 재개하는 경우 건설공사를 재개하기 전에 해당 시설물에 대한 안전점검을 실시하여야 한다.
② 제1항에 따른 안전점검은 발주자가 판단에 따라 자체안전점검 또는 정기안전점검의 수준으로 실시하여야 하며, 점검 결과에 따라 적절한 조치를 취한 후 공사를 재개하여야 한다.

17 경량기포콘크리트 블록(Autoclaved Lightweight aerated Concrete Block, 이하 ALC블록) 공사에 대한 설명으로 옳지 않은 것은?

① 줄눈의 두께는 1~3mm 정도로 하고 ALC블록 상·하단의 겹침 길이는 블록길이의 $\frac{1}{3} \sim \frac{1}{2}$ 을 원칙으로 한다.

② 하루 쌓기 높이는 1.8m를 표준으로 하고, 최대 2.4m 이내로 한다.

③ 공간 쌓기의 경우 시방서 또는 도면에 규정한 사항이 없으면 안쪽을 주벽체로 한다.

④ 쌓기 모르타르는 배합 후 1시간 이내에 사용해야 한다.

18 지반앵커 흙막이 공법에서 앵커의 시공에 대한 설명으로 옳지 않은 것은?

① 앵커의 인장력을 충분히 지지할 수 있는 지층에 앵커체를 설치하며, 앵커체는 흙막이 하단을 통하는 주동활동면 외부에 위치하여야 한다.

② 앵커체는 수평에서 하향 10°~45° 범위 내에서 경제성과 안정성을 고려하여 경사각을 결정한다.

③ 앵커의 내력을 확인하기 위하여 각 앵커에 작용하는 설계 하중의 1.2배로 긴장하여 그 지지력을 확인한 후 설계하중으로 정착시킨다.

④ 여러 개의 앵커가 설치되는 지반에서 앵커 상호간의 영향 등을 감안하여 좌우상하로 0.9m 정도의 간격으로 설치한다.

17 공간 쌓기의 경우 시방서 또는 도면에 규정한 사항이 없으면 바깥쪽을 주벽체로 한다.

18 여러 개의 앵커가 설치되는 지반에서 앵커 상호간의 영향 등을 감안하여 좌우상하로 1.5~2m 정도의 간격으로 설치한다.

19 토공사 계측관리에서 사용하는 계측기와 계측내용을 바르게 연결한 것은?

① 지하수위계(Water level meter) - 구조물에 작용하는 간극수압

② 하중계(Load cell) - 지반 내의 간극에 작용하는 축력

③ 변형률계(Strain gauge) - 틸트 플레이트(Tilt plate)를 이용한 인근 건축물의 기울기

④ 지중경사계(Inclinometer) - 흙막이 벽의 수평 변위

20 콘크리트 구조물 보수·보강 공법에 대한 설명으로 옳지 않은 것은?

① 주입공법은 0.2mm 이상의 균열 보수에 적용되는 대표적인 보수공법이며, 주입 재료로서 에폭시 수지계는 일반적으로 습기가 많은 곳에 적용한다.

② 강판접착공법은 부재에 강판을 부착하여 구조물 내력을 보강하는 공법으로 강판의 접착에는 에폭시 수지와 앵커볼트가 사용된다.

③ 단면증대공법은 기존 부재를 보강하기 위해 단면을 늘리는 공법으로 고정하중이 증가하는 단점이 있다.

④ 충전공법은 0.5mm 이상의 비교적 큰 폭의 균열 보수에 적합한 공법으로 폭 10mm 정도를 U형 및 V형으로 따내고 에폭시 수지 및 모르타르 등을 주입하는 공법이다.

ANSWER 19.④ 20.①

19 ① 지하수위계(Water level meter) : 지하수위 변동사항을 측정하여 지하수의 증감으로 인한 주변 구조물의 안전도를 예측하고 굴착공사의 안전시공을 기하기 위해 설치하는 계기이다.
② 하중계(Load cell) : Strut 부재의 응력을 계측하는 기기이다.
③ 변형률계(Strain gauge) : Strut 부재의 변형을 계측하는 기기이다.
④ 지중경사계(Inclinometer) : 지하구조물의 설치를 위하여 터파기를 하게 되면 일반적으로 터파기 방향으로 가설벽체 및 지반의 횡방향 변위가 발생하고 이로 인하려 지반이 함몰하게 될 우려가 있으므로 시공 중에 횡방향 변위를 계측여 공사의 완급을 조절해서 배면의 지반침하 및 벽체에 일어나는 응력을 검토하여 공사중 또는 공사후는 안전을 도모하기 위해 실시한다. 지중에 소요깊이까지 경사계관을 설치하고 PROBE를 그 관속으로 밀어 넣어 일정 간격으로 경사계관의 경사를 읽어 중심축에 따른 수평 변위량을 측정하여 흙막이 구조물의 연속적인 횡방향 변위를 측정한다.
   ※ 흙막이 벽의 계측관리 항목과 측정기기
     ㉠ 인접구조의 기울기측정 : 틸트미터(tilt meter), 트랜싯(transit)
     ㉡ 인접구조의 균열측정 : 크랙게이지(crack gauge)
     ㉢ 지중수평변위의 계측 : 인클라이노 미터(inclinometer)
     ㉣ 지중수직변위의 계측 : 익스텐션 미터(extension meter)
     ㉤ 지하수위의 계측 : 지하수위계(water level meter)
     ㉥ 간극수압의 계측 : 피에조미터(piezometer)
     ㉦ Strut 부재응력측정 : 로드셀(load cell)
     ㉧ 토압측정 : 토압측정계(soil pressure gauge)
     ㉨ 지표면 침하측정 : 레벨스탭(level & staff)
     ㉩ 소음측정 : 사운드 레벨 미터(sound level meter)
     ㉪ 진동측정 : 바이브로미터(vibrometer)

20 균열보수 공법으로서 주입공법 중 에폭시 수지계는 습기가 적은 건조한 곳에 적용해야 한다. 참고로, 균열에 수지계 또는 시멘트계 재료를 주입하여 방수성, 내구성을 향상시킨 것으로 주입공법의 주류는 에폭시 수지 주입공법이다.

1 지하 흙막이 공사 중 붕괴나 인접건물 피해 등의 사고예방을 위해 사용하는 계측기에 대한 설명으로 가장 옳지 않은 것은?

① 하중계(load cell)는 버팀대 또는 어스앵커에 작용하는 전단력을 측정하여 구조물의 변형을 예측한다.

② 지하수위계(water level meter)는 지하수위의 변동사항을 측정하여 지하수로 인한 토류벽체의 안정성을 파악하고 배면지반의 거동을 파악한다.

③ 지중경사계(inclinometer)는 굴착 및 성토 시 공동현상 및 지하수위 변화 등으로 인한 토립자의 수평변위량 위치, 크기 및 속도를 계측한다.

④ 변형률측정계(strain gauge)는 강재구조물이나 철골 구조물 등에 부착하여 굴착 작업 또는 주변 작업 시 구조물의 변형을 측정한다.

2 거푸집 설계 시 콘크리트의 측압에 미치는 요소에 대한 설명으로 가장 옳지 않은 것은?

① 타설 속도가 빠를수록 측압이 크다.

② 온도가 높을수록 측압이 크다.

③ 진동기를 사용하여 다질수록 측압이 크다.

④ 콘크리트 슬럼프 값이 클수록 측압이 크다.

ANSWER 1.① 2.②

1 하중계(load cell)는 압축력과 인장력을 측정하는 장비로서 공사 시 주로 버팀대(Strut) 및 어스앵커(earth anchor)에 작용하는 축방향력 측정, 파일의 하중 측정, 록 볼트의 하중 측정, 스러스트 축력 측정 및 굴착 시의 하중 측정 등을 파악한다.

2 온도가 높을수록 콘크리트의 측압은 저하된다.

3 아연도금 판, 동판, 알루미늄 판 등의 얇은 강판에 여러 가지 모양의 구멍을 뚫은 장식용 철물은?

① 클램프(clamp)

② 펀칭메탈(punching metal)

③ 인서트(insert)

④ 와이어 라스(wire lath)

4 철골 공사 시 용접금속의 언저리가 모재와 융합되지 않고 겹쳐지는 것은?

① 언더컷(undercut)

② 피트(pit)

③ 크레이터(crater)

④ 오버랩(overlap)

5 셀프레벨링재 바름 공정에 대한 설명으로 가장 옳지 않은 것은?

① 실러 바름 후 수밀하지 못한 부분은 1회 이상 도포하고, 셀프레벨링재를 바르기 1시간 전에 완료한다.

② 재료는 직사광선을 피해 밀봉 상태로 건조해 보관하여야 한다.

③ 석고계 셀프레벨링재는 물이 닿지 않는 실내에서만 사용한다.

④ 시공 중이나 시공 후에 기온이 5℃ 이하가 되지 않도록 한다.

6 스터럽, 띠철근, 나선철근을 제외한 D25 이하 이형철근의 가공치수 허용오차는?

① ±5mm

② ±10mm

③ ±15mm

④ ±20mm

ANSWER 3.② 4.④ 5.① 6.③

3 펀칭메탈(punching metal)에 관한 설명이다.

4 오버랩(overlap)에 관한 설명이다.

5 실러 바름 후 수밀하지 못한 부분은 2회 이상 도포하고, 셀프레벨링재를 바르기 2시간 전에 완료한다.

6 스터럽, 띠철근, 나선철근을 제외한 D25 이하 이형철근의 가공치수 허용오차는 ±15mm이다.

철근의 종류		허용오차(mm)
스터럽, 띠철근, 나선철근		±5
그 밖의 철근	D25mm 이하의 이형철근	±15
	D29mm 이상 D32mm 이하의 이형철근	±20
가공 후의 전 길이		±20

7 현장타설 콘크리트 말뚝 지정공사의 기준으로 가장 옳지 않은 것은?

① 콘크리트 타설 전에 시공계획서상 방법에 따라 슬라임을 제거한다.

② 주근의 이음은 겹침이음을 원칙으로 하며, 이음방법으로는 아크용접이나 가스압접 중에서 설계도서가 정하는 바에 따르며, 정하는 바가 없을 때에는 가스압접으로 한다.

③ 띠철근의 이음은 한 쪽 면인 경우 $10d$(d : 띠철근의 직경), 양쪽 면인 경우 $5d$의 플레어용접으로 한다.

④ 콘크리트 타설 중의 트레미관은 원칙적으로 콘크리트 속에 2m 이상 묻혀 있어야 한다.

8 멤브레인(membrane) 방수에 해당하지 않는 것은?

① 시멘트 모르타르 방수

② 아스팔트 방수

③ 합성고분자계 시트 방수

④ 도막 방수

9 외부비계용 브래킷(bracket)의 설치기준으로 가장 옳지 않은 것은?

① 2층 바닥부터 설치한다.

② 브래킷 설치 간격은 수평 1.5m ~ 1.8m 이내로 한다.

③ 지지보수대의 설치 간격은 수직, 수평 6m 이내로 한다.

④ 25층의 경우 브래킷은 3개소(2층, 10층, 18층)에 설치한다. (단, 담당원의 지시에 따라 위치 변경 및 설치 수량 증감)

ANSWER 7.② 8.① 9.③

7 주근의 이음은 겹침이음을 원칙으로 하며, 이음방법으로는 아크용접이나 가스압접 중에서 설계도서가 정하는 바에 따르며, 정하는 바가 없을 때에는 아크용접으로 하고, 이음의 강도 및 강성이 동등 이상이 되도록 해야 한다.

8 시멘트 모르타르 방수는 시멘트 모르타르에 방수제를 혼합하여 시공하는 것으로서, 액체방수에 속한다.

9 외부비계용 까치발(선반비계) 지지보수대의 설치 간격은 수직, 수평 5m 이내로 한다.
   ※ 외부비계용 까치발(선반비계)
   ㉠ 설치간격 : 수평방향 1.5 ~ 1.8m 이내, 2층 바닥부터 설치
   ㉡ 지지보수대 : 수직, 수평 5m 이내로 설치하고 구조체와 비계를 견고하고 안전하게 연결하도록 한다.
   ㉢ 측벽 까치발은 작업대 설치가 가능한 제품을 사용해야 하며 까치발 고정을 위한 폼타이 구멍은 코킹 컴파운드 시공 후 시멘트 모르타르로 마감한다.

구분	설치위치 및 개소	비 고
15층 이하	2개소(2, 9층)	까치발의 종류 벽용(측벽), 스래브용 발코니 파라펫용, 방수턱용, 지지보수대
25층 이하	3개소(2, 10, 18층)	현장감독원의 지시에 의해 위치변경 및 설치수량을 증감하고 추후설계 변경처리

10 보통콘크리트의 일반적인 품질기준으로 가장 옳지 않은 것은?

① 콘크리트의 슬럼프는 210mm 이하로 한다.

② 콘크리트 워커빌리티는 타설 위치 및 타설·다짐 방법에 따라 거푸집 내 및 철근 주위에 밀실하게 부어 넣을 수 있고, 또한 블리딩 및 재료 분리가 적은 것이어야 한다.

③ 사용하는 콘크리트의 강도는 공사현장에서 채취하여 표준 양생한 공시체의 재령 28일 압축강도로 표시한다.

④ 콘크리트에 포함된 염화물량은 염소이온량으로서 $0.3kg/m^3$ 이하로 한다.

11 지반조사를 위한 사운딩(관입시험) 방법에 대해 설명한 것으로 가장 옳지 않은 것은?

① 표준관입시험은 샘플러를 로드(rod) 선단에 끼우고 76cm 높이에서 63.5kg의 추를 자유낙하시켜 지반을 30cm 관입하는 데 필요한 타격 횟수를 구하는 방법이다.

② 베인테스트는 보링의 구멍을 이용하여 십자날개형의 테스터를 지반에 때려 박고 회전시켜 점토의 점착력을 판별하는 방법이다.

③ 표준관입시험은 사질지반에서, 베인테스트는 점토지반에서 주로 이용한다.

④ 지내력시험에서 장기하중에 대한 허용지내력은 단기하중에 대한 허용지내력의 2배이다.

12 도장공사가 완료된 후, 건조 중에 발생하는 하자 중에서 하지나 하도가 비춰 보이는 현상은?

① 은폐불량

② 기포

③ 백화

④ 색번짐

13 콘크리트는 타설 후 습윤 상태를 유지하여 노출면이 마르지 않도록 해야 하는데, 보통포틀랜드 시멘트를 사용한 콘크리트를 습윤 상태로 보호하는 기간의 표준으로 가장 옳은 것은?

① 일 평균 기온 15℃ 이상 2일, 15℃ 미만 10℃ 이상 4일

② 일 평균 기온 15℃ 이상 3일, 15℃ 미만 10℃ 이상 5일

③ 일 평균 기온 15℃ 이상 4일, 15℃ 미만 10℃ 이상 6일

④ 일 평균 기온 15℃ 이상 5일, 15℃ 미만 10℃ 이상 7일

ANSWER 12.① 13.④

12 은폐불량에 관한 설명이다.

② 기포 : 도료를 칠할 때에 생긴 기포(거품)가 꺼지지 않고 남아 있는 것

③ 백화 : 도막면이 하얗게 되면서 희망하는 색, 광택이 나지 않는 현상, 락카, 워시프라이머에 주로 발생됨

④ 색번짐 : 하도의 착색안료가 상도도료의 유기용제에 의하여 용해되어 상도도막위로 용출하므로서 상도의 색이 다른 색으로 보이는 현상

※ 도장결함은 다음의 표에 제시된 바와 같이 수십가지가 있다.

색번짐 현상	부풀음 현상	백화 현상
뭉침 현상	초킹 현상	스톤 칩
투명도 저항	칼라 이색	등고선 현상
크레이터	낙진	색분리 현상
미세 균열	들뜸 현상	광택 저하
오렌지 필	오버 스프레이 더스트	핀홀 현상
부착 불량	은폐 불량	건조/경화 불량
흐름 불량	부식 현상	샌딩 마크
침전 현상	솔벤트 파핑	워터 마크
주름 현상		

13 콘크리트는 타설 후 습윤 상태를 유지하여 노출면이 마르지 않도록 해야 하는데, 보통포틀랜드 시멘트를 사용한 콘크리트를 습윤 상태로 보호하는 기간의 표준은 일 평균 기온 15℃ 이상 5일, 15℃ 미만 10℃ 이상 7일이다.

14 벽타일 압착붙이기의 시공기준으로 가장 옳지 않은 것은?

① 붙임 모르타르의 두께는 타일 두께의 1/2 이상으로 하고 5 ~ 7mm를 표준으로 한다.

② 타일의 1회 붙임 면적은 모르타르의 경화 속도 및 작업성을 고려하여 1.2m² 이하로 한다.

③ 벽면의 아래에서 위로 붙여 나가며, 붙임 시간은 모르타르 배합 후 30분 이내로 한다.

④ 나무망치 등으로 두드려 타일이 붙임 모르타르 속에 박히도록 하고, 타일 줄눈 부위의 모르타르가 타일 두께의 1/3 이상 올라오도록 한다.

15 건설현장의 안전관리와 관련하여 유해위험방지계획서를 제출해야 할 대상에 해당하지 않는 것은?

① 굴착 깊이가 12m인 굴착공사

② 최대 지간 길이가 40m인 교량건설공사

③ 지상 높이가 35m인 건축물공사

④ 터널 길이가 1,000m인 터널건설공사

ANSWER 14.③ 15.②

14 압착붙이기의 붙임시간은 모르타르 배합 후 15분 이내로 한다.

15 최대 지간 길이가 50m인 교량건설공사가 유해위험방지계획서의 제출대상이다.

  ※ 건설업 유해위험방지계획서
  • 지상높이가 31m 이상인 건축물 또는 인공구조물
  • 연면적 30,000m² 이상인 건축물 또는 연면적 5,000m² 이상의 문화 및 집회시설(전시장 및 동물원, 식물원은 제외), 판매시설, 운수시설(고속철도의 역사 및 집배송시설은 제외), 종교시설, 의료시설 중 종합병원, 숙박시설 중 관광숙박시설 또는 지하도 상가, 냉동, 냉장창고시설의 건설, 개조 또는 해체
  • 연면적 5,000m² 이상의 냉동, 냉장창고시설의 설비공사 및 단열공사
  • 최대 지간길이가 50m 이상인 교량건설 등 공사
  • 터널 건설 등의 공사
  • 다목적댐, 발전용 댐 및 저수용량 2천만 톤 이상의 용수 전용 댐, 지방상수도 전용 댐 건설 등의 공사
  • 깊이 10m 이상인 굴착공사

16 콘크리트 압축강도를 시험할 때, 거푸집널의 해체 시기에 대한 기준 중 단층 구조의 슬래브 및 보 밑면의 거푸집널 해체를 위한 콘크리트 압축강도의 기준으로 가장 옳은 것은?

① 설계기준 압축강도의 1/2배 이상 또한 최소 12MPa 이상

② 설계기준 압축강도의 2/3배 이상 또한 최소 14MPa 이상

③ 설계기준 압축강도의 3/4배 이상 또한 최소 16MPa 이상

④ 설계기준 압축강도의 1배 이상 또한 최소 18MPa 이상

17 기성콘크리트 말뚝 지정공사에서 말뚝의 운반 및 취급 기준으로 가장 옳지 않은 것은?

① 말뚝의 운반과 취급은 말뚝에 과응력이나 손상을 주지 않도록 적당한 위치에 받침대를 설치한다.

② 말뚝 제작 후 14일 이내의 운반은 금하되, 특수한 양생을 실시하여 운반 및 취급이 말뚝의 재질에 영향을 주지 않는 경우에는 예외로 한다.

③ 말뚝의 적재 또는 하역은 손상을 방지하기 위하여 반드시 1점에서 지지하면서 실시한다.

④ 세장비가 22보다 큰 말뚝은 운반 및 취급에 특별히 주의해야 한다.

18 콘크리트에 사용되는 표면건조 내부포수상태의 잔골재 1,000g을 건조시켜 기건상태에서 무게를 측정하였을 때 900g, 절대건조상태에서 무게를 측정하였을 때 800g이었다면 이 잔골재의 흡수율은?

① 11%

② 12.5%

③ 25%

④ 27.5%

ANSWER   16.② 17.③ 18.③

16 콘크리트 압축강도를 시험할 때, 거푸집널의 해체 시기에 대한 기준 중 단층 구조의 슬래브 및 보 밑면의 거푸집널 해체를 위한 콘크리트 압축강도의 기준은 설계기준 압축강도의 2/3배 이상 또한 최소 14MPa 이상이다.

17 말뚝의 적재 또는 하역은 손상을 방지하기 위하여 반드시 2점에서 지지하면서 실시한다.

18 주어진 조건에서의 흡수율은 $\dfrac{1,000 - 800}{800} \cdot 100 = 25[\%]$

19 〈보기〉의 공정 관련 데이터를 이용하여 공정표를 작성하였을 때 작업 B의 LST(latest starting time)로 가장 옳은 것은? [단, 최초 작업의 EST(earliest starting time)=0이다.]

〈보기〉			
작업명	소요일수	선행작업	연결번호
A	5	없음	① → ②
B	4	A	② → ③
C	10	없음	① → ③

① 3

② 4

③ 5

④ 6

20 일반적인 철근의 정착 위치에 관한 설명으로 가장 옳지 않은 것은?

① 바닥 철근은 보 또는 벽체에 정착한다.

② 벽 철근은 보 또는 바닥판에 정착한다.

③ 지중보 철근은 기초 또는 기둥에 정착한다.

④ 기둥 철근은 큰 보 혹은 작은 보에 정착한다.

ANSWER   19.④   20.④

19

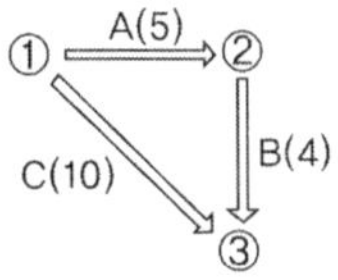

위의 그림을 살펴보면, CP는 ①→③경로(소요일수 10일)이며 이는 나머지 경로인 ①→②→③(소요일수 9일)보다 1일의 여유가 있다. 따라서 작업 B의 LST는 6일이 된다.

20 철근의 정착
ㄱ 기둥의 주근은 기초에 정착
ㄴ 보의 주근은 기둥에 정착
ㄷ 작은 보의 주근은 큰 보에 정착
ㄹ 직교하는 단부 보의 밑에 기둥이 없을 때는 상호간에 정착
ㅁ 벽철근은 기둥, 보, 바닥판에 정착
ㅂ 바닥철근은 보 또는 벽체에 정착
ㅅ 지중보의 주근은 기초 또는 기둥에 정착

1 토공사에서 토량의 변화는 원지반 토량 대비 다져진 토량의 비(C), 원지반 토량 대비 흐트러진 토량의 비(L) 등으로 표현한다. L=1.2, C=0.6인 사질토를 가지고 12,000m³를 성토할 경우 굴착 및 운반토량은 각각 얼마인가?

① 7,200m³, 6,000m³

② 20,000m³, 6,000m³

③ 7,200m³, 24,000m³

④ 20,000m³, 24,000m³

2 석재붙임 공법 중 건식공법에 해당하지 않는 것은?

① 나중 매입 공법

② 앵커 긴결 공법

③ 강재 트러스 지지공법

④ 화강석 선부착 PC판 공법

ANSWER 1.④ 2.①

1 토량변화율

$$L = \frac{흐트러진\ 상태의\ 토량}{자연상태의\ 토량}, \quad C = \frac{다져진\ 상태의\ 토량}{자연상태의\ 토량}$$

굴착토량 = 성토량(다짐토량) $\times \frac{1}{C} = 12,000 \times \frac{1}{0.6} = 20,000[m^3]$

운반토량 = 굴착토량 $\times L = 20,000 \times 1.2 = 24,000[m^3]$

2 나중 매입 공법이란 용어는 석재 붙임 공법으로 제시되는 공법명칭이 아니며, 이는 철골기둥 설치와 관련된 공법이다.

3 조적조 벽에 생기는 백화현상의 방지대책에 대한 설명으로 가장 옳지 않은 것은?

① 흡수율이 작고 소성이 잘 된 벽돌을 사용한다.

② 줄눈 모르타르에 석회를 혼합한다.

③ 차양, 루버, 돌림띠 등을 설치하여 비를 막아준다.

④ 조립률이 큰 모래, 분말도가 큰 시멘트를 사용한다.

3 백화현상의 정의와 반응식

　㉠ 백화현상 : 백태라고도 하며 벽에 침투하는 빗물에 의해서 모르타르 중의 석회분이 공기중의 탄산가스와 결합하여 벽돌이나 조적벽면에 흰 가루가 돋는 현상

　㉡ 백화현상의 반응식은 $Ca(OH)_2 + H_2O \rightarrow CaCO_3 + CO_2$이다.

백화현상이 발생하면 우측과
같이 변하게 된다.

백화현상 방지법
- 조립률이 큰 모래, 분말도가 큰 시멘트를 사용한다.
- 물시멘트비를 줄여야 한다.
- 표면에 파라핀 도료나 실리콘 뿜칠을 행한다.
- 부배합을 피해야 한다. (시멘트의 양이 증대하면 가용성분의 함유량이 증대하기 때문에 백화현상이 발생하기 때문이다.)
- 염산 : 물 = 1 : 5 용액으로 씻어 내면 백화를 어느 정도 제거할 수 있고, 시간이 지나면서 백화 발생이 조금씩 줄어든다.
- 석회는 절대로 혼합해서는 안 된다.

※ 백화의 종류

　㉠ 1차 백화 : 몰탈배합 시 발생하는 백화로서 물청소와 빗물 등에 의해 쉽게 사라진다.

　㉡ 2차 백화 : 조적중이나 조적 완료 후 외부로부터 스며든 수분에 의해 발생하는 백화로서 다음과 같은 이유로 주로 발생한다.
- 창호 접착 부위의 부실로 인한 흡수
- 파라펫트 상부의 줄눈 부실로 인한 흡수 누수
- 조적 중 빗물 등이 내부 공간으로 침투
- 블록 벽체의 크랙에 의한 침투
- 조적 몰탈 혹은 줄눈 시공 부실로 인한 물침투

　㉢ 기후조건에 따른 백화 : 건물의 남향면보다는 북향면에서, 겨울철이 여름철보다 백화발생빈도가 높다. (건조속도가 빠르다면 약간의 내부까지도 건조가 되므로 백화성분은 표면에 이르기 전에 내부에서 석출되므로 백화가 억제될 수 있으나 겨울이나 장마철 또는 그늘진 북향면은 수분이 서서히 증발되므로 백화성분이 유출되기 쉽다.)

4 방수공사에 대한 설명으로 가장 옳은 것은?

① 시멘트 액체방수는 결함발생 시 보수가 어려운 편이다.

② 합성고분자계 시트 방수 시 프라이머의 건조시간은 20℃±3℃에서 3시간 이내이어야 한다.

③ 아스팔트 방수는 시공과 보수가 용이하고 신뢰성도 매우 높다.

④ 수압이 작고, 깊이가 얕은 지하실에는 바깥방수가 적합하다.

5 계약 및 입찰방식에 대한 설명으로 가장 옳지 않은 것은?

① 일반적으로 건설계약 절차는 발주, 입찰공고, 설명회, 입찰, 개찰, 낙찰, 계약, 착공 등의 순서로 진행된다.

② 공사비 지불방식에 따른 계약방식은 총액계약, 단가계약, 실비정산 보수가산계약, 턴키계약 등이 있다.

③ 공개경쟁입찰은 입찰참가 도급인들에게 널리 공고하여 경쟁입찰시키는 방식으로 공사비 절감의 이점은 있으나 저가낙찰로 인해 공사가 조악하게 되기 쉽다.

④ 공동도급은 2개 이상의 회사가 임시로 결합하여 공동연대 책임으로 공사를 하고 공사완성 후 해산하는 방식이다.

6 흙막이 공법 중 지하 연속벽 시공법의 내용으로 가장 옳지 않은 것은?

① 저진동, 저소음이며 지질조건 등에 구애받지 않고 벽체 강성 또한 매우 높으나, 인접건물에 피해가 예상될 때에는 적용하기 어렵다.

② 다른 흙막이 공법과 비교해서 공사비가 높으며 부대장비가 많아 일정 면적 이상의 작업공간이 필요하다.

③ 지하에 구조체를 형성하는 공법으로 지반을 굴착할 때 트렌치 굴착부분에 안정액을 채워 넣고 굴착하며, 굴착 완료 후 공 내에 철근망을 세우고 콘크리트를 타설하여 연속적으로 차수벽을 형성하는 공법이다.

④ 버팀대(strut)나 어스앵커와 같은 별도의 지지부재 없이 슬러리월에 앵커철근을 설치해 슬래브와 연결할 수 있다.

ANSWER 4.② 5.② 6.①

4 ① 시멘트 액체방수는 (아스팔트 방수에 비해) 결함발생 시 보수가 용이한 편이다.
　③ 아스팔트 방수는 (시멘트 액체방수에 비해) 시공과 보수가 어렵다.
　④ 수압이 크고, 깊이가 깊은 지하실에는 바깥방수가 적합하다.

5 턴키계약은 업무범위에 따른 계약방식의 한 종류이다.

6 지하 연속벽 시공법은 인접건물에 피해를 최소화시키기 위해서 고가의 공법임에도 적용하며 주로 인접건물이 많이 위치한 도심지에서 적용한다.

7 레미콘의 송장(납품서)에 기재되어 있는 규격의 내용으로 가장 옳지 않은 것은?

① 굵은 골재의 최대치수
② 압축강도
③ 염화물 함유량
④ 슬럼프값

8 철골의 내화피복 공법에 대한 설명으로 가장 옳지 않은 것은?

① 미장공법 : 철골에 벽돌을 부착한 후 모르타르로 미장하는 공법
② 성형판 붙임공법 : 철골 위에 접착제를 바른 후 철물 또는 경량 철골 틀을 설치하고 그 위에 내화 단열성이 우수한 경량 성형판을 붙이는 공법
③ 타설공법 : 철골 주위에 거푸집을 설치하고 경량콘크리트나 기포콘크리트 등을 타설하는 공법
④ 뿜칠공법 : 강재 표면에 접착제를 도포한 후 질석, 암면 등의 내화재를 도포하는 공법

9 타워크레인에 대한 설명으로 가장 옳지 않은 것은?

① 골조공사의 용량, 특히 철골부재의 용량을 반드시 검토해야 한다.
② 크레인 상승방식은 크레인 자체를 상승시키는 방식으로 초고층일 경우 적용한다.
③ 마스트 상승방식은 코어 월이 있는 건물에 유리하며, 외벽공사의 마감에 영향을 주지 않는다.
④ 타워 크레인을 건물 내부에 설치할 경우 기초로 본체 구조물을 이용하기 때문에 해체가 불편하다.

ANSWER 7.③ 8.① 9.③

7 레미콘 납품서에는 콘크리트의 종류, 굵은 골재의 최대치수, 호칭강도, 슬럼프치, 시멘트종류가 표시되어 있다. (염화물 함유량은 기재되지 않는다.)

8 철골의 내화피복 공법 중 미장공법은 철망 모르타르를 바르는 공법이다. (벽돌을 사용하지 않으며, 조적벽돌을 사용할 경우는 조적공법으로 본다.)

9 마스트 상승방식은 마스트를 추가로 설치해 나가면서 상승하는 방식이며, 크레인 상승방식은 초고층공사 시 건축물과 동시에 상승하는 방식이다. 코어 월이 있는 건물에 유리하며, 외벽공사의 마감에 영향을 주지 않는 방식은 크레인 상승방식이다.

10 철근콘크리트의 철근 정착 및 이음에 대한 설명으로 가장 옳지 않은 것은?

① 철근의 이음은 큰 응력을 받는 곳을 피한다.

② 갈고리의 길이는 겹침이음 길이에 포함하지 않는다.

③ 압축부에서 서로 다른 크기의 철근을 이음할 경우 D35를 초과하는 철근은 겹침이음을 할 수 없다.

④ 지름이 다른 철근의 겹침이음은 가는 쪽 철근을 기준으로 한다.

11 콘크리트 강도에 대한 설명으로 가장 옳지 않은 것은?

① 설계기준강도란 구조설계에서 기준으로 하는 콘크리트의 압축강도를 말한다.

② 호칭강도란 레디믹스트 콘크리트 상품의 강도 구분으로 일반적인 값은 설계기준강도와 같다.

③ 배합강도는 콘크리트의 배합을 정할 때 목표로 하는 압축강도를 말한다.

④ 기온보정강도는 설계기준강도에 콘크리트 타설일로부터 구조체 콘크리트의 강도관리 기간까지의 예상 평균 기온에 따른 콘크리트의 강도보정치를 더한 값이다.

12 타일공사에 대한 설명으로 가장 옳지 않은 것은?

① 벽타일을 시공하는 경우 바닥타일을 먼저 붙인 후 시공한다.

② 여름에 외장타일을 붙일 경우 하루 전 바탕면에 물축이기를 해야 부착력이 좋아진다.

③ 압착공법은 미장 재벌바름 위에 모르타르를 고르게 바르고 타일을 비벼 누르거나 충분히 타격하는 공법이다.

④ 떠 붙이기 공법은 가장 기본적인 공법으로 타일 뒷면에 붙임 모르타르를 바르고 바탕에 타일을 눌러 붙이는 공법이다.

ANSWER 10.③ 11.② 12.①

10 서로 다른 크기의 철근을 압축부에서 겹침이음하는 경우, 이음길이는 크기가 큰 철근의 정착길이와 크기가 작은 철근의 겹침이음길이 중 큰 값 이상이어야 한다. 이때 D41과 D51 철근은 D35 이하 철근과의 겹침이음을 할 수 있다.

11 호칭강도는 KS F 4009에 있어 콘크리트의 강도 구분을 나타내는 호칭이다. 이 강도는 콘크리트의 설계기준강도에 구조체 콘크리트의 강도관리 재령을 28일로 한 경우, 콘크리트의 타설일로부터 28일간의 예상평균기온에 의한 콘크리트의 보정값을 더한 값이다.

12 벽체타일을 먼저 붙인 후 바닥타일을 붙인다.

13 커튼월 공사에 대한 설명으로 가장 옳지 않은 것은?

① 멀리언(Mullion)은 건물 층과 층 사이에 수직으로 설치되어 커튼월에 가해지는 풍하중 등을 슬래브에 전달하는 구조부재이다.

② 트랜섬(Transom)은 수평부재로 두 개의 멀리언을 수평으로 연결하는 부 구조부재이다.

③ 스택 조인트(Stack Joint)는 커튼월 창호와 창호 사이 조망이 필요 없는 부분에 설치하는 패널이다.

④ 패스트너(Fastener)는 외벽 커튼월과 골조를 긴결하는 중요한 부품으로 커튼월에 가해지는 외력을 지탱한다.

14 목공사의 이음과 접합에 대한 설명으로 가장 옳지 않은 것은?

① 빗걸이이음은 산지 등을 박아 더욱 튼튼하게 하는 이음으로 휨에 가장 효과적이다.

② 장부맞춤은 목재 끝을 가늘게 가공하여 다른 재의 구멍에 끼이게 촉을 낸 것이다.

③ 쪽매는 두 재를 나란히 옆으로 대어 맞춤하는 것으로 마루널이나 양판문의 제작에 많이 사용된다.

④ 이음과 맞춤의 단면은 응력의 방향에 직각이 되게 한다.

15 가설공사에서 가설시설물의 설치 기준값이 가장 큰 것은?

① 공사현장 주위의 가설울타리 최소 설치 높이

② 강관 비계에서 띠장 방향으로 비계기둥의 최대 간격

③ 비계 또는 구조체 외측에서 낙하물 방지망의 내민 수평거리 최솟값

④ 낙하물방지망에서 버팀대의 최대 수평간격

ANSWER 13.③ 14.① 15.③

13 • 수직부재의 연결은 슬래브로부터 약 1m 높이에서 하고 그 부분을 스택 조인트(stack joint)라고 한다. 이 부분은 모멘트가 없는 핀부분으로서 어떤 커튼월시스템이든 수직부재의 연결은 슬래브의 약 1m높이에서 하며 수직부재는 갤버보와 같은 구조를 취하게 된다.
   • 커튼월 창호와 창호 사이조망이 필요 없는 부분에 설치하는 패널은 스팬드럴로서 천장이 시작되는 부분에서 상층부 창이 시작되는 부분을 말하며 이곳의 외부는 알루미늄복합패널 또는 석재 등의 마감자재를 설치하고 내부에는 후면패널을 설치한다.

14 산지 등을 박아 더욱 튼튼하게 하고, 휨에 대하여 가장 효과적인 이음법은 엇걸이이음이다. 빗걸이이음은 보의 방향이 이동되는 것을 방지하기 위해 주로 사용되는 이음법이다.

15 ① 공사현장 주위의 가설울타리 최소 설치 높이 : 1.8m
   ② 강관 비계에서 띠장 방향으로 비계기둥의 최대 간격 : 1.5m
   ③ 비계 또는 구조체 외측에서 낙하물 방지망의 내민 수평거리 최솟값 : 2m
   ④ 낙하물방지망에서 버팀대의 최대 수평간격 : 1.8m

16 기성 콘크리트 말뚝 지정공사에 대한 설명으로 가장 옳지 않은 것은?

① 말뚝의 적재 또는 하역은 반드시 2점에서 지지하면서 실시한다.

② 말뚝은 박기 전에 기초 밑면으로부터 150 ~ 300mm 위의 위치에서 박기를 중단한다.

③ 이음부를 양호하게 하기 위해 접합하는 상부 말뚝을 축선에 주의 깊게 맞춰서 말뚝이음부를 정리한 후 용접으로 접합해야 한다.

④ 설치가 완료되었을 때 말뚝머리 설계 위치와 수평방향의 오차는 특기사항이 없을 경우 150mm 이하로 한다.

17 용어에 대한 설명으로 가장 옳지 않은 것은?

① 메탈터치(Metal touch)는 기둥 이음부에 인장응력이 발생하지 않고, 이음부분 면을 절삭가공기를 사용해서 마감하여 충분히 밀착시킨 이음을 말한다.

② 밀시트(Mill sheet)는 공사 시공에 필요한 설계도와 시방서 및 구조계산서, 설비계산서 등을 말한다.

③ 스캘럽(Scallop)은 용접선의 교차를 피하기 위해 한쪽의 부재에 설치한 홈을 말한다.

④ 스패터(Spatter)는 아크용접이나 가스용접에 있어 용접층에 날리는 슬래그 및 금속을 말한다.

18 순환골재 콘크리트에 대한 설명으로 가장 옳지 않은 것은?

① 순환골재를 사용한 콘크리트의 설계기준압축강도는 27MPa 이하로 한다.

② 순환골재 콘크리트의 공기량은 보통골재를 사용한 콘크리트보다 1% 작게 해야 한다.

③ 순환굵은골재의 최대 치수는 25mm 이하로 하되, 가능하면 20mm 이하의 골재를 사용하는 것이 좋다.

④ 콘크리트에 사용되는 순환골재의 흡수율은 굵은골재의 경우 3.0% 이하를 만족해야 한다.

ANSWER 16.④ 17.② 18.②

16 설치가 완료되었을 때 말뚝머리 설계 위치와 수평방향의 오차는 특기사항이 없을 경우 100mm 이하로 한다.

17 밀시트(Mill sheet)는 철강제품의 품질보증을 위해 공인된 시험기관에 의한 제조업체의 품질보증서로서 역학적 시험내용, 화학성분, 규격, 시험기준 등이 명시된다.

18 순환골재 콘크리트의 공기량은 보통골재를 사용한 콘크리트보다 1% 크게 해야 한다.

19 강구조공사에서 볼트 접합에 대한 설명으로 가장 옳지 않은 것은?

① 고장력볼트에서 조임길이에 더하는 길이는 너트 1개 두께, 와셔 2장 두께와 나사피치 3개의 합이다.

② 접합부 조립 시 겹쳐진 판 사이에 생긴 2mm 이하 볼트 구멍의 어긋남은 리머로 수정해도 된다.

③ 고장력볼트의 조임기구는 반입 시 1회, 사용 중에는 6개월마다 1회 이상 교정을 받아야 한다.

④ 볼트의 조임은 1차 조임과 본조임으로 나눠서 시행하며, 1차 조임 시 볼트 군마다 이음의 단부에서 중앙부로 조여간다.

20 미장공사 중 바닥강화재 시공에 대한 설명으로 가장 옳지 않은 것은?

① 분말상 강화재를 사용할 경우 미경화 콘크리트 바탕은 물기가 완전히 표면에 올라오기 전에 살포한다.

② 분말상 강화재를 사용한 마무리 작업이 끝난 후 24시간이 지나면 타설 표면을 물로 양생한다.

③ 액상 바닥강화재를 사용할 경우 새로 타설한 콘크리트 바닥은 최소 21일 이상 양생하여 완전하게 건조시킨다.

④ 액상 바닥강화재를 물로 희석하여 사용하는 경우 처음 도포하기 전에 바탕표면을 물로 깨끗하게 씻어낸다.

ANSWER 19.④ 20.①

19 볼트의 조임은 1차 조임 시 볼트 군마다 이음의 중앙부에서 단부로 조여간다.

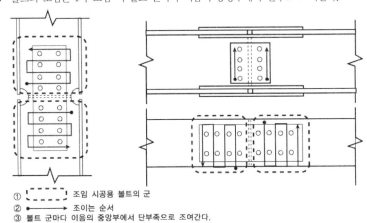

① ⌐ ⌐ ⌐ ⌐ ⌐ ⌐ 조임 시공용 볼트의 군
② ●——→ 조이는 순서
③ 볼트 군마다 이음의 중앙부에서 단부족으로 조여간다.

20 분말상 강화재를 사용할 경우 미경화 콘크리트 바탕은 물기가 완전히 표면에 올라오기까지 시공을 금지하고 물과 레이턴스는 깨끗하게 제거를 해야 한다.

1 지반개량공법에서 압밀공법에 해당하지 않는 것은?

① 성토 공법　　　　　　　　　　② 진공 공법

③ 지하수위저하 공법　　　　　　　④ 석회처리 공법

2 안전관리에 대한 설명으로 옳지 않은 것은?

① 안전관리란 재해로 인한 손실을 최소화하기 위한 제반 관리 활동을 의미한다.

② 불안전한 상태와 조건, 행동을 사전에 발견하고 이에 대해 조치하거나 이를 제거하여 사고를 방지할 수 있다.

③ 시공단계의 집중적인 안전관리는 물론 설계단계에서도 안전관리를 고려하여야 한다.

④ 안전관리계획은 인적자원에 한하여 수립되고 실시되어야 한다.

ANSWER 1.④ 2.④

1 석회처리 공법은 응결공법(시멘트처리 공법, 석회처리 공법, 심층혼합처리 공법, 기타 공법)에 속한다.
주어진 보기 중 가장 거리가 먼 것은 석회처리 공법으로 볼 수도 있다. 그러나 논란의 여지가 있을 수도 있는 문제이다.
점토지반개량 공법 중 생석회말뚝 공법을 "석회를 사용한 처리공법"으로 해석을 한다면 생석회말뚝은 물을 급속하게 탈수시킬 수 있고 체적이 팽창하여 지반의 압밀을 촉진할 수 있기 때문이다. 그러나 시험에서 가장 우선적인 기준으로 삼는 것은 건축공사표준시방서이며 시방서 상에 석회처리 공법이라는 명칭이 있고 이는 응결공법에 속한다고 명시가 되어 있으므로 ④가 정답이 된다.

2 안전관리계획은 인적자원에 한해서만 수립되어서는 안 되며 다양한 분야에 걸쳐 종합적으로 수립되고 실시되어야 한다.

3 낙하비래 방지시설에 대한 설명으로 옳지 않은 것은?

① 낙하물 방지망은 10m 이내의 높이마다 또는 3개 층마다 설치한다.

② 방호선반 출입구 바닥은 평편하게 하고, 방호선반 하부 및 양 옆에는 안전망을 설치한다.

③ 낙하물 방지망의 버팀대는 가로방향 1.0m 이내, 세로방향 1.8m 이내의 간격으로 강관 등을 이용하여 설치한다.

④ 투하설비는 높이가 4m 이상인 장소에서 물체를 투하하는 경우에 설치하여야 한다.

4 미장공사 결함원인 및 대책에 대한 설명으로 옳지 않은 것은?

① 백화현상을 방지하기 위해서는 물시멘트비(W/C)를 낮추어 시공하는 것이 좋다.

② 미장면의 균열발생을 방지하기 위해서는 경화 시 물뿌림 등 인위적 환경을 조성하지 않는 것이 좋다.

③ 미장재료 탈락현상을 방지하기 위해서는 접착력 증진을 위한 보조재료를 사용하는 것이 좋다.

④ 미장바름은 가능한 얇게 여러 번 바르는 것이 좋다.

5 건설산업의 일반적 특징에 대한 설명으로 옳지 않은 것은?

① 단계적이고 수평적인 분업생산 체계로 인하여 사업정보의 일관된 관리가 용이하다.

② 제조업과 서비스업의 특징이 모두 있다.

③ 일회성 수주사업으로, 생산과정에 많은 변화요인이 내재한다.

④ 건설인력의 숙련도가 중요한 노동집약적 산업이다.

ANSWER 3.④ 4.② 5.①

3 높이가 3m 이상인 장소로부터 물체를 투하할 때에는 물체의 비산 등을 방지하기 위하여 투하설비를 설치해야 한다.

4 미장면의 균열발생을 방지하기 위해서는 경화 시 가볍게 물을 뿌려주는 것이 좋다.

5 건설산업은 구성의 복잡성, 사회적 영향성, 고도의 복합성을 갖는 산업으로서 방대한 양의 데이터가 존재하게 되며 따라서 이를 관리하기는 상당히 어렵다.

6 건설현장에서 사용하는 타워크레인에 대한 설명으로 옳지 않은 것은?

① 타워크레인은 최초 설치한 날부터 6개월 안에 안전검사를 받아야 하며, 이후 1년마다 정기검사를 받아야 한다.

② 타워크레인을 와이어로프로 지지하는 경우 로프 설치각도는 수평면에서 60도 이내로 하되, 각 지점마다 동일 각도로 설치한다.

③ 건축물 내부 설치 크레인은 본 구조물을 크레인의 기초로 활용할 수 있지만, 해체가 불편하다.

④ 건축물 외부 설치 크레인을 2대 이상 설치할 때 마스트 클라이밍(mast climbing) 시뮬레이션을 실시한다.

6 타워크레인은 최초 설치한 날 신규등록검사를 받아야 하며, 이후 6개월마다 정기검사를 받아야 한다.

※ 타워크레인의 지지

① 사업주는 타워크레인을 자립고(自立高) 이상의 높이로 설치하는 경우 건축물 등의 벽체에 지지하도록 하여야 한다. 다만, 지지할 벽체가 없는 등 부득이한 경우에는 와이어로프에 의하여 지지할 수 있다.

② 사업주는 타워크레인을 벽체에 지지하는 경우 다음의 사항을 준수하여야 한다.

1. 「산업안전보건법 시행규칙」에 따른 서면심사에 관한 서류(「건설기계관리법」에 따른 형식승인서류를 포함) 또는 제조사의 설치작업설명서 등에 따라 설치할 것

2. 서면심사 서류 등이 없거나 명확하지 아니한 경우에는 「국가기술자격법」에 따른 건축구조·건설기계·기계안전·건설안전기술사 또는 건설안전분야 산업안전지도사의 확인을 받아 설치하거나 기종별·모델별 공인된 표준방법으로 설치할 것

3. 콘크리트구조물에 고정시키는 경우에는 매립이나 관통 또는 이와 동등 이상의 방법으로 충분히 지지되도록 할 것

4. 건축 중인 시설물에 지지하는 경우에는 그 시설물의 구조적 안정성에 영향이 없도록 할 것

③ 사업주는 타워크레인을 와이어로프로 지지하는 경우 다음의 사항을 준수하여야 한다.

1. ② 1. 또는 2.의 조치를 취할 것

2. 와이어로프를 고정하기 위한 전용 지지프레임을 사용할 것

3. 와이어로프 설치각도는 수평면에서 60도 이내로 하되, 지지점은 4개소 이상으로 하고, 같은 각도로 설치할 것

4. 와이어로프와 그 고정부위는 충분한 강도와 장력을 갖도록 설치하고, 와이어로프를 클립·샤클(shackle) 등의 고정기구를 사용하여 견고하게 고정시켜 풀리지 아니하도록 하며, 사용 중에는 충분한 강도와 장력을 유지하도록 할 것

5. 와이어로프가 가공전선(架空電線)에 근접하지 않도록 할 것

7 기성 콘크리트 말뚝 지정공사에 대한 설명으로 옳지 않은 것은?

① 중굴착말뚝공법으로 말뚝을 설치할 때, 오거를 끌어올리는 작업은 부압에 의해 지반이 흔들리지 않도록 신속하게 진행한다.

② 말뚝 박기로 말뚝을 설치할 때, 말뚝은 박기 전 기초 밑면으로부터 150mm ~ 300mm 위의 위치에서 박기를 중단한다.

③ 말뚝의 적재 또는 하역은 반드시 2점에서 지지하면서 실시하며, 세장비가 22보다 큰 말뚝에 대해서는 운반 및 취급에 특별한 주의가 요구된다.

④ 시공정밀도를 확보하기 위해서 임의로 말뚝의 원위치를 조정해서는 안 되며, 입면 상으로 말뚝 상단은 평면적으로 100mm 편차 이내에 있도록 한다.

8 설계도서에 대한 설명으로 옳지 않은 것은?

① 발주자가 의도하는 건축물의 건설을 위해 준비되는 기본적인 도서로 설계도면과 시방서를 포함한다.

② 설계자와 시공자 간 의사소통의 근본이 되며 주로 설계도면은 도해적으로, 시방서는 서술적으로 표현된다.

③ 설계도면과 시방서의 하자는 재계약의 조건에 해당한다.

④ 계약으로 우선순위를 정하지 않았을 때 설계도면과 공사시방서에 차이가 있는 경우에는 설계도면에 따른다.

9 흙막이 공법 중 지하연속벽(slurry wall) 공법에 대한 설명으로 옳지 않은 것은?

① 영구벽체로 활용할 수 있으므로 지하연속벽의 최소두께는 구조물의 응력해석에 따라 0.4m ~ 1.5m 또는 그 이상으로 결정한다.

② 지반안정액으로 공벽의 붕괴를 방지하면서 콘크리트를 타설하여 벽체를 만드는 공법이다.

③ 역타공법을 적용할 때나 인접구조물에 피해가 예상될 때 적용할 수 있다.

④ 파내기 구멍은 수직으로 하며, 최대 수직 허용오차는 1.0% 이하로 한다.

ANSWER 7.① 8.④ 9.①

7 부압에 의해 지반이 흔들리지 않도록 오거를 끌어올리는 작업은 가능한 한 천천히 해야 한다. (오거를 급하게 끌어올리면 지반에 영향을 주게 된다.)

8 계약으로 우선순위를 정하지 않았을 때 설계도면과 공사시방서에 차이가 있는 경우에는 시방서를 따라야 한다.

9 영구벽체로 활용할 수 있으므로 지하연속벽의 최소두께는 구조물의 응력해석에 따라 0.6m ~ 1.5m 또는 그 이상으로 결정한다.

10 비철금속에 대한 설명으로 옳지 않은 것은?

① 니켈은 전기저항용 합금, 스테인리스강, 구조용 특수강에 사용된다.

② 구리는 냉난방용 설비자재, 전기공사용 재료로 주로 사용된다.

③ 알루미늄은 내알칼리성이 우수하여 창호나 셔터 등에 주로 사용된다.

④ 아연은 내부식성이 높아 철재의 내식도금이나 도료로 사용된다.

11 옥상녹화 방수공사에 대한 설명으로 옳지 않은 것은?

① 자연배수가 되도록 구배를 1/100 ~ 1/200으로 조정하는 것이 필요하다.

② 식재의 뿌리가 성장하는 과정에서 방수층을 관통할 수 없도록 방근성능이 요구된다.

③ 식재를 관리하기 위해 주기적으로 비료나 농약 등을 사용하게 되므로 내화학성이 요구된다.

④ 토양층에 대한 내알칼리성 및 내박테리아성을 가진 소재를 사용한다.

ANSWER 10.③ 11.①

10 알루미늄은 알칼리에 의해 부식이 되며 다른 금속과 접합되어도 부식이 일어난다.

11 옥상녹화 … 평지붕의 경우, 자연배수가 되도록 구배를 1/50 ~ 1/100으로 조정하는 것이 필요하다. (노출공법의 경우 1/20 ~ 1/50의 구배를 확보해야 한다.)

※ 방근시트공사
식물뿌리에 의한 옥상바닥층의 누수 또는 파괴를 막기 위하여 토양층 하단부에 설치하는 시트로 내수성 및 내약품성을 가지고 있으며, 미생물 및 비료에 의한 특성변화가 적어야 한다.

12 서중 콘크리트에 대한 설명으로 옳지 않은 것은?

① 일평균기온이 25℃를 상회할 때 타설하는 콘크리트는 서중콘크리트로 관리한다.

② 콘크리트의 응결이 빠르기 때문에 단위수량은 소요강도와 워커빌리티를 얻을 수 있는 범위 내에서 크게 하는 것이 좋다.

③ 콘크리트 타설 시 현장에 반입된 콘크리트의 온도가 35℃ 이하 및 계획한 온도의 범위 내가 되도록 관리하여야 한다.

④ 콘크리트의 급속한 건조 및 균열을 방지하기 위해 타설 후 습윤양생을 고려해야 한다.

12 단위수량은 소요강도와 워커빌리티를 얻을 수 있는 범위 내에서 작게 하는 것이 좋다.

기초 콘크리트 타설
기초 콘크리트를 타설한 후에는 철저한 보양관리가 이루어져야 한다. 건축물의 하중을 지지하는 부분이자 구조시공의 첫 단추인 과정이다.

13 도장공사를 위한 바탕만들기에 대한 설명으로 옳지 않은 것은?

① 콘크리트면 바탕만들기는 기온 20℃ 기준으로 약 28일 이상 건조해야 하며, 표면함수율 7% 이하, pH 9.0 이하의 상태가 이상적이다.

② 아연도금면 바탕만들기는 바탕재를 설치하기 전에 하여야 하고, 화학처리를 하지 아니할 때는 옥외에서 1~3개월 노출하여 바탕을 풍화시킨다.

③ 블라스트법에 의하여 블라스팅 처리된 철재바탕면은 가능한 한 빨리 1차 프라이머를 도장한다.

④ 송진이 나올 우려가 있는 목재 바탕면은 셀락니스를 1회 붓도장하고, 건조 후 1회 더 도장한다.

ANSWER 13.②

---

13 바탕만들기는 바탕재의 설치 후에 해도 무방하다.

※ 아연도금면의 바탕만들기

　표면의 유지분을 용제로 닦아 주어야 하며, 오래 노출된 표면에는 백색의 아연염이 생성되어 있으므로 비눗물로 제거하거나 다시 깨끗한 물로 세척해야 한다. 또 2~3% 염산으로 세정해도 좋고 인산염 피막처리(화학처리)를 하면 밀착이 우수하다.

※ 아연도금면 바탕만들기 공정

종별	공정		내용	면처리	건조시간	도료량
A종 금속바탕처리용 프라이머 도장	1	오염, 부착물 제거		오염, 부착물을 와이어 브러시 등으로 제거		
	2	녹방지 도장	금속바탕용 프라이머	1회 붓도장	2시간내	0.02kg/m^2
B종 황산아연처리	1	오염, 부착물 제거		오염, 부착물을 와이어 브러시 등으로 제거		
	2	화학처리	황산아연 5% 수용액	1회 붓도장	5시간 정도	0.05kg/m^2
	3	물씻기		물씻기	2시간 정도	
C종 옥외노출 풍화처리	1	방치		옥외 풍우에 노출방지	1개월 이상	
	2	오염, 부착물제거		오염, 부착물을 와이어 브러시 등으로 제거		

• 바탕면 만들기는 바탕재 설치 후에 하여도 무방하다.

• 오염, 부착물은 와이어브러시, 내수연마지 등으로 제거한다.

• 금속바탕처리용 프라이머는 도장번호에 규정하는 금속바탕처리용 프라이머를 붓으로 고르게 1회 도장한다.

• 황산아연처리를 할 때에는 약 5%의 황산아연 수용액을 1회 도장하고, 약 5시간 정도 풍화시킨다.

• 화학처리를 하지 아니할 때에는 옥외에서 1~3개월 노출시켜 바탕을 풍화시킨다. 도장 직전, 표면에 발생한 산화아연을 연마지 F60~F80 또는 와이어브러시로 완전히 제거하고 동시에 부착물을 청소한다.

14 실내 결로에 대한 대책으로 옳지 않은 것은?

① 단열시공을 통해 열교를 없앤다.

② 실내의 온도 변화를 작게 한다.

③ 실내의 수증기압을 높여 유입된 습기를 외부로 배출한다.

④ 방습 성능이 좋은 내장재를 사용한다.

15 목재 치수에 대한 설명으로 옳지 않은 것은?

① 규격재의 치수에는 실제 사용할 수 있는 마감치수인 실제치수와 단순화한 호칭치수가 있다.

② 제재치수는 목재의 단면을 표시하는 치수로, 경골목조용 구조용재의 치수를 표시하는 데에 사용된다.

③ 2×4공법에 사용되는 2″×4″목재는 목재의 크기가 2인치×4인치임을 의미하는데 실제치수는 38mm×89mm이다.

④ 정척물에는 1.8m, 2.7m, 3.6m의 3종류가 있고, 이보다 긴 것은 장척물이라고 하며 보통 0.9m씩 길어진다.

14 실내의 수증기압을 높이면 습도가 증가하게 되어 결로의 발생이 증가하게 된다.

15 제재치수는 목구조재와 수장재의 치수로 목재의 단면을 표시하는 지정치수의 특기가 없을 경우 사용한다.

16 콘크리트의 침하 균열에 대한 설명으로 옳지 않은 것은?

① 탬핑(tamping)은 나무흙손 등을 사용하여 콘크리트 표면의 일부분이 굳기 시작하여 물빛이 사라질 무렵에 실시한다.

② 다짐봉을 사용할 경우 다짐봉이 철근과 거푸집에 닿지 않도록 한다.

③ 단면이 변하는 곳은 침하가 발생한 다음 콘크리트를 타설하는 것이 원칙이다.

④ 내부다짐이 어렵거나 노출콘크리트 다짐의 경우에는 콘크리트가 굳기 시작한 후 거푸집 두드림이나 진동을 통해 조치한다.

ANSWER 16.④

16 내부다짐이 어렵거나 노출콘크리트 다짐의 경우에는 콘크리트가 굳기 시작하기 전에 거푸집 두드림이나 진동을 통해 조치한다.

※ **콘크리트 균열의 종류**

　㉠ 경화 전 균열
- 소성수축균열
- 소성침하균열
- 수화열에 의한 균열
- 화학적 작용에 의한 팽창균열
- 기타 (초기 동결, 경화 전 진동, 적재하중)

　㉡ 경화 후 균열
- 건조수축에 의한 균열
- 온도 응력에 의한 균열
- 자중 및 외력(적재하중)에 의한 균열
- 재료(시멘트, 골재, 철근)선정에 기인하는 균열
- 철근부식으로 인한 균열

－ 소성수축균열 : 콘크리트 표면의 물의 증발속도가 블리딩 속도보다 빠른 경우와 같이 급속한 수분증발이 일어나는 경우에 주로 콘크리트 표면에 발생하는 균열이다.

－ 건조수축균열 : 콘크리트는 경화과정 중에 혹은 경화 후에 건조에 의하여 체적이 감소하는 현상을 건조수축이라 하는데 이 현상이 외부에 구속되었을 때 인장응력이 유발되어 구조물에 발생하는 균열이다.

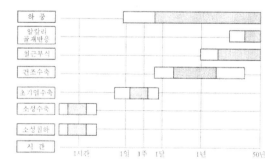

17 고온에 노출된 콘크리트에 대한 설명으로 옳지 않은 것은?

① 온도 상승에 따라 역학적 성능의 저하 경향이 나타나며, 500℃ 이상에서의 압축강도는 상온에 비하여 현저히 낮다.

② 고강도 콘크리트의 경우 콘크리트 내부 수증기압이 콘크리트 인장강도보다 클 때 폭렬이 발생한다.

③ 콘크리트 배합에서 화강암, 석영질 사암 등을 골재로 적용하면 내화성능을 향상할 수 있다.

④ 내화성능을 향상하기 위해 내화보드 부착, 피복공법 등을 적용하거나 콘크리트를 제조할 때 섬유를 혼입한다.

18 강구조공사에서 내화피복의 검사 및 보수에 대한 설명으로 옳지 않은 것은?

① 미장공법을 적용하여 내화피복을 시공하는 경우에는 시공면적 5m²당 1개소 단위로 핀 등을 이용하여 내화피복 두께를 확인하면서 시공한다.

② 내화피복에 뿜칠공법을 적용하는 경우 시공 후에 피복두께나 비중을 측정하기 위하여 코어를 채취하고, 코어채취는 바닥면적 1,500m²마다 각 부위별 1회를 원칙으로 한다.

③ 멤브레인공법을 내화피복에 적용하는 경우 재료반입 시에 각 층마다 또는 바닥면적 1,500m²마다 각 부위별 1회를 원칙으로 재료의 두께나 비중을 확인하며, 1회에 5개로 한다.

④ 내화피복재 내부에 있는 강재가 지속적으로 부식이 진행되므로 상대습도가 70%를 초과하는 조건에서는 습도에 유의하여야 하고, 내화피복이 불합격인 경우에는 재시공으로 보수한다.

ANSWER 17.③ 18.③

17 화강암은 내화성능이 좋지 않은 재료이며 사암 역시 강도가 좋지 않은 재료이다. 따라서 콘크리트 배합시 내화성능을 약화시킬 수 있는 재료이다.

18 멤브레인공법을 내화피복에 적용하는 경우 재료반입 시에 각 층마다 또는 바닥면적 1,500m²마다 각 부위별 1회를 원칙으로 재료의 두께나 비중을 확인하며, 1회에 3개로 한다. (그러나 연면적 1,500m² 미만의 건물에 대해서는 2회 이상으로 한다.)

19 강구조공사의 데크플레이트 설치에 대한 설명으로 옳지 않은 것은?

① 데크플레이트 관통용접을 할 때 보 플랜지면에 스터드를 설치하는 경우 원칙적으로 도장은 하지 않는다.

② 데크구조슬래브에서는 데크플레이트의 면내 전단력이 크지 않기 때문에 바닥브레이싱을 설치하는 등의 조치가 필요하다.

③ 데크복합슬래브에서는 바닥 슬래브와 철골보의 접합에 스터드볼트를 이용해서는 안된다.

④ 데크합성슬래브의 경우에는 스터드볼트 이외에 전용접과 드라이빙핀을 사용할 수 있다.

20 공종별 공사계획에 대한 설명으로 옳지 않은 것은?

① 가설공사는 본 공사를 실시하기 위해 필요한 가설물을 설치하는 간접공사이며, 본 공사가 끝나면 가설물을 철거하여 다음 현장에서 재사용하는 것이 보통이다.

② 토공사 및 기초공사는 돌발적인 사태가 발생하는 경우가 적어 공사의 일정계획상 차질을 빚을 수 있는 요인이 비교적 적은 공종이다.

③ 골조공사는 전체 공기에 영향을 미치는 공사이므로, 공기단축을 위하여 긴급공사를 행하는 것이 일정부분 가능하다.

④ 마감공사는 많은 공종이 동시에 진행되어 공종 간의 마찰로 공사기간이 길어지는 경우가 잦으므로 마감공사 기간은 여유있게 잡는 것이 바람직하다.

ANSWER 19.③ 20.②

19 ③ 데크복합슬래브에서는 바닥 슬래브와 철골보의 접합 시 스터드볼트를 사용한다.

※ 데크플레이트를 이용한 바닥 슬래브 구조방법

⊙ 데크합성슬래브 : 데크플레이트와 콘크리트가 일체가 되어 하중을 부담하는 구조

ⓛ 데크복합슬래브 : 데크플레이트의 홈에 철근을 배치한 철근콘크리트와 데크플레이트가 하중을 부담하는 구조

ⓒ 데크구조슬래브 : 데크플레이트가 연직하중, 수평가새가 수평하중을 부담하는 구조

구분	데크합성슬래브	데크복합슬래브	데크구조슬래브
데크플레이트와 철골보의 접합	용접(필렛용접, 플러그용접, 아크스폿용접) 볼트 또는 고장력볼트	용접(필렛용접, 플러그용접, 아크스폿용접 등)	용접(필렛용접, 플러그용접, 아크스폿용접 등) 볼트 또는 고장력볼트
데크플레이트 상호의 접합	용접(아크스폿용접, 필렛용접) 터빈나사, 감합, 가조립	용접(아크스폿용접, 마찰용접, 터빈나사, 감합, 가조립 또는 겹침)	용접(아크스폿용접, 마찰용접), 터빈나사, 감합, 가조립 또는 겹침
바닥 슬래브와 철골보의 접합	스터드볼트 용접(필렛용접, 플러그용접) 볼트 또는 고장력 볼트	스터드볼트	별도의 바닥 가새가 필요

20 토공사 및 기초공사는 지반의 급속한 침하, 흙막이벽의 붕괴, 항타 및 발파 등으로 인한 소음에 대한 민원, 건설장비의 오작동 등으로 인한 안전사고 등 위험성이 매우 높은 공종이며 매립문화재, 암반층 등의 돌발적인 상황 등이 발생하는 경우가 많다. 따라서 지반의 특성에 따라 상당한 공기가 소요될 수 있다. (특히 암반층이 발견된 경우 수개월 정도 공기가 연장될 수 있다.)

1 철근의 이음 방법 중 가스압접법에 대한 설명으로 가장 옳지 않은 것은?

① 연강의 용융점보다 낮은 약 1,500~1,700℃에서 가열 한다.

② 지름 19mm 이상의 철근 이음 시 보통의 겹침이음법 보다 경제적이다.

③ 철근의 지름 차가 5mm이면 가스압접이 가능하다.

④ 샘플링 검사 시 1검사 로트에 불합격개소가 2곳이 발견되면 로트 전체를 불합격 처리할 수 있다.

2 강구조 공사에서 쓰이는 용어에 대한 설명으로 가장 옳지 않은 것은?

① 로터리 플래너(Rotary planer)는 회전하는 원반에 다수의 날을 설치한 것을 평삭반의 바이트 부분에 이용하여 연삭능력을 증대시킨 것을 말한다.

② 스패터(Spatter)는 아크용접이나 가스용접에 있어 용접층에 날리는 슬래그 및 금속 등을 말한다.

③ 열간가공(Hot working)은 재결정이 일어나는 이상의 온도와 변형률 속도조건에서 변형을 주는 공정이다.

④ 고장력강(High tensile strength steel)은 보통 인장 강도 290MPa 이상 급의 압연재를 말한다.

ANSWER 1.① 2.④

1 철근의 표면온도가 1,300도까지 상승했을 때 가스압접을 실시하며 절대로 용융점 근처에 도달되어서는 안 된다. (철의 용융점은 약 1,540도 정도이므로 1,500도 이상까지 가열하면 안 된다.)

3 고장력강(High tensile strength steel)은 인장강도가 500MPa이상인 강을 의미한다.

3 말뚝공법에 대한 설명으로 가장 옳은 것은?

① 심플렉스파일(Simplex pile)은 철관을 박고 관 내에 콘크리트를 투입하여 무거운 추로써 다짐을 하면서 외관을 뽑아 올리는 공법이다.

② 콤프레솔파일(Compressol pile)은 내·외관을 소정의 깊이까지 박은 후 내관을 빼내고 외관 내에 콘크리트를 투입하여 내관으로 다지면서 점차 외관을 뽑아 올리는 공법이다.

③ 페데스탈파일(Pedestal pile)은 얇은 철판으로 만든 외관에 심대를 넣고 때려 박아서 일정한 깊이에 도달한 후 외관 속에 콘크리트를 부어 다져 넣는 공법이다.

④ 레이몬드파일(Raymond pile)은 심대 끝에 주철제 원추형 마개와 외관을 지중에 타입하고 내부의 마개와 추를 빼내고 콘크리트를 다져넣어 구근을 형성한 후 외관을 빼내는 공법이다.

3 ② 페데스탈파일(Pedestal pile)에 대한 설명이다.
③ 레이몬드파일(Raymond pile)에 대한 설명이다.
④ 프랭키파일(Franky pile)에 대한 설명이다.
※ 현장타설 콘크리트 말뚝

콤프레솔파일	• 1.0~2.5ton의 3가지 추를 사용한다. • 원추형추로 낙하시켜 천공한다. • 잡석과 콘크리트를 교대로 투입한 후 추로 다진다. • 지하수의 유출이 작은 굳은 지반의 짧은 말뚝을 형성한다.
심플렉스파일	• 철관을 쳐서 박아 넣고 이 속에 콘크리트를 부어 넣어 중추로 다지며 외관을 뽑아내는 공법이다. • 연약지반인 경우 얇은 철판의 내관을 사용한다.
페데스탈파일	• 심플렉스 파일의 개량형으로 지지력 증대를 위해 구근을 형성한다. • 대중적인 현장말뚝으로 콘크리트의 손실이 크다. • 구근직경은 70~80cm이며 기둥직경은 45cm 내외이고 지지력은 200~300kN이다.
레이몬드파일	• 외관이 땅속에 남은 유각 말뚝이다. • 얇은 철판재 외관에 심대(Core)를 넣고 박아 심대를 뽑고 콘크리트를 넣은 후 다진다.
프랭키파일	• 심대 끝에 원추형 주철재의 마개달린 외관을 사용한다. • 외관을 박고 내부 마개 제거 후 콘크리트를 넣고 추로 다진다. • 마개대신 나무말뚝을 사용하면 상수면 깊은 곳의 합성말뚝으로 편리하다.
프리팩트파일	• 굵은 골재를 거푸집 속에 미리 넣어두고 후에 파이프를 통해서 모르타르를 압입하여 타설하여 말뚝을 형성하는 방법이다. 재료분리를 방지할 수 있으며 수밀성이 증대되고 부착력이 증대된다. • CIP공법 : 오거로 구멍을 굴착한 후 자갈을 채워넣고 미리 배치한 주입관을 통해 모르타르를 주입하는 공법 • PIP공법 : 오거로 소정의 깊이까지 굴착한 다음 흙과 오거를 동시에 끌어올리면서 오거 선단을 통해 모르타르, 잔자갈 콘크리트를 주입하는 공법 (CIP는 자갈을 먼저 채워넣고 주입관을 통해 모르타르를 주입하나 PIP는 자갈을 나중에 채워넣으며 오거선단을 통해 모르타르를 주입한다는 차이점이 있다.) • MIP공법 : 파이프 회전용의 선단에 커터로 흙을 뒤섞으며 지중으로 파고 들어간 다음, 파이프 선단에서 모르타르를 분출시켜 흙과 모르타르를 혼합하여 소일콘크리트말뚝을 형성하는 공법 (CIP, PIP와 달리 커터로 흙을 뒤섞는다.)

4 목공사에 대한 설명으로 가장 옳은 것은?

① 건축 및 구조용 목재로는 활엽수가 많이 쓰인다.

② 일반적으로 목재의 인장강도는 휨강도보다 약하다.

③ 목재의 수피부(변재)는 수심부(심재)보다 수축이 크다.

④ 목재는 탄성이 크므로 장 스팬의 건축물에도 사용하기 쉽다.

5 공사원가계산에 대한 설명으로 가장 옳지 않은 것은?

① 재료의 구입과정에서 해당재료에 직접 관련되어 발생하는 운임, 보험료, 보관비 등의 부대비용은 재료비에 계상한다.

② 계약목적물의 시공 중에 발생하는 부산물 등은 그 매각액 또는 이용가치를 추산하여 경비에서 공제하여야 한다.

③ 현장사무소, 창고, 식당 등 시공을 위하여 필요한 가설물의 설치에 소요되는 비용은 경비이다.

④ 직접노무비는 직접작업에 종사하는 종업원 및 노무자에 의하여 제공되는 노동력의 대가로서 기본급, 제수당, 상여금, 퇴직급여충당금의 합계액으로 한다.

ANSWER 4.③ 5.②

4 ① 건축 및 구조용 목재로는 침엽수가 많이 쓰인다.
② 목재의 인장강도는 휨강도보다 우수하다.
④ 목재는 장 스팬의 건축물에 사용하기에는 많은 무리가 따르는 부재이다.

5 계약목적물의 시공 중에 발생하는 부산물 등은 그 매각액 또는 이용가치를 추산하여 재료비에서 공제하여야 한다.

6 지수판에 대한 설명으로 가장 옳지 않은 것은?

① 콘크리트 시공이음부에는 중앙 밸브형 주름판(CC형)과 중앙 밸브형 평판(CF형)을 사용하여야 한다.

② 지수판은 저장 중 48시간 이상 직사광선을 받지 않아야 한다.

③ 신축이음용 지수판과 시공이음용 지수판을 반드시 구분하여 사용하여야 한다.

④ 지수판은 가능한 한 가장 긴 길이로 설치하고, 이음부는 최소화하며 콘크리트 타설 시 지수판이 접히지 않도록 고정해야 한다.

ANSWER 6.①

6 콘크리트 시공이음부에는 중앙 밸브형 주름판(CC형)과 중앙 밸브형 평판(CF형)을 사용하지 말아야 한다.

※ 건축방수공사 지수판의 시공
• 지수판은 가능한 한 가장 긴 길이로 설치하고, 이음부는 최소화하며 콘크리트 타설 시 지수판이 접히지 않도록 고정해야 한다.
• 지수판은 저장 중 48시간 이상 직사광선을 받지 않아야 한다.
• 신축이음용 지수판과 시공이음용 지수판을 반드시 구분하여 사용하여야 한다.
• 지수판 재료의 주위에 공기가 자유롭게 유통할 수 있도록 저장해야 한다.
• 지수판 본체에 구멍을 뚫거나 못을 쳐서는 안 된다.

※ 신축이음부 지수판
• 콘크리트 신축이음 지수판은 중앙밸브형주름판(CC형), 중앙밸브형평판(CF형), 언컷트형 주름판(UC형), 특수형(S형)을 사용해야 한다.
• 지수판의 중앙밸브(원통)부와 신축이음재(Joint Filler)가 반드시 일치되도록 설치하여 온도변화에 따른 콘크리트 팽창수축대응기능을 확보해야 한다.
• 콘크리트 타설 시 지수판이 접히거나 움직이지 않도록 단단히 고정해야 한다.

※ 시공이음부 지수판
• 콘크리트 시공이음 지수판(수평 및 수직)은 평면형 주름판(FC형)과 평면형평판(FF형), 특수형(S형)을 사용해야 한다.
• 콘크리트 시공이음부에는 중앙밸브형 주름판(CC형)과 중앙밸브형 평판(CF형)을 사용하지 말아야 한다. (콘크리트 팽창수축 대응기능 불필요 및 시공성불량)
• 콘크리트 타설 시 좌우상하 균등하게 묻히도록 해야 설치해야 한다.

7 거푸집 및 동바리의 해체에 대한 설명으로 가장 옳지 않은 것은?

① 기초, 보, 기둥, 벽 등의 측면 거푸집널 해체는 시험에 의해 콘크리트 압축강도가 5MPa 이상일 때 할 수 있다.

② 단층구조의 슬래브 및 보의 밑면, 아치 내면의 거푸집널 해체는 콘크리트 압축강도가 설계기준 압축강도의 1/2배 이상, 또한 최소 10MPa 이상일 때 할 수 있다.

③ 보통 포틀랜드 시멘트를 사용한 기초, 보, 기둥 및 벽의 측면 거푸집널의 해체는 콘크리트의 압축강도를 시험하지 않을 경우, 평균기온 20℃ 이상에 3일 이상 경과하면 할 수 있다.

④ 보통 포틀랜드 시멘트를 사용한 기초, 보, 기둥 및 벽의 측면 거푸집널의 해체는 콘크리트의 압축강도를 시험하지 않을 경우, 평균기온 10℃ 이상 20℃ 미만에 4일 이상 경과하면 할 수 있다.

8 공업화 공법에 대한 설명으로 가장 옳지 않은 것은?

① 프리패브 공법으로 현장에서 공정이 단축되고, 작업이 시스템화되기 때문에 습숙효과에 의해 작업능률이 개선된다.

② WPC는 라멘식 프리캐스트 철근콘크리트조로 벽, 바닥, 옥상의 PC판을 수평 및 연직의 조인트에 의해 접합하여 공간을 구성하는데, 중층의 공동주택에 폭넓게 채용되는 공법이다.

③ PC 기둥부재는 앵커를 매입한 후 기둥설치 레벨링을 하고 기둥의 수직도를 보정한 후 기둥 구멍에 무수축 모르타르를 충진하여 설치한다.

④ 모듈러 건축은 이축이 가능하고 건축부재의 재사용률이 매우 높으며 수직, 수평방향의 증/개축이 용이한 특성이 있다.

ANSWER 7.② 8.②

7 단층구조의 슬래브 및 보의 밑면, 아치 내면의 거푸집널 해체는 콘크리트 압축강도가 설계기준 압축강도의 2/3배 이상, 또한 최소 14MPa 이상일 때 할 수 있다.

8 ② RPC공법에 대한 내용이다.
  ※ 공업화 공법
    ㉠ WPC공법 : 벽식 프리캐스트 철근콘크리트조를 시공하는 공법이다.
    ㉡ HPC공법 : H형강 기둥에 보·벽·슬래브의 프리캐스트 콘크리트 부재를 접 합하고, 기둥의 H형강 주변에 철근을 배근하여 기둥의 콘크리트를 현장 타설하는 공법이다.
    ㉢ RPC공법 : 라멘식 프리캐스트 철근콘크리트조로 벽, 바닥, 옥상의 PC판을 수평 및 연직의 조인트에 의해 접합하여 공간을 구성하는데, 중층의 공동주택에 폭넓게 채용되는 공법이다.

9 ALC(Autoclaved Lightweight Concrete)의 특성에 대한 설명으로 가장 옳은 것은?

① 부어넣기, 다짐 등의 시공성을 개선하기 위해서 사용하는 것으로 특히 콘크리트 펌프에 의한 압송성능을 개선하기 위한 것이다.

② 기공구조로서 건조수축률과 균열발생률이 크고 동해에 대한 방수·방습처리가 필요하다.

③ 주 원료로는 생석회, 시멘트 등의 석회질 원료와 규사, 규석, 플라이애시 등의 규산질원료 그리고 발포제로 알루미늄 분말 등이 사용된다.

④ 수분과 공기를 제거하고 압력을 가함으로써 조기강도를 크게 한다.

10 통합공정관리(EVMS : Earned Value Management System)의 구성요소에 대한 설명으로 가장 옳지 않은 것은?

① WBS(Work Breakdown Structure)는 프로젝트의 모든 작업내용을 계층적으로 분류하여 프로젝트 일정과 성과를 측정하기 위한 지도를 말한다.

② 공정수행지수(SPI : Schedule Performance Index)가 1보다 작은 경우는 계획공정보다 앞서가고 있음을 나타낸다.

③ 공정편차(SV : Schedule Variance)가 0보다 작은 경우에는 공기가 지연되고 있음을 나타낸다.

④ 최종공사비 추정액(EAC : Estimate At Complete)은 공사 착수일로부터 추정 준공일까지 실투입비에 대한 추정치를 말한다.

ANSWER 9.③ 10.②

9 ① 부어넣기, 다짐 등의 시공성을 개선하기 위해서 사용하는 것으로 특히 콘크리트 펌프에 의한 압송성능을 개선하기 위해 주로 사용하는 재료는 유동화제(고성능 감수제)이다.

② ALC는 건조수축률이 매우 적어 균열발생률이 작다.

④ ALC는 고온고압에서 증기양생 한 경량기포콘크리트로서 수분이 재료에 포함된다.

ALC (Autoclaved Lightweight Concrete, 경량기포콘크리트)

경량단열기포콘크리트를 재료로 사용한 온수온돌바닥구조체의 단열층은 취약한 압축강도, 재료의 과다한 건조수축과 흡수율에 따른 균열, 재료의 균질성 부족 등의 원인에 의한 결함이 발생하고 있어 바닥구조체의 주요 하자사항으로 대두되고 있으며 이에 대한 대책이 요구되고 있다.

주 원료로는 생석회, 시멘트 등의 석회질 원료와 규사, 규석, 플라이애시 등의 규산질원료 그리고 발포제로 알루미늄 분말 등이 사용된다.

10 공정수행지수(SPI : Schedule Performance Index)는 실행공정을 계획공정으로 나눈 값으로서 1보다 작은 경우는 계획공정보다 지연되고 있음을 나타낸다.

11 현장타설 콘크리트 말뚝 지정공사의 굴착공법에 대한 설명으로 가장 옳지 않은 것은?

① 어스드릴 공법(Earth drill pile)은 어스드릴이라는 굴삭기를 이용하여 대구경 제자리 콘크리트 말뚝을 만드는 공법이다.

② 베노토 공법(Benoto pile)은 대구경 굴삭기를 이용하여 케이싱을 삽입하고 내부에 콘크리트를 채워 제자리 콘크리트 말뚝을 만드는 공법이다.

③ RCD(Reverse circulation pile)은 지하수위보다 2m 이상 높게 물을 채워 $2t/m^2$ 이상의 정수압에 의해서 공벽의 붕괴를 방지한다.

④ 어스드릴 공법(Earth drill pile)에서는 구멍을 판 후 주변 토사의 붕괴를 방지하기 위하여 물을 채운다.

12 강구조공사의 볼트 현장시공에 대한 설명으로 가장 옳지 않은 것은?

① 볼트머리 또는 너트의 하면이 접합부재의 접합면과 1/20 이상의 경사가 있을 때에는 경사 와셔를 사용해야 한다.

② 1군의 볼트체결은 가장자리에서 중앙부 순으로 한다.

③ 현장체결은 1차 조임, 마킹, 2차 조임, 육안검사순으로 한다.

④ 각 볼트군에 대한 볼트 수의 10% 이상, 최소 1개 이상에 대해 체결검사를 실시하고, 체결력이 부적합할 때에는 반드시 보정해야 한다.

ANSWER 11.④ 12.②

11 어스드릴 공법(Earth drill pile)에서는 구멍을 판 후 주변 토사의 붕괴를 방지하기 위하여 벤토나이트, CMC 등의 안정액을 채운다.

12 1군의 볼트체결은 중앙부에서 가장자리부 순으로 한다.

13 굳지 않은 콘크리트의 성질에 대한 설명으로 가장 옳은 것은?

① 워커빌리티(Workability)는 균일하고 밀실한 콘크리트를 만들기 위해 콘크리트가 운반, 타설, 다지기, 마무리 등의 작업에 적합하고 구성 재료가 분리되지 않는 성질로 직접적인 측정이 가능하다.

② 컨시스턴시(Consistency)는 물의 양이 많고 적음에 따른 반죽의 질기로 물시멘트비 측정에 의해 분석된다.

③ Water Gain 현상은 콘크리트의 수밀성을 저하하고 재료분리 및 균열발생의 원인이 된다.

④ 재료분리(Segregation)는 균일하게 비벼진 콘크리트가 비비기, 운반, 타설 도중 시멘트, 물, 골재 등이 분리되는 현상으로, 그 중 굵은 골재가 분리되는 원인으로는 블리딩 현상이 있다.

14 고내구성 콘크리트 재료, 배합상의 규정에 대한 설명으로 가장 옳지 않은 것은?

① 단위수량은 175kg/m^3 이하로 한다.

② 보통 콘크리트 단위시멘트양의 최솟값은 300kg/m^3으로 한다.

③ 콘크리트에 함유된 염화물량은 염소이온량으로 0.30kg/m^3 이하로 한다.

④ 포틀랜드 시멘트를 사용한 경량골재 콘크리트의 물 결합재비 최댓값은 55%이다.

ANSWER 13.③ 14.③

13 ① 워커빌리티(Workability)는 균일하고 밀실한 콘크리트를 만들기 위해 콘크리트가 운반, 타설, 다지기, 마무리 등의 작업에 적합하고 구성 재료가 분리되지 않는 성질로 직접적인 측정이 불가능하다. (워커빌리티는 정량적인 수치로 표현하는 것이 곤란하므로 정성적으로 표시할 수 밖에 없고, 그 판정에는 충분한 경험을 요한다. 판단의 기준은 구조물의 종류, 배근상태, 시공방법, 단면형상 등에 따라 달라지므로 동일한 콘크리트라 하더라도 워커빌리티의 양호, 불량이 서로 다르다. 워커빌리티의 양부는 콘크리트의 컨시스턴시(consistency)에 좌우되는 경우가 많으며 보통 묽을수록 워커빌리티가 좋다고 하는 경우가 많으나 너무 컨시스턴시가 좋아도 재료의 분리측면에서 워커빌리티가 나빠지므로 워커빌리티의 평가에는 경험에 기초를 둔 판정이 중요하다.)

② 컨시스턴시(Consistency)는 물의 양이 많고 적음에 따른 반죽의 질기로 슬럼프의 측정에 의해 분석된다.

④ 재료분리의 원인은 굵은 골재라기보다는 지나친 단위수량의 함유로 인한 블리딩의 발생이 주된 원인으로 볼 수 있다
  • Water Gain 현상 : 경화되지 않은 콘크리트에 있던 물이 상승하여 표면에 고이는 현상으로서 주로 블리딩현상에 의해 발생한다.
  • Bleeding 현상 : 콘크리트 타설 후 물과 미세한 물질(석고나 불순물 등) 등은 상승하고, 무거운 골재나 Cement 등은 침하하게 되는 현상이다.

14 콘크리트에 함유된 염화물량은 염소이온량으로 0.20kg/m^3 이하로 한다.

15 골재에 대한 용어 설명으로 가장 옳은 것은?

① 흡수량은 습윤상태의 골재가 함유하는 전수량을 말한다.

② 함수량은 표면건조 내부포수상태의 골재 중에 포함되는 물의 양을 말한다.

③ 표면수량은 함수량과 흡수량의 차이를 말한다.

④ 기건함수량은 흡수량과 기건상태일 때 함유한 골재내의 수량과의 차이를 말한다.

16 예민비에 대한 설명으로 가장 옳지 않은 것은?

① 예민비는 흙의 이김에 의해 약해지는 정도를 표시하는 것이다.

② 예민비의 강도는 일축압축강도이다.

③ 점토질의 예민비는 거의 1이며, 사질토의 예민비는 1보다 크다.

④ 예민비가 4 이상인 것을 예민비가 크다고 한다.

17 콘크리트공사에서 보강공법으로 가장 옳지 않은 것은?

① 단면증가법　　　　　　　　　　② 충전공법

③ 강판접착공법　　　　　　　　　④ 앵커접합공법

ANSWER　15.③　16.③　17.②

15 ① 습윤상태의 골재가 함유하는 전수량은 함수량이다.

② 표면건조 내부포수상태의 골재 중에 포함되어 있는 는 물의 양은 흡수량이다.

④ 기건함수량은 기건상태일 때 함유한 골재 내의 수량을 말한다.

※ 골재의 함수상태

ⓐ 절대건조상태 : 완전히 건조되어 골재 내부까지 물의 함유량이 0인 상태이다.

ⓑ 기건상태 : 대기중에서 최대로 건조할 수 있는 상태이다.

ⓒ 표면건조내부포화상태 : 표면만 건조되고 내부는 수분이 꽉 찬 상태이다.

ⓓ 습윤상태 : 골재의 겉과 속이 모두 축축한 상태이다.

ⓔ 함수량 : 습윤상태-절대건조상태

ⓕ 표면수량 : 습윤상태-표면건조내부포화상태

ⓖ 흡수량 : 표면건조내부포화상태-절대건조상태

ⓗ 유효함수량 : 표면건조내부포화상태-기건상태

ⓘ 기건함수량 : 기건상태-절대건조상태

16 점토질의 예민비는 1보다 크며, 사질토의 예민비는 1보다 다소 작다.

17 충전공법은 보강공법이 아닌, 보수공법으로서 보강공법이 기존의 성능 이상의 성능을 발휘하도록 하기 위한 것이라면 보수공법은 저하된 성능을 어느 정도까지 회복시키는 것이다.

18 유리공사에서 사용되는 유리에 대한 설명으로 가장 옳은 것은?

① 강화유리는 파괴 시의 파편이 많아 위험하다.
② 망입유리는 판유리의 보온, 방음, 단열의 단점을 보완한 유리이다.
③ 열선반사유리는 냉방부하를 경감시킬 수 있다.
④ 유리블럭은 내부가 진공인 중공유리제품이다.

19 금속커튼월 시공 시 공사시방서에 정한 바가 없을 때 치수 허용차에 대한 설명으로 가장 옳지 않은 것은?

① 수직도는 부재 길이 3m 당 2mm 이내, 12m 마다 5mm 오차를 넘어서는 안된다.
② 수평도는 부재 길이 6m 당 2mm 이내, 12m 마다 5mm 오차를 넘어서는 안된다.
③ 인접한 패널, 프레임 면으로부터 수평·수직 1mm 오차 이내를 유지하여야 한다.
④ 줄눈폭의 허용차는 ±5mm이다.

20 가설공사에서 사용되는 규준틀과 기준점에 대한 설명으로 가장 옳지 않은 것은?

① 규준틀 말뚝은 길이 1.5m 이상의 것을 사용한다.
② 수평띠장은 두께 5mm, 너비 60mm 이상의 것을 사용한다.
③ 경미한 공사에는 말뚝길이 900mm 이상의 것을 사용한다.
④ 기준점은 건축물의 높낮이 기준이 되며, 기존 공작물이나 신설한 말뚝 등의 높이 기준을 표시하는 것이다.

ANSWER 18.③ 19.④ 20.②

18 ① 강화유리는 파괴 시의 파편이 적어 일반유리에 비해 매우 안전하다.
② 망입유리는 판유리의 파손방지, 파편비산방지를 위하여 두꺼운 판유리에 철망을 넣은 것이다. (이를 보온, 방음, 단열의 단점을 보완하기 위한 것으로 보기에는 무리가 있다.)
④ 유리블럭은 내부가 0.5기압 정도인 중공유리제품이다. (중공블록의 한 종류로서 2개의 상자 모양의 유리를 맞대어 약 600℃로 용착시키고 그 빈 곳에 0.5기압 정도의 건조공기를 봉입한다.)

19 금속커튼월 공사 시 줄눈폭의 허용차는 ±3mm이다.

20 수평띠장은 두께 1.5cm, 너비 12cm, 이상의 각재를 사용한다.

1 환경관리 및 친환경시공에 대한 설명으로 옳지 않은 것은?

① 환경관리 및 친환경 시공계획은 건축공사와 관련한 부정적인 환경영향은 줄이고, 긍정적인 환경영향을 향상하기 위하여 공사착공 전에 작성한다.

② 친환경 자재는 제품 전 과정에 걸쳐 상대적으로 적은 자원. 에너지를 사용하며, 인체ㆍ생태계에 유해영향을 최소화하며 폐기물 배출이 적은 자재를 말한다.

③ 환경영향이란 조직의 환경측면에 의해 부분적으로 나쁜 영향만을 미칠 수 있는 환경변화를 말한다.

④ 시공과 관련한 수송에 의한 환경영향을 저감하기 위하여, 사용되는 건설용 중장비 및 기계기구 공급자에게 수송계획을 제출하도록 하여, 효율적인 수송계획을 수립한다.

2 웰포인트(Well Point) 공법에 대한 설명으로 옳지 않은 것은?

① 강관의 선단에 웰포인트를 부착하여 지중에 관입한 다음, 관 내부를 진공화함으로써 간극수의 집수효과를 높이는 공법이다.

② 시공관리 사항으로 웰포인트의 길이 및 간격, 필터용 모래의 투입량, 양수량, 지하수위 및 간극수압 등이 포함된다.

③ 연약지반의 간극수를 빠른 속도로 배출시키기 위하여 지중에 연직방향으로 배수로(Drain System)를 설치하여 간극수를 지표면으로 배출시킴으로써 압밀에 의한 지반을 개량하는 공법이며, 점성토지반에 주로 적용한다.

④ 시공계획서에는 설치집수관의 지표면상 수평 확보 방법(연결부 누수방지), 환경영향평가 시 지하수위 저하로 인하여 발생할 수 있는 농작물 피해여부 조사 및 그 대책 등이 포함되어야 한다.

ANSWER 1.③ 2.③

1 환경영향이란 조직의 환경측면에 의해 좋은 영향과 나쁜 영향을 미칠 수 있는 환경변화를 통칭한다.

2 웰포인트 공법은 사질토지반에 주로 적용된다. 간극수를 빠른 속도로 배출시키기 위하여 지중에 연직방향으로 배수로(Drain System)를 설치하여 간극수를 지표면으로 배출시킴으로써 압밀에 의해 지반을 개량하는 공법은 연직배수공법이다.

3 철골공사의 용접에 대한 설명으로 옳지 않은 것은?

① 맞대기 용접에서 용접표면의 마무리 가공이 규정되어 있지 않은 경우에는 판 두께의 10% 이하의 보강살 붙임을 한 후 끝마무리를 해야 한다.

② 피복아크 용접에서 용접봉의 최대 지름은 수평 필릿용접부의 경우 6mm를 기본으로 한다.

③ 스터드 용접보수에서 보수용접은 보수하는 결함의 각 끝에서 최소 10mm 이상을 연장하여 실시한다.

④ 스터드 필릿용접에서 스터드 용접은 수직 자세 및 위보기 자세로 하는 것을 원칙으로 한다.

4 콘크리트를 타설한 후 습윤상태로 유지하여 노출면이 마르지 않도록 하기 위한 보통포틀랜드 시멘트의 습윤 양생 기간 표준에 해당하는 것은?

① 일평균 기온 10˚C 이상,15˚C 미만 : 3일

② 일평균 기온 10˚C 이상,15˚C 미만 : 4일

③ 일평균 기온 15˚C 이상 : 3일

④ 일평균 기온 15˚C 이상 : 5일

ANSWER 3.④ 4.④

3 스터드 필릿용접에서 스터드 용접 자세는 가능한 한 회전지그를 이용하여 아래보기 또는 수평 자세로 한다.

4 습윤양생 기간의 표준은 하루 평균기온이 15˚C 이상일 때, 보통 포틀랜드 시멘트가 5일, 조강 포틀랜드 시멘트가 3일이다.

5 「산업안전보건법 시행규칙」 제120조에 따른 유해 · 위험방지계획서 작성 대상 시설물 또는 구조물 공사로 옳지 않은 것은?

① 지상높이가 31미터 이상인 건축물 또는 인공구조물 공사

② 최대 지간길이가 30미터 이상인 교량 건설 등 공사

③ 깊이 10미터 이상인 굴착 공사

④ 연면적 3만 제곱미터 이상인 건축물 공사

6 널말뚝에 대한 설명으로 옳지 않은 것은?

① 강널말뚝은 중고 강재를 사용할 수 없으며 신재만을 사용해야 한다.

② 널말뚝의 설치허용오차에서 수직도는 말뚝길이의 1/100~1/200 이내가 되도록 한다.

③ 강널말뚝의 적치 높이는 2m이하로 하되 1층의 단수는 5매 이하로 하여 받침목으로 괴어야 한다.

④ 널말뚝이 시공된 1주일 내에 널말뚝설치 위치도를 작성한다.

ANSWER 5.② 6.①

5 최대 지간길이가 50m인 교량건설공사가 유해위험방지계획서의 제출대상이다.

   ※ 건설업 유해위험방지계획서 제출대상

   • 지상높이가 31m 이상인 건축물 또는 인공구조물

   • 연면적 30,000m^2 이상인 건축물 또는 연면적 5,000m^2 이상의 문화 및 집회시설(전시장 및 동물원, 식물원은 제외), 판매시설, 운수시설(고속철도의 역사 및 집배송시설은 제외), 종교시설, 의료시설 중 종합병원, 숙박시설 중 관광숙박시설 또는 지하도 상가, 냉동 · 냉장창고시설의 건설, 개조 또는 해체

   • 연면적 5,000m^2 이상의 냉동 · 냉장창고시설의 설비공사 및 단열공사

   • 최대 지간길이가 50m 이상인 교량건설 등 공사

   • 터널 건설 등의 공사

   • 다목적댐, 발전용 댐 및 저수용량 2천만 톤 이상의 용수 전용 댐, 지방상수도 전용 댐 건설 등의 공사깊이 10m 이상인 굴착공사

   • 깊이 10m 이상인 굴착공사

6 강널말뚝은 요구되는 성능을 충분히 발휘할 수 있으면 중고 강재를 사용할 수 있다.

7 일반콘크리트용 골재 관련 용어에 대한 설명으로 옳은 것은?

① 골재의 조립률은 용기에 채운 골재 절대 용적의 그 용기 용적에 대한 백분율이며, 단위질량을 밀도로 나눈 값의 백분율을 의미한다.

② 골재의 유효 흡수율은 골재의 표면에 붙어 있는 수량의 표면건조포화상태 골재 질량에 대한 백분율을 의미한다.

③ 골재의 절대건조밀도는 골재 내부의 빈틈에 포함되어 있는 물이 전부 제거된 상태인 골재 알의 밀도이며, 골재의 절대건조 상태 질량을 골재의 절대 용적으로 나눈 값을 의미한다.

④ 골재의 표면수율은 골재의 표면 및 내부에 있는 물 전체 질량의 절건상태 골재 질량에 대한 백분율을 의미한다.

8 석공사에서 시공 시 단위석재 간의 단차 및 표면 평활도의 기준으로 옳은 것은?

① 단위석재 간의 단차는 0.5mm 이내, 표면의 평활도는 10m당 5mm 이내가 되도록 설치한다.

② 단위석재 간의 단차는 0.7mm 이내, 표면의 평활도는 10m당 7mm 이내가 되도록 설치한다.

③ 단위석재 간의 단차는 0.9mm 이내, 표면의 평활도는 10m당 9mm 이내가 되도록 설치한다.

④ 단위석재 간의 단차는 1.0mm 이내, 표면의 평활도는 10m당 10mm 이내가 되도록 설치한다.

ANSWER   7.③   8.①

7 ① 골재의 조립률은 골재의 입도를 수량으로 표시하는 방법으로 골재 크기의 개략치를 표시하는 치수로 사용된다. 체가름 시험에서 각 체의 잔류량의 누계 백분율을 더하여 100으로 나눈 값이다.
　② 골재의 유효 흡수율은 기건상태의 골재가 표건상태로 될 때까지 흡수되어지는 물의 양을 절건중량으로 나눈 값의 백분율이다.
　④ 골재의 표면수율은 골재에 붙어 있는 수량(표면수량)에 대한 표면건조포수상태의 골재 중량에 대한 백분율이다.

8 석공사에서 시공 시 단위석재 간의 단차 및 표면 평활도의 기준 : 단위석재 간의 단차는 0.5mm 이내, 표면의 평활도는 10m당 5mm 이내가 되도록 설치한다.

9 고내구성 콘크리트 공사 품질 및 배합에 대한 설명으로 옳지 않은 것은?

① 설계기준강도는 보통콘크리트에서는 21MPa 이상, 40MPa이하, 경량골재 콘크리트에서는 21MPa 이상, 27MPa 이하로 하며, 이외의 부분은 공사시방서에 따른다.

② 유동화 콘크리트를 사용하는 경우에는 베이스 콘크리트의 슬럼프는 120mm 이하, 유동화 콘크리트의 슬럼프는 210mm 이하로 하여 공사시방서에 따른다.

③ 단위수량은 175kg/m^3 이하로 한다.

④ 단위시멘트량의 최솟값은 보통 콘크리트에서는 270kg/m^3, 경량골재 콘크리트에서는 300kg/m^{3}로 한다.

10 현장에서 설치하는 가설울타리에 대한 설명으로 옳지 않은 것은?

① 철조망 울타리는 가설울타리로 사용될 수 없다.

② 공사현장 경계의 가설울타리는 높이 1.8m이상으로 설치 하여야 한다.

③ 공사장 부지 경계선으로부터 50m 이내에 주거·상가건물이 집단으로 밀집되어 있는 경우에는 높이 3m 이상으로 설치하여야 한다.

④ 야간에도 잘 보이도록 발광시설을 설치하여야 한다.

ANSWER 9.④ 10.①

9 단위시멘트량의 최솟값은 보통 콘크리트에서는 300kg/m^3, 경량골재 콘크리트에서는 330kg/m^{3}로 한다.

※ 고내구성 콘크리트 시공
- 설계기준강도는 보통콘크리트에서는 21MPa 이상, 40MPa이하, 경량골재 콘크리트에서는 21MPa 이상, 27MPa 이하로 하며, 이외의 부분은 공사시방서에 따른다.
- 슬럼프는 120mm 이하로 하고 공사시방서에 따르되 유동화 콘크리트를 사용하는 경우에는 베이스 콘크리트의 슬럼프는 120mm 이하, 유동화 콘크리트의 슬럼프는 210mm 이하로 하여 공사시방서에 따른다.
- 단위수량은 175kg/m^3 이하로 한다.
- 단위시멘트량의 최소값은 보통 콘크리트에서는 300kg/m^3, 경량골재 콘크리트에서는 330kg/m^{3}로 한다.
- 물결합재비의 최대값은 표 3.1-1에 따른다. 표에 나타낸 것 이외의 시멘트를 사용한 경우의 물결합재비 최대값은 공사시방서에 따른다.
- 콘크리트에 함유된 염화물량은 염소이온량으로 0.20kg/m^3 이하로 한다.
- 굳지 않는 콘크리트의 온도는 공사시방서에 따른다. 공사시방서에 정한 바가 없을 때에는 타설 시의 콘크리트 온도는 3℃ 이상, 30℃ 이하로 한다.
- 계획배합은 시험비빔을 하여 정하고, 발주자 대리인의 지시에 따른다.

10 철조망 울타리는 가설울타리로 사용될 수 있다. (철조망 울타리의 본선은 압착철조망의 경우 KS D 3506 또는 KS D 3698와 가시철조망의 경우 KS D 3510 또는 KS D 7037와 동등 이상의 품질을 갖는 재료로 한다.)

11 다음과 같이 계획된 공정표에서 공사착수 후 17일이 소요된 현재 시점에서 단위작업 A, B, C, D는 이미 완료된 상태이며, 현재 진행 중인 각 단위작업 E, F, G의 완료를 위한 잔여 공기는 각각 5일, 2일, 3일 일 때, 옳지 않은 것은?

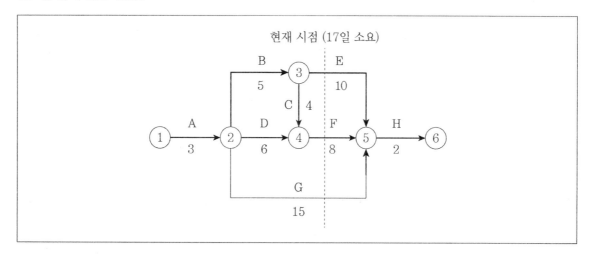

단위작업	현재시점기준 공정진행현황	현재시점기준 잔여공기
A, B, C, D	완료	–
E	진행 중	5일
F	진행 중	2일
G	진행 중	3일

① 당초 계획된 공정표상 주요 공정선(Critical Path)은 단위작업 A→B→C→F→H 경로이다.

② 당초 계획된 공사 완료 예정일을 준수하기 위해 단위작업 E와 H 경로에서 2일을 단축해야 한다.

③ 당초 계획된 공사 완료 예정일을 준수하기 위해 단위작업 F와 H 경로에서 1일을 단축해야 한다.

④ 당초 계획된 공사 완료 예정일을 준수함에 있어 단위작업 G와 H 경로에서는 공기 단축 필요성이 없다.

ANSWER 11.③

11 당초 계획된 공정표상 주요 공정선(Critical Path)은 단위작업 A→B→C→F→H 경로이며 소요일은 22일이다. 또한 당초 계획된 공사 완료 예정일을 준수함에 있어 단위작업 F와 H, 단위작업 G와 H 경로에서는 공기 단축 필요성이 없고 당초 계획된 공사 완료 예정일을 준수하기 위해서는 단위작업 E와 H 경로에서 2일을 필히 단축해야만 한다.

12 강구조공사에서 볼트의 현장시공에 대한 설명으로 옳지 않은 것은?

① 1군의 볼트조임은 가장자리에서 중앙부 순으로 한다.

② 현장조임은 1차 조임, 마킹, 2차 조임(본조임), 육안검사의 순으로 하고, 본조임은 고장력볼트 전용 전동 렌치를 이용하여 조임한다.

③ 볼트머리 또는 너트의 하면이 접합부재의 접합면과 1/20 이상의 경사가 있을 때에는 경사 와셔를 사용 해야 한다.

④ 각 볼트군에 대한 볼트 수의 10% 이상, 최소 1개 이상에 대해 조임검사를 실시한다.

13 억지말뚝 공사에서 현장타설 말뚝 시공에 대한 설명으로 옳지 않은 것은?

① 철근망은 주근, 띠철근, 보강근 및 보강강재, 스페이서 등으로 조립한다.

② 띠철근은 정해진 형상에 맞게 가공하고 이음은 한쪽 면 10D 이상(D : 철근지름)의 플레어 용접으로 한다.

③ 말뚝길이가 설계도서와 다른 경우, 철근망의 길이는 최상단의 철근망에서 조정한다.

④ 철근은 설계도서에 따라 정확하게 가공, 배근하고 주근은 띠철근을 철선으로 결속하여 조립한다.

ANSWER   12.①   13.③

12 1군의 볼트조임은 중앙부에서 가장자리 순으로 한다.

13 억지말뚝공법 : 활동토괴를 관통하여 부동지반까지 말뚝을 일렬로 설치하므로서 사면의 활동하중을 말뚝의 수평저항으로 부동지반에 전달시키는 공법이다.
  • 말뚝길이가 설계도서와 다른 경우, 철근망의 길이는 최하단의 철근망에서 조정한다.
  • 철근망은 주근, 띠철근, 보강근 및 보강강재, 스페이서 등으로 조립한다.
  • 띠철근은 정해진 형상에 맞게 가공하고 이음은 한쪽 면 10D 이상(D : 철근지름)의 플레어 용접으로 한다.
  • 철근은 설계도서에 따라 정확하게 가공, 배근하고 주근은 띠철근을 철선으로 결속하여 조립한다.

14 비계에 대한 설명으로 옳지 않은 것은?

① 외부비계는 별도로 설계된 경우를 제외하고는 구조체에서 300mm 이내로 떨어져 쌍줄비계로 설치하되, 별도의 작업발판을 설치할 수 있는 경우에는 외줄비계로 할 수 있다.

② 달비계 와이어로프의 변동 각이 90°보다 작은 권상기의 지름은 와이어로프 지름의 5배 이상이어야 하며, 변동 각이 90° 이상인 경우에는 10배 이상이어야 한다.

③ 강관비계에서 장선은 비계의 내·외측 모든 기둥에 결속하여야 하고, 장선간격은 1.5m 이하로 한다.

④ 이동식비계에서 비계의 높이는 밑면 최소폭의 4배 이하이어야 한다.

15 미장공사에 대한 설명으로 옳지 않은 것은?

① 보조재료로 사용되는 흡수조정재는 내알칼리성이 있고 내수성이 좋은 합성수지 에멀션으로, 광물질계 충전재 등을 포함하는 것으로 한다.

② 미장바름 주변의 온도가 5°C 이하일 때는 원칙적으로 공사를 중단하거나 난방하여 5°C 이상으로 유지한다.

③ 탈락 안정성을 확보하기 위하여 피난통로가 되는 복도 및 계단 등 천장 부위의 미장바름은 바름재의 부착력을 고려하여 6mm 이하의 두께로 얇게 마감한다.

④ 고름질이란 바름두께 또는 마감두께가 두꺼울 때 혹은 요철이 심할 때, 초벌바름 위에 발라 붙여주는 것 또는 그 바름층을 말한다.

14 달비계 와이어로프의 변동 각이 90°보다 작은 권상기의 지름은 와이어로프 지름의 10배 이상이어야 하며, 변동 각이 90° 이상인 경우에는 15배 이상이어야 한다.

15 미장공사의 보조재료로 사용되는 흡수조정재는 바닥의 흡수를 조정하는 것이 주 목적이므로 내알칼리성이 있고, 내수성이 좋은 합성수지 에멀션으로 광물질계 충전재 등을 포함하지 않는 것으로 한다.

16 온수 온돌공사에서 단열 완충재와 경량기포 콘크리트에 대한 설명으로 옳지 않은 것은?

① 단열 완충재 깔기에서 1층의 경우에는 바닥면 전면에 폴리에틸렌 필름을 빈틈없이 깔고, 이음 부위는 접착테이프를 사용하여 100mm 이상 겹쳐 잇는다.

② 경량기포 콘크리트를 타설한 후 균열 방지를 위해 3일 이내에 타일, 마루 등 상부바닥마감재 시공을 완료해야 한다.

③ 단열 완충재 깔기에서 단열 완충재의 교점과 연결 부위에는 가로·세로 각각 900mm 간격으로 상부에 고정판을 설치한다.

④ 배합된 경량기포 콘크리트는 1시간 이내에 시공(타설)하여야 한다.

17 프리캐스트 콘크리트 커튼월 공사에 대한 설명으로 옳지 않은 것은?

① 커튼월 부분의 수밀 성능은 커튼월 부재 또는 면적을 근거해 실내 측에 누수가 생기지 않는 한계의 압력차로 표시하고 그 단위는 Pa로 한다.

② 차음성능은 공사시방에 정한 바가 없을 때에는 음의 평균 투과손실률이 65dB 이하로 설계한다.

③ 커튼월은 예상된 풍압력, 구체의 변형, 외기 온도의 변화 등에 의해 생기는 변형에 의한 소음 등의 발생을 최소로 억제할 수 있도록 한다.

④ 건조수축 균열을 제어하기 위해 부재의 주위 구속은 강하지 않게 하고 부재는 가능한 평면상태로 한다.

18 금속 커튼월의 설계 요구 성능에서 기밀성능 및 시험방법은 공사시방에 따르나, 정한 바가 없을 때에는 75Pa부터 최대 299Pa의 압력차에서 시행하게 된다. 이때, 공기유출량에 대한 설명으로 옳은 것은?

① 고정창의 경우 $18.3L/m^2 \cdot min$ 이하, 개폐창의 경우에는 $23.2L/m \cdot min$ 이하가 되도록 설계한다.

② 고정창의 경우 $20.3L/m \cdot min$ 이하, 개폐창의 경우에는 $25.2L/m^2 \cdot min$ 이하가 되도록 설계한다.

③ 고정창의 경우 $22.3L/m^2 \cdot min$ 이하, 개폐창의 경우에는 $27.2L/m \cdot min$ 이하가 되도록 설계한다.

④ 고정창의 경우 $24.3L/m \cdot min$ 이하, 개폐창의 경우에는 $29.2L/m^2 \cdot min$ 이하가 되도록 설계한다.

ANSWER 16.② 17.② 18.①

16 경량기포 콘크리트를 타설한 후 균열 방지를 위해 3일간은 절대로 충격이나 하중을 가해서는 안 되며 상부바닥마감재의 시공은 경량 기포 콘크리트가 완전히 양생된 이후에 실시한다.

17 ② 차음성능은 공사시방에 정한 바가 없을 때에는 음의 평균 투과손실률이 40dB 이하로 설계한다.

18 금속 커튼월의 설계 요구 성능에서 기밀성능 및 시험방법은 공사시방에 따르나, 정한 바가 없을 때에는 고정창의 경우 $18.3L/m^2 \cdot min$ 이하, 개폐창의 경우에는 $23.2L/m \cdot min$ 이하가 되도록 설계한다.

19 단열공사 자재에 대한 설명으로 옳은 것은?

① 두루마리 제품은 항상 지면과 직접 닿지 않도록 눕혀서 보관해야 한다.

② 판형 단열재는 노출면을 공장에서 표기해야 하며, 적재높이는 1.8m 이하로 한다.

③ 단열 모르타르는 바닥과 벽에서 100mm 이상 이격시켜서 흙 또는 불순물에 오염되지 않도록 저장해야 하며, 특히 수분에 젖지 않도록 한다.

④ 반사형 단열재의 경우, 표면방사율이 0.1 이하임을 입증하는 시험 성적표를 담당원에게 제출하여야 한다.

ANSWER 19.④

19 ① 두루마리 제품은 항상 지면과 직접 닿지 않도록 수직으로 세워서 보관한다.

② 판형 단열재는 노출면을 공장에서 표기해야 하며, 적재높이는 1.5m 이하로 한다.

③ 단열 모르타르는 바닥과 벽에서 150mm 이상 이격시켜서 흙 또는 불순물에 오염되지 않도록 저장해야 하며, 특히 수분에 젖지 않도록 한다.

※ 단열공사(KCS 41 4200)-재료

㉠ 보조 단열재 및 설치재료

• 보조 단열재 및 단열재 설치재료 등은 이 공사에 사용하는 단열재에 영향을 주거나 단열재로부터 영향을 받지 않은 것을 사용하고, 나무벽돌, 연결철물, 방습필름 등은 담당원의 승인을 받아 사용 목적에 적합한 형상과 치수로 한다.

㉡ 재료의 검사

• 현장에 반입하는 재료는 한국산업표준 또는 산업통상자원부 장관의 형식승인 여부 및 재료의 규격, 품질 등이 도면 또는 공사시방과 일치하는 여부에 대하여 담당원의 검사를 받아야 한다.

• 공사시방에서 정한 바가 있거나 담당자의 지시가 있을 때는 공사착수 전에 단열재의 견본 및 시험 성적표를 담당원에게 제출하여야 한다.

• 반사형 단열재의 경우, 표면방사율이 0.1 이하임을 입증하는 시험 성적표를 담당원에게 제출하여야 한다.

㉢ 재료의 운반, 저장 및 취급

• 단열재료의 운반 및 취급시에는 단열재료가 손상되지 않도록 주의해야 한다.

• 단열재료는 직사일광이나 비, 바람 등에 직접 노출되지 않으며, 습기가 적고 통기가 잘 되는 곳에 용도, 종류, 특성 및 형상 등에 따라 구분하여 보관한다.

• 단열재료 위에 중량물을 올려놓지 않도록 하며, 유리면을 압축 포장한 것은 2개월 이상 방치하지 않도록 한다.

• 판형 단열재는 노출면을 공장에서 표기해야 하며, 적재높이는 1.5m 이하로 한다.

• 단열 모르타르는 바닥과 벽에서 150mm 이상 이격시켜서 흙 또는 불순물에 오염되지 않도록 저장해야 하며, 특히 수분에 젖지 않도록 한다. 또한 포장은 방습포장으로 하며, 재료의 성능, 용도, 사용방법이 명기되어야 한다.

• 두루마리 제품은 항상 지면과 직접 닿지 않도록 세워서 보관한다.

20 전문건설업체 '갑'은 현재 시점에서 건설 공사용 자재운반 장비를 100,000천 원에 구입하였으며, 이 장비를 5년간 보유하고 처분할 예정이다. 다음과 같은 조건에서 이 장비의 연등가비용(Equivalent Uniform Annual Cost, EUAC)은?

> • 구입 장비의 연간 유지관리 비용 : 1,655천 원/년
> • 구입 장비의 처분시점에서의 잔존가치 : 10,000천 원
> • 연간 이자율 : 8% (단, 연간 이자율 8%에서의 복리계수는 (A/P, 8%, 5)=0.2505, (A/F, 8%, 5)= 0.1705)
>   P(Present Value) : 비용 혹은 수입의 현재가치
>   F(Future Value) : 비용 혹은 수입의 미래가치
>   A(Annual Cost) : 비용 혹은 수입의 연등가가치

① 15,000천 원
② 20,000천 원
③ 25,000천 원
④ 30,000천 원

20 연등가 비용 = (장비획득비 − 잔존가치 + 누적정비비) × 연등가 계수 = 초기 투자비의 자본회수비 + 연등가 정비비
누적정비비(수리부속비) : 장비종합이력부에 기록된 연도별 사용금액

연등가계수 : $\dfrac{i(1+i)^n}{(1+i)^n - 1}$ (i는 수익률, n은 사용연수)

위의 식에 주어진 값을 대입하면, 연등가계수는 0.25가 되며 연등가비용은 25,000천 원이 된다.

2019. 10. 12. 제3회 서울특별시 시행

1 기준점(bench mark)에 관한 설명 중 가장 옳지 않은 것은?

① 신축할 건물 높이의 기준이 되는 가설물이다.

② 발주자와 설계자 입회하에 정한 기준점을 설계도, 또는 현장기록부에도 정리해 두는 것이 좋다.

③ 건물의 각 부에서 잘 보이는 곳에 2개소 이상 설치한다.

④ 기준점의 위치는 신축건물의 가장 귀퉁이에 설치한다.

2 콘크리트 타설 후 재료분리 현상에 대한 설명 중 가장 옳지 않은 것은?

① 재료분리의 발생원인은 사용재료의 비중차에 의한 것이다.

② 일반적으로 단위수량이 많고 슬럼프가 클수록 발생빈도가 높다.

③ 블리딩(bleeding) 발생 시 레이턴스(laitance)를 제거한 후 이어치기를 해야 균열발생률을 줄일 수 있다.

④ 골재분리를 줄이기 위해서는 입자의 크기가 같은 골재를 사용하는 것이 유리하다.

ANSWER 1.④ 2.④

1 기준점은 어느 곳에서나 쉽게 볼 수 있는 곳에 설치해야 한다.
  ※ 기준점(bench mark)의 설정
   • 벤치마크는 건물의 높이 및 위치의 기준이 된다.
   • 어느 곳에서나 쉽게 볼 수 있는 곳에 설치해야 한다.
   • 2개소 이상 설치를 해야 한다.
   • 대개 지정 지반면에서 0.5~1.0m 위에 설치한다.
   • 일반적으로 입찰 전 현장설명 시 지정된다.

2 골재분리를 줄이기 위해서는 입자의 크기가 동일한 골재를 사용해서는 안 되며 적정한 입도분포를 가져야 한다.

3 보일링 현상에 대한 내용 중 가장 옳지 않은 것은?

① 연약 점토 지반 굴착 시 흙막이벽 내외의 흙의 중량차이에 의해 굴착저면이 부풀어 오르는 현상이다.

② 보일링 현상을 방지하기 위해서는 수밀성의 흙막이를 불투수성 지층까지 밑둥 넣기를 한다.

③ 배수시설을 설치하여 굴착 저면의 수압을 낮춰서 보일링 현상을 예방한다.

④ 투수성이 좋은 사질지반에서 지하수가 얕게 있거나 흙파기 저면 부근에 피압수가 있을 때 발생한다.

4 철근 가공치수의 허용오차로 가장 적절하지 않은 것은?

① 스터럽, 띠철근, 나선철근의 허용오차는 ±10mm이다.

② 스터럽, 띠철근, 나선철근을 제외한 D25 이하의 이형 철근의 허용오차는 ±15mm이다.

③ 스터럽, 띠철근, 나선철근을 제외한 D29 이상 D32 이하의 이형철근의 허용오차는 ±20mm이다.

④ 철근 가공 후의 전 길이의 허용오차는 ±20mm이다.

ANSWER 3.① 4.①

3 연약 점토 지반 굴착 시 흙막이벽 내외의 흙의 중량차이에 의해 굴착저면이 부풀어 오르는 현상은 히빙이다.

　※ 흙막이 파괴의 종류

　　• 보일링 : 사질지반에서 발생하며 굴착저면과 굴착배면의 수위차로 인해 침투수압이 모래와 같이 솟아오르는 현상

　　• 히빙 : 점토질지반에서 발생하며 굴착면 저면이 부풀어 오르는 현상이다.

　　• 파이핑 : 수밀성이 적은 흙막이벽 또는 흙막이벽의 부실로 인한 구멍, 이음새로 물이 배출되는 현상

4 스터럽, 띠철근, 나선철근의 허용오차는 ±5mm이다.

　※ 철근 가공치수의 허용오차

철근의 종류		부호 (오른쪽 그림)	허용오차 (mm)
스터럽, 띠철근, 나선철근		a, b	±5
그 밖 의 철 근	D25 이하의 이형철근	a, b	±15
	D29 이상 D32 이하의 이형철근	a, b	±20
가공 후의 전 길이		L	±20

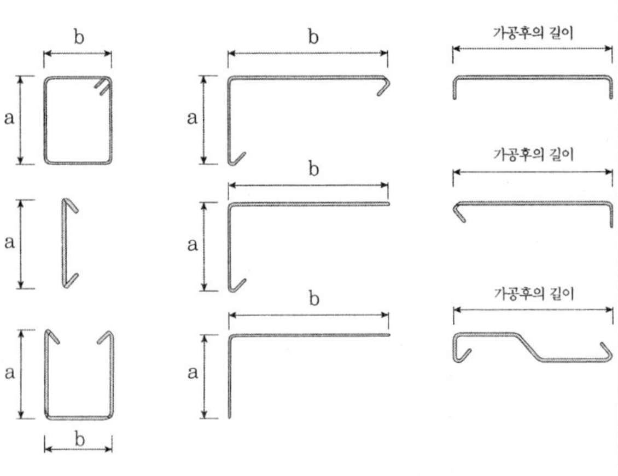

5 다음 〈보기〉의 설명에 해당하는 페인트로 가장 옳은 것은?

> 〈보기〉
> 안료, 건성유, 건조제, 희석제로 구성되어 있으며 내후성, 내마모성이 좋고 건물의 내외부에 널리 쓰이나 건조가 늦다.

① 에멀젼(션) 페인트
② 에나멜 페인트
③ 수성페인트
④ 유성페인트

6 타일 시공에 대한 내용 중 가장 옳지 않은 것은?

① 타일 탈락은 붙임 모르타르의 자체 접착강도의 부족과 바름 두께의 불균형으로 생길 수 있다.
② 타일 붙임 모르타르의 시멘트와 모래 배합비를 경질타일은 1:3, 연질타일은 1:2로 한다.
③ 바닥타일을 붙인 후 3일간은 진동이나 보행을 금한다.
④ 접착력 시험결과 타일 인장 부착강도가 0.39MPa 이상이어야 한다.

ANSWER 5.④ 6.②

5 유성페인트의 특성
- 재료 : 안료 + 용제 + 희석제 + 건조제
- 반죽의 정도에 따른 분류 : 된반죽 페인트, 중반죽 페인트, 조합 페인트
- 광택과 내구력이 좋으나 건조가 늦다.
- 철제, 목재의 도장에 쓰인다.
- 알칼리에는 약하므로 콘크리트, 모르타르 면에 바를 수 없다.

6 타일 붙임 모르타르의 시멘트와 모래 배합비를 경질타일은 1:2, 연질타일은 1:3로 한다.

7 부동침하 방지대책에 대한 설명으로 가장 옳지 않은 것은?

① 건물을 경량화하여 하중을 줄인다.

② 평면길이를 길게 하여 하중의 분포범위를 넓힌다.

③ 지정을 경질지반까지 닿도록 하여 지지한다.

④ 지반개량공법으로 지반의 성질을 개량한 후 구조물을 설치한다.

ANSWER 7.②

7 부동침하를 방지하기 위해서는 건물의 길이를 되도록 짧게 해야 한다.

㉠ 부동침하의 원인

• 한 건물에서 부분적으로 상이한 침하가 발생하는 현상이다.

• 원인으로는 연약층, 경사지반, 이질지층, 낭떠러지, 증축, 지하수위변경, 지하구멍, 메운땅 흙막이, 이질지정, 일부지정 등이 있다.

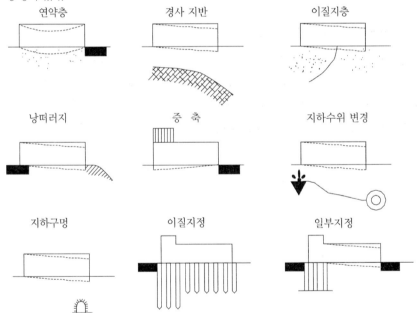

㉡ 부동침하의 대책

• 건물의 길이를 작게 하고 강성을 높일 것

• 건물의 경량화 및 중량 분배를 고려할 것

• 인접건물과의 거리를 멀게 할 것

• 마찰말뚝을 사용하고 서로 다른 종류의 말뚝 혼용을 금지할 것

• 지하실을 설치하고 되도록 온통기초로 할 것

• 지중보나 지하연속벽을 통해 기초 상호간을 연결할 것

• 언더피닝 공법을 적용할 것

8 테이블 폼(Table form)이라 불리며, 거푸집널에 장선, 멍에, 서포트 등을 기계적인 요소로 부재화한 대형 바닥판 거푸집으로 각 층의 층고 및 슬래브 형태가 동일한 건축물에 가장 효과적인 시스템 거푸집은?

① 플라잉 폼(Flying form)
② 갱 폼(Gang form)
③ 클라이밍 폼(Climbing form)
④ 슬라이딩 폼(Sliding form)

8 플라잉 폼(Flying form) : 테이블 폼(Table form)이라 불리며, 거푸집널에 장선, 멍에, 서포트 등을 기계적인 요소로 부재화한 대형 바닥판 거푸집으로 각 층의 층고 및 슬래브 형태가 동일한 건축물에 가장 효과적인 시스템 거푸집이다.

㉠ 거푸집의 종류
• 벽체전용 시스템 거푸집 : Gang Form, Climbing Form, Sliding Form, Slip Form
• 바닥판 전용 거푸집 : Flying Form(=Table Form), Waffle Form, Deck plate Form, Omnier Slab 공법(=Half slab 공법)
• 바닥+벽체용 거푸집 : Tunnel Form(Steel Form), Traveling Form

㉡ 벽체전용거푸집
• 갱폼 : 사용할 때마다 작은 부재의 조립, 분해를 반복하지 않고 대형화, 단순화하여 한 번에 설치하고 해체하는 거푸집 시스템으로 주로 외벽의 두꺼운 벽체나 옹벽, 피어기초 등에 이용된다.
• 클라이밍폼 : 벽체용 거푸집을 거푸집과 벽체마감공사를 위한 비계틀을 일체로 조립하여 한꺼번에 인양시켜 설치하는 공법으로 Gang Form에 거푸집 설치용 비계틀과 기타설된 콘크리트의 마감용 비계를 일체로 한 것이다.
• 슬라이딩폼 : 수평적 또는 수직적으로 반복된 구조물을 시공이음없이 균일한 형상으로 시공하기 위하여 거푸집을 연속적으로 이동시키면서 콘크리트를 타설하여 구조물을 시공하는 거푸집공법으로 주로 사일로, 교각, 건물의 코어부분 등 단면형상의 변화가 없는 수직으로 연속된 콘크리트 구조물에 사용된다. Yoke와 Oil Jack, 체인블록 등으로 상승되며 작업대와 비계틀이 동시에 상승되어 안전성이 높다.
• 슬립폼 : 전망탑, 급수탑 등 단면형상에 변화가 있는 수직으로 연속된 콘크리트 구조물에 사용되는 연속화, 일체화 공법으로 상승작업은 주간에만 하도록 한다.

㉢ 바닥판 전용거푸집
• 플라잉폼(테이블폼) : 바닥에 콘크리트를 타설하기 위한 거푸집으로서 장선, 멍에, 서포트 등을 일체로 제작하여 부재화한 거푸집 공법으로 갱폼과 조합사용이 가능하며 시공정밀도·전용성이 우수하고, 처짐·외력에 대한 안전성이 우수하다.
• 와플폼 : 무량판구조, 평판구조에서 특수상자모양의 기성재 거푸집으로 2방향 장선바닥판 구조가 가능하며 격자 천정형식을 만들 때 사용하는 거푸집이다.
• 데크플레이트 폼 : 철골조 보에 걸어 지주없이 쓰이는 바닥골철판으로 초고층 슬래브용 거푸집으로 많이 사용한다. 철근이 선조립된 페로덱 철판도 있다.
• 옴니어 슬래브공법(Half Slab공법) : 공장제작된 Half slab PC콘크리트판과 현장타설 Topping concrete로 된 복합구조로 지주수량이 감소되며 합성 슬래브공법으로 이용이 가능하다.

㉣ 바닥+벽체용거푸집
• 터널폼 : 대형 형틀로서 슬래브와 벽체의 콘크리트타설을 일체화하기 위한 것으로 한 구획전체의 벽판과 바닥판을 ㄱ자형 또는 'ㄷ'자형으로 짜는 거푸집
• 트레블링폼 : 장선, 멍에, 동바리 등이 일체로 유니트화한 대형, 수평이동 거푸집이다. 벽체와 바닥을 동시에 타설하여 옹벽, 지하철, 터널, 교량 등 주로 토목구조물에 적용된다.

9 콘크리트 줄눈에 대한 설명으로 가장 옳지 않은 것은?

① 시공줄눈(construction joint)은 미경화 콘크리트의 건조수축에 의한 크랙을 극소화하기 위해 타설면에 발생시키는 임시조인트이며 조인트폭은 60~90cm 정도로 설치한다.

② 지연줄눈(delay joint, shrinkage strip)은 부재가 큰 기초매트나 장스팬 구조물에 적합하며, 설계 시부터 설치위치를 고려하는 것이 좋다.

③ 조절줄눈(control joint)은 지하주차장 바닥의 무근콘크리트 마감부위에 cutting 시공한다.

④ 슬립조인트(slip joint)는 콘크리트와 벽돌 등 이질재접합부에 설치한다.

9 미경화 콘크리트의 건조수축에 의한 크랙을 극소화하기 위해 타설면에 발생시키는 임시조인트는 딜레이조인트(Delay Joint)이며 조인트 폭은 60 ~ 90cm 정도로 설치한다.

※ 줄눈의 종류

• 딜레이조인트 : 콘크리트 타설 후 부재가 건조수축에 대하여 내외부의 구속을 받지 않도록 일정폭을 두어 어느 정도 양생한 후 남겨둔 부분을 콘크리트로 채워 처리하는 조인트로서 지연조인트, 건조수축대(Shrinkage Strip, Pour Strip)라고도 한다. 100m를 초과하는 장스팬 구조물에서 신축줄눈을 설치하지 않고 건조수축을 감소시키기 위하여 설치하는 임시줄눈이다. 조체를 분리시켜 인접 구조체에 타설된 콘크리트가 경화하는 동안, 초기 콘크리트의 건조수 축량을 일정 부위별로 각각 구속없이 진행시킨 후, 인접 콘크리트가 경화하여 일정 소요강도에 도달하게 되면 나중에 이 부위에 콘크리트를 메워 인접 구조체와 일체시킴으로써 구조적 연속성을 확보할 수 있다.

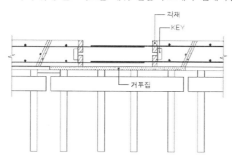 

• 콜드조인트 : 계획안된 줄눈, 시공과정 중 휴식시간 등으로 응결하기 시작한 콘크리트에 새로운 콘크리트를 이어칠 때 일체화가 저해되어 생기는 줄눈이다.

• 시공줄눈 : 콘크리트를 한 번에 계속하여 부어나가지 못할 곳에 생기는 줄눈이다.

• 신축줄눈 : 응력해제줄눈, 건축물의 온도에 의한 신축팽창, 부동침하 등에 의하여 발생하는 건축의 전체적인 불규칙 균열을 한 곳에 집중시키도록 설계 및 시공 시 고려되는 줄눈이다.

• 조절줄눈 : 수축줄눈, 지반 등 안정된 위치에 있는 바닥판이 수축에 의하여 표면에 균열이 생길 수 있는데 이것을 막기 위해 설치하는 줄눈 (바닥, 벽 등에 설치 균열이 일정한 곳에서만 일어나도록 하는 균열유도줄눈)

• 슬립조인트 : 콘크리트와 벽돌 등 이질재접합부에 설치하는 조인트로서 RC조 슬래브와 조적벽체 상부에 설치하는 줄눈이다.

• 슬라이딩조인트 : 보와 슬래브 사이에 설치하는 활동면 이음으로 구속응력 해제를 목적으로 설치한다.

10 〈보기〉의 시멘트 종류에서 대형 콘크리트 공사 시 수화열을 낮추기 위한 목적으로 사용이 가능한 것을 모두 고른 것은?

ⓐ 조강 포틀랜드 시멘트
ⓑ 알루미나 시멘트
ⓒ 고로슬래그 시멘트
ⓓ 중용열 포틀랜드 시멘트
ⓔ 내황산염 포틀랜드 시멘트

---

① ㄱ, ㄹ

② ㄴ, ㄷ

③ ㄴ, ㅁ

④ ㄷ, ㄹ

10 고로슬래그 시멘트와 중용열 포틀랜드 시멘트는 주로 수화열 관리가 매우 중요한 매스콘크리트에 사용되는 시멘트이다. (내황산염 포틀랜드 시멘트는 대형공사에서 수화열저감효과를 기대하기에는 효과가 미미하다)

ⓐ 보통 포틀랜드 시멘트

콘크리트 공사용으로서 넓게 사용하고 있는 시멘트이며, 만능시멘트라고도 불리는 시멘트이다. 일본에서 사용하는 전체 시멘트의 약 80%가 보통 포틀랜드 시멘트이다. 또한 혼합시멘트용의 모체 시멘트로도 사용하고 있다. 전형적인 강물조성으로서 C3S 51%, C2S 25%, C3A 9%, C4AF 9%, CaSO4 4% 정도이며, 비표면적은 3,300cm^2/g 전후이다.

ⓑ 조강 포틀랜드 시멘트

보통 포틀랜드시멘트의 재령 3일 압축강도를 1일에 발현하는 조강형의 시멘트이다. C3S함유율을 65% 부근까지 높이고, 브레인 비표면적 4,000~4,600cm^2/g까지 미분화하여, 초기강도를 높인다.

ⓒ 초조강 포틀랜드 시멘트

보통 포틀랜드시멘트의 재령 7일 압축강도를 1일에 발현하는 시멘트이다. 수화반응이 급격하게 진행하고, 발열속도가 매우 크기 때문에, 한중 콘크리트에는 적합한 것이지만, 일반의 콘크리트 공사에서는 온도균열에 주의할 필요가 있다. C3S 함유율을 약 70%까지 높이고, 브레인 비표면적이 약 6,000cm^2/g 까지 미분화시킨 것이다.

ⓓ 중용열 포틀랜드 시멘트

초기 수화과정의 발열속도를 작게 하기 위해서 수화반응 속도와 반응열이 큰 C3A 함유율과 수화 반응속도가 큰 C3S 함유율을 낮추어서, C3A 4%, C3S 45% 전후로 한 시멘트이다. 강도발현 속도는 작지만 1년 이상의 장기강도는 다른 포틀랜드 시멘트보다 높으며, 치밀한 경화체 조직을 얻을 수 있고, 화학저항성이 강한 특징을 갖고 있다.

ⓔ 내황산염 포틀랜드 시멘트

포틀랜드시멘트 경화체가 황산염 (SO42-)의 공격을 받으면, 에트린자이트(3CaO · Al2O3 · 3CaSO4 · 32H2O, C3A · 3CS · H32)가 생성되어 시멘트 경화체가 팽창함으로써, 결과는 popout과 반대로, 구조체의 변형, 강도저하가 일어난다. 내황산염 포틀랜드 시멘트는 황산염 침입에 대한 저항성을 높이기 위해서 C3A 함유율을 4% 이하로 한 것으로서, 내황산염성 이외에, 감수제 등 계면활성제의 효력의 발휘가 우수하며, 보통 포틀랜드 시멘트 보다 수화열이 약 10kcal/kg 정도 낮은 특징 등을 갖고 있다.

11 인조대리석공사에 관한 설명으로 가장 옳지 않은 것은

① 인조대리석의 작업환경 온도는 5~30℃, 바탕면의 수분은 3~5% 정도가 적합하다.

② 건식시공에 있어 벽 부위 줄눈은 시공도에 따라 정한 바가 없을 때에는 3mm 줄눈용 모르타르를 사용한다.

③ 반건식공법(부분주입공법, 절충공법)에 있어 벽 부위는 실내외 및 시공 높이 5m 이내에 한하고, 동선(ϕ3) 길이 40mm 핀을 좌, 우 1/4 지점 2개소 상하부에 반드시 꽂아 고정한다.

④ 습식시공에 있어 벽 부위 인조대리석 뒤채움 모르타르는 30mm를 표준으로 한다.

12 방수공사에 관한 설명으로 가장 옳지 않은 것은?

① 아스팔트 방수는 내산성, 내알카리성, 내구성, 방수성, 접착성, 전기절연성 등이 좋다.

② 시멘트 액체방수는 발수성 물질의 작용으로 콘크리트나 모르타르 중에 존재하는 수극, 공극 등을 충전함으로써 흡수와 투수에 대한 저항성을 증대시키는 방법이다.

③ 아스팔트 방수는 결함부 발견이 어렵고 공사기간이 시멘트 액체방수보다 길다.

④ 시멘트 액체방수는 외기의 영향이 작고 방수층의 신축성이 크다.

11 반건식공법(부분주입공법, 절충공법)에 있어 벽 부위는 실내외 및 시공 높이 3.5m 이내에 한하고, 동선(ϕ3) 길이 40mm 핀을 좌, 우 1/4 지점 2개소 상하부에 반드시 꽂아 고정한다.

12 시멘트 액체방수는 콘크리트면에 도포하여 방수층을 형성하는 방법으로 지붕이나 외벽 등 외기에 노출되어 있는 부위에는 적합하지 않다.

13 「건설산업기본법」에서 정의하는 용어에 대한 설명으로 가장 적절한 것은?

① 종합공사란 시설물의 일부 또는 전문 분야에 관한 건설공사를 말한다.

② 발주자란 수급인으로서 도급받은 건설공사를 하도급하는 자를 포함한다.

③ 수급인이란 발주자로부터 건설공사를 도급받은 건설업자를 말한다.

④ 건설사업관리란 건설공사에 관한 조사, 설계, 감리, 사업관리, 유지관리 등 건설공사와 관련된 용역을 하는 업(業)을 말한다.

NSWER 13.③

13 ① 시설물의 일부 또는 전문 분야에 관한 건설공사는 전문공사이다. 종합공사란 종합적인 계획, 관리 및 조정을 하면서 시설물을 시공하는 건설공사를 말한다.

② 발주자란 건설공사를 건설업자에게 도급하는 자를 말한다. 다만, 수급인으로서 도급받은 건설공사를 하도급하는 자는 제외한다.

④ 건설사업관리란 건설공사에 관한 기획, 타당성 조사, 분석, 설계, 조달, 계약, 시공관리, 감리, 평가 또는 사후관리 등에 관한 관리를 수행하는 것을 말한다.

「건설산업기본법」제2조(정의)

1. "건설산업"이란 건설업과 건설용역업을 말한다.

2. "건설업"이란 건설공사를 하는 업(業)을 말한다.

3. "건설용역업"이란 건설공사에 관한 조사, 설계, 감리, 사업관리, 유지관리 등 건설공사와 관련된 용역(이하 "건설용역"이라 한다)을 하는 업(業)을 말한다.

4. "건설공사"란 토목공사, 건축공사, 산업설비공사, 조경공사, 환경시설공사, 그 밖에 명칭에 관계없이 시설물을 설치 · 유지 · 보수하는공사(시설물을 설치하기 위한 부지조성공사를 포함한다) 및 기계설비나 그 밖의 구조물의 설치 및 해체공사 등을 말한다. 다만, 다음 각 목의 어느 하나에 해당하는 공사는 포함하지 아니한다.

　가. 「전기공사업법」에 따른 전기공사

　나. 「정보통신공사업법」에 따른 정보통신공사

　다. 「소방시설공사업법」에 따른 소방시설공사

　라. 「문화재 수리 등에 관한 법률」에 따른 문화재 수리공사

5. "종합공사"란 종합적인 계획, 관리 및 조정을 하면서 시설물을 시공하는 건설공사를 말한다.

6. "전문공사"란 시설물의 일부 또는 전문 분야에 관한 건설공사를 말한다.

7. "건설업자"란 이 법 또는 다른 법률에 따라 등록 등을 하고 건설업을 하는 자를 말한다.

8. "건설사업관리"란 건설공사에 관한 기획, 타당성 조사, 분석, 설계, 조달, 계약, 시공관리, 감리, 평가 또는 사후관리 등에 관한 관리를 수행하는 것을 말한다.

9. "시공책임형 건설사업관리"란 종합공사를 시공하는 업종을 등록한 건설업자가 건설공사에 대하여 시공 이전 단계에서 건설사업관리 업무를 수행하고 아울러 시공 단계에서 발주자와 시공 및 건설사업관리에 대한 별도의 계약을 통하여 종합적인 계획, 관리 및 조정을 하면서 미리 정한 공사 금액과 공사기간 내에 시설물을 시공하는 것을 말한다.

10. "발주자"란 건설공사를 건설업자에게 도급하는 자를 말한다. 다만, 수급인으로서 도급받은 건설공사를 하도급하는 자는 제외한다.

11. "도급"이란 원도급, 하도급, 위탁 등 명칭에 관계없이 건설공사를 완성할 것을 약정하고, 상대방이 그 공사의 결과에 대하여 대가를 지급할 것을 약정하는 계약을 말한다.

12. "하도급"이란 도급받은 건설공사의 전부 또는 일부를 다시 도급하기 위하여 수급인이 제3자와 체결하는 계약을 말한다.

13. "수급인"이란 발주자로부터 건설공사를 도급받은 건설업자를 말하고, 하도급의 경우 하도급하는 건설업자를 포함한다.

14. "하수급인"이란 수급인으로부터 건설공사를 하도급받은 자를 말한다.

15. "건설기술인"이란 관계 법령에 따라 건설공사에 관한 기술이나 기능을 가졌다고 인정된 사람을 말한다.

14 공동주택의 바닥충격음 저감대책 또는 공법에 대한 설명으로 가장 적절한 것은?

① 뜬 바닥구조 공법은 하부 층의 천장을 차음구조로 설치하여 층간소음을 추가적으로 차단하는 공법이다.

② 중량·고강성 바닥공법은 충격에 의한 진동 및 충격에너지가 바닥슬래브에 전달되지 않도록 하는 공법이다.

③ 표면완충공법은 충격원의 특성을 변화시키는 것으로 유연한 바닥 마감재를 사용하여 피크 충격력을 감소시키는 공법이다.

④ 이중천장공법은 바닥슬래브의 두께를 증가시키거나 밀도를 높여 중량화시키는 공법이다.

14 ① 하부 층의 천장을 차음구조로 설치하여 층간소음을 추가적으로 차단하는 공법은 이중천장공법이다.

② 충격에 의한 진동 및 충격에너지가 바닥슬래브에 전달되지 않도록 하는 공법은 뜬바닥공법이다.

④ 바닥슬래브의 두께를 증가시키거나 밀도를 높여 중량화시키는 공법은 중량·고강성 바닥공법이다.

※ 바닥충격음 저감공법

㉠ 이중천장공법

- 슬래브와 하부층 천장의 공기층을 충분히 확보하고 동시에 천장재료의 면밀도를 높여 상부층에서 충격 진동으로 발생하는 방사소음을 차단하는 저감방법이다.
- 중량충격음에 대해서 효과가 있으나, 천장틀의 지지방법 및 구조에 따라 차이가 있다.
- 일반적인 천정에서는 천정재와 공기층에 의한 공진으로 중량충격음 차음특성이 나빠진다. 설계 시 공진주파수를 피하도록 주의가 필요하다.

㉡ 중량·고강성 바닥공법

- 바닥 Slab두께를 늘이거나 밀도를 높여 중량화 시키거나 강성이 높은 바닥재료를 사용하여 충격에 대한 바닥진동을 최소화하는 방법으로 중량충격음에 있어서는 효과가 있으나 경량충격음에 대해서는 개선량이 크지 않다.
- 구조체가 점차 경량화 되어가고 있는 현행 건설 추세와는 상반되는 개념을 갖고 있다. 바닥 Slab두께가 중량충격음레벨의 증감에 직접적인 영향을 주며, Slab의 중량을 증가시키면 충격에 의한 바닥 진동의 진폭을 저감시킬 수 있다. 그러나 기존 Slab위에 질량만을 부가시킬 경우에는 충격음저감효과를 크게 기대할 수 없다.

㉢ 뜬바닥공법

- 완충재를 사용하여 충격에너지를 가능한 하부 구조체(Con'c Slab)에 전달되지 않도록 하거나 전달과정에서 흡수하는 방법으로 습식 뜬 바닥 공법이 대표적이다.
- 현재 가장 많이 사용되는 방법으로 Con'c Slab와 마감 Mortar층 사이에 완충재를 삽입하여 고체음의 전달을 절연시킨다.
- 완충재의 설치 유무에 따라 전체적으로 바닥충격음레벨이 큰 차이를 보이고 있고, 중량충격원보다 경량충격원 저감에 더욱 효과적이다.

㉣ 표면완충공법

- 충격원의 특성을 변화 시키는 방법으로 유연한 바닥 마감재를 사용하여 Peak 충격력을 줄이고 고주파 대역에서 충격음레벨을 저하 시킨다.
- 경량충격음 저감에는 효과가 크나, 중량충격음에는 효과가 거의 없다.

15 EVMS(Earned Value Management System)기법을 활용할 때, 프로젝트 총사업예산(BAC)은 5,000억 원이며, 현 시점(Time Now)까지 50%가 실제 진척된 상태이나, 당초 계획대로라면 현 시점까지 55%가 진행되었어야 한다. 현재까지 3,000억 원이 기집행이 되었을 경우에 공정편차(SV)는 얼마인가?

① +250억 원

② −250억 원

③ +500억 원

④ −500억 원

ANSWER 15.②

15 공정편차(SV) = 달성공사비(BCWP)−계획공사비(BCWS) = 2,500 − 2,750 = −250

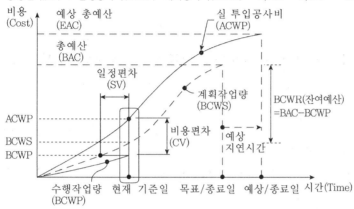

구분	영문용어	국문용어	약어	내용
계획 요소	Work Breakdown Structure	작업분류체계	WBS	프로젝트의 모든 작업내용을 계층적으로 분류한 것
	Control Account	관리계정	CA	공정·공사비 통합, 성과측정, 분석의 기본단위
	Performance Measurement Baseline	관리기준선	PMB	관리계정을 구성하는 항목별로 비용을 일정에 따라 배분하여 표기한 누계곡선
측정 요소	Budgeted Cost for Work Scheduled	계획공사비	BCWS (PV)	성과측정시점까지 투입예정된 공사비
	Budgeted Cost for Work Performance (Earned Value)	달성공사비	BCWP (EV)	성과측정시점까지 지불된 기성금액(수행작업량에 따른 기성금액)
	Actual Cost for Work Performance	실투입비	ACWP (AC)	성과측정시점까지 지불된 기성금액(수행작업량에 따른 기성금액)
분석 요소	Schedule Variance	공정편차	SV	BCWP−BCWS
	Cost Variance	공사비편차	CV	BCWP−ACWP
	Estimate To Complete	잔여공사비 추정액	ETC	성과측정기준일 이후부터 추정준공일 까지의 실투입비에 대한 추정지
	Estimate At Complete	최종공사비 추정액	EAC	공사착수일로부터 추정준공일까지의 실투입비에 대한 추정치
	Variance At Complete	최종공사비 편차추정액	VAC	계획공사비와 최종공사비 추정액의 차액
	Schedule Performance Index	공정수행지수(공정지수)	SPI	BCWP/BCWS
	Cost Performance Index	공사비지출지수(원가지수)	CPI	BCWP/ACWP

16 결로 발생조건과 결로 방지방법에 대한 설명으로 가장 옳지 않은 것은?

① 결로는 구조체의 온도가 습공기의 노점온도보다 높을 때 발생한다.

② 습공기 중의 수증기량이 많으면 노점온도가 높아져 결로가 발생할 가능성이 높다.

③ 결로를 방지하기 위해서는 구조체 온도가 습공기의 노점온도보다 높게 유지되도록 난방을 한다.

④ 절대습도(혹은 수증기 분압)가 낮은 실외공기와 절대습도가 높은 실내공기를 치환시켜 실내 습공기의 노점온도를 낮추는 환기를 통해 결로를 방지할 수 있다.

17 「건축물의 설비기준 등에 관한 규칙」에서 온수온돌에 대한 설명으로 가장 적절하지 않은 것은?

① 온수온돌이란 보일러 또는 그 밖의 열원으로부터 생성된 온수를 바닥에 설치된 배관을 통해 흐르게 하여 난방을 하는 방식이다.

② 바탕층이란 온돌구조의 높이 조정, 차음성능 향상, 보조적인 단열기능 등을 위하여 배관층과 단열층 사이에 완충재 등을 설치하는 층을 말한다.

③ 단열층이란 온수온돌의 배관층에서 방출되는 열이 바탕층 아래로 손실되는 것을 방지하기 위하여 배관층과 바탕층 사이에 단열재를 설치하는 층을 말한다.

④ 배관층이란 단열층 또는 채움층 위에 방열관을 설치하는 층을 말한다.

ANSWER 16.① 17.②

16 결로는 구조체의 온도가 습공기의 노점온도보다 낮을 때 발생한다.

17 바탕층이란 온돌이 설치되는 건축물의 최하층 또는 중간층의 바닥을 말한다. 온돌구조의 높이 조정, 차음성능 향상, 보조적인 단열기능 등을 위하여 배관층과 단열층 사이에 완충재 등을 설치하는 층은 채움층이다.

18 낙찰이 되어도 계약을 체결할 의사가 없는 입찰자의 입찰참가를 제한하기 위한 것으로 계약시점에 발주자가 낙찰자와 계약을 체결하지 못할 경우, 재입찰에 소요되는 비용 혹은 발주자의 추가비용을 보상 받기 위한 건설보증제도로 가장 옳은 것은?

① 하도급대금지급 보증제도 ② 계약이행 보증제도

③ 지불 보증제도 ④ 입찰 보증제도

19 「가설공사표준시방서」에 따른 가설공사 관련 설명으로 가장 옳지 않은 것은?

① 건설공사용 리프트를 설치함에 있어 지상 방호울은 1.8m 높이까지 설치하여야 한다.

② 고소작업대를 설치함에 있어 작업대는 작업자가 오르고 내릴 경우 구조물에서 30cm 이내에 있어야 한다.

③ 비계 및 작업발판을 설치함에 있어 경사각이 25° 미만이고 발판에 미끄럼 방지장치가 있는 경우에는 미끄럼막이를 설치하지 않을 수 있다.

④ 안전난간을 설치함에 있어 추락의 위험이 있는 곳에는 높이가 0.9m 이상인 안전난간을 설치하고, 중간난간대는 상부난간대와 바닥면의 중간에 설치하여야 한다. 다만, 상부난간대의 높이가 1.2m를 초과하는 경우에는 난간 상하 간의 간격이 600mm 이하가 되도록 중간난간대를 추가로 설치하여야 한다.

20 타워크레인의 설치계획 및 설치 시 유의할 사항으로 가장 옳지 않은 것은?

① 철골부재의 중량을 반드시 검토해야 한다.

② 외부에 설치할 경우 별도로 기초를 만들어야 한다.

③ 마스트 상승방식은 크레인을 엘리베이터 코어월(core wall)에 설치하며 외부마감과 간섭이 없고 구조보강이 용이하다.

④ 작업구간이 회전반경 내에 있도록 하며, 공유 작업면적을 갖게 한다.

ANSWER 18.④ 19.③ 20.③

18 입찰보증제도 : 낙찰이 되어도 계약을 체결할 의사가 없는 입찰자의 입찰참가를 제한하기 위한 것으로 계약시점에 발주자가 낙찰자와 계약을 체결하지 못할 경우, 재입찰에 소요되는 비용 혹은 발주자의 추가비용을 보상 받기 위한 건설보증제도

19 비계 및 작업발판을 설치함에 있어 경사각이 15° 미만이고 발판에 미끄럼 방지장치가 있는 경우에는 미끄럼막이를 설치하지 않을 수 있다.

20 마스트 상승방식은 텔레스코핑 마스트(Telescoping Mast)에 설치된 유압실린더를 이용하여 타워헤드 부분만을 상승하고 마스트를 추가 설치하여 일정한 높이까지 상승시키는 방식을 말하며 외부마감과의 간섭이 발생하게 된다.

1 VE(Value Engineering)에 대한 설명으로 옳지 않은 것은?

① 건축주 중심의 사고방식, 기능중심의 해결, 조직적이고 순서화된 활동 등을 원칙으로 한다.

② 기능분석 단계에서 활용하는 FAST(Function Analysis System Technique) 다이어그램은 기능들의 상호 관련성을 How-Why 논리를 이용하여 표현한다.

③ 대상선정기법 중 고비용 분야 선정기법은 가장 높은 비용 항목이 가치 개선의 여지가 가장 크다는 가정에 기반을 둔다.

④ 시공단계에서의 VE활동은 비용 또는 성능 측면에서 실질적으로 개선할 수 있어 설계단계에서의 VE활동보다 효과적이다.

2 일반콘크리트공사의 레미콘 타설에 대한 설명으로 옳은 것은?

① 레미콘의 규격 [25-24-150]은 호칭강도 25 MPa, 굵은골재 최대치수 24 mm, 슬럼프값 150 mm인 보통콘크리트를 의미한다.

② 비비기로부터 타설이 끝날 때까지의 시간은 원칙적으로 외기온도가 25℃ 이상일 때는 1.5시간, 25℃ 미만일 때는 2시간을 넘어서는 안 된다.

③ 콘크리트의 자유낙하 높이는 콘크리트가 분리되지 않도록 가능한 높을수록 좋다.

④ 얇은 벽 등 내부진동기의 사용이 곤란한 장소에서는 재료분리를 방지하기 위해 거푸집 진동기를 사용하지 않아야 한다.

ANSWER 1.④ 2.②

1 설계단계에서의 VE활동은 시공단계에서의 VE활동에서보다 비용 또는 성능측면에서 더 많은 효과를 낼 수 있다. (설계단계의 1%의 오차가 결과적으로 10%이상의 오차를 발생시킬 수 있다. 또한 착공이후에는 VE를 통한 비용절감의 폭이 줄어들게 된다.)

2 ① 레미콘의 규격 [25-24-150]은 굵은골재 최대치수 25mm, 호칭강도 24 MPa, 슬럼프값 150 mm인 보통콘크리트를 의미한다.

③ 콘크리트의 자유낙하 높이는 콘크리트가 분리되지 않도록 가능한 낮을수록 좋다.

④ 얇은 벽 등 내부진동기의 사용이 곤란한 장소에서는 재료분리를 방지하기 위해 거푸집 진동기를 사용한다.

3 아스팔트 방수공사에 대한 설명으로 옳지 않은 것은?

① 루핑 붙임에서 볼록, 오목모서리 부분은 일반 평면부 루핑을 먼저 붙인 후 폭 300 mm 정도의 스트레치 루핑을 사용하여 균등하게 덧붙임 한다.

② 아스팔트 용융 중에는 최소한 30분에 1회 정도로 온도를 측정한다.

③ 프라이머는 바탕을 충분히 청소한 다음, 시공 범위 전면에 균일하게 도포하여 건조한다.

④ 아스팔트 루핑의 겹침폭은 길이 및 폭 방향 100mm 정도로 하고, 상하층의 겹침 위치가 동일하지 않도록 붙인다.

4 현장타설 콘크리트 말뚝에 대한 설명으로 옳지 않은 것은?

① 시험말뚝은 설계의 적정성 및 시공성 확인을 목적으로 시행하며, 공사착수 전에 시험말뚝을 시공하는 것을 원칙으로 한다.

② 베노토(benoto) 공법은 벤토나이트 등의 안정액을 사용하여 굴착공벽의 붕괴를 방지한다.

③ RCD(Reverse Circulation Drill) 공법은 지하수위보다 2m 이상 높게 물을 채우고 일정 한도 이상의 정수압으로 공벽의 붕괴를 방지한다.

④ 어스 드릴(earth drill) 공법은 철근을 설치할 때 공벽에 접촉하여 토사의 붕괴를 일으키지 않도록 주의하여 굴착공 내에 강하시켜야 한다.

Aɴꜱᴡᴇʀ 3.① 4.②

3 루핑 붙임에서 볼록, 오목모서리 부분은 일반 평면부 루핑을 먼저 붙이기 전 폭 300mm 정도의 스트레치 루핑을 사용하여 균등하게 덧붙임 한다.

4 베노토(benoto) 공법은 굴착 시 공벽 붕괴를 방지하기 위해 CASING TUBE를 사용한다.

5 시스템 비계에 대한 설명으로 옳은 것은?

① 수직재와 수평재는 직교되게 설치하고, 가새는 비계의 외면으로 수평면에 대해 30 ~ 40° 방향으로 설치하며 수평재 및 수직재에 결속한다.

② 수직재와 받침 철물의 연결부 겹침 길이는 받침 철물 전체 길이의 $\frac{1}{4}$ 이상이 되도록 한다.

③ 수직재를 연약 지반에 설치할 경우는 지반을 다지고 두께 45mm 이상의 깔목을 소요폭 이상으로 설치하거나, 강재표면 및 단단한 아스팔트 등의 침하 방지 조치를 하여야 한다.

④ 안전 난간의 용도로 사용되는 상부수평재는 작업 발판 면에서 높이 0.6m 이상이어야 하며, 흔들리거나 이탈되지 않도록 하여야 한다.

6 건설작업용 리프트에 대한 설명으로 옳지 않은 것은?

① 리프트를 설치할 때는 마스트와 구조물을 연결하는 월타이(wall-tie) 고정볼트를 사전에 매입하는 엠베드(embed)방식을 원칙으로 하고, 불가 시 타공 방식으로 하여야 한다.

② 리프트는 신축할 건축물에 인접하여 가설기초 위에 설치하며, 철근콘크리트 구조체가 28일 압축강도에 도달한 때에는 구조체에 가새 등을 이용하여 고정하여야 한다.

③ 마스트 지지는 최하층은 12m 이내에 설치하고, 중간층은 18m 이내마다 설치하며, 최상부층은 반드시 설치하여야 한다.

④ 지상 방호울은 1.8m 높이까지 설치하여야 한다.

ANSWER 5.③ 6.③

5 ① 수직재와 수평재는 직교되게 설치하고, 가새는 비계의 외면으로 수평면에 대해 40~60° 방향으로 설치하며 수평재 및 수직재에 결속한다.
② 수직재와 받침 철물의 연결부 겹침 길이는 받침 철물 전체 길이의 1/3 이상이 되도록 한다.
④ 안전 난간의 용도로 사용되는 상부수평재는 작업 발판 면에서 높이 0.9 m 이상이어야 하며, 흔들리거나 이탈되지 않도록 하여야 한다.

6 마스트 지지는 최하층은 6 m 이내에 설치하고, 중간층은 18 m 이내마다 설치하며, 최상부층은 반드시 설치하여야 한다.
※ 리프트설치 시 유의사항
• 조립작업은 지정된 작업 지휘자의 지휘 하에 실시하여야 한다
• 기초와 마스트는 볼트로 견고하게 고정하여야 한다.
• 각부의 볼트가 헐겁지 않도록 조여야 한다.
• 마스트 지지는 최하층은 6m이내에 설치하고 중간층은 1.8m이내 마다
• 설치하며 최상부층은 반드시 설치한다.
• 지상 방호울은 1.8m높이까지 설치하여야 한다.
• 마스트와 구조물을 연결하는 월타이(wall-tie) 고정볼트를 사전에 매입하는 엠베드(embed)방식을 원칙으로 하고, 불가 시 타공 방식으로 하여야 한다.
• 리프트는 신축할 건축물에 인접하여 가설기초 위에 설치하며, 철근콘크리트 구조체가 28일 압축강도에 도달한 때에는 구조체에 가새 등을 이용하여 고정하여야 한다.
• 운전자가 각층을 보는 것이 곤란한 경우에는 경보음, 램프 등의 신호장치를 설치하여야 한다.

7 폐기물에 대한 용어의 정의로 옳은 것은?

① 지정 폐기물 : 건설공사로 인하여 건설현장에서 발생하는 5톤 이상의 폐기물(공사를 착공할 때부터 완료할 때까지 발생하는 것만 해당한다)을 말한다.

② 건설 부산물 : 유가물로서 매각할 수 있는 것, 원자재로서 재이용의 가능성이 있는 것, 일반폐기물로서 처분되는 것, 산업폐기물로서 처분되는 것, 특별관리 산업폐기물로서 처분되는 것을 말한다.

③ 생활 폐기물 : 폐콘크리트, 폐아스팔트 콘크리트, 폐벽돌, 폐블록, 폐기와, 건설폐토석 등을 총칭한다.

④ 건설 폐재류 : 사업장폐기물 중 폐유·폐산 등 주변 환경을 오염시킬 수 있거나 의료폐기물 등 인체에 위해를 줄 수 있는 해로운 물질을 말한다.

8 도장공사에 대한 용어의 정의로 옳은 것은?

① 가사시간 : 다액형 이상의 도료에서 사용하기 위해 혼합했을 때 겔화, 경화 등이 일어나지 않고 작업이 가능한 시간

② 하도 : 바탕에 대해서 도장에 적절하도록 행하는 처리

③ 착색 : 몇 가지 색의 도료를 혼합해서 얻어지는 도막의 색이 희망하는 색이 되도록 하는 작업

④ 바탕처리 : 물체의 바탕에 직접 칠하는 것으로서, 바탕의 빠른 흡수나 녹의 발생을 방지하고, 바탕에 대한 도막 층의 부착성을 증가시키기 위해서 사용하는 도료

ANSWER 7.② 8.①

7 ① 건설폐기물 : 건설공사로 인하여 건설현장에서 발생하는 5톤 이상의 폐기물(공사를 착공할 때부터 완료할 때까지 발생하는 것만 해당한다)을 말한다.
③ 건설폐재류 : 폐콘크리트, 폐아스팔트 콘크리트, 폐벽돌, 폐블록, 폐기와, 건설폐토석 등을 총칭한다.
④ 지정폐기물 : 사업장폐기물 중 폐유·폐산 등 주변 환경을 오염시킬 수 있거나 의료폐기물 등 인체에 위해를 줄 수 있는 해로운 물질을 말한다.

8 ② 하도 : 물체의 바탕에 직접 칠하는 것으로서, 바탕의 빠른 흡수나 녹의 발생을 방지하고, 바탕에 대한 도막 층의 부착성을 증가시키기 위해서 사용하는 도료
③ 조색 : 몇 가지 색의 도료를 혼합해서 얻어지는 도막의 색이 희망하는 색이 되도록 하는 작업
④ 바탕처리 : 바탕에 대해서 도장에 적절하도록 행하는 처리

9 외바탕 흙벽바름에 대한 설명으로 옳은 것은?

① 초벽바름을 제외한 바름 두께는 고름질, 재벽바름 및 정벌바름 각각 15~20 mm를 표준으로 하여 균열 및 박리를 방지한다.

② 바름용 흙에 점토가 많아서 점성이 강할 때는 적당량의 모래를 넣고 잘 섞어서 사용한다.

③ 동해를 받지 않도록 주의하고, 동해를 입었을 때는 보강하기 위해 그 위에 덧붙여 바른다.

④ 재벽바름은 접착력 증진을 위해 고름질이 건조하기 전에 얼룩 없이 발라 평탄하고, 매끄럽게 흙손질한다.

10 가설흙막이공사에 대한 설명으로 옳지 않은 것은?

① 띠장은 흙막이 벽면에 직접 수평 또는 경사형태로 부착하는 부재이며, 지반앵커를 연결하는 경우에는 2중 띠장이어야 하고, 고임쐐기로 지반앵커의 천공각도와 맞추어야 한다.

② 최상단에 설치되는 버팀대는 편토압의 우려가 있으므로 단절되지 않고 반대편 흙막이 벽까지 연장되어야 한다.

③ 엄지말뚝은 굴착 경계면을 따라 1~2m 간격으로 수직으로 설치되는 강제 말뚝으로서 흙막이판과 더불어 흙막이 벽을 이루며 배면의 토압 및 수압을 직접 지지한다.

④ 까치발은 버팀대의 수평 간격을 넓게 하거나, 모서리 띠장의 버팀 또는 띠장을 보강할 목적으로 쓰이며, 까치발의 각도가 60° 이내가 되도록 설치하여야 한다.

ANSWER 9.② 10.④

9 ① 바름두께는 초벽바름 : 26~30mm, 고름질 : 8~11mm, 재벽바름 : 8~11mm, 정벌바름 : 2.5mm (총 바름두께 : 45~55mm)이다.
   ③ 동해를 받지 않도록 주의하고, 동해를 입었을 때는 보강하기 위해 제거하고 다시 바른다.
   ④ 재벽바름은 고름질이 충분히 건조한 뒤에 정벌바름 재료로 개탕 주위를 얼룩 없이 발라 평탄하고, 매끄럽게 흙손질한다.

10 까치발은 버팀대의 수평 간격을 넓게 하거나, 모서리 띠장의 버팀 또는 띠장을 보강할 목적으로 쓰이며, 까치발의 각도가 45° 이내가 되도록 설치하여야 한다.

11 강구조공사에서 마찰접합에 대한 설명으로 옳은 것은?

① 접합부 조립 시에는 겹쳐진 판 사이에 생긴 5mm 이하의 볼트구멍의 어긋남은 리머로 수정해도 된다.

② 끼움재의 재질은 모재의 재질과 관계없이 사용할 수 있고, 끼움재는 양면 모두 마찰면으로 처리한다.

③ 접합부의 마찰면은 미리 기름 등을 발라 녹이 발생하지 않도록 한다.

④ 볼트를 끼운 후 변형을 흡수하기 위해 하루 정도 지난 후 본조임하는 것을 원칙으로 한다.

12 매스 콘크리트공사에서 레미콘을 타설하기 전에 실시하는 품질 검사 항목이 아닌 것은?

① 슬럼프

② 공기량

③ 염소이온량

④ 수화열

13 타일 접착력 시험에 대한 설명으로 옳지 않은 것은?

① 타일의 접착력 시험은 $600m^2$당 한 장씩 시험하고, 시험 위치는 담당원의 지시에 따른다.

② 시험할 타일은 시험기 부속장치의 크기로 하되, 그 이상은 $180 \times 60mm$ 크기로 하고, 40mm 미만의 타일은 4매를 1개 조로 하여 부속장치를 붙여 시험한다.

③ 시험할 타일은 먼저 줄눈 부분을 콘크리트 면까지 절단하여 주위의 타일과 분리한다.

④ 시험할 타일은 시공 후 4주 이상일 때 실시하고, 시험결과의 판정은 타일 인장 부착강도가 0.2MPa 이상이어야 한다.

ANSWER 11.② 12.④ 13.④

11 ① 접합부 조립 시에는 겹쳐진 판 사이에 생긴 2mm 이하의 볼트구멍의 어긋남은 리머로 수정해도 된다.
　　③ 접합부의 마찰면은 표면의 마찰력이 확보되어야 하므로 기름칠 등을 해서는 안 된다.
　　④ 마찰접합은 고력볼트를 끼운 그 날안으로 본조임이 이루어져야 함을 원칙으로 한다.

12 수화열측정은 레미콘을 타설하기 전에 실시하는 것이 아니라 레미콘 타설 이후에 실시할 수 있다.

13 시험할 타일은 시공 후 4주 이상일 때 실시하고, 시험결과의 판정은 타일 인장 부착강도가 0.39MPa 이상이어야 한다.

14 창호 및 유리공사에 대한 설명으로 옳지 않은 것은?

① 강제 창호는 문지방이 뒤틀리지 않도록 설치 후 24시간이 경과하고 나서 주변 모르타르를 채운다.

② 알루미늄 창호와 접하여 목재를 사용하는 경우 목재의 함유염분, 함수율이 높은 것을 사용하면 부식을 일으키므로 이에 주의한다.

③ 목제 창호의 여닫음 상태를 조정한 후, 매단 상태, 개폐 정도 등에 대하여 점검하고, 담당원의 승인을 받는다.

④ 합성수지제 창호 설치 시 수평·수직을 정확히 하여 고임목으로 고정하고 창틀 및 문틀의 고정용 철물을 벽면에 구부려 콘크리트용 못 또는 나사못으로 고정한 후에 모르타르로 고정철물에 씌운다.

15 되메우기에 대한 설명으로 옳지 않은 것은?

① 모래로 되메우기할 경우 충분한 물다짐을 실시하고, 일반 흙으로 되메우기할 경우는 두께 약 300mm마다 공사시방서에서 요구하는 다짐밀도로 다진다.

② 되메우기 재료는 모래, 석분 또는 양질의 토사를 사용하고 발파석인 경우 최대 입경이 100mm 이하로 한다.

③ 기계 되메우기 및 다짐을 시행할 경우는 적당한 두께로 포설한 후 진동롤러로 다짐하여 다짐밀도 85% 이상을 확보하도록 한다.

④ 구조물 상부 되메우기에는 방수층이 토사로 유출되거나 또는 손상되지 않도록 구조물 1m까지 인력으로 시공하여야 한다.

ANSWER 14.① 15.③

14 강제 창호는 문지방이 뒤틀리지 않도록 설치 후 즉시 주변 모르타르를 채운다.

15 기계 되메우기 및 다짐을 시행할 경우는 적당한 두께로 포설한 후 진동롤러로 다짐하여 다짐밀도 90% 이상을 확보하도록 한다.

16 강구조공사에서 건축구조물의 스터드용접 검사에 대한 설명으로 옳은 것은?

① 스터드용접 후의 마감높이 및 기울기 검사는 100개 또는 부재 1개에 용접된 숫자 중 작은 쪽을 1개의 검사 단위로 하며, 검사 단위당 1개씩 검사한다.

② 굽힘검사 시 구부림 각도 15°에서 용접부의 균열, 기타 결함이 발생하지 않는 경우는 합격한 것으로 하며, 결함이 발생하지 않았다면 그대로 콘크리트를 타설할 수 있다.

③ 검사 후 합격한 검사 단위는 그대로 받아들이며, 불합격한 경우는 동일 검사 단위로부터 추가로 2개의 스터드를 검사하여 2개 모두 합격한 경우에 그 검사 단위는 합격으로 한다.

④ 검사에서 불합격한 스터드는 가급적 150mm 이상 떨어진 위치에 스터드를 재용접하여 검사한다.

17 ALC패널(Autoclaved Lightweight aerated Concrete panel) 공사에 대한 설명으로 옳지 않은 것은?

① 외벽패널 설치공사에서 외부비계를 설치할 경우는 원칙적으로 쌍줄비계 또는 틀비계를 설치한다.

② 패널의 보관은 가급적 옥내에서 한다.

③ 외벽에 사용되는 패널은 원칙적으로 여유를 두고 주문한 후 현장에서 치수에 맞추어 절단한다.

④ 인력에 의한 운반은 가급적 피하고 전용장비 및 도구를 이용하여 파손이 생기지 않도록 한다.

18 거푸집 해체에 대한 설명으로 옳지 않은 것은?

① 확대기초, 보, 기둥 등의 측면 거푸집널은 콘크리트의 압축강도 시험 결과 5 MPa이면 해체할 수 있다.

② 슬래브 및 보의 밑면 거푸집널은 단층구조의 경우 콘크리트의 압축강도가 최소 14 MPa 이상이면서 설계 기준압축강도의 $\frac{2}{3}$배 이상이면 해체할 수 있다.

③ 조강포틀랜드 시멘트를 사용한 슬래브 및 보의 밑면 거푸집널은 존치 기간 중 평균기온이 20°C 이상일 때 콘크리트의 재령이 2일 이상 경과하면 해체할 수 있다.

④ 보통포틀랜드 시멘트를 사용한 확대기초, 보, 기둥 등의 측면 거푸집널은 존치 기간 중 평균기온이 20°C 이상일 때 콘크리트의 재령이 3일 이상 경과하면 해체할 수 있다.

19 건축공사의 시공 및 자재관리에 대한 설명으로 옳지 않은 것은?

① 공사수량의 단위 및 계산은 원칙적으로 표준시장단가 및 표준품셈의 수량계산 규정에 따른다.

② 담당원이 시공순서 변경을 요구할 때 수급인은 품질에 나쁜 영향이 없는 한, 이를 반영하여야 한다.

③ 지급자재는 정해진 목적 이외에는 사용하지 않으며, 사용개소, 사용수량의 잔량을 담당원에게 보고한다.

④ 자재는 가설공사용 자재와 설계도서에 기재된 것을 포함하여, 성능이 인정된 신품으로 하여야 한다.

ANSWER 18.③ 19.①

18 조강포틀랜드 시멘트를 사용한 기초, 보의 옆면, 기둥, 측벽 등에 사용되는 수직거푸집은 존치 기간 중 평균기온이 20°C 이상일 때 콘크리트의 재령이 2일 이상 경과하면 해체할 수 있다.

19 건축공사의 시공 및 자재관리에서 자재는 가설공사용 자재와 설계도서에 기재된 것을 제외하고 성능이 인정된 신품으로 하여야 한다.

20 건설기술진흥법령상 안전관리계획을 수립해야 하는 건설공사의 범위에 해당하는 것은?

① 폭발물을 사용하는 건설공사로서 50m 안에 시설물이 있거나 150m 안에 사육하는 가축이 있어 해당 건설공사로 인한 영향을 받을 것이 예상되는 건설공사

② 5층 이상 16층 미만인 건축물의 건설공사

③ 5층 이상인 건축물의 리모델링 또는 해체공사

④ 굴착 깊이 산정 시 집수정, 엘리베이터 피트 및 정화조 등의 굴착부분을 제외하고 지하 10 m 이상을 굴착하는 건설공사

ANSWER 20.④

20 ① 폭발물을 사용하는 건설공사로서 20m 안에 시설물이 있거나 100m 안에 사육하는 가축이 있어 해당 건설공사로 인한 영향을 받을 것이 예상되는 건설공사

② 10층 이상 16층 미만인 건축물의 건설공사

③ 10층 이상인 건축물의 리모델링 또는 해체공사

※ 안전관리계획 수립의무 건설공사

• 1종 시설물 및 2종 시설물의 건설공사
• 지하 10m 이상을 굴착하는 건설공사
• 폭발물 사용으로 주변에 영향이 예상되는 건설공사 (주변 20m 내 시설물 또는 100m 내 가축 사육)
• 10층 이상 16층 미만인 건축물의 건설공사
• 10층 이상인 건축물의 리모델링 또는 해체공사
• 수직증축형 리모델링
• 건설기계(천공기(높이 10m이상), 항타 및 항발기, 타워크레인 (리프트카는 해당 되지 않음))가 사용되는 건설공사
• 다음의 가설구조물을 사용하는 건설공사

구분	상세
비계	• 높이 31m 이상 • 브라켓(bracket) 비계
거푸집 및 동바리	• 작업발판 일체형 거푸집(갱폼 등) • 높이가 5미터 이상인 거푸집 • 높이가 5미터 이상인 동바리
지보공	• 터널 지보공 • 높이 2m 이상 흙막이 지보공
가설구조물	• 높이 10미터 이상에서 외부작업을 하기 위하여 작업발판 및 안전시설물을 일체화하여 설치하는 가설구조물(SWC, RCS, ACS 등) • 공사현장에서 제작하여 조립·설치하는 복합형 가설구조물(가설벤트, 작업대차, 라이닝폼, 합벽지지대 등) • 동력을 이용하여 움직이는 가설구조물 • 발주자 또는 인·허가기관의 장이 필요하다고 인정하는 가설 구조물

11 2020. 10. 17. 제3회 서울특별시 시행

1 〈보기〉의 지하연속벽(slurry wall) 시공 과정을 순서대로 바르게 나열한 것은?

〈보기〉

㉠ 콘크리트 타설
㉡ 가이드 월(guide wall) 설치
㉢ 트레미 관(tremie pipe) 설치
㉣ 굴착
㉤ 슬라임 제거
㉥ 철근망 설치

① ㉡ − ㉣ − ㉢ − ㉤ − ㉥ − ㉠
② ㉡ − ㉣ − ㉤ − ㉥ − ㉢ − ㉠
③ ㉣ − ㉡ − ㉢ − ㉤ − ㉥ − ㉠
④ ㉣ − ㉡ − ㉤ − ㉥ − ㉢ − ㉠

ANSWER 1.②

1 가이드월(guide wall) 설치 − 굴착 − 슬라임 제거 − 철근망 설치 − 트레미 관(tremie pipe) 설치 − 콘크리트 타설

2 아스팔트 방수공사에서 방수층과 바탕을 유연하게 밀착시키고 접착시킬 목적으로 바탕면에 최초로 도포하는 액상재료는?

① 아스팔트 루핑(Asphalt roofing)

② 아스팔트 펠트(Asphalt felt)

③ 아스팔트 컴파운드(Asphalt compound)

④ 아스팔트 프라이머(Asphalt primer)

ANSWER 2.④

2 아스팔트 프라이머 : 아스팔트 방수공사에서 방수층과 바탕을 유연하게 밀착시키고 접착시킬 목적으로 바탕면에 최초로 도포하는 액상재료

※ 석유계 아스팔트 재료
  - ㉠ **아스팔트 프라이머** : 블로운 아스팔트를 휘발성 용제를 녹인 것으로 콘크리트와 아스팔트 방수층의 접착용으로 사용된다.
  - ㉡ **블로운 아스팔트** : 중질유를 가열, 산화시켜 만든 것으로 연화점이 높고 온도변화에 따른 변동이 적어 가장 많이 사용되는 재료이다. 옥상, 지붕 방수에 주로 사용되며 아스팔트 콤파운드나 프라이머 제조에 사용된다.
  - ㉢ **아스팔트 컴파운드** : 블로운 아스팔트에 광물성, 동식물섬유, 광물질가루, 섬유 등을 혼입하여 결점을 보완한 것으로 아스팔트 방수재료 중 최우량품이다.
  - ㉣ **스트레이트 아스팔트** : 신장, 접착, 방수성이 우수하나 연화점이 낮고 내구력이 적어 지하실에 주로 사용되며 아스팔트나 루핑제조에도 사용된다. (침투용 아스팔트로 사용)
  - ㉤ **아스팔트펠트** : 유기성 섬유 (양모, 폐지)를 펠트상으로 만든 원지에 스트레이트 아스팔트를 가열용해해서 흡수시켜 만든다.
  - ㉥ **아스팔트루핑** : 원지에 아스팔트를 침투시키고 양면에 컴파운드를 피복하고 광물질 분말을 살포시킨다.
  - ㉦ **콜타르** : 비중이 1.2정도이며 인화점이 아스팔트보다 낮다. 120도 이상으로 가열 시 인화, 방수포장, 방수도료, 방부제로 사용한다.
  - ㉧ **피치** : 콜타르를 증류시킨 나머지 부분으로서 하급품이다. 지하방수제로 코크스의 원료이며 비휘발성이지만 가열하면 쉽게 유동체가 된다.
  - ㉨ **특수루핑** : 면 아스팔트, 모래붙임, 망상, 알루미늄 루핑 등이 있다.
  - ㉩ **아스팔트유제** : 스트레이트 아스팔트를 가열하여 액상으로 만들고 유화제를 혼합한 것으로서 침투용, 혼합용, 콘크리트양생용 등이 있고 대부분 도로포장에 사용된다.

※ 아스팔트 검사항목
  - ㉠ **침입도** : 아스팔트의 경도를 나타내는 기준으로서 25도에서 100g 추를 5초 동안 바늘을 누를 때 0.1mm 들어가는 것을 침입도 1이라 한다.
  - ㉡ **감온비** : 0도, 200g, 60초의 침입도에 대한 46도, 50g, 5초의 침입도의 비
  - ㉢ **연화점** : 아스팔트를 가열하여 액상의 점도에 도달했을 때의 온도
  - ㉣ **인화점** : 아스팔트를 가열하여 불을 대는 순간 불이 붙을 때의 온도
  - ㉤ **연소점** : 다시 가열하여 계속 인화한 불꽃이 5초 동안 계속 될 때의 온도 (연소점은 인화점보다 높다)

3 콘크리트 구조물의 철근 배근에 대한 설명으로 가장 옳지 않은 것은?

① 경미한 황갈색의 녹이 발생한 철근은 일반적으로 콘크리트와의 부착을 해치지 않으므로 사용할 수 있다.

② 철근의 용접이음 시 용접용 철근을 사용해야 하며 철근의 설계기준항복강도의 125% 이상을 발휘할 수 있는 완전용접이어야 한다.

③ 기둥 연결부에서 상·하부의 기둥면이 100mm 정도 차이가 나는 경우, 축방향 철근을 기울기가 1/6을 초과하지 않도록 구부려 옵셋굽힘철근으로 사용할 수 있다.

④ 서로 다른 크기의 철근을 인장 겹침이음하는 경우, 이음길이는 크기가 큰 철근의 정착길이와 크기가 작은 철근의 겹침이음길이 중 큰 값 이상이어야 한다.

4 고장력볼트 접합 방식에서 표준 너트와 짧은 너트로 결합하여 소켓의 반력에 의해 조이는 방식은?

① 그립 볼트식
② TC 볼트식
③ 지압형 볼트식
④ PI 너트식

5 건설업계의 하도급 계열화와 전문화를 도모하기 위하여 입찰자로 하여금 산출내역서에 입찰금액을 구성하는 공사 중 하도급 부분, 하도급 금액 및 하수급인 등 하도급에 관한 사항을 기재하여 제출하게 하는 입찰방식으로 가장 옳은 것은?

① 대안입찰제
② 내역입찰제
③ 부대입찰제
④ 총액입찰제

ANSWER 3.③ 4.④ 5.③

3 기둥 연결부에서 상·하부의 기둥면이 75mm 정도 차이가 나는 경우, 축방향 철근을 기울기가 1/6을 초과하지 않도록 구부려 옵셋굽힘철근으로 사용할 수 있다.

4 ㉠ PI 너트식(너트전단형) : 고장력 볼트 접합 방식에서 표준 너트와 짧은 너트로 결합하여 소켓의 반력에 의해 조이는 방식으로서 일정 토크치에서 너트가 절단된다.
ⓛ TC 볼트식(볼트축 전단형) : 일정한 조임 토크치에서 볼트축이 전단되도록 고안된 고력 볼트형식
ⓒ 그립형 볼트식 : 일반 고장력 볼트를 개량한 것으로서 조임이 확실한 방식이다.
ⓐ 지압형 볼트식 : 직경보다 약간 작은 볼트 구멍에 끼워 너트를 강하게 조이는 방식이다.

5 부대입찰제 : 건설업계의 하도급 계열화와 전문화를 도모하기 위하여 입찰자로 하여금 산출내역서에 입찰금액을 구성하는 공사 중 하도급 부분, 하도급 금액 및 하수급인 등 하도급에 관한 사항을 기재하여 제출하게 하는 입찰방식

6 용접봉의 피복재 심선과 모재가 변하여 생긴 회분이 용착 금속 내에 혼입되어 발생하는 용접결함으로 가장 옳은 것은?

① 슬래그(slag) 감싸들기
② 불완전 용입
③ 블로우 홀(blow hole)
④ 오버랩(overlap)

7 강구조 건축물 공사에서 볼트의 현장시공에 대한 설명으로 가장 옳지 않은 것은?

① 고장력볼트의 가볼트 조임은 본접합용 볼트를 가볼트로 겸용하고, 볼트 1군에 대해 1/3 이상이며, 2개 이상의 가볼트를 적절하게 배치하여 조인다.
② 고장력볼트 마찰접합에서 접합부 표면의 높이 차이가 1mm를 초과하면 끼움재를 사용하여 접합한다.
③ 본 볼트 조임은 표준 볼트장력의 80% 정도로 조임한 후 2단계 조임에서 표준 볼트장력으로 조임한다.
④ 토크-전단형(T/S) 고장력볼트에서 2차 본조임은 전용 조임기를 사용하여 핀꼬리 노치부가 파단될 때까지 조인다.

8 콘크리트 보수 및 보강에 대한 설명으로 가장 옳지 않은 것은?

① 표면처리공법은 0.2mm 이하의 미세한 균열부위에 퍼터수지로 충전하고 균열표면에 보수재료를 씌우는 공법이다.
② 주입공법은 에폭시수지 등의 보수재를 저압저속으로 주입하는 공법이다.
③ 강판접착공법은 콘크리트 압축측에 강판을 접착시켜 기존 콘크리트와 강판을 일체화하여 보강하는 공법이다.
④ 충전공법은 비교적 큰 균열 선을 따라 콘크리트를 V, U형으로 절단하고 보수재를 충전하는 공법이다.

ANSWER 6.① 7.① 8.③

6 슬래그(slag) 감싸들기 : 용접봉의 피복재 심선과 모재가 변하여 생긴 회분이 용착 금속 내에 혼입되어 발생하는 용접결함

7 고장력볼트를 외부환경에 노출시키면 변질될 우려가 있으므로, 본접합용 볼트를 가볼트로 겸용해서는 안 된다.

8 강판접착공법은 콘크리트의 인장측에 강판을 접착시켜 기존 콘크리트와 강판을 일체화하여 보강하는 공법이다.

9 동바리 설치에 대한 설명으로 가장 옳지 않은 것은?

① 겹침이음을 하는 수평연결재간의 이격되는 순 간격이 100mm 이내가 되도록 하고, 각각의 교차부에는 전용철물을 사용하여 연결하여야 한다.

② 파이프 서포트와 같이 단품으로 사용되는 동바리의 높이가 3.5m를 초과하는 경우에는 높이 3.5m 이내마다 수평연결재를 양방향으로 설치하여야 한다.

③ 지주형식 시스템 동바리의 높이가 4m를 초과할 때에는 높이 4m 이내마다 수평연결재를 2개의 방향으로 설치하여야 한다.

④ 가새는 단일부재를 기울기 60° 이내로 사용하는 것을 원칙으로 한다.

10 매스콘크리트의 온도균열 제어에 대한 설명으로 가장 옳지 않은 것은?

① 외부구속을 많이 받는 벽체에서 균열발생 위치를 제어하기 위해 슬립조인트를 설치한다.

② 수화열이 적은 중용열포틀랜드시멘트, 저열포틀랜드 시멘트, 고로슬래그시멘트 등을 사용한다.

③ 온도팽창이 적은 골재를 선정하거나 잔골재율을 감소시켜 굵은 골재량을 증가시킨다.

④ 콘크리트를 한번에 타설하지 않고 적정 크기별로 나누어 타설한다.

11 철골공사의 접합에 대한 설명으로 가장 옳지 않은 것은?

① 고장력볼트 인장접합의 경우 응력의 전달메커니즘에서 마찰을 고려하지 않는다.

② 녹막이 도장작업은 대기온도 5℃ 미만이거나 상대습도가 85% 초과 시 작업을 중단한다.

③ 철골의 고장력볼트 접합방식에는 마찰접합, 지압접합, 인장접합이 있다.

④ 철골이 콘크리트에 매립되는 부분은 녹막이 칠의 필요성이 높다.

ANSWER 9.② 10.① 11.④

9 파이프 서포트와 같이 단품으로 사용되는 동바리의 높이가 3.5m를 초과하는 경우에는 높이 2m 이내마다 수평연결재를 2개 방향으로 만들고 수평연결재의 변위를 방지해야 한다.

10 매스콘크리트는 부재단면이 80cm 이상이거나 하단구속이 있을 경우 두께 50cm 이상의 벽체 등을 구성하는 콘크리트를 말한다. 콘크리트 표면과 내부 온도구배에 의한 인장응력에 의해 생기는 균열이 심각하게 발생할 수 있으므로 이를 제어하기 위한 방안들이 필히 마련되어야 한다. 매스콘크리트 중 외부구속을 많이 받는 벽체인 경우 균열발생 위치를 제어하기 위해 균열유발줄눈을 설치해야 한다.

11 철골이 콘크리트에 매립되는 부분은 녹막이칠을 해서는 안 된다.

12 보강콘크리트 블록조에 대한 설명으로 가장 옳지 않은 것은?

① 세로철근의 정착길이는 철근지름의 40배 이상으로 함을 원칙으로 한다.

② 가로근 및 세로근의 최대간격은 800mm 이하로 한다.

③ 개구부 상하부의 가로근을 양측 벽부에 묻을 때의 정착길이는 철근지름의 25배 이상으로 한다.

④ 세로근은 기초에서 테두리보까지 잇지 않고 직통이 되도록 한다.

13 철골공사에서 용접용어에 대한 설명으로 가장 옳지 않은 것은?

① 목두께란 용접단면에서 바닥을 통과하는 지점부터 잰 용접의 최소 두께를 말한다.

② 플럭스(flux)란 용접봉의 피복제에 들어 있는 비금속화합물로서 접착면의 산화를 방지한다.

③ 루트(root)란 모살용접에서 한쪽 용착면의 폭을 말한다.

④ 용입이란 용접 전의 모재면에서 잰 융합부의 깊이를 말한다.

ANSWER 12.③ 13.③

12 개구부 상하부의 가로근을 양측 벽부에 묻을 때의 정착길이는 철근지름의 40배 이상으로 한다.

13 루트(root)란 개선홈의 밑바닥부에 곧게 일어선 면을 말한다. 모살용접에서 한쪽 용착면의 폭은 레그라 한다.

〈개선부 명칭〉　　〈개선형태〉

※ 용접용어
  • 루트간격(root opening) : 이음부 밑에 충분한 용입을 주기 위한 루트면 사이의 간격
  • 루트면(root face) : 개선홈의 밑바닥부에 곧게 일어선 면
  • 홈면(groove face) : 이음부를 가공할 때, 경사나 모따기 등으로 절단한 이음면
  • 경사각(bevel angle) : 개선면(홈면)과 수직의 각도
  • 홈의 각도(groove angle) : 접합시킬 두 모재 단면 사이에 형성된 각으로 V형 및 X형에 많이 사용된다.
  • 홈의 깊이(groove depth) : 용접할 두 모재 사이에 생기는 가공 깊이

14 가설공사에서 안전시설에 대한 설명으로 가장 옳지 않은 것은?

① 안전난간은 구조적으로 가장 취약한 지점에서 가장 취약한 방향으로 작용하는 1,000N(100kgf) 이상의 하중에 견딜 수 있는 튼튼한 구조이어야 한다.

② 낙하물 방지망은 높이 12m 이내 또는 4개 층마다 설치한다.

③ 작업발판의 폭은 400mm 이상으로 하고, 발판자재간의 틈은 30mm 이하로 한다.

④ 방호선반의 내민길이는 비계발판의 바깥쪽에서 수평거리 2m 이상으로 한다.

15 지반조사 방식에서 평판재하시험(Plate Bearing Test)에 대한 설명으로 가장 옳은 것은?

① 최소한 2개소에서 시험을 하여야 한다.

② 시험 개소 사이의 거리는 최대 재하판 직경의 3배 이상이어야 한다.

③ 시험은 원칙적으로 기초저면에서 진행한다.

④ 15분간 침하량이 0.02mm 이하인 경우 침하정지로 판정한다.

ANSWER 14.② 15.③

14 낙하물 방지망은 높이 10m 이내 또는 3개 층마다 설치한다.

15 ① 최소한 3개소에서 시험을 하여야 한다.
② 시험 개소 사이의 거리는 최대 재하판 직경의 5배 이상이어야 한다.
④ 15분간 침하량이 0.01mm 이하인 경우 침하정지로 판정한다.
※ 평판재하시험의 준비 및 주의사항
ㄱ 시험위치선정
• 시험위치는 지반조사결과와 구조물의 설계조건에 의해 선정한다.
• 다른 규정 사항이 없는 한 재하시험은 향후 구조물이 축조되는 위치의 지반과 동일한 곳에서 실시한다. (단, 모래 또는 잡석으로 치환한 경우에는 재하판의 영향범위가 치환 두께를 포함할 수 있는 크기의 것을 사용한다.)
ㄴ 시험위치
• 최소한 3개소에서 시험을 해야 하며 시험개소 사이의 거리는 최대재하판 지름의 5배 이상이어야 한다.
• 함수비 변화가 없도록 가능한 한 신속하게 재하시험을 실시한다.
• 지하수위보다 재하면이 깊으면 집수정을 설치하여 배수한다.
• 수력구조물 등 장기적으로 습윤상태가 유지될 경우에는 최대한 재하판 지름 2배 이상의 깊이까지 미리 수침하여 포화시킨다.
ㄷ 재하대
• 재하대는 재하 도중에 올려치거나 지반 침하에 의해 기울어지지 않아야 하며, 지지점은 재하판으로부터 2.4mm 이상 떨어져 있어야 한다.
• 시험에 필요한 총 하중은 시험이 시작되기 전에 현장에 준비되어 있어야 한다.
ㄹ 시험장치 및 기구
• 강재철판, 재하기둥, 잭 등 모든 기구는 하중을 재하하기 전에 무게를 측정하여 사하중으로 기록해야 한다.

16 미장공사에서 시멘트 모르타르 바름의 균열대책에 대한 설명으로 가장 옳지 않은 것은?

① 적정 물−시멘트비를 유지한다.
② 입도가 적당하고 시공성이 허용하는 한 가는 모래를 많이 사용한다.
③ 정벌 전 살수 후 시공한다.
④ 초벌바름은 바름두께를 얇게 한다.

17 지정공사에서 말뚝박기 시공순서로 가장 옳은 것은?

① 지반조사 − 표토제거 − 수평규준틀 설치 − 말뚝중심 보기 − 재료반입 − 항타 − 두부정리
② 지반조사 − 표토제거 − 수평규준틀 설치 − 료반입 − 말뚝중심보기 − 항타 − 두부정리
③ 표토제거 − 지반조사 − 수평규준틀 설치 − 말뚝중심 보기 − 재료반입 − 항타 − 두부정리
④ 표토제거 − 지반조사 − 수평규준틀 설치 − 재료반입 − 말뚝중심보기 − 항타 − 두부정리

18 콘크리트의 균열을 타설시점부터 발생 시기에 따라 구분할 때 콘크리트의 경화 전 균열의 원인으로 가장 옳지 않은 것은?

① 소성수축 및 침하
② 건조수축
③ 진동 및 충격
④ 거푸집 변형

ANSWER 16.② 17.① 18.②

16 미장공사에서 균열을 방지하기 위해서는 입도가 적당하고 시공성이 허용하는 한 굵은 모래를 사용해야 한다.

17 말뚝박기의 순서 : 지반조사 − 표토제거 − 수평규준틀 설치 − 말뚝중심 보기 − 재료반입 − 항타 − 두부정리

18 건조수축은 콘크리트의 경화 후 발생하는 균열의 원인이다.

19 레디믹스트 보통 콘크리트 25-21-120을 주문하여 현장에서 받아들이기 검사를 했을 때 품질결과가 합격 기준에 해당하지 않는 것은?

① 현장의 외기 기온은 25℃로 측정되었고 콘크리트의 비빔 시작부터 타설 종료까지 60분이 경과되었다.

② 공기량의 시험결과는 5.5%였다.

③ 슬럼프의 시험결과는 140mm였다.

④ 콘크리트 압축강도 3회의 시험결과는 각각 17MPa, 24MPa, 25MPa였다.

20 콘크리트의 배합설계에 대한 설명으로 가장 옳지 않은 것은?

① 물-결합재비(W/B)는 콘크리트에 포함된 시멘트 페이스트 중의 결합재(시멘트+혼화재)에 대한 물의 중량 백분율이다.

② 잔골재율(S/A)은 잔골재의 절대용적을 골재의 절대용적으로 나눈 값의 백분율이다.

③ 현장배합은 시방배합의 콘크리트가 얻어지도록 현장에서 재료의 상태 및 계량방법에 따라 정한 배합이다.

④ 설계기준강도는 표준양생 또는 현장수중양생에 의한 재령 28일 공시체의 압축강도이며, 배합강도보다 충분히 커야 한다.

19 1회의 시험에는 3개의 공시체를 사용하고 그 평균압축강도를 산정하여 호칭강도의 85%이상 평균값이 호칭강도 이상이면 합격이다. 3회의 시험결과 중 17MPa는 평균압축강도 22MPa의 85%에 미치지 못하므로 불합격이다.

20 배합강도는 배합을 할 때 목표로 하는 압축강도로서 일반적으로 설계기준강도보다 크게 정한다.

1 백화현상에 대한 설명으로 옳지 않은 것은?

① 백화현상은 모르타르 중 석회분이 유출되어 공기 중의 탄산가스와 결합하여 백색의 미세한 물질이 생기는 현상이다.

② 백화현상은 기온이 높고 습도가 낮은 환경조건에서 주로 발생한다.

③ 백화현상을 방지하기 위해서는 표면에 파라핀 도료를 발라 준다.

④ 백화현상을 방지하기 위해서는 흡수율이 적은 벽돌을 사용하여야 한다.

2 목재의 방부처리 방법에 대한 설명으로 옳은 것은?

① 침지법 : 방부액 속에 담가 방부처리 한다.

② 방부제칠(도포법) : 압력용기에서 방부약액을 주입한다.

③ 표면탄화법 : 방부약액을 가열하여 주입한다.

④ 가압주입법 : 목재의 표면을 태워 방부처리한다.

ANSWER 1.② 2.①

1 백화현상은 기온이 낮고 습도가 높은 환경조건에서 주로 발생한다.

2 ② 방부제칠(도포법) : 목재를 건조시킨 후 솔 등으로 약제를 도포한다.
　③ 표면탄화법 : 목재의 표면을 태워 방부처리한다.
　④ 가압주입법 : 압력용기에서 방부약액을 가압하여 주입한다.

3 커튼월(curtain wall)의 현장 조립 방법에 의한 분류로 옳은 것은?

① 유닛 월(unit wall) 방식

② 스팬드럴(spandrel) 방식

③ 멀리온(mullion) 방식

④ 그리드(grid) 방식

ANSWER 3.①

3 스팬드럴(spandrel) 방식, 멀리온(mullion) 방식, 그리드(grid) 방식은 입면의 구성방식이다.

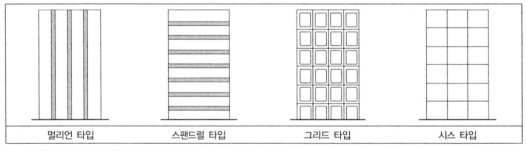

| 멀리언 타입 | 스팬드럴 타입 | 그리드 타입 | 시스 타입 |

※ 커튼월(curtain wall)의 현장 조립 방법

• 유닛월 시스템 : 커튼월 구성 부재를 공장에서 조립하여 유닛화한 후 유리 등 마감재를 미리 시공하고 현장에서는 유닛만 설치하는 시스템이다. 시공속도나 품질관리에 있어 업체 의존도가 높아 현장상황에 융통성을 발휘하기가 어렵고 양중이 불편하며 비용이 고가이다. 시공순서는 커튼월 지지철물설치 → 유닛 현장반입 → 유닛설치로 간단하다.

• 스틱월 시스템 : 커튼월의 각 구성부재를 현장에서 하나씩 조립하여 설치하는 시스템으로서 단위부재를 현장에서 조립하므로 Knock down system이라고 한다. 창호+유리/패널의 분리발주방식으로서 양중용이성이 유리하나 비용이 고가이다. 1층 전후의 중저층 건물에 주로 채택하는 방법으로 공정이 많아서 시공관리가 어려우며 시공속도가 느리다. 시공순서는 패스너 설치 → 멀리언 부착 → 트랜섬 부착 → 패널 끼우기 → 유리 끼우기 → 실링 → 청소(보양)으로 이루어진다.

• 윈도우월 시스템 : 스틱월 시스템과 유사하나 창호 주변이 패널로 구성됨으로써 창호의 구조가 패널트러스에 연결되는 점이 스틱월과 구분되는 차이이다. 창호와 유리, 패널의 개별발주방식으로서 양중용이성이 유리하고 비용이 저가이며 재료의 사용효율이 높아 비교적 경제적인 시스템 구성이 가능하다.

4 콘크리트의 펌퍼빌리티(pumpability)에 대한 설명으로 옳은 것은?

① 펌프에서 콘크리트가 잘 밀려나는지의 난이 정도이며, 일반적으로 수평관 1m당 관내의 압력손실로 정할 수 있다.
② 단위 수량의 다소에 따르는 혼합물의 묽기 정도 혹은 유동성의 정도이며, 일반적으로 슬럼프시험에 의한 슬럼프값으로 표시된다.
③ 묽기 정도 및 재료분리에 저항하는 정도 등 복합적 의미에서의 시공의 난이 정도이며, 콘크리트가 운반, 타설, 다지기, 마무리 등의 작업에 적합한 굳지 않은 콘크리트의 성질을 말한다.
④ 구조체에 타설된 콘크리트가 거푸집에 잘 채워질 수 있는지의 난이 정도이며, 거푸집을 제거하면 천천히 형상이 변하기는 하지만 허물어지거나 분리되지 않는 상태의 굳지 않은 콘크리트의 성질을 말한다.

ANSWER 4.①

4 • **펌퍼빌리티** : 펌프에서 콘크리트가 잘 밀려나는지의 난이 정도이며, 일반적으로 수평관 1m당 관내의 압력손실로 정할 수 있다.
 • **컨시스턴시** : 단위 수량의 다소에 따르는 혼합물의 묽기 정도 혹은 유동성의 정도이며, 일반적으로 슬럼프시험에 의한 슬럼프값으로 표시된다.
 • **워커빌리티** : 묽기 정도 및 재료분리에 저항하는 정도 등 복합적 의미에서의 시공의 난이 정도이며, 콘크리트가 운반, 타설, 다지기, 마무리 등의 작업에 적합한 굳지 않는 콘크리트의 성질을 말한다.
 • **플라스티시티** : 구조체에 타설된 콘크리트가 거푸집에 잘 채워질 수 있는지의 난이 정도이며, 거푸집을 제거하면 천천히 형상이 변하기는 하지만 허물어지거나 분리되지 않는 상태의 굳지 않은 콘크리트의 성질을 말한다.

5 품질통제(Quality Control) 관련 관리 도구에 대한 설명으로 옳은 것은?

① 산점도(scatter diagram) : 분포의 모양, 중심의 경향과 분포 등을 분석함으로써 문제를 규명하는 기능을 지닌 도표이다.

② 체크 시트(check sheet) : 상호 관련된 두 변수의 데이터를 그래프에 점으로 찍어 표시한 도표이다.

③ 특성요인도(cause-and-effect diagram) : 변수의 정상 범위 밖에서 발생하는 비정상적인 동향(공정상의 이상 유무)을 탐지하기 위한 도표이다.

④ 파레토도(pareto diagram) : 불량 관련 검사 데이터를 항목(원인)별로 분류해서 크기 순서대로 나열한 도표이다.

6 미장공사에서 시멘트 모르타르 바름에 대한 설명으로 옳지 않은 것은?

① 재료의 1회 비빔 양은 2시간 이내에 사용할 수 있는 양으로 한다.

② 바름두께가 너무 두껍거나 얼룩이 심할 때는 고름질을 한다.

③ 2회 바름공법에서 바탕에 심한 요철이 없고 마무리 두께가 15mm 이하인 천장, 벽은 초벌바름 후 재벌바름을 하지 않고 정벌바름을 하는 경우가 있다.

④ 바름두께에서 마무리 두께는 천장, 차양의 경우 25mm 이하, 기타는 25mm 이상이어야 한다.

5 ① 산점도(scatter diagram) : 상호 관련된 두 변수의 데이터를 그래프에 점으로 찍어 표시한 도표이다.
　② 체크 시트(check sheet) : 분포의 모양, 중심의 경향과 분포 등을 분석함으로써 문제를 규명하는 기능을 지닌 도표이다.
　③ 관리도 : 변수의 정상 범위 밖에서 발생하는 비정상적인 동향(공정상의 이상 유무)을 탐지하기 위한 도표이다.

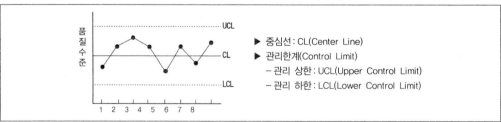

6 시멘트 모르타르 바름두께에서 마무리 두께는 천장, 차양의 경우 15mm 이하, 기타는 15mm 이상이어야 한다.

7 내화충전시스템공사 관련 용어에 대한 설명으로 옳은 것은?

① 내화보드 : 내화충전구조에 사용되는 주재와 경화재의 2액형 실리콘을 혼합하여 상온에서 발포 경화되고 실내화재 온도에 의하여 팽창하여 내화성능을 유지시키는 저밀도 팽창성 폼의 내화충전자재를 말한다.

② 내화 실란트 : 내화충전시스템에 사용되는 1액형의 방화용 실리콘으로 된 내화충전자재를 말한다.

③ 내화 코팅 : 비경화성의 고온팽창자재로 공구 또는 손으로 틈을 채워 주는 내화충전자재를 말한다.

④ 내화 퍼티 : 수용성의 탄성 코팅재로 붓으로 칠하거나 분사기로 시공이 가능한 내화충전자재를 말한다.

8 타일공사에서 바탕만들기에 대한 설명으로 옳지 않은 것은?

① 바탕고르기 모르타르를 바를 때에는 타일의 두께와 붙임 모르타르의 두께를 고려하여 2회에 나누어서 바른다.

② 바탕 모르타르를 바른 후 타일을 붙일 때까지 봄, 가을(외기온도 10℃ 이상, 20℃ 이하)은 3일 이상의 기간을 두어야 한다.

③ 타일붙임면의 바탕면 평활도는 바닥의 경우 3m당 ±3mm로 한다.

④ 바닥면은 물고임이 없도록 구배를 유지하되, 1/100을 넘지 않도록 한다.

ANSWER 7.② 8.②

7 ① 실리콘 RTV폼 : 내화충전구조에 사용되는 주재와 경화재의 2액형 실리콘을 혼합하여 상온에서 발포 경화되고 실내화재 온도에 의하여 팽창하여 내화성능을 유지시키는 저밀도 팽창성 폼의 내화충전자재를 말한다.
③ 내화코팅 : 수용성의 탄성 코팅재로 붓으로 칠하거나 분사기로 시공이 가능한 내화충전자재를 말한다.
④ 내화퍼티 : 비경화성의 고온팽창자재로 공구 또는 손으로 틈을 채워 주는 내화충전자재를 말한다.
※ 내화충전시스템공사 용어
• 내화보드 : 내화충전시스템에 사용되는 발포성 내화보드로 된 내화충전자재를 말하며, 층간구획 또는 비교적 개구부가 큰 부분에 주로 사용되며, 두께에 따라 평판으로 사용하거나 철판에 붙여 사용한다.
• 내화 실란트 : 내화충전시스템에 사용되는 1액형의 방화용 실리콘으로 된 내화충전자재를 말한다.
• 내화충전시스템 : 내화구조의 벽이나 바닥을 각종 설비의 관통부와 건물의 접합부를 불연자재 등으로 막아 화재 시 일정시간 인접실로의 화염 및 온도의 전달을 막아주도록 하는 내화공법시스템으로서 한국산업표준 또는 공인시험기관의 성능 인정된 시스템을 말한다.
• 내화충전자재 : 틈을 막아주는 바름재 및 채움재 등을 말하며, 이중 바름재는 실내화재 온도 및 압력으로 팽창하여 관통 부위를 밀실하게 막아주거나 탄화층을 형성하여 열과 연기를 막아주는 자재를 말한다.
• 내화 코팅 : 수용성의 탄성 코팅재로 붓으로 칠하거나 분사기로 시공이 가능한 내화충전자재를 말한다.
• 내화 퍼티 : 비경화성의 고온팽창자재로 퍼티 타입으로 공구 또는 손으로 틈을 채워주는 내화충전 자재를 말한다.
• 실리콘 RTV폼 : 내화충전구조에 사용되는 주재와 경화재의 2액형 실리콘을 혼합하여 상온에서 발포 경화되고 실내화재 온도에 의하여 팽창하여 내화성능을 유지시키는 저밀도 팽창성 폼의 내화충전 자재를 말한다.

8 바탕 모르타르를 바른 후 타일을 붙일 때까지는 여름철(외기온도 25℃ 이상)은 3~4일 이상, 봄, 가을(외기온도 10℃ 이상, 20℃ 이하)은 1주일 이상의 기간을 두어야 한다.

9 건축물의 해체공사에 대한 설명으로 옳지 않은 것은?

① 해체공법의 종류 중 유압력에 의한 공법은 유압식 확대기, 잭, 압쇄기에 의한 공법이 있다.

② 구조체는 콘크리트−철근−철골−목재−기타 구조재의 순으로 분별해체한다.

③ 구조체의 지상 외주부를 자립상태로 하는 경우에는 그 높이를 3개 층 이하로 하여 안전성을 확인한다.

④ 목구조물의 해체 시 버팀대 및 귀잡이 혹은 가새는 최후까지 남기고 팔자보를 달아 내리기 전에 해체한다.

10 지반 그라우팅 시공에 대한 설명으로 옳지 않은 것은?

① 천공장비는 천공이 종료되면 공기만으로 구멍을 세척해서 구멍 속의 모든 부스러기를 제거하여야 한다.

② 주입장비는 자체적으로 세척이 가능한 형태를 갖추어야 한다.

③ 콤프레서는 0.6MPa 이상의 압력으로 압축공기를 장비의 각 부분에 송기할 수 있는 성능을 가진 것이어야 한다.

④ 패커(packer)는 팽창되었을 때 어느 위치에서도 1.0MPa까지의 압력에 누수 없이 견딜 수 있도록 천공한 구멍을 밀봉할 수 있어야 하며, 주입이 완료되었을 때 구멍을 차단하는 밸브를 갖추고 있어야 한다.

11 리스크 대응관리 전략으로 옳지 않은 것은?

① 리스크 회피(risk avoidance)

② 리스크 감소(risk reduction)

③ 리스크 전이(risk transfer)

④ 리스크 변동(risk variation)

ANSWER 9.③ 10.① 11.④

9 구조체의 지상 외주부를 자립상태로 하는 경우에는 그 높이를 2개 층 이하로 하여 안전성을 확인한다.

10 천공이 종료되면 물과 공기로 구멍을 세척해서 구멍 속의 모든 부스러기를 제거해야 한다. (물 없이 공기만으로 천공된 구멍에서 부스러기를 제거하는 것은 허용되지 않는다.)

11 리스크 대응관리 전략 : 회피, 전이, 감소(완화), 수용

12 부동침하에 대한 예방 대책으로 옳은 것은?

① 건축물의 평면길이를 길게 한다.

② 건축물의 자중을 크게 한다.

③ 마찰말뚝을 사용한다.

④ 인접 건축물과의 거리를 가깝게(좁게) 한다.

13 시멘트 액체 방수공사에 대한 설명으로 옳지 않은 것은?

① 방수제의 배합 및 비빔에 있어 방수 시멘트 페이스트의 경우에는 시멘트를 먼저 2분 이상 건비빔한 다음에 소정의 물로 희석시킨 방수제를 혼입하여 균질하게 될 때까지 5분 이상 비빈다.

② 방수제의 배합 및 비빔에 있어 방수시멘트 모르타르의 비빔 후 사용 가능한 시간은 20℃에서 45분 정도가 적정하다.

③ 방수층 바름에서 각 공정의 이어 바르기의 겹침폭은 100mm 정도로 한다.

④ 급속 건조과정을 통해 작업 속도를 향상하는 것이 좋다.

12 부동침하의 대책

• 건물의 길이를 작게 하고 강성을 높일 것

• 건물의 경량화 및 중량 분배를 고려할 것

• 인접건물과의 거리를 멀게 할 것

• 마찰말뚝을 사용하고 서로 다른 종류의 말뚝 혼용을 금지할 것

• 지하실을 설치하고 되도록 온통기초로 할 것

• 지중보나 지하연속벽을 통해 기초 상호간을 연결할 것

• 언더피닝 공법을 적용할 것

13 시멘트 액체방수공사를 급속으로 하게 되면 방수품질이 낮아지는 문제가 있다.

14 작업발판에 대한 설명으로 옳지 않은 것은?

① 높이가 2m 이상인 장소(작업발판의 끝, 개구부 등 제외)에서 작업함에 있어서 추락에 의하여 근로자에게 위험을 미칠 우려가 있는 때에는 작업발판을 설치하여야 한다.

② 작업발판의 전체 폭은 0.6m 이상이어야 하고, 재료를 저장할 때는 폭이 최소한 0.8m 이상이어야 한다. 최대 폭은 1.5m 이내로 한다.

③ 작업발판을 겹쳐서 사용할 경우 연결은 장선 위에서 하고, 겹침 길이는 200mm 이상이 되도록 하여야 한다.

④ 작업발판은 이탈되거나 탈락하지 않도록 2개 이상의 지지물에 고정되어야 한다.

15 강구조 관련 용어에 대한 설명으로 옳은 것은?

① 스캘럽(scallop) : 맞대기용접 시에 이음판의 상호 엇갈림 치수차를 수정함과 동시에 각 변화를 방지하기 위해 일시적으로 붙이는 보강재를 말한다.

② 피이닝(peening) : 맞대기 용접을 한면으로만 실시하는 경우 충분한 용입을 확보하고 용융금속의 용락(burn-through)을 방지할 목적으로 동종 또는 이종의 금속판, 입상 플럭스, 불성 가스 등을 루트 뒷면에 받치는 것을 말한다.

③ 메털터치(metal touch) : 기둥 이음부에 인장응력이 발생하지 않고, 이음부분 면을 절삭가공기를 사용하여 마감하고 충분히 밀착시킨 이음을 말한다. 이러한 이음의 경우에는 밀착면으로 소요압축강도 및 소요휨강도의 일부가 전달된다고 가정하여 설계할 수 있다.

④ 밀시트(mill sheet) : 용접선의 교차를 피하기 위해 한 쪽의 부재에 설치한 홈을 말하며, 용접접근공이라고도 한다.

14 작업발판의 전체 폭은 0.4m 이상이어야 하고, 재료를 저장할 때는 폭이 최소한 0.8m 이상이어야 한다. 최대 폭은 1.5m 이내로 한다.

15 • 이음용 지그(strong back) : 맞대기용접 시에 이음판의 상호 엇갈림 치수차를 수정함과 동시에 각 변화를 방지하기 위해 일시적으로 붙이는 보강재를 말한다.
 • 뒷댐재 : 맞대기 용접을 한면으로만 실시하는 경우 충분한 용입을 확보하고 용융금속의 용락(burn-through)을 방지할 목적으로 동종 또는 이종의 금속판, 입상 플럭스, 불성 가스 등을 루트 뒷면에 받치는 것을 말한다.
 • 스캘럽 : 용접선의 교차를 피하기 위해 한 쪽의 부재에 설치한 홈을 말하며, 용접접근공이라고도 한다.

16 흙막이 공사의 띠장과 버팀대 시공에 대한 설명으로 옳지 않은 것은?

① 띠장에 지반앵커를 연결하는 경우에는 2중 띠장이어야 하고, 고임쐐기로 지반앵커의 천공각도와 맞추어야 한다.

② 띠장은 굴착진행에 따라 일반토사에서 굴착면까지의 최소높이가 600mm 이상이 되도록 설치하고 연약지반인 경우에는 반드시 정확한 해석을 실시한 후 결정한다.

③ 버팀대 수평가새는 버팀대 설치간격이 2.5m를 초과하는 경우 버팀대 9개 이내마다 설치하며, 정밀해석에 의할 경우는 별도로 적용할 수 있다.

④ 최상단에 설치되는 버팀대는 편토압의 우려가 있으므로 단절되지 않고 반대편 흙막이벽까지 연장되어야 한다.

17 지반공사에 대한 설명으로 옳지 않은 것은?

① 지반앵커란 선단부를 양질지반에 정착시키고, 이를 반력으로 하는 흙막이벽 등의 구조물을 지지하기 위한 구조체로서 그라우팅으로 조성되는 앵커체, 인장부, 앵커머리로 구성되며, 영구 앵커와 가설(임시)앵커로 구분한다.

② 엄지말뚝이란 굴착 경계면을 따라 수직으로 설치되는 강재 말뚝으로서 흙막이판과 더불어 흙막이벽을 이루며 배면의 토압 및 수압을 직접 지지하는 수직 휨부재를 말한다.

③ 공동구란 지하 매설물을 공동 수용함으로써 도시 미관의 개선, 도로구조의 보전 및 교통의 원활한 소통을 기하기 위하여 지하에 설치하는 시설물을 말한다.

④ 소일네일이란 암반 중에 정착하여 지반을 일체화 또는 보강하는 목적으로 사용하는 볼트 모양의 부재를 말한다.

ANSWER 16.② 17.④

16 띠장은 굴착진행에 따라 일반토사에서 굴착면까지의 최대높이가 2m 이내가 되도록 설치하고 연약지반인 경우에는 반드시 정확한 해석을 실시한 후 결정한다.

17 소일네일 : 흙으로 된 지반에 촘촘한 간격으로 삽입되는 보강재(철근)로서 흙과 보강재 사이의 마찰력과 보강재의 인장 및 전단응력에 대한 저항력으로 흙과 보강재를 일체화시킨다.

18 특수콘크리트 공사에 대한 설명으로 옳지 않은 것은?

① 순환골재 콘크리트의 제조에 있어서 순환굵은골재의 최대 치수는 25mm 이하로 하되, 가능하면 20mm 이하의 것을 사용하는 것이 좋다.

② 섬유보강 콘크리트의 배합은 소요의 품질을 만족하는 범위 내에서 단위수량을 될 수 있는 대로 크게 되도록 정하여야 한다.

③ 한중 콘크리트의 배합에서 물결합재비는 원칙적으로 60% 이하로 하여야 한다.

④ 고강도 콘크리트의 설계기준압축강도는 보통 또는 중량골재 콘크리트에서 40MPa 이상, 경량골재 콘크리트에서 27MPa 이상으로 한다.

19 외장용 노출 콘크리트에 대한 설명으로 옳지 않은 것은?

① 노출 콘크리트에서 박리제는 사용하지 않아야 하며, 사용해야 하는 경우 책임기술자의 승인을 받아야 한다.

② 노출 콘크리트의 배합설계에서 굵은골재의 최대 치수는 20mm로 한다.

③ 노출 콘크리트 시공 후 모르타르나 매트릭스에서 돌출된 굵은골재의 정도(projection)를 요철이라 한다.

④ 현장타설 노출 콘크리트는 가장자리에 모따기를 하지 않아야 한다.

ANSWER 18.② 19.③

18 섬유보강 콘크리트의 배합은 소요의 품질을 만족하는 범위 내에서 단위수량을 될 수 있는 대로 적게 되도록 정하여야 한다.

19 노출 콘크리트 시공 후 모르타르나 매트릭스에서 돌출된 굵은골재의 정도(projection)를 흠집(blemish)이라 한다.
  • 모따기(chamfering) : 날카로운 모서리 또는 구석을 비스듬하게 깎는 것
  • 외장용 노출 콘크리트(architectural formed concrete) : 부재나 건물의 내외장 표면에 콘크리트 그 자체만이 나타나는 제물치장으로 마감한 콘크리트
  • 요철(reveal) : 노출 콘크리트 시공 후 모르타르나 매트릭스에서 돌출된 굵은 골재의 정도(projection)를 말함
  • 흠집(blemish) : 경화한 콘크리트의 매끄럽고 균일한 색상의 표면에서 눈에 띄는 표면 결함

20 동결융해작용을 받는 콘크리트공사에 대한 설명으로 옳은 것은?

① 골재의 흡수율은 잔골재 4.0% 이하, 굵은골재 3.0% 이하인 것을 사용함을 원칙으로 한다.

② 동결융해작용을 받는 콘크리트의 설계기준강도는 20MPa 이상으로 한다.

③ 콘크리트의 표면마무리는 장시간 지나치게 시공하여 표면공기량이 감소되지 않도록 실시한다.

④ 물결합재비는 50% 이하로 하고, 단위수량은 콘크리트의 소요 품질이 얻어지는 범위 내에서 가능한 한 크게 한다.

21 용접결함부의 보수에 대한 설명으로 옳은 것은?

① 강재 끝 면의 층상균열은 판 두께의 1/4 정도 깊이로 가우징하고, 덧살용접을 한 후 그라인더로 마무리 한다.

② 강재의 표면상처로 그 범위가 분명한 것은 정이나 아크에어가우징에 의하여 불량 부분을 제거하고, 덧살 용접을 한 후 그라인더로 마무리한다.

③ 아크 스트라이크는 굽힘실험으로 파손된 용접부 또는 결함이 모재에 파급되어 있는 경우 모재면을 보수 용접한 후 갈아서 마감하고 재용접한다.

④ 용접균열은 비드 용접한 후 그라인더로 마무리하고, 용접비드의 길이는 40mm 이상으로 한다.

ANSWER 20.③ 21.①

20 ① 골재의 흡수율은 잔골재 3.0% 이하, 굵은골재 2.0% 이하인 것을 사용함을 원칙으로 한다.
　② 동결융해작용을 받는 콘크리트의 설계기준강도는 30MPa 이상으로 한다.
　④ 물결합재비는 45% 이하로 하고, 단위수량은 콘크리트의 소요 품질이 얻어지는 범위 내에서 가능한 한 적게 한다.

21 강용접결함부의 보수
　㉠ 강재의 표면상처로서 그 범위가 불분명한 것 : 정이나, 아크에어가우징에 의하여 불량 부분을 제거하고, 덧살용접을 한 후 그라인더로 마무리
　㉡ 강재의 표면상처로 그 범위가 분명한 것 : 덧살용접(용접비드의 길이는 40mm 이상)을 한 후 그라인더로 마무리
　㉢ 아크 스트라이크 : 모재 표면에 오목부가 생긴 곳은 덧살용접을 한 후 그라인더로 마무리
　㉣ 용접균열 : 균열부분을 완전히 제거하고 발생 원인을 규명하여 그 결과에 따라 재용접
　㉤ 가용접 : 용접비드는 정 또는 아크에어스커핑법으로 제거, 모재에 언더컷이 있을 때에는 덧살용접 후 그라인더로 마무리
　㉥ 용접비드 표면의 피트, 오버랩 : 아크에어가우징으로 결함 부분을 제거하고 재용접(용접비드의 최소길이는 40mm)
　㉦ 용접비드 표면의 요철 : 그라인더로 마무리
　㉧ 언더컷 : 비드 용접한 후 그라인더로 마무리(용접비드의 길이는 40mm 이상)
　㉨ 스터드용접의 결함 : 굽힘실험으로 파손된 용접부 또는 결함이 모재에 파급된 경우에는 모재면을 보수용접한 후 갈아서 마감하고 재용접

22 철골구조 내화피복공사에 대한 설명으로 옳지 않은 것은?

① 피복재료는 규정된 방법에 따라 보관되어야 하고, 뿜칠재료는 제조일로부터 3개월 이내, 내화보드는 제조일로부터 6개월 이내, 내화도료는 제조일로부터 12개월 이내에 사용하여야 한다.

② 내화피복공사 시 시공 장소 및 피착면의 온도는 시공시간과 양생기간 중에 4℃ 이상을 유지하여야 하며, 4℃ 미만에서 시공하고자 할 경우에는 4℃ 이상의 온도가 유지되도록 필요한 난방 등의 보온조치를 하여야 하고, 시공 후 표준양생기간 동안 이 온도를 유지하여야 한다.

③ 내화뿜칠피복공사 시 뿜칠 될 바탕면의 전면에 공극이 없는 균일한 면이 되도록 뿜칠하며, 1회의 뿜칠두께는 10mm를 기준으로 하며, 2회 뿜칠이 필요한 경우에는 1회 뿜칠 후 제조사의 시방에 따라 재뿜칠하여야 한다.

④ 내화보드 붙임 피복공사 시 철골 부재와의 연결철물(크립, 철재바)의 설치는 500~600mm마다 설치하여야 한다.

23 「건설기술 진흥법 시행령」상 '설계의 경제성 등 검토'의 대상에 해당하지 않는 것은?

① 총공사비 100억 원 이상인 건설공사의 기본설계 및 실시설계를 하는 경우

② 총공사비 100억 원 이상인 건설공사의 시공 중 총공사비 또는 공종별 공사비를 10퍼센트 이상 조정(단순 물량증가나 물가변동으로 인한 변경은 제외)하여 설계를 변경하는 경우

③ 총공사비 100억 원 미만인 건설공사에 대하여 발주청이 필요하다고 인정하는 건설공사의 설계를 하는 경우

④ 총공사비 100억 원 이상인 건설공사를 실시설계의 완료일부터 1년 이상 지난 후에 발주하는 경우(다만, 실시설계의 완료일부터 건설공사의 발주일까지 특별한 여건변동이 없었던 경우는 제외)

22 내화뿜칠피복공사 시 뿜칠 될 바탕면의 전면에 공극이 없는 균일한 면이 되도록 뿜칠하며, 1회의 뿜칠두께는 20mm를 기준으로 하며, 2회 뿜칠이 필요한 경우에는 1회 뿜칠 후 제조사의 시방에 따라 재뿜칠하여야 한다.

23 「건설기술 진흥법 시행령」상 '설계의 경제성 등 검토'의 대상
- 총공사비 100억 원 이상인 건설공사를 실시설계의 완료일부터 3년 이상 지난 후에 발주하는 경우(다만, 실시설계의 완료일부터 건설공사의 발주일까지 특별한 여건변동이 없었던 경우는 제외)
- 총공사비 100억 원 이상인 건설공사의 기본설계 및 실시설계(일괄·대안입찰공사, 기술제안입찰공사, 민간투자사업 및 설계공모사업 포함)
- 총공사비 100억 원 이상인 건설공사의 시공 중 총공사비 또는 공종별 공사비를 10퍼센트 이상 조정(단순 물량증가나 물가변동으로 인한 변경은 제외)하여 설계를 변경하는 경우
- 총공사비 100억 원 미만인 건설공사에 대하여 발주청이 필요하다고 인정하는 건설공사의 설계를 하는 경우

24 EVMS(Earned Value Management System)에 대한 설명으로 옳지 않은 것은?

① 상세히 작성된 작업계획과 실제 작업을 계속 측정하여 프로젝트의 최종 비용과 일정을 예측하는 성과 위주의 관리 방법이다.

② 달성가치(Earned Value 혹은 Budgeted Cost for Work Performed)는 공사수행에 투입된 실제 물량(실적물량)에 실제 투입단가(실적단가)를 곱해 산정한다.

③ 프로젝트 성과측정 결과, 비용차이(Cost Variance)가 0보다 작다는 것은 당초 계획 대비 비용이 초과 투입되고 있다는 것을 의미하는 것이다.

④ 프로젝트 성과측정 결과, 일정지수(Schedule Performance Index)가 0.8이라는 것은 당초 계획 대비 일정이 지연되고 있다는 것을 의미하는 것이다.

ANSWER 24.②

24 달성가치(Earned Value 혹은 Budgeted Cost for Work Performed)는 수행작업의 예산원가로서 수행된 공사량에 배정하여 승인을 받은 예산으로 표현되는 가치이다.

25 기획재정부 「계약예규 예정가격작성기준」상 공사원가계산에 대한 설명으로 옳은 것은?

① 재료의 구입과정에서 해당재료에 직접 관련되어 발생하는 운임, 보험료, 보관비 등의 부대비용은 재료비에 계상한다. 다만, 재료 구입 후 발생되는 부대비용은 경비의 각 비목으로 계상한다.

② 기술료는 해당 계약목적물을 시공하는 데 직접 필요한 기술개발 및 연구비로서 시험 및 시범제작에 소요된 비용 또는 연구기관에 의뢰한 기술개발 용역비와 법령에 의한 기술개발촉진비 및 직업훈련비를 말한다.

③ 지급임차료는 계약목적물을 시공하는 데 직접 사용되거나 제공되는 토지, 건물, 건설기계 등 기계기구의 사용료를 말한다.

④ 보상비는 해당 공사로 인해 공사현장에 인접한 도로 하천·기타 재산에 훼손을 가하거나 지장물을 철거함에 따라 발생하는 보상보수비, 용지보상비를 말한다.

25 공사원가계산서 상의 경비

보상비	해당 공사로 인해 공사현장에 인접한 도로 하천·기타 재산에 훼손을 가하거나 지장물을 철거함에 따라 발생하는 보상·보수비 (다만, 해당공사를 위한 용지보상비는 제외)
전력비 수도광열비	계약목적물을 제조하는데 직접 소요되는 해당 비용
기술료	해당 계약목적물을 제조하는데 직접 필요한 노하우(Know-how) 및 동 부대비용으로서 외부에 지급하는 비용을 말하며 「법인세법」상의 시험연구비 등에서 정한 바에 따라 계상하여 사업연도로부터 이연상각하되 그 적용비례를 기준하여 배분 계산
연구개발비	해당 계약목적물을 제조하는데 직접 필요한 기술개발 및 연구비로서 시험 및 시범제작에 소요된 비용 또는 연구기관에 의뢰한 기술개발용역비와 법령에 의한 기술개발촉진비 및 직업훈련비를 말하며 「법인세법」상의 시험연구비 등에서 정한 바에 따라 이연상각하되 그 생산수량에 비례하여 배분 계산 (다만, 연구개발비 중 장래 계속생산으로의 연결이 불확실하여 미래수익의 증가와 관련이 없는 비용은 특별상각 가능)
지급임차료	계약목적물을 시공하는데 직접 사용되거나 제공되는 토지, 건물, 기계기구(건설기계 제외)의 사용료
운반비	재료비에 포함되지 않은 운반비로, 원재료, 반재료 또는 기계기구의 운송비, 하역비, 상하차비, 조작비 등
기계경비	각 중앙관서의 장 또는 그가 지정하는 단체에서 제정한 "표준품셈 상 건설기계의 경비산정기준"에 의한 비용
특허권사용료	타인 소유의 특허권을 사용한 경우에 지급되는 사용료로, 그 사용비례에 따라 계산
품질관리비	해당 계약목적물의 품질관리를 위하여 관련법령 및 계약조건에 의하여 요구되는 비용(품질시험 인건비를 포함한다), 간접노무비에 계상(시험관리인)되는 것은 제외

가설비	공사목적물의 실체를 형성하는 것은 아니나 현장사무소, 창고, 식당, 숙사, 화장실 등 동 시공을 위하여 필요한 가설물의 설치에 소요되는 비용(노무비, 재료비 포함)
보험료	산업재해보험, 고용보험, 국민건강보험 및 국민연금보험 등 법령이나 계약조건 에 의하여 의무적으로 가입이 요구되는 보험의 보험료. 동 보험료는 「건설산업기본법」 제22조 제7항 등 관련법령에 정한 바에 따라 계상하며, 재료비에 계상되는 보험료는 제외. 다만 공사손해보험료는 제22조에서 정한 바에 따라 별도로 계상(개정 2015. 9. 21.)
복리후생비	계약목적물을 시공하는데 종사하는 노무자·종업원·현장사무소직원 등의 의료위생약품대, 공상치료비, 지급피복비, 건강진단비, 급식비 등 작업조건 유지에 직접 관련되는 복리후생비
보관비	계약목적물의 시공에 소요되는 재료, 기자재 등의 창고사용료로서 외부에 지급되는 비용만을 계상하여야 하며 이중에서 재료비에 계상되는 것은 제외
외주가공비	재료를 외부에 가공시키는 실가공비용을 말하며, 외주가공품의 가치로서 재료비에 계상되는 것은 제외
산업안전 보건관리비	작업현장에서 산업재해 및 건강장해예방을 위하여 법령에 따라 요구되는 비용
소모품비	작업현장에서 발생되는 문방구, 장부대등 소모용품 구입비용을 말하며, 보조재료로서 재료비에 계상되는 것은 제외
여비·교통비 ·통신비	시공현장에서 직접 소요되는 여비 및 차량유지비와 전신전화사용료, 우편료
세금과 공과	시공현장에서 해당공사와 직접 관련되어 부담하여야 할 재산세, 차량세, 사업소세 등의 세금 및 공공단체에 납부하는 공과금
폐기물처리비	계약목적물의 시공과 관련하여 발생되는 오물, 잔재물, 폐유, 폐알칼리, 폐고무, 폐합성수지등 공해유발물질을 법령에 의거 처리하기 위하여 소요되는 비용
도서인쇄비	계약목적물의 시공을 위한 참고서적구입비, 각종 인쇄비, 사진제작비(VTR제작비를 포함) 및 공사시공기록책자 제작비 등
지급수수료	시행령 제52조 제1항 단서에 의한 공사이행보증서 발급수수료, 「건설산업기본법」 제34조 및 「하도급거래 공정화에 관한 법률」 제13조의2의 규정에 의한 건설하도급대금 지급보증서 발급수수료, 「건설산업기본법」 제68조의3에 의한 건설기계 대여대금 지급보증 수수료 등 법령으로서 지급이 의무화된 수수료. 이 경우 보증서 발급수수료는 보증서 발급기관이 최고 등급업체에 대해 적용하는 보증요율 중 최저요율을 적용하여 계상
안전관리비	건설공사의 안전관리를 위하여 관계법령에 의하여 요구되는 비용
건설근로자 퇴직공제부금비	「건설근로자의 고용개선 등에 관한 법률」에 의하여 건설근로자퇴직공제에 가입하는데 소요되는 비용. 다만, 제10조 제1항 제4호 및 제18조에 의하여 퇴직급여충당금을 산정하여 계상한 경우에는 동 금액을 제외
관급자재 관리비	공사현장에서 사용될 관급자재에 대한 보관 및 관리 등에 소요되는 비용
법정부담금	관련법령에 따라 해당 공사와 직접 관련하여 의무적으로 부담하여야 할 부담금
기타 법정경비	위에서 열거한 이외의 것으로서 법령에 규정되어 있거나 의무 지워진 경비
환경보전비	계약목적물의 시공을 위한 제반환경오염 방지시설을 위한 것으로서, 관련법령에 의하여 규정되어 있거나 의무 지워진 비용

1 강관비계의 구성에 대한 설명으로 옳지 않은 것은?

① 대각으로 설치하는 가새는 배치 간격이 10.0m가 표준이며, 각도는 수평면에 대해 20~30°로 한다.

② 지상으로부터 첫 번째 띠장은 강관의 좌굴이 발생하지 않는 한도 내에서 지상에서 2.0m 이내에 설치하며, 띠장의 수직 간격은 1.5m 이하로 한다.

③ 비계기둥의 간격은 띠장 방향으로 1.5~1.8m, 장선 방향으로 1.5m 이하로 한다.

④ 벽이음재의 배치 간격은 벽이음재의 성능과 작용하중을 고려한 구조설계에 따르며, 수직 및 수평 방향으로 각각 5m 이하로 한다.

2 계약서상 명기되지 않은 경우, 설계도서 해석의 우선순위가 높은 것부터 순서대로 바르게 나열된 것은?

① 설계도면 → 전문시방서 → 표준시방서 → 공사시방서 → 산출내역서

② 설계도면 → 공사시방서 → 전문시방서 → 표준시방서 → 산출내역서

③ 공사시방서 → 설계도면 → 표준시방서 → 전문시방서 → 산출내역서

④ 공사시방서 → 설계도면 → 전문시방서 → 표준시방서 → 산출내역서

ANSWER 1.① 2.④

1 대각으로 설치하는 가새는 비계의 외면으로 수평면에 대해 40~60°방향으로 설치하며, 기둥 또는 띠장에 결속한다.

2 계약서상 명기되지 않은 경우, 설계도서 해석의 우선순위가 높은 것부터 순서대로 나열하면 공사시방서 → 설계도면 → 전문시방서 → 표준시방서 → 산출내역서가 된다.

3 철근콘크리트 구조의 철근 배근에 대한 설명으로 옳지 않은 것은?

① D35를 초과하는 철근은 서로 겹침이음을 할 수 없다.

② 스터럽(stirrup)은 보의 보강근으로 전단력 및 비틀림 모멘트에 저항하기 위해 설치한다.

③ 일방향 슬래브의 경우, 장변방향의 철근을 주근이라고 한다.

④ 표준갈고리(standard hook)의 길이는 철근의 정착길이에 산입하지 않는다.

4 길이 10m, 높이 3m의 담장을 시멘트 벽돌(190×90×57)을 이용하여 0.5B로 시공하려고 한다. 이때 필요한 시멘트 벽돌의 양은? (단, 할증은 5%로 한다)

① 2,250매

② 2,363매

③ 4,470매

④ 4,694매

5 건축공사의 현장관리에 대한 설명으로 옳지 않은 것은?

① 수급자인 시공자에 의한 건설기술자의 배치기준은 「건설기술진흥법」에 따른다.

② 공사현장의 관리는 원칙적으로 수급자인 시공자의 책임 하에 실시한다.

③ 공사현장의 지장물은 수급자인 시공자가 담당원(감독자 등)과 협의하여 처리한다.

④ 건축공사로 발생하는 민원의 해결에 소요되는 경비는 수급자인 시공자가 부담한다.

ANSWER 3.③ 4.② 5.①

3 일방향 슬래브의 경우, 단변방향의 철근을 주근이라고 한다.

4 쌓기면적(m^2)×75매(표준형시멘트벽돌 0.5B쌓기)×1.05(재료할증계수 5%)=시멘트벽돌량(매)이므로 문제에서 주어진 조건을 여기에 대입하면
(10×3)×75×1.05 = 2362.5(Dn)

5 수급자인 시공자에 의한 건설기술자의 배치기준은 「건설산업기본법」에 따른다.

6 기준점(bench mark)에 대한 설명으로 옳지 않은 것은?

① 대한민국 수준원점을 기초로 정한 측량기준점 중 인접한 것을 기준으로 삼아 설치한다.

② 공사 중 이동이 쉽도록 해당 건물 부지 내에 설치한다.

③ 훼손될 것을 고려하여 2개소 이상 설치한다.

④ 일반적으로 GL(ground level)에서 0.5 ~ 1.0m 높이에 설치한다.

7 토공사와 관련된 설명으로 옳지 않은 것은?

① 흙입자 사이의 간극을 차지하고 있는 공기가 배출되어 부피가 감소하는 현상을 압밀(consolidation)이라고 한다.

② 기초 설계 시 중요한 흙의 전단강도는 흙의 점착력과 내부마찰각이 클수록 커진다.

③ 표준관입시험(standard penetration test)은 63.5kg의 추를 높이 75cm에서 떨어뜨려 30cm 관입할 때까지의 타격횟수를 구해 지내력을 추정하기 위한 시험이다.

④ 히빙(heaving)은 연약점토지반 굴토 시 흙막이 내외토사의 중량차이로 인하여 굴착 저면의 흙이 부풀어 오르는 현상을 말한다.

8 소규모 공공공사에서 건설사업자가 도급받은 1건 공사의 도급금액이 3억 원 미만인 경우, 「건설산업기본법」에 따른 직접 시공 최소 금액 비율은?

① 도급금액의 100분의 10

② 도급금액의 100분의 20

③ 도급금액의 100분의 30

④ 도급금액의 100분의 50

ＡNSWER 6.② 7.① 8.④

6 기준점은 공사의 기준이 되는 점이므로 이동이 쉽게 되면 안 된다.

7 흙입자 사이의 간극을 차지하고 있는 공기가 배출되어 부피가 감소하는 현상을 다짐이라고 한다.

8 소규모 공공공사에서 건설사업자가 도급받은 1건 공사의 도급금액이 3억 원 미만인 경우, 「건설산업기본법」에 따른 직접 시공 최소 금액 비율은 도급금액의 100분의 50이다.

9 구조물에 작용하는 부력에 대한 설명으로 옳지 않은 것은?

① 지하구조물은 지하수위에서 구조물 저면 깊이만큼 부력을 받고, 자중이 부력보다 작으면 건축물이 부상하는데, 부상으로 인한 부재의 균열, 누수, 파손 등이 공사 중 또는 공사완료 후에도 발생한다.

② 영구 배수 공법은 유입 지하수를 강제로 펌핑한 다음 외부로 배수하여 부력을 저하하는 공법으로 외부 배수 시스템과 내부 배수 시스템으로 구분한다.

③ 락앵커(rock anchor) 공법은 기초 하부의 암반 지반에 다발 강선(strand)을 설치하고 다발 강선의 인장력이 부력에 저항하는 방식으로서 부력과 건축물 자중의 차이가 작거나 부력 중심과 건축물 자중의 중심이 일치할 경우 적용한다.

④ 부력에 저항하기 위해 지하구조물의 자중과 외벽 및 지반 사이에 작용하는 마찰력이 지하수에 의한 부력보다 크게 되도록 하는 공법을 적용할 수 있다.

10 콘크리트 타설 시 거푸집의 수직부재가 받는 측압에 대한 설명으로 옳지 않은 것은?

① 타설속도가 빠를수록, 다짐시간이 길수록 측압은 커진다.

② 슬럼프가 클수록, 빈배합일수록 측압은 커진다.

③ 습도가 높을수록, 온도가 낮을수록 측압은 커진다.

④ 철골 또는 철근량이 적을수록 측압은 커진다.

ANSWER 9.③ 10.②

9 락앵커는 부력과 건축물 자중의 차이가 크거나 부력 중심과 건축물 자중의 중심이 일치하지 않을 경우 적용한다.

10 부배합일수록 측압은 커지게 된다.

※ 측압에 관한 사항
- 콘크리트타설속도가 빠를수록 측압이 크다.
- 슬럼프값이 클수록 측압이 크다.
- 부배합일수록 크다.
- 거푸집표면이 평활하면 마찰계수가 적게되어 측압이 크다.
- 거푸집의 투수성 및 누수성이 클수록 측압이 작다.
- 바이브레이터를 사용하여 다질수록 측압이 크다.
- 철골 또는 철근량이 많을수록 측압은 작게 된다.
- 거푸집의 강성이 클수록 측압이 크다.
- 거푸집의 수평단면이 클수록 측압이 크다.
- 콘크리트의 비중이 클수록 측압이 크다.
- 대기습도가 높을수록 측압이 크다.
- 대기온도가 낮을수록 측압이 크다.

11 건식 석재공사에 대한 설명으로 옳지 않은 것은?

① 건식 석재 붙임공사에는 두께가 30mm 이상인 석재를 사용한다.

② 촉구멍은 기준보다 3mm 이상 더 깊이 천공하여 상부 석재의 중량이 하부 석재로 전달되지 않도록 한다.

③ 연결철물 중 석재하부는 지지용으로, 상부는 고정용으로 설치하며 연결철물용 앵커와 석재는 접착용 에폭시로 고정한다.

④ 앵커긴결공법 적용 시, 판석재와 철재가 직접 접촉하는 부분에는 적절한 완충재를 사용한다.

12 방수공사의 시공상 주의사항에 대한 설명으로 옳지 않은 것은?

① 방수공사 바탕면의 동결이 예상되거나 외기온도가 5℃ 미만인 경우, 시공하지 않는 것을 원칙으로 한다.

② 습윤 상태에 적용이 가능한 방수공법 적용 시, 바탕면의 함수상태는 30% 이상을 유지하도록 한다.

③ 옥상에 신축 줄눈을 설치할 경우, 누름층이 완전히 분리될 수 있을 정도 깊이로 설치한다.

④ 담수시험은 방수층 끝부분이 잠기지 않도록 물을 채우고 48시간 정도 누수 여부를 확인한다.

13 커튼월의 분류와 이에 따른 방식이 옳게 짝 지어진 것은?

① 외관 형태별 : GPC(granite precast concrete) 방식, TPC(tile precast concrete) 방식

② 구조 방식별 : 시스(sheath) 방식, 패널(panel) 방식

③ 조립 공법별 : 유닛(unit) 방식, 스틱월(stick wall) 방식

④ 우수처리 방식별 : 오픈 조인트(open joint) 방식, 컨트롤 조인트(control joint) 방식

ANSWER 11.③ 12.② 13.③

11 철물용 앵커와 석재는 핀으로 고정시키며 접착용 에폭시는 사용하지 않는다.

12 건조를 전제로 하는 방수공법을 적용할 경우 바탕표면 함수상태는 10% 이하로 충분히 건조되어 있어야 하고, 습윤상태에서도 사용 가능한 방수공법을 적용할 경우에는 바탕의 표면 함수상태가 30% 이하이어야 한다.

13 커튼월의 분류
  • 재료별 : 메탈프레임, 프리캐스트콘크리트, 통유리 등
  • 외관형태별 : 시스(sheath) 방식, 패널(panel) 방식
  • 구조방식별 : GPC(granite precast concrete) 방식, TPC(tile precast concrete) 방식
  • 우수처리 방식별 : 오픈 조인트(Open joint) 방식, 클로즈드 조인트(Closed joint)방식

14 강구조 공사에 대한 설명으로 옳지 않은 것은?

① 강재의 현장조립 시 1군의 볼트 조임은 중앙부에서 가장자리의 순으로 한다.

② CO_2 반자동 용접의 경우 현장 용접개소의 풍속은 2m/s를 넘어서지 않아야 한다.

③ 볼트 조임 시 마찰내력이 저감될 수 있는 경우에 끼움판(filler)을 삽입해야 한다.

④ 12층 이상, 최고높이 50m를 초과하는 건축물에 위치한 보(girder)의 내화요구시간은 2시간이다.

14 12층 이상, 최고높이 50m를 초과하는 건축물에 위치한 보(girder)의 내화요구시간은 3시간이다.

용도	용도구분 (1)	용도규모(2) 층수/최고높이(m)		내력벽 (외벽)	연소우려가 있는 부분(가)	연소우려가 없는 부분(나)	내력벽 (내벽)	간막이벽 (다)	샤프트실 구획벽(라)	보·기둥	바닥	지붕틀
일반시설	업무시설, 판매 및 영업시설, 공공용시설 중 군사시설·방송국·발전소·전신전화국·촬영소 기타 이와 유사한 것, 통신용시설, 관광휴게시설, 운동시설, 문화 및 집회시설, 제1종 및 제2종근린생활시설, 위락시설, 묘지관련시설 중 화장장, 교육연구 및 복지시설, 자동차관련시설(정비공장 제외)	12/50	초과	3	1	0.5	3	2	2	3	2	1
			이하	2	1	0.5	2	1.5	1.5	2	2	0.5
		4/20 이하		1	1	0.5	1	1	1	1	1	0.5
주거시설	단독주택 중 다중주택·다가구주택·공관, 공동주택, 숙박시설, 의료시설	12/50	초과	2	1	0.5	2	2	2	3	2	1
			이하	2	1	0.5	2	1	1	2	2	0.5
		4/20 이하		1	1	0.5	1	1	1	1	1	0.5
산업시설	공장, 창고시설, 분뇨 및 쓰레기처리시설, 자동차 관련시설 중 정비공장, 위험물저장 및 처리시설	12/50	초과	2	1.5	0.5	2	1.5	1.5	3	2	1
			이하	2	1	0.5	2	1	1	2	2	0.5
		4/20 이하		1	1	0.5	1	1	1	1	1	0.5

- 건축물이 하나 이상의 용도로 사용될 경우, 가장 높은 내화시간의 용도를 적용한다.
- 건축물의 부분별 높이 또는 층수가 상이할 경우, 최고 높이 또는 최고 층수로서 상기 표에서 제시한 부위별 내화시간을 건축물 전체에 동일하게 적용한다.
- 건축물의 층수와 높이의 산정은 건축법 시행령 제119조에 따르되 다만, 승강기탑, 계단탑, 망루, 장식탑, 옥탑 기타 이와 유사한 부분은 건축물의 높이와 층수의 산정에서 제외한다.
- 화재의 위험이 적은 제철·제강공장 등으로서 품질확보를 위하여 불가피할 경우에는 지방건축위원회의 심의를 받아 주요구조부의 내화시간을 완화하여 적용할 수 있다.
- 외벽의 내화성능 시험은 건축물 내부면을 가열하는 것으로 한다.

2021. 10. 16. 제2회 지방직 시행 | **471**

15 강구조물의 공장가공 시 구멍뚫기에 대한 설명으로 옳지 않은 것은?

① 판 두께가 13mm 이하인 강재에 구멍을 뚫을 때에는 눌러뚫기로 소정의 지름을 뚫을 수 있으나 구멍 주변에 생긴 손상부는 깎아서 제거해야 한다.

② 제작 시 구멍중심선 축에서 구멍의 어긋남은 ±1mm 이하로 하며, 볼트 그룹에서 처음 볼트와 마지막 볼트의 최대연단 거리의 오차는 ±2mm 이하로 한다.

③ 마찰이음으로 부재를 조립할 경우, 구멍의 엇갈림은 1.0mm 이하로 하고, 지압이음으로 부재를 조립할 경우, 구멍의 엇갈림은 0.5mm 이하로 한다.

④ 볼트구멍의 직각도는 1/20 이하여야 하며 볼트구멍의 허용오차는 밀착력 확보를 위해 이음방법의 구분 없이 동일하게 적용한다.

16 MCX(minimum cost expedition) 기법으로 총공사기간을 단축하고자 한다. 다음의 표를 참고할 때, 공사기간을 7일 단축하는 데 필요한 추가 비용은?

(비용 단위 : 만 원)

작업명	선행 작업	정상(normal)		특급(crash)		단축 가능일수	비용 구배
		일수	비용	일수	비용		
A	없음	10	75	10	75	0	–
B	A	25	300	20	340	5	8
C	A	15	200	12	215	3	5
D	B, C	30	700	24	760	6	10

① 60

② 80

③ 100

④ 120

15 볼트구멍의 허용오차는 마찰이음인 경우와 지압이음인 경우가 서로 다르므로 확인이 필요하다.

16 • 주공정선은 A-B-D이며 공기는 10+25+30으로 총 65일이 소요된다. 여기서 B와 C는 서로 연관관계가 없이 독립적으로 진행되며 B나 D의 공기를 단축시켜야 전체 공기를 단축시킬 수 있다.

• 우선 비용구배가 B작업이 작으므로 공기를 5일 단축시킨 후, 나머지 2일은 D작업에서 단축시키면 된다. 따라서 이에 소요되는 비용은 5×8+10×2=60이 된다.

17 석면을 함유하지 않은 내외장재를 분별해체할 때, 해체순서로 옳은 것은?

① 목재→강제 창호, 알미늄제 창호 및 스텐레스 창호→석고보드→벽, 천장재 등의 금속바탕재

② 강제 창호, 알미늄제 창호 및 스텐레스 창호→벽, 천장재 등의 금속바탕재→석고보드→목재

③ 석고보드→벽, 천장재 등의 금속바탕재→목재→강제 창호, 알미늄제 창호 및 스텐레스 창호

④ 벽, 천장재 등의 금속 바탕재→목재→강제 창호, 알미늄제 창호 및 스텐레스 창호→석고보드

18 콘크리트의 내구성 기준 압축강도에 대한 설명으로 옳지 않은 것은?

① 건조하거나 수분으로부터 보호되는 또는 영구적으로 습윤한 콘크리트가 탄산화 내구성을 확보하기 위해 21MPa 이상으로 설계한다.

② 습윤하고 드물게 건조되며 염화물에 노출되는 콘크리트가 염해 내구성을 확보하기 위해 30MPa 이상으로 설계한다.

③ 유해한 수준의 황산염 이온에 노출되는 콘크리트가 황산염 내구성을 확보하기 위해 30MPa 이상으로 설계한다.

④ 지속적으로 수분과 접촉하나 염화물에 노출되지 않고 동결융해의 반복작용에 노출되는 콘크리트의 내구성을 확보하기 위해 21MPa 이상으로 설계한다.

ANSWER 17.① 18.④

17 석면을 함유하지 않은 내외장재 분별해체 순서는 일반적으로
목재→강제 창호, 알미늄제 창호 및 스텐레스 창호→석고보드→벽, 천장재 등의 금속바탕재 순으로 이루어진다.

18 구조용 콘크리트 부재의 노출범주 및 등급표에 의하면 "지속적으로 수분과 접촉하나 염화물에 노출되지 않고 동결융해의 반복작용에 노출되는 콘크리트의 내구성을 확보하기 위한 경우"는 EF1등급으로 분류되며 24MPa 이상으로 설계해야 한다.

항목	노출등급															
	−	EC				ES				EF				EA		
	E0	EC1	EC2	EC3	EC4	ES1	ES2	ES3	ES4	EF1	EF2	EF3	EF4	EA1	EA2	EA3
최소 설계기준 압축강도(MPa)	21	21	24	27	30	30	30	35	35	24	27	30	30	27	30	30

19 금속 커튼월의 실물모형시험(mockup test)에 대한 설명으로 옳지 않은 것은?

① 설계 풍압의 +50%를 최소 10초간 가압하여 시험 장치에 설치된 시료의 상태를 일차적으로 점검하고 시험 가능 여부를 판단하는 시험을 예비시험이라고 한다.

② 정압하에서 내외의 압력차를 75Pa부터 최대 299Pa로 하여 시험체에서 발생하는 공기 누출량을 측정하고, 설계기준 만족 여부를 확인하는 시험을 기밀시험이라고 한다.

③ 설계 풍압의 100%까지 단계별로 증감하여 구조재의 변위와 측정 유리의 파손 여부를 확인하는 시험을 층간변위시험이라고 한다.

④ 설계 풍압의 20% 또는 $30.4kg/m^2$ 중 큰 값의 압력차로 분사노즐을 통해 15분간 $3.4l/m^2 \cdot min$의 물을 분사하여 누수 정도를 확인하는 시험을 정압수밀시험이라고 한다.

20 지반개량 공법에 대한 설명으로 옳지 않은 것은?

① 약액주입공법은 시멘트, 물유리, 벤토나이트 및 고분자 약액 등 각종 응결재를 기초하부에 주입하여 하부 연약지반을 보강하는 공법으로 구조물 침하방지를 목적으로 한다.

② SGR(soil grouting rocket) 공법은 이중관(외관+내관) 로드에 특수 선단장치를 부착해 대상 지반에 형성된 유도공간을 통해 급결성과 완결성의 주입재를 20MPa 이상의 고압으로 복합 주입하는 공법이다.

③ LW(labiles wasserglass) 공법은 대상 지반에 시멘트 밀크를 채우고 공극에는 규산소다 용액을 0.3~0.6MPa의 저압으로 주입하여 지반을 고결 개량하는 공법이다.

④ JSP(jumbo special pile) 공법은 이중관 로드 선단에 제팅 노즐을 장착하여 압축공기와 함께 시멘트 밀크를 20 ~ 40MPa의 초고압으로 분사하여 지반을 절삭·파쇄함과 동시에 그라우팅 주입재를 충전하는 공법이다.

ANSWER 19.③ 20.②

19 설계 풍압의 100%까지 단계별로 증감하여 구조재의 변위와 측정 유리의 파손 여부를 확인하는 시험을 구조시험이라고 한다.

20 SGR공법

이중관(외관+내관) Rod에 특수 선단장치(Rocket)를 부착시켜 대상 지반에 형성시킨 유도공간을 통해 급결성과 완결성의 주입재를 저압으로 복합주입하는 공법이다.

유동공간을 형성하므로 균일한 작업효과 및 차수효과를 기대할 수 있다.

주입압력이 적어 지반교란이 적고 간극수만 치환이 가능하다.

주입시간이 비교적 많이 소요되며 장비가 복잡하며 장기간의 차수 및 지반보강용으로는 부적합하다.

1 열 적외선(infrared)을 반사하는 은소재 도막으로 코팅하여 방사율과 열관류율을 낮추고 가시광선 투과율을 높인 유리로서 일반적으로 복층유리로 제조하여 사용하는 유리에 해당하는 것은?

① 접합유리(laminated glass)

② 로이유리(low emissivity glass)

③ 열선반사유리(solar reflective glass)

④ 망입유리(wire glass)

ANSWER 1.②

1 • **로이유리(low emissivity glass)**: 열 적외선(infrared)을 반사하는 은소재 도막으로 코팅하여 방사율과 열관류율을 낮추고 가시광선 투과율을 높인 유리로서 일반적으로 복층유리로 제조하여 사용하는 유리

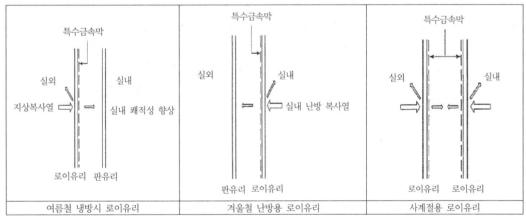

여름철 냉방시 로이유리	겨울철 난방용 로이유리	사계절용 로이유리

• **접합유리**: 유리와 유리 사이에 강한 투명플라스틱필름을 넣고 고열라 접착한 것으로 파손이 되더라도 파편이 접착제에 의해 떨어지지 않는 안전유리이다. 주위의 소음을 잘 흡수하므로 공항 주변의 창유리로 사용되는데 강화유리를 여러장 접합한 유리는 방탄성능이 있어서 방탄유리라고도 한다.

• **열선반사유리**: 태양열의 일부투과와 반사가 적절히 조절되고, 로이유리는 태양빛을 파장별로 흡수하고 반사하는데 단파장의 복사열은 투과시키고 난방기구에 의한 장파장의 복사열은 반사한다. (일반건축 및 고층빌딩의 창이나 프라이버시를 필요로 하는 곳이나 태양열을 차단할 필요가 있는 곳에 사용된다.) 가시광선의 반사율이 좋으므로 고속도로 주변이나 경사면에 시공할 때는 주위의 자동차나 건물에 영향을 주지 않도록 해야 한다.

• **망입유리**: 유리 안에 금속철망을 삽입한 판유리로서 충격에 강하며 파손 시 유리파편들이 금속망에 붙어 있으므로 안전성을 확보할 수 있다. 위험물 취급소의 창이나 지하철 플랫폼 주변 계단 부근의 방화구역 등에 사용된다.

2 건설 프로젝트의 입찰, 계약, 보증에 대한 설명으로 옳지 않은 것은?

① 대안입찰제도는 건축주가 입찰자로 하여금 입찰내역서상에 그 입찰금액을 구성하는 공사 중 하도급할 공종, 하도급 금액, 하수급 예정자 등 하도급에 관한 사항을 기재하여 제출토록 하는 제도이다.

② 공동도급은 특정 공사를 수행함에 있어 2개 이상의 도급업자가 기술, 자본 및 위험 등의 부담을 분산, 감소시킬 목적으로, 협정을 체결하고 임시로 공동출자하여 연대책임하에 공사를 공동 수급하고 공사 완성 후 해산하는 방식이다.

③ 실비정산보수가산계약(cost plus fee contract)은 공사의 실비를 건축주와 시공자가 확인, 정산하고, 건축주는 미리 정한 보수 지급 방식에 따라 시공자에게 그 보수액을 지불하는 방식이다.

④ 입찰보증제도는 건설보증제도 중 하나이며, 낙찰되어도 계약체결 의사가 없는 입찰자의 입찰 참가를 방지하기 위한 것이다.

3 벽타일 붙이기 공법에 대한 설명으로 옳지 않은 것은?

① 떠붙이기 시 타일 뒷면에 붙임 모르타르를 바르고 모르타르가 충분히 채워져 타일이 밀착되도록 바탕에 눌러 붙이고 붙임 모르타르 두께는 12 ~ 24mm를 표준으로 한다.

② 접착붙이기 시 붙임 바탕면을 여름에는 1주 이상, 기타 계절에는 2주 이상 건조시키고, 접착제의 1회 바름 면적은 $2m^2$ 이하로 한다.

③ 압착붙이기 시 타일의 1회 붙임 면적은 모르타르의 경화속도 및 작업성을 고려하여 $1.2m^2$ 이하로 하고 벽면의 아래에서 위로 붙여 나가며, 붙임 시간은 모르타르 배합 후 20분 이내로 한다.

④ 개량 압착붙이기 시 붙임 모르타르를 바탕면에 4 ~ 6mm로 바르고 자막대로 눌러 평탄하게 고르며, 타일 뒷면에 붙임 모르타르를 3 ~ 4mm로 평탄하게 바르고 즉시 타일을 붙인다.

ANSWER 2.① 3.③

2 건축주가 입찰자로 하여금 입찰내역서상에 그 입찰금액을 구성하는 공사 중 하도급할 공종, 하도급 금액, 하수급 예정자 등 하도급에 관한 사항을 기재하여 제출토록 하는 제도는 부대입찰제이다.
　대안입찰제도는 입찰자가 제시한 안이 원래 설계안보다 공사비용 혹은 공사 기간 상의 효율성이 인정될 때 허용되는 입찰제도이다.

3 압착붙이기 시 타일의 1회 붙임 면적은 모르타르의 경화속도 및 작업성을 고려하여 $1.2m^2$ 이하로 하고 벽면의 위에서 아래로 붙여 나가며, 붙임 시간은 모르타르 배합 후 15분 이내로 한다.

4 외단열 공사에서 단열재의 설치에 대한 설명으로 옳지 않은 것은?

① 단열재 부착 전에 건물의 수직, 수평의 기준선을 정한 후 단열재의 긴 변이 지면과 수평을 유지하여 아래에 서부터 위의 방향으로 설치하며 수직 통 줄눈이 생기지 않도록 엇갈리게 교차하여 단열재를 설치한다.

② 단열재의 모든 종결부는 백 랩핑을 할 수 있도록 접착제에 메쉬를 부착한다.

③ 시공 현장 및 주변 환경이 열악할 경우 접착제와 파스너를 병행하여 시공할 수 있으며, 파스너는 각각의 단열재가 만나는 모서리 부위에 m²당 5개 이상을 시공하고 단열재가 끝나는 코너 부위 및 개구부 주위 등에는 단열재 중앙부에 추가 시공을 한다.

④ 단열재 시공 후 햇빛에 노출시키지 않도록 주의하여야 하며, 양생시간은 기상조건에 따라 다르나 일반적으로 외기기온 및 표면의 온도 20℃, 습도 65%일 경우에는 바로 후속공정을 진행하여야 한다.

5 「건설산업기본법」상 건설산업에 대한 설명으로 옳지 않은 것은?

① "건설산업"이란 건설업과 건설용역업을 말한다.

② "건설용역업'이란 건설공사에 관한 조사, 설계, 감리, 사업관리, 유지관리 등 건설공사와 관련된 용역을 하는 업을 말한다.

③ "건설사업관리'란 건설공사에 관한 기획, 타당성 조사, 분석, 설계, 조달, 계약, 시공관리, 감리, 평가 또는 사후관리 등에 관한 관리를 수행하는 것을 말한다.

④ "건설공사'란 토목공사, 건축공사, 산업설비공사, 조경공사, 환경시설공사, 「전기공사업법」에 따른 전기공사, 「소방시설공사업법」에 따른 소방시설공사를 말한다.

ANSWER 4.④ 5.④

4 외단열 공사에서 사용되는 단열재는 햇빛에 노출되어도 문제가 없어야 한다.

5 "건설공사"란 토목공사, 건축공사, 산업설비공사, 조경공사, 환경시설공사, 그 밖에 명칭에 관계없이 시설물을 설치·유지·보수하는공사(시설물을 설치하기 위한 부지조성공사를 포함한다) 및 기계설비나 그 밖의 구조물의 설치 및 해체공사 등을 말한다.

6 시멘트 모르타르 바름 공사에서 초벌바름 및 라스먹임에 대한 설명으로 옳지 않은 것은?

① 흙손으로 충분히 누르고 눈에 뜨일 만한 빈틈이 없도록 한다.

② 바른 후에는 전면을 매끄럽게 한다.

③ 초벌바름 또는 라스먹임은 2주일 이상 방치하여 바름면 또는 라스의 겹침 부분에서 생길 수 있는 균열이나 처짐 등 흠을 충분히 발생시키고, 심한 틈새가 생기면 다음 층바름 전 덧먹임을 하되, 다만 온도 변화에 따른 기상조건이나 바탕 종류 등에 따라서는 담당원의 확인 후 방치기간을 조정할 수 있다.

④ 합판 거푸집을 사용한 콘크리트 바탕 등으로 지나치게 평활한 것 또는 경량 콘크리트 블록 등으로 흡수가 지나친 것은 시멘트 페이스트에 혼화제를 혼입하거나, 접착제를 사용하여 바르는 방법 등 부착력을 확보하기 위한 대책을 강구한다.

7 「건설기술 진흥법 시행규칙」상 건설공사의 안전관리에 필요한 비용("안전관리비")에 포함되지 않는 것은?

① 안전보건진단비, 안전보건교육비, 근로자 건강장해예방비 및 보호구 비용

② 안전관리계획의 작성 및 검토 비용

③ 공사장 주변의 통행안전관리대책 비용

④ 발파 · 굴착 등의 건설공사로 인한 주변 건축물 등의 피해방지대책비용

ANSWER 6.② 7.①

6 시멘트 모르타르 바름 공사에서 초벌바름 후에는 면을 거칠게 만드는데 이는 표면적을 넓혀서 초벌바름 이후의 정벌바름 시 모르타르가 잘 붙을 수 있도록 하기 위함이다.

7 • 안전관리비는 국토부에서 구조물의 안전과 공사장 외부의 안전관리를 위해 사용하는 비용으로 건설공사의 안전관리에 필요한 비용이다.
  • 산업안전관리비는 노동부에서 현장근로자의 안전을 위해 사용하는 비용으로 산업재해예방, 근로자의 안전을 위한 비용이다.
  • 안전보건진단비, 안전보건교육비, 근로자 건강장해예방비 및 보호구 비용은 산업안전보건관리비에 속한다.

	안전관리비	산업안전보건비
정의	건설공사와 안전관리에 필요한 비용	현장근로자의 안전을 위해 사용하는 비용
관련법령	건설기술진흥법	산업안전보건법
금액산정	각 항목별 실비(견적)금액 적용	공사 금액별 정액 요율 적용
사용기준관련근거	건설기술진흥법 시행규칙 제60조 제1항	건설업 산업안전보건관리비 계상 및 사용기준
사용가능항목	안전관리계획 작성 및 검토, 안전점검비용 발파, 굴착 등의 건설공사로 인한 주변 건축물들의 피해방지 비용 공사장 주변의 통행 및 교통소통을 위한 안전시설의 설치 및 유지관리비용공사 시행 중 구조적 안전성 확보 비용	안전관리자 등 인건비 및 각종 업무수당 등 안전시설비, 안전진단비, 안전교육비 등 개인보호구 및 안전장구 구입비 등 근로자 건강관리비 건설재해예방 기술지도비 본사사용비 및 행사비 등

8 보강 블록공사에서 벽철근 시공에 대한 설명으로 옳지 않은 것은?

① 벽 세로근은 밑창 콘크리트 윗면에 철근을 배근하기 위한 먹매김을 하여 기초판 철근 위의 정확한 위치에 고정시켜 배근한다.

② 벽 세로근은 원칙으로 기초 및 테두리보에서 위층의 테두리보까지 잇지 않고 배근하여 그 정착길이는 철근 직경(d)의 40배 이상으로 한다.

③ 벽 가로근은 배근 상세도에 따라 가공하되 그 단부는 135°의 갈고리로 구부려 배근하고, 철근의 피복두께는 20mm 이상으로 하며 세로근과의 교차부는 모두 결속선으로 결속한다.

④ 개구부 상하부의 벽 가로근을 양측 벽부에 묻을 때의 정착길이는 40d 이상으로 한다.

9 해체폐기물의 처리 및 자원재활용에 대한 설명으로 옳지 않은 것은?

① 폐기물은 분리배출 하여야 하며, 해체 단계에서 성상분리가 어려워 이종의 폐기물이 혼합된 폐기물에 한하여 혼합건설폐기물로 배출하여야 한다.

② 분리배출의 기준은 종류별(건설폐재류, 가연성, 불연성, 혼합건설폐기물 등)·처리방법별(소각, 중화, 파쇄, 매립)로 한다.

③ 폐합성수지 등의 가연성폐기물은 재활용이 불가능하기 때문에 별도의 분류 없이 소각시설로 배출하여야 한다.

④ 불연성 폐기물 중 건설폐재류는 순환골재로 재활용 촉진을 위해 다른 건설폐기물과 혼합되지 않도록 한다.

10 강구조의 특성에 대한 설명으로 옳지 않은 것은?

① 연성 및 인성이 커서 소성 변형 능력이 떨어진다.

② 화재에 취약하여 내화성을 고려해야 한다.

③ 반복하중에 따른 피로에 의한 파단의 우려가 있다.

④ 부식될 염려가 있어 지속적인 유지관리가 필요하다.

ANSWER 8.③ 9.③ 10.①

8 벽 가로근은 배근 상세도에 따라 가공하되 그 단부는 180°의 갈고리로 구부려 배근하고, 철근의 피복두께는 20mm 이상으로 하며 세로근과의 교차부는 모두 결속선으로 결속한다.

9 폐합성수지 등의 가연성폐기물은 반드시 분류를 거쳐 배출해야 한다. (소각전문 폐기물중간처리업자 또는 폐기물종합처리업자에게 위탁하여 처리하여야 한다.)

10 강구조는 연성과 인성이 커서 소성변형능력이 우수하다.

11 「중대재해 처벌 등에 관한 법률」상 「산업안전보건법」 제2조 제1호에 따른 산업재해 중 중대산업재해에 해당하지 않는 것은?

① 사망자가 1명 이상 발생한 결과를 야기한 재해

② 동일한 사고로 6개월 이상 치료가 필요한 부상자가 2명 이상 발생한 결과를 야기한 재해

③ 동일한 유해요인으로 급성중독 등 대통령령으로 정하는 직업성 질병자가 1년 이내에 3명 이상 발생한 결과를 야기한 재해

④ 동일한 원인으로 1개월 이상 치료가 필요한 질병자가 2명 이상 발생한 결과를 야기한 재해

12 가설흙막이 공사에 대한 설명으로 옳은 것은?

① 띠장(wale)은 흙막이 벽에 작용하는 수평력을 굴착현장 내부에서 지지하기 위하여 수평 또는 경사로 설치하는 압축부재이다.

② 버팀대(strut)는 굴착 암반의 안정화를 위해 암반 중에 정착하여 일체화 또는 보강 목적의 볼트 모양의 부재이다.

③ 소단(berm)은 중력식 옹벽 개념의 흙막이 벽체 형성을 위해 지반에 삽입하고 그라우팅하여 지반을 지지하는 철근이다.

④ 슬라임(slime)은 보링, 현장타설 말뚝, 지하연속벽 등에서 지반 굴착 시에 천공 바닥에 생기는 미세한 굴착 찌꺼기로서 강도와 침하에 매우 불리한 영향을 주는 물질이다.

13 토공사의 지반개량공법에 대한 설명으로 옳은 것은?

① 샌드드레인(sand drain) 공법 : 포장 및 구조물 시공 후 잔류침하를 경감시키기 위해 연약지반상에 계획 하중 또는 그 이상의 하중을 미리 재하하여 지반을 과압밀시키는 공법이다.

② PVD(Prefabricated Vertical Drain) 공법 : 강관의 선단에 배수장치를 부착하여 지중에 관입한 다음 관 내부를 진공화함으로써 간극수의 집수효과를 높이는 공법으로 사질토 지반에 적용한다.

③ 심정(deep well) 공법 : 지반을 굴착하여 지중에 우물을 설치하고 중력에 의하여 지반 내의 지하수가 우물 내부로 흘러 들어오면 이를 양수기로 양수함으로써 지하수위를 목표지점까지 저하시켜 압밀침하를 촉진시키는 공법이다.

④ 웰포인트(well point) 공법 : 연약한 기초지반의 압밀을 촉진시키기 위해 배수기둥을 설치하는 토목섬유 연직배수 공사에 적용하는 공법이다.

14 서중 콘크리트 시공에 대한 설명으로 옳은 것은?

① 비빈 콘크리트는 가열되거나 건조로 인하여 슬럼프가 저하하지 않도록 적당한 장치를 사용하여 되도록 빨리 운송하여 타설하여야 한다.

② 펌프로 운반할 경우에는 관을 마른 천으로 덮어야 하며, 레디믹스트 콘크리트를 사용하는 경우에는 에지테이터 트럭을 햇볕에 장시간 대기시키기 위해 사전에 배차계획까지 충분히 고려하여 시공계획을 세워야 한다.

③ 콘크리트를 타설하기 전에 지반과 거푸집 등을 조사하여 콘크리트로부터의 수분흡수로 품질변화의 우려가 있는 부분은 건조 상태로 유지할 수 있도록 조치를 취해야 한다.

④ 콘크리트는 비빈 후 즉시 타설하여야 하며, KS F 2560의 지연형 감수제를 사용하는 등의 일반적인 대책을 강구한 경우라도 3시간 이내에 타설하여야 한다.

---

13 ① 샌드드레인(sand drain) 공법은 연약한 점토지반에 샌드파일을 시공하여 샌드 매트를 통하여 지반중의 물을 지표면으로 배제시켜 지반을 압밀강화하는 공법이다. 포장 및 구조물 시공 후 잔류침하를 경감시키기 위해 연약지반상에 계획 하중 또는 그 이상의 하중을 미리 재하하여 지반을 과압밀시키는 공법은 프리로딩공법이다.

② 강관의 선단에 배수장치를 부착하여 지중에 관입한 다음 관 내부를 진공화함으로써 간극수의 집수효과를 높이는 공법으로 사질토 지반에 적용하는 공법은 웰포인트(well point) 공법이라고 한다.

④ 연약한 기초지반의 압밀을 촉진시키기 위해 배수기둥을 설치하는 토목섬유 연직배수 공사에 적용하는 공법은 PBD(Plastic Board Drain) (PVD(Prefabricated Vertical Drain)공법으로도 불림)이다.

14 ② 펌프로 운반할 경우에는 관을 젖은 천으로 덮어야 하며, 레디믹스트 콘크리트를 사용하는 경우에는 에지테이터 트럭을 햇볕에 장시간 대기시키기 위해 사전에 배차계획까지 충분히 고려하여 시공계획을 세워야 한다.

③ 콘크리트를 타설하기 전에 지반과 거푸집 등을 조사하여 콘크리트로부터의 수분흡수로 품질변화의 우려가 있는 부분은 습윤상태로 유지할 수 있도록 조치를 취해야 한다.

④ 콘크리트는 비빈 후 즉시 타설하여야 하며, KS F 2560의 지연형 감수제를 사용하는 등의 일반적인 대책을 강구한 경우라도 1.5시간 이내에 타설하여야 한다.

15 용접 시공에 대한 설명으로 옳지 않은 것은?

① 용접부에서 수축에 대응하는 과도한 구속은 피하고 용접작업은 조립하는 날에 용접을 완료하여 도중에 중지하는 일이 없도록 해야 한다.

② 아크 발생은 필히 용접부 밖에서 일어나도록 해야 한다.

③ 스캘럽이나 각종 브라켓 등 재편의 모서리부에서 끝나는 필릿용접은 크레이터가 발생하지 않도록 모퉁이부를 돌려서 연속으로 용접해야 한다.

④ 부재이음에는 용접과 볼트를 원칙적으로 병용해서는 안 되지만, 불가피하게 병용할 경우에는 용접 후에 볼트를 조이는 것을 원칙으로 해야 한다.

16 거푸집 시공에 대한 설명으로 옳지 않은 것은?

① 일반 거푸집을 해체한 콘크리트의 면이 거칠게 마무리된 경우, 작은 구멍 및 기타 결함이 있는 부위는 그대로 두되, 4mm 이상의 돌기물은 제거해야 한다.

② 슬립폼은 구조물이 완성될 때까지 또는 소정의 시공 구분이 완료될 때까지 연속해서 이동시켜야 하므로 충분한 강성을 가져야 한다.

③ 자동 상승 클라이밍폼 시스템은 시스템 전체의 외곽에 안전난간대와 안전망을 폐합 설치할 수 있도록 설계해야 한다.

④ 대형패널 거푸집은 시스템 전체의 변형이 과도하게 발생하여 콘크리트의 배부름이 발생하지 않도록 충분한 강성을 갖는 부재와 긴결재 등을 사용하여 변형을 제어하도록 설계한다.

17 철근콘크리트 구조물의 철근공사에 대한 설명으로 옳은 것은?

① 철근의 표면에는 부착을 저해하는 흙, 기름 또는 이물질이 없어야 하고, 또한 경미한 황갈색의 녹이 발생한 철근은 일반적으로 콘크리트와의 부착을 저해하므로 사용할 수 없다.

② 가스압접이음 시 압접단면의 처리는 재축에 평행하게 절단하고 압접 작업 당일에 유해한 부착물을 완전히 연마하여 제거하여야 한다.

③ 용접이음은 철근에 묻은 기름, 먼지 및 기타 이물질을 청소하고 화염으로 건조시킨 후에 실시하고, 용접 후에 손상된 아연도금은 보수하여야 한다.

④ 에폭시 도막철근의 가공 시 에폭시 도막철근은 가스절단하여야 한다.

18 CIP(Cast in Placed Pile) 공법에 대한 설명으로 옳지 않은 것은?

① CIP 공법은 각각의 공들이 겹쳐지지 않을 수 있으므로 차수가 필요한 경우에는 주열식 벽체공과 공 사이에 별도의 차수대책을 세워야 한다.

② 콘크리트 타설은 한 개의 공이 완료될 때까지 계속해서 타설하며, 트레미관을 이용하여 공내 하단으로부터 타설할 때 트레미관의 하단이 콘크리트 속에 묻히지 않도록 하여야 한다.

③ H형강 말뚝 및 철근망의 근입 시 공벽이 붕괴되지 않도록 서서히 근입하여야 하며, 피복 확보를 위하여 간격재를 부착하여야 한다.

④ CIP 벽체 시공이 완료되면 두부정리를 하고, 두부정리가 완료되면 설계도면에 따라 각 주열식 벽체공 상부가 일체화되도록 캡빔을 설치한 후, 안내벽을 제거하여야 한다.

Answer 17.③ 18.②

17 ① 철근의 표면에는 부착을 저해하는 흙, 기름 또는 이물질이 없어야 하나 경미한 황갈색의 녹이 발생한 철근은 일반적으로 콘크리트와의 부착력을 향상시키므로 사용이 가능하다.
　② 가스압접이음 시 압접단면의 처리는 재축에 직각되게 절단하고 압접 작업 당일에 유해한 부착물을 완전히 연마하여 제거하여야 한다.
　④ 모든 철근은 반드시 절단기를 사용하여 기계적으로 절단을 해야 한다. (가스절단을 할 경우 가연성도막재의 연소에 의한 화재발생 위험이 있다.)

18 콘크리트 타설은 한 개의 공이 완료될 때까지 계속해서 타설하며, 트레미관을 이용하여 공내 하단으로부터 타설할 때 트레미관의 하단이 콘크리트 속에 1m정도 묻힌 상태에서 타설하여야 한다.

19 낙하물 방지망의 설치 기준에 대한 설명으로 옳지 않은 것은?

① 낙하물 방지망의 내민길이는 비계 또는 구조체 외측에서 수평거리 2m 이상으로 한다.

② 벽체와 비계 사이는 망 등을 설치하여 폐쇄하되, 외부공사를 위하여 벽과의 사이를 완전히 폐쇄하기 어려운 경우에는 낙하물 방지망 하부에 걸침띠를 설치하고, 벽과의 간격을 400mm 이하로 한다.

③ 낙하물 방지망의 설치높이는 10m 이내 또는 3개 층마다 설치하여야 한다.

④ 낙하물 방지망의 이음은 150mm 이상의 겹침을 두어 망과 망 사이에 틈이 없도록 하여야 한다.

20 건축물 배수공사 중 영구배수공법에 대한 설명으로 옳지 않은 것은?

① 건축물의 기초 바닥에 작용하는 지하수의 양압력을 저감시켜 구조물의 부상을 방지하고 지하수위의 안정적 관리를 위한 공법이다.

② 토목섬유를 겹침이음 할 경우의 겹침길이는 100mm 이상 확보하고, 반드시 보호(taping)처리하여 이물질이 유입되지 않도록 조치한다.

③ 자갈을 이용하여 배수층을 형성하는 경우에는 기초 바닥 하부에 100mm 정도의 두께로 깐다.

④ 주배수관은 100m 이내마다 집수정으로 연결하여야 하며, 그 이상인 경우 별도의 수리계산 근거를 제출하여 담당원의 승인을 받아야 한다.

ANSWER 19.② 20.④

19 벽체와 비계 사이는 망 등을 설치하여 폐쇄하되, 외부공사를 위하여 벽과의 사이를 완전히 폐쇄하기 어려운 경우에는 낙하물 방지망 하부에 걸침띠를 설치하고, 벽과의 간격을 250mm 이하로 한다.

20 주배수관은 50m 이내마다 집수정으로 연결하여야 하며, 그 이상인 경우 별도의 수리계산 근거를 제출하여 담당원의 승인을 받아야 한다.

1 기초 부분을 보강하거나 새로운 기초를 설치하여 기존 건축물을 안전하게 보호하는 공법은?

① 프리로딩(preloading) 공법

② 웰포인트(well point) 공법

③ 언더피닝(under pinning) 공법

④ 페이퍼드레인(paper drain) 공법

2 흙막이 공사에서 발생하는 히빙 파괴(heaving failure) 현상의 방지대책으로 옳지 않은 것은?

① 흙막이벽의 묻힘 깊이를 깊게 한다.

② 터파기 밑면 아래의 지반을 개량한다.

③ 차수성이 좋은 흙막이벽을 선정한다.

④ 아일랜드 공법을 채택해 공사장 내에 중량을 부여한다.

ANSWER 1.③ 2.③

1 ① 프리로딩(preloading) 공법 : 이름과 같이 먼저 하중을 가한다는 의미로, 연약지반상에 미리 성토체를 쌓아 하중을 재하함으로써 원지반의 압밀침하를 촉진시키는 공법이다.

② 웰포인트(well point) 공법 : 기초파기를 하는 주위에 양수관을 박아 배수함으로써 지하수위를 낮추어 안전하게 굴착하는 특수한 기초파기 공법이다.

③ 언더피닝(under pinning) 공법 : 기초 부분을 보강하거나 새로운 기초를 설치하여 기존 건축물을 안전하게 보호하는 공법이다.

④ 페이퍼드레인(paper drain) 공법 : 연약 지반 개량 공법의 하나로, 연약 지반 속에 적당한 간격으로 연직 방향으로 카드 보드를 타설하고, 이것에 의해 배수를 촉진시켜 압밀에 의한 지반 강도를 증가시키는 공법이다.

2 차수성이 좋은 흙막이벽을 사용하는 것은 히빙현상을 방지하기에는 그다지 도움이 되지 못한다.

3 건축물 결로 방지대책으로 옳지 않은 것은?

① 열교방지를 위한 단열재를 보강한다.

② 실내 수증기 함유량을 줄이고 실내 수증기 발생 시 적절히 환기한다.

③ 구조체의 표면온도를 노점온도 이상으로 유지한다.

④ 실내외의 온도차를 크게 한다.

4 철근콘크리트 구조물의 콘크리트 시공에 대한 설명으로 옳지 않은 것은?

① 파이프 쿨링(pipe cooling)은 콘크리트 내부에 파이프를 배치하고 냉각수를 순환시켜 콘크리트 온도를 낮추는 방법을 말하며, 주로 매스콘크리트 시공 시 온도제어 대책으로 활용된다.

② 일반적으로 콘크리트의 배합강도는 설계기준강도보다 더 큰 값을 가진다.

③ 감수제(water-reducing admixture)는 콘크리트 등의 단위수량을 증가시키지 않고 워커빌리티를 좋게 하거나 워커빌리티를 변화시키지 않고 단위수량을 감소하기 위해 사용된다.

④ 굳지 않은 콘크리트의 성형성(plasticity)은 물의 양이 많고 적음에 따라 마무리하기 쉬운 정도를 나타내며, 일반적으로 슬럼프 값으로 표시한다.

ANSWER 3.④ 4.④

3 실내외의 온도차가 클수록 결로가 발생하기 쉽다.

4 굳지 않은 콘크리트의 성형성(plasticity)은 거푸집에 쉽게 다져넣을 수 있고 거푸집을 제거하면 형상은 변하나, 허물어지거나 재료분리가 되지 않는 정도를 말한다.
물의 양이 많고 적음에 따라 마무리하기 쉬운 정도를 나타내며, 일반적으로 슬럼프 값으로 표시하는 것은 반죽질기(consistency)이다.

• 반죽질기(consistency) : 주로 물의 양이 많고 적음에 따른 반죽이 되고 진 정도를 나타내는 굳지 않은 콘크리트의 성질을 말한다.

• 워커빌리티(workability) : 반죽질기 여하에 따르는 작업 난이도의 정도 및 재료의 분리에 저항하는 정도를 나타내는 굳지 않은 콘크리트의 성질을 말한다.

• 성형성(plasticity) : 거푸집에 다져 넣을 수 있고, 거푸집을 제거하면 천천히 형상이 변하기는 하지만 허물어지거나 재료가 분리되지 않는 굳지 않은 콘크리트의 성질을 말한다.

• 피니셔빌리티(finishability) : 굵은 골재의 최대 치수, 잔골재율, 잔골재의 입도, 반죽질기 등에 따르는 마무리하기 쉬운 정도를 나타내는 굳지 않은 콘크리트의 성질을 말한다.

• 펌퍼빌리티(pumpability) : 펌프 압송에 대한 정도를 나타내는 굳지 않은 콘크리트의 성질을 말한다.

5 「작업발판 및 통로 표준시방서(KCS 21 60 15 : 2022)」상 가설공사의 경사로에 대한 설명으로 옳지 않은 것은?

① 경사로 폭은 0.9m 이상이어야 한다.

② 경사로 경사각은 30° 이하이어야 한다.

③ 높이 10m 이내마다와 경사로의 꺾임 부분에는 계단참을 설치하여야 한다.

④ 경사로 지지기둥은 3m 이내마다 설치하여야 한다.

6 레디믹스트 콘크리트의 품질에 대한 설명으로 옳지 않은 것은?

① 레디믹스트 콘크리트의 호칭방법에서 「25−24−150」은 호칭강도 25MPa, 굵은골재 최대치수 24mm, 슬럼프 150mm를 의미한다.

② 단일 구조물, 동일 공구에 타설하는 콘크리트는 가능한 1개 공장의 레디믹스트 콘크리트를 사용하여야 한다.

③ 레디믹스트 콘크리트로 발주할 경우에는 KS F 4009의 기준에 따라 품질을 지정하는 것으로 한다.

④ 굳지 않은 콘크리트 중의 염화물 함유량은 염소이온량(Cl−)으로서 원칙적으로 $0.30kg/m^3$ 이하로 하여야 한다.

Ａnswer 5.③ 6.①

5 높이 7m 이내마다와 경사로의 꺾임 부분에는 계단참을 설치하여야 한다.

6 25−24−150에서 25는 굵은골재 최대치수(25mm), 24는 호칭강도(24MPa), 150은 슬럼프(150mm)를 의미한다.

7 철골 용접부 비파괴시험에 대한 설명으로 옳지 않은 것은?

① 초음파탐상시험은 용접부에 초음파를 입사시켜 내부의 결함을 판별한다.

② 방사선투과시험은 용접부에 X선, γ선 등을 투과해 필름에 감광시켜 내부의 결함을 판별한다.

③ 자기분말탐상시험은 용접부에 자력선을 통과시켜 용접의 표면 또는 표면 주변의 결함을 판별한다.

④ 침투탐상시험은 용접부 내부에 침투액을 침투시켜 용접부 표면 부분이 아닌 내부의 결함을 탐지한다.

8 「강구조공사 일반사항 표준시방서(KCS 14 31 05 : 2019)」상 강구조공사의 용어에 대한 설명으로 옳지 않은 것은?

① 밀착조임(snug tight) : 임팩트렌치로 수회 또는 일반렌치로 접합판이 완전히 밀착된 상태가 되도록 최대로 조이는 것

② 가용접(tack welding) : 본용접 전에 용접되는 부재를 정해진 위치에 잠정적으로 유지시키기 위해서 비교적 짧은 길이로 된 용접

③ 뒷댐재(backing strip) : 맞대기 용접을 한면으로만 실시하는 경우 충분한 용입을 확보하고 용융금속의 용락(burn-through)을 방지할 목적으로 동종 또는 이종의 금속판, 입상 플럭스, 불성가스 등을 루트 뒷면에 받치는 것

④ 스패터(spatter) : 홈용접 또는 필릿용접에서 필요치수 이상으로 표면에서 돋아오른 용착금속

ANSWER 7.④ 8.④

7 침투탐상검사는 철강재료, 비철재료, 플라스틱, 세라믹 등 재질에 상관없이 표면에 열려있는 균열과 같은 불연속부를 검사할 수 있는 비파괴검사 기법이다.

8 Spatter는 사전적으로 '(액체 방울 등을) 튀기다, 후두두 떨어지다'라는 뜻이다. 용접에서 말하는 Spatter란 용접 중에 튀어나오는 슬래그(Slag) 또는 금속 알갱이를 말한다.

9 (가), (나)에 들어갈 수치가 바르게 연결된 것은?

「건설기술 진흥법 시행령」상 품질관리계획을 수립해야 하는 건설공사는 1) 감독 권한대행 등 건설사업관리 대상인 건설공사로서 총공사비(도급자가 설치하는 공사의 관급자재비를 포함하되, 토지 등의 취득·사용에 따른 보상비는 제외한 금액을 말한다)가 ⎡ (가) ⎤ 억원 이상인 건설공사, 2)「건축법 시행령」제2조제17호에 따른 다중이용 건축물의 건설공사로서 연면적이 ⎡ (나) ⎤ m² 이상인 건축물의 건설공사, 3) 해당 건설공사의 계약에 품질관리계획을 수립하도록 되어 있는 건설공사로 한다.

	(가)	(나)
①	100	70,000
②	300	50,000
③	500	30,000
④	700	10,000

10 「거푸집 및 동바리 표준시방서(KCS 14 20 12 : 2022)」상 콘크리트의 압축강도를 시험할 경우 거푸집널 해체 시기로 옳은 것은? (단, 콘크리트의 설계기준 압축강도는 24MPa이다)

① 단층구조의 슬래브 및 보 부재에서 콘크리트 압축강도가 13MPa인 경우, 밑면 거푸집널의 해체가 가능하다.

② 기초, 보, 기둥, 벽 부재에서 콘크리트 압축강도가 6MPa인 경우, 측면 거푸집널의 해체가 가능하다.

③ 필러 동바리 구조를 사용하지 않을 경우, 다층구조의 슬래브 및 보 부재에서 콘크리트 압축강도가 20MPa인 경우, 밑면 거푸집널의 해체가 가능하다.

④ 내구성이 중요한 구조물의 경우, 기초, 보, 기둥, 벽 부재에서 콘크리트 압축강도가 9MPa인 경우, 측면 거푸집널의 해체가 가능하다.

ANSWER 9.③ 10.②

9 「건설기술 진흥법 시행령」상 품질관리계획을 수립해야 하는 건설공사는 1) 감독 권한대행 등 건설사업관리 대상인 건설공사로서 총공사비(도급자가 설치하는 공사의 관급자재비를 포함하되, 토지 등의 취득·사용에 따른 보상비는 제외한 금액을 말한다)가 500억원 이상인 건설공사, 2)「건축법 시행령」제2조제17호에 따른 다중이용 건축물의 건설공사로서 연면적이 30,000m² 이상인 건축물의 건설공사, 3) 해당 건설공사의 계약에 품질관리계획을 수립하도록 되어 있는 건설공사로 한다.

10 기초, 보, 기둥, 벽 부재에서 콘크리트 압축강도가 5MPa인 경우, 측면 거푸집널의 해체가 가능하다.

11 「건설공사 측량 표준시방서(KCS 10 30 05 : 2021)」, 「현장가설공급설비 및 가설시설물 표준시방서(KCS 21 20 05 : 2022)」상 건설공사 측량 및 가설공사에 대한 설명으로 옳지 않은 것은?

① 시공기준점의 수준측량은 직접수준측량방법으로 실시하여야 하며, 설계측량 당시 사용하였던 수준점 또는 공공수준점을 기지점으로 한다.

② 머신가이던스(Machine Guidance)를 사용할 경우 공사감독자와 협의를 통해 토공기준틀(규준틀) 설치를 생략할 수 있다.

③ 수직기준틀(규준틀)은 노선을 따라 매 50m 간격으로 중심선의 직각방향으로 비탈면 끝에 2개의 지지말뚝을 수직으로 설치한다.

④ 공사현장 경계의 가설울타리는 높이 1.8m 이상(지반면이 공사현장 주위의 지반면보다 낮은 경우에는 공사현장 주위의 지반면에서의 높이 기준)으로 설치하여야 한다.

12 「사업장 위험성평가에 관한 지침」상 위험성평가에 대한 설명으로 옳지 않은 것은?

① 사업주는 사업이 성립된 날(사업 개시일을 말하며, 건설업의 경우 실착공일을 말한다)로부터 6개월이 되는 날까지 최초 위험성평가를 실시하여야 한다.

② 위험성이란 유해·위험요인이 사망, 부상 또는 질병으로 이어질 수 있는 가능성과 중대성 등을 고려한 위험의 정도를 말한다.

③ 유해·위험요인이란 유해·위험을 일으킬 잠재적 가능성이 있는 것의 고유한 특징이나 속성을 말한다.

④ 사업주가 위험성평가 방법을 적용한 안전·보건진단을 이행한 경우 그 부분에 대하여 위험성평가를 실시한 것으로 본다.

Answer 11.③ 12.①

11 수직기준틀(규준틀)은 노선을 따라 매 500m 간격으로 중심선의 직각방향으로 비탈면 끝에 2개의 지지말뚝을 수직으로 설치한다.

12 사업주는 사업이 성립된 날(사업 개시일을 말하며, 건설업의 경우 실착공일을 말한다)로부터 1개월이 되는 날까지 최초 위험성평가를 실시하여야 한다.

13 발주자가 업체의 신용, 기술, 능력, 자산, 보유기자재 등을 고려하여 그 공사에 가장 적합한 단일업체를 선정·입찰시키는 방식은?

① 지명경쟁입찰

② 특명입찰(수의계약)

③ 제한경쟁입찰

④ 일반(공개)경쟁입찰

ANSWER 13.②

13 입찰방식의 종류

(1) **특명입찰**(수의계약) : 건축주가 시공에 적합하다고 인정하는 단일업자를 선정 발주하는 방식임. 특수공사, 기밀공사, 추가공사 등 도급자 선정 여유가 적을 때 행하며 재입찰 후 낙찰자가 없을 때 적용
  • 공사의 기밀유지가능
  • 우량공사 기대(전문업자시공)
  • 입찰수속이 가장 간단
  • 공사비가 높아질 수 있음
  • 공사금액 결정에 불순한 일이 내재될 수 있음

(2) **공개경쟁입찰** : 참가자를 공모하여 유자격자를 모두 입찰에 참여시키는 방식
  • 경쟁으로 인한 공사비절감
  • 담합의 우려가 적음
  • 기회균등
  • 과다경쟁으로 부실공사우려
  • 부적격자에게 낙찰될 우려가 있음
  • 입찰사무가 복잡함

(3) **지명경쟁입찰** : 공사에 적격한 3~7개 업자를 선정하여 입찰에 참여시키는 방식 (5개 이상 지명하며 2개 이상 응찰시 성립)
  • 부적격자가 제거되어 적정 공사 기대
  • 시공상 신뢰성의 확보
  • 공사비가 공개경쟁 입찰보다 상승
  • 담합의 우려가 있음
  • 지명경쟁입찰의 경우 전문성을 중심으로 지명하며 신뢰성확보가 필요한 경우 적합하다.

(4) **제한경쟁입찰** : 지역제한, 시공능력이나 실적 등을 제한하여 입찰하는 방법
  • 제한경쟁입찰에서 제한요인은 시공능력과 지역 등이다.

14 「건축공사 일반사항 표준시방서(KCS 41 10 00 : 2021)」상 안전보건조직에 대한 설명으로 옳지 않은 것은?

① 안전보건관리책임자는 안전점검반을 구성하여 주기적으로 안전점검을 실시하여야 한다.

② 공사현장에는 안전보건관리책임자를 임명하여 안전관리자, 보건관리자, 관리감독자 등을 지휘감독 하도록 해야한다.

③ 안전관리자 선임 대상 현장이 아닌 경우 재해예방 전문지도기관으로 하여금 안전관리자의 업무를 대행하도록 하여야 한다.

④ 안전보건조직이 구성된 현장의 경우 관리감독자는 산업재해예방계획을 수립하고 안전보건관리규정을 작성하여 비치하여야 한다.

15 조적공사에서 벽체의 균열방지 혹은 백화의 대응조치로 옳지 않은 것은?

① 벽체의 균열방지를 위해서 복잡한 평면구성은 피하고 벽량을 확보하며 테두리보를 설치한다.

② 백화를 방지하기 위해서 흡수율이 높은 벽돌을 사용한다.

③ 백화의 제거는 염산과 물을 적정비율로 섞어 뿌리고 솔로 문지른 후 깨끗한 물로 닦아낸다.

④ 백화를 방지하기 위해서 물-결합재비(물-시멘트비)가 낮은 줄눈모르타르를 사용한다.

Answer 14.④ 15.②

14 안전보건조직이 구성된 현장의 경우 안전관리자는 산업재해예방계획을 수립하고 안전보건관리규정을 작성하여 비치하여야 한다.

15 백화를 방지하기 위해서 흡수율이 낮은 벽돌을 사용한다.

16 「방수공사일반 표준시방서(KCS 41 40 01 : 2021)」상 방수공법의 표기법에서 나타내고 있는 최후의 문자에 대한 의미로 옳은 것은?

① T : 바탕과의 사이에 단열재를 삽입한 방수층

② M : 바탕에 부분적으로 밀착시키는 공법

③ W : 바탕에 전면 밀착시키는 공법

④ S : 지하에 적용하는 방수층

17 석공사에 대한 설명으로 옳지 않은 것은?

① 강재트러스 지지공법은 미리 조립된 강재트러스에 여러 장의 석판을 짜맞추어 조립식으로 견고히 설치하는 방식이다.

② 습식공법 중 전체주입공법은 석재를 긴결철물로 벽체에 고정하지 않고 석재 뒷면에 모르타르를 채워 붙여 나가는 방식이다.

③ 석재 선부착 PC판 공법은 판석을 미리 부착한 PC 부재를 제작하여 구조체에 부착하는 방식이다.

④ 바닥깔기는 모르타르를 바닥에 깔고 고무망치로 타격하여 설치한다.

ANSWER **16.**① **17.**②

16 방수공법 표기법(예 : "–Pr F")에서 마지막 문자(F)는 각 방수층에 대해 바탕과의 고정상태, 단열재의 유무 및 적용부위를 의미한다.

F : Fully Bonded로서 바탕에 전면 밀착시키는 공법

S : Spot Bonded로서 바탕에 부분적으로 밀착시키는 공법

T : Thermally Insulated로서 바탕과의 사이에 단열재를 삽입한 방수층

M : Mechanically Fastened로서 바탕과 기계쩍으로 고정시키는 방수층

U : Underground로서 지하에 적용하는 방수층

W : Wall로서 외벽에 적용하는 방수층

방수공법 표기법(예 : "–Pr F")에서 "–" 다음에 오는 문자는 다음을 뜻한다.

Pr : Protected로서 보행 등에 견딜 수 있는 보호층이 필요한 방수층이다.

M : Mineral Surfaced로서 최상층에 모래가 붙은 루핑을 사용한 방수층이다.

Al : 바탕이 ALC패널용의 방수층이다.

Th : Thermally Insulated로서 방수층 사이에 단열재를 삽입한 방수층이다.

In : Indoor로서 실내용 방수층이다.

17 석재공사에서 습식공법 중 전체주입공법은 석재를 긴결철물로 벽체에 고정한 후 석재 뒷면에 모르타르르 채워 붙여나가는 방식이다.

18 유리공사에 있어 열파손에 대한 설명으로 옳지 않은 것은?

① 유리 중앙부와 주변부의 온도차로 인한 팽창성 차이가 응력을 발생시켜 유리가 파손되는 현상을 열파손
이라 한다.

② 유리 두께가 두꺼울수록 열팽창응력이 크게 되므로 열파손되기 쉽다.

③ 배강도 유리, 강화유리, 색유리는 열파손 저항에 효과적이다.

④ 열파손을 방지하기 위해서는 냉난방된 공기가 직접 유리표면에 닿지 않도록 하고 판유리와 차양막 사이
의 간격을 최소 100mm 이상 유지하도록 한다.

19 건축물의 보수 · 보강 공법에 대한 설명으로 옳지 않은 것은?

① 탄소섬유 보강공법은 인장력이 취약한 부위에 효과적이며, 압축력을 받는 기둥 부재에는 사용하지 않는다.

② 벽체 콘크리트의 표면 균열폭이 0.4mm인 경우, 균열 부위에 에폭시 수지 주입공법으로 보수공사가 가
능하다.

③ 강판 보강공법은 콘크리트 부재 인장측에 강판을 부착하여 내력을 증가시키는 공법이다.

④ 표면처리공법은 미세한 균열 위에 도막을 구성하여 방수성과 내구성을 향상시키는 공법이다.

20 「원자력발전소 콘크리트 공사 표준시방서(KCS 41 30 06 : 2021)」상 원자력발전소 콘크리트 품질관리
및 검사에 대한 설명으로 옳지 않은 것은?

① 각 날짜에 타설되는 각 등급별 콘크리트의 강도시험용 시료는 하루에 한 번 이상, 110m^{3}당 한 번 이상,
슬래브나 벽체의 표면적 460m^2 마다 한 번 이상 채취해야 한다.

② 콘크리트의 전체 양이 적어 시험 빈도수가 주어진 등급의 콘크리트에 대하여 5회 미만의 강도 시험만
가능할 경우, 시험은 적어도 무작위로 선택한 세 뱃치에 대하여 하거나, 만약 세 뱃치보다 적은 경우에
는 각 뱃치에 대하여 실시해야 한다.

③ 주어진 등급의 전체 콘크리트량이 35m^3 보다 적을 경우, 만족할 만한 강도가 나올 수 있다는 기술자의
판단이 제시된다면 강도 시험을 생략할 수 있다.

④ 콘크리트 강도시험은 재령 28일에 하거나 설계기준강도(f_{ck})의 결정을 위해 지정된 재령에 시행해야 한다.

ANSWER 18.③ 19.① 20.②

18 배강도 유리, 강화유리, 색유리는 하중에 의한 파손저항에는 효과적이나 열파손 저항에 효과적이라고 보긴 어렵다.

19 탄소섬유 보강공법은 인장력이 취약한 부위에 효과적이며, 압축력을 받는 기둥 부재에도 적용한다.

20 콘크리트의 전체 양이 적어 시험 빈도수가 주어진 등급의 콘크리트에 대하여 5회 미만의 강도 시험만 가능할 경우, 시험은
적어도 무작위로 선택한 다섯 뱃치에 대하여 하거나, 만약 다섯 뱃치보다 적은 경우에는 각 뱃치에 대하여 실시해야 한다.

서원각 용어사전 시리즈

상식은 "용어사전"

용어사전으로 중요한 용어만 한눈에 보자

✹ 시사용어사전 1200
매일 접하는 각종 기사와 정보 속에서 현대인이
놓치기 쉬운, 그러나 꼭 알아야 할 최신 시사상식
을 쏙쏙 뽑아 이해하기 쉽도록 정리했다! ·

❷ 경제용어사전 1030
주요 경제용어는 거의 다 실었다! 경제가 쉬워지
는 책, 경제용어사전!

❸ 부동산용어사전 1300
부동산에 대한 이해를 높이고 부동산의 개발과 활
용, 투자 및 부동산 용어 학습에도 적극적으로 이
용할 수 있는 부동산용어사전!

중요한 용어만 공부하자!

• 최신 관련 기사 수록
• 다양한 용어를 수록하여 1000개 이상의 용어 한눈에 파악
• 용어별 중요도 표시 및 꼼꼼한 용어 설명
• 파트별 TEST를 통해 실력점검